소방행정학

우 성 천

도서출판 동화기술

FIRE

놀랍게도 FIRE라는 단어의 spelling속에는 불 · 소방(Fire)이라는 의미 외에도 국제화(Internationalization), 구조 · 구급(Rescue & First-aid), 위기관리(Emergency management)라는 의미가 복합적으로 함축되어 있다. 그래서인지는 몰라도 약속이나 한 듯 동서고금을 막론하고 소방서에서 한결같이 위기관리의 복합적 기능을 모두 수행하고 있다.

머 리 말

본 서가 출간된 지도 어언 6년이 지났다. 그간 우리나라의 소방행정에도 획기적인 변화가 있었으며 2004년 6월 1일자로 소방방재청이 개청됨에 따라 소방행정조직과 운영에도 혁신적인 변화가 진행되고 있다. 그러므로 소방행정학에서도 이에 따른 몇 가지 변화를 반영하였고 초판에서 미흡했다고 생각되는 곳은 삭제 또는 추가 보완하였으며 오자나 탈자 등은 수정하여 미흡한 부분을 없애려고 노력하였다.

소방이란 학문은 인간의 안전욕구 중 화재로부터 생명과 재산을 보호해주는 중요한 학문 중의 한 분야로서 여타(餘他) 행정학의 발전과 함께 꾸준히 발전해 왔지만 과학적 연구가 시작된 것은 그리 오래지 않다. 그리고 몇 년 전부터 전국 경향각지(京鄕各地)의 대학(교)에서 우후죽순(雨後竹筍) 격으로 소방관련학과가 개설되기 시작하여 현재 70여 개 대학에서 소방에 대한 나름대로의 연구가 진행되고 있는 실정이며, 3만여 명의 소방공무원과 9만여 명의 의용소방대원이 각각 소방의 한 분야에서 열심히 업무와 연구에 열중하고 있다.

본 저자는 25년간 소방행정 실무현장에서 수없이 많은 소방행정 의제(議題)를 다루다가 현재는 국립강원대학교 소방방재학부에서 소방행정 분야의 후학양성(後學養成)을 위해 오늘도 꾸준히 연구를 거듭하고 있다. 그러나 소방의 한 분야인 소방행정학을 배우고 가르칠 수 있는 교재가 국내에선 처음일 뿐더러 초판인 관계로 미흡한 부분이 많았던 실정이었기에 다시 필을 들어 발전하는 미래의 한국 소방을 위해 "소방행정학"의 제2판을 집필하게 되었다.

이 교재는 향 후 소방행정학 연구에 관심이 있는 교수, 연구자, 대학・대학원의 학생, 그리고 소방행정 실무분야에서 필요한 참고도서가 되기를 바라며, 소방행정학과 관련된 요점만을 간결하게 기술한 관계로 논리의 비약이 야기될 수 있으나 내용을 통하여 앞으로의 소방행정학에 바이블(bible)이 되도록 최선을 다할 것을 다짐하며, 소방행정학이 출간될 수 있도록 주야장천(晝夜長川) 곁에서 힘과 용기를 준 아내에게 먼저 감사한다.

그리고 이 책이 출간될 수 있도록 물심양면으로 도움을 준 도서출판 동화기술 정우용 회장님과 이하 출판사 관계자분들께도 노고에 진정한 감사의 마음을 드린다.

삼척 비버리힐스에서

저자 씀

들어가기 전에

화재의 예방과 진압 그리고 재난 · 재해 현장에서의 인명구조 · 구급활동으로 국민의 생명과 재산을 구명하고 보호함으로써 소방의 존재 이유는 더욱 명료해졌으며 정부의 행정기관이나 조직부문에서도 빠뜨릴 수 없는 중요한 한 분야로 자리매김하게 되었다.

1958년 소방법이 제정됨으로써 우리나라 소방은 내무부 경찰소속으로 출범하여 인도지나 사태로 인해 민방위체제 속으로 편입되어 민주적인 관리 · 운영과 효율적인 업무수행을 위한 기본 틀을 갖추게 되었으며 1980년대 초부터 구급 · 구조업무까지 확대 실시한 결과 국민의 신뢰를 점차 획득하여 명실 공히 진정한 봉사기관으로서의 발전을 도모하게 되었다.

우리나라에서 소방행정에 관한 과학적인 연구가 진행된 것은 비교적 최근의 일이다. 1984년 동국대학교 행정대학원 공안행정학과에서 소방행정에 관한 연구를 할 수 있는 석사과정과 1995년 호서대학교 소방행정학과가 개설되면서 행정학의 특수한 영역의 하나로서 소방행정에 대한 본격적인 학문적 연구가 진행된 것이다. 선진 외국에 견주면 늦은 감은 있지만 그래도 짧은 기간 동안 괄목할만한 발전을 해온 것 또한 간과할 수 없다. 필자는 25년간의 소방관 생활을 통해 터득한 소방실무행정업무와 대학원에서 소방행정학을 천착하면서 선진 소방의 꿈을 실현하기 위해 노력을 아끼지 않았다.

오늘날의 소방은 과거의 소방과는 달리 적극적인 봉사정신으로 국민 앞에 자신 있게 다가갈 수 있는 국가관을 견지하면서 조직이론, 관리기법을 적용하려고 노력한다. 따라서 우리나라 소방의 발전을 위해서는 소방행정학에 대한 이론과 실제를 연계시켜 그 결과를 토대로 한국적 모형을 정립하도록 하여야 할 것이다.

소방행정학의 분야에는 아직도 연찬되지 않은 주제들이 많이 있다. 여기에서는 소방행정학자들이 흔히 다루고 있는 소방행정학의 중요한 영역에 대해서만 논의하고자 한다. 첫째로 제1장부터 제2장까지는 소방행정학의 학문적 접근과 기본이념, 그리고 소방행정제도에 대한 논의가 제시되었다. 둘째로 제3장부터 제5장까지는 일반적으로 소방기획·정책 및 소방관료제, 특히 소방조직과 관계가 있는 행정학의 이론을 논의하였다. 셋째로 제6장부터 제11장까지는 소방행정의 특정한 분야, 즉 행정이론과 인간관계론, 소방의사전달, 리더십, 인사관리·예산에 초점을 두었다. 그러나 소방운영 부문의 핵심을 이루고 있는 화재예방검사, 화재조사, 구조·구급이론 등은 필자의 다른 학문연구(박사과정이수)의 이유로 다음 기회로 미루기로 하였다.

특히 이 책은 간결하게 요점만을 기술하였기 때문에 논리의 비약이 있을 수 있다. 그러나 소방행정의 연구에 관심이 있는 학자, 연구자, 대학생(대학원생)뿐만 아니라 실무에서 행정업무를 다루는 소방공무원 및 소방간부후보생 지원자들을 위한 입문서 또는 참고문헌으로서 가치를 지니도록 하였다.

끝으로 그간 본인의 연구에 가르침과 도움을 주신 원광대학교 대학원 행정학과 교수님들과 동국대학교 행정대학원 교수님들께 감사드리며 이 연구가 소방행정 발전에 조금이라도 보탬이 되었으면 한다. 또한 이 책을 출판할 수 있도록 교정을 도와준 사랑하는 아내와 둘째 딸, 그리고 경기도 소방학교 홍장표 교수, 원고정리를 해준 오영균 군 등 여러분께 감사하는 바이다.

경기도 소방학교 연구실에서

저자 씀

차 례

Chapter 1. 행정의 기초이론

Chapter 2. 소방행정이념과 발전

Chapter 3. 소방기획과 정책

Chapter 4. 소방관료제와 행정

Chapter 5. 소방조직의 원리

Chapter 6. 행정이론의 계보

Chapter 7. 인간관계론

Chapter 8. 소방행정에 있어서의 의사전달

Chapter 9. 소방리더십

Chapter 10. 소방인사행정

Chapter 11. 소방예산 및 재무관리

행정의 기초이론

1

CHAPTER

제1절 행정의 개념과 기능

행정은 역사적으로 가장 오래된 직업 중의 하나이고[1] 오늘날에는 우리생활 어느 곳에서도 찾아볼 수 있는 무소부재(無所不在)한 현상이다.

우리사회와 국가는 70년대 이후 새마을 운동의 열풍으로 초고속 경제성장을 이룩하고 국민들의 삶의 질은 향상되었으나 과학기술의 발전, 완벽한 지방자치제의 정착, 지역의 균형개발과 복지사회의 건설, 남북한의 평화통일, 재난관리체계의 일원화, 국제사회에서의 협력과 경쟁 등 많은 과제를 안고 있는 동시에 청년과 노인의 실업문제, 빈부격차, 교통난, 주택난, 범죄, 마약, 환경오염, 교육문제 등 수많은 문제에 직면하고 있다.

이러한 문제는 행정에 의존하지 않으면 개인의 힘으로 해결할 수 없는 사회전체가 풀어나가야 할 문제들, 즉 행정에 의존하지 않으면 해결할 수 없는 공공문제(public affairs)인 것이다.

이러한 인간생활의 질을 위협하는 수많은 공공문제들의 해답을 찾고 사회적 변화에 대처하기 위해 개인, 시민단체, 종교단체나 기업 등이 나서기도 하지만 정부에 의존하는 정도가 더 커지고 있다. 이것은 곧 행정의 성격과 역할이 변하고 있다는 것을 의미한다. 따라서 행정이란 중앙이나 지방정부가 이러한 '공공문제의 해결을 위하여 행하는 제반활동이나 내부적 관리'라고 말할 수 있다.

행정은 인류의 역사와 더불어 변천해 왔으나 행정의 성격과 역할은 시대적 · 공간적 이념과 과학기술의 발전에 따라 변천해 왔다. 그러므로 행정이 이제는 단순히 공공정책(public policy)을 집행만 하는 수단이 아니라 사회변화를 설계하고 수행하는 지도적인 세력으로서 작용하고 있으며 우리 개개인의 삶의 질과 사회변화에 지대한 영향을 미치고 있다.

1. 행정의 개념

행정이란 무엇인가? 어떠한 개념이든 마찬가지이지만 행정개념의 이해도 쉽지 않은 일이다. 개념(concept)이란 어떤 현상이 인간의 인지(perception)를 통해서 추상적으로 표

---

1) 가장 오래된 직업은 샤머니즘이고 그 다음은 교회에서 장부를 정리하는 관리행위로서의 행정이라고 한다(김광웅, 행정과학시설, 박영사, 1983, p.99).

현된 용어를 말한다. 그것은 인간의 주관적인 어떤 인지를 통하여 형성되기 때문에 어떤 개념의 뜻을 정의하거나 규정한다는 것은 어려운 것이다. 더군다나 개념은 대개 다의적(多義的)이어서 체계적이고 일률적인 개념의 정의가 한층 더 어렵다.

나이그로(F. A. Nigro)는 행정이라는 개념을 정리하기 어려운 이유로서 행정의 영역이나 범위 및 한계가 불명확하며 계속해서 행정의 내용이 확대되고 기능이 동태적으로 변화하고 있기 때문이라는 점을 지적했다.

지금까지 많은 행정학자들이 행정이란 무엇인가에 관한 정의를 시도하였으나 아직까지 만족할만한 정설은 없다. 그 이유는 첫째, 최근 행정에 대한 지식이 급격히 확대되고 변화가 빨라서 이론적인 체계가 적립되기 전에 또 새로운 이론을 요구하기 때문이며 둘째, 행정의 경계가 분명하지 않으며 행정의 내용과 기능이 동태적으로 시대에 따라 변화되고 있기 때문이기도 하다.[2] 우리가 앞으로 공부하게 되는 대상은 행정이라 부르는 하나의 사회현상인데 일반적인 행정의 개념을 살펴보면 다음과 같이 정의할 수 있다.

① 행정의 개념이 다의적이고 가변적이어서 개념규정 자체도 강조하는 측면에 따라 여러 가지가 있을 수 있다. 즉 행정의 범위나 한계가 명확하게 설정되어있지 않고 내용과 기능이 동태적으로 변화하고 있기 때문에 체계적인 개념규정이 쉽지 않다.

② 행정학에서 논의되고 있는 행정이란 정부행정, 즉 공공행정(public administration)을 가리키므로 보다 일반적이고 포괄적인 넓은 의미의 행정 혹은 관리의 한 측면으로서의 행정과 구별된다.

③ 역사적으로 행정은 3권 분립 이론을 배경으로 형성되었으며 입법, 사법, 행정의 분화는 각국의 정치적 상황과 역사적 발전의 차이에 따라 그 구체적 형태나 작용이 동일하지 않다.

④ 행정은 연구자가 어떠한 측면을 강조하느냐에 따라 정의가 달라지는 것이지 행정의 본질 그 자체가 달라지는 것은 아니다.

⑤ 오늘날의 행정은 정치와 행정의 관계에서 정치행정 일원론의 입장을 취하고 있다. 행정을 단순히 정책집행에만 국한하지 않고 정책형성까지도 중요한 영역으로 보고 있다.

⑥ 행정이 과학이냐 기술이냐 하는 관계에서도 최근에는 과학과 기술 양분론을 지양하고

2) Felix A. Nigro and Lioyd G. Nigro(1984), Modern public Administration(New York: Harper and Row), p.3.

행정이란 과학성과 기술성을 동시에 지닌 존재로서 학문과 실질의 대상이 되는 것으로 보는 경향이 강하다.

⑦ 행정이란 행정부가 공공의 목적을 달성하기 위하여 행하는 제반활동이나 내부적 관리인 것이다.

2. 행정개념의 규정

행정의 개념이 다의적이고 가변적이어서 개념규정 자체도 강조하는 측면에 따라 여러 가지가 있을 수 있다. 한국의 학자들은 대개 다양한 행정의 개념정의를 행정법학과 행정학의 측면에서 설명하는 것으로 구분하고 있다.[3] 따라서 여기서도 이러한 체계에 따라 몇 가지 행정에 대한 개념정의들을 소개하고자 한다.

1) 행정법학적 행정개념

행정법학에서의 행정개념도 여러 가지로 구분되고 있다. 일반적으로는 우선 실질적 의미의 행정과 형식적 의미의 행정으로 구분하고, 전자는 다시 소극설과 적극설로 나누어진다.[4]

실질적 의미의 행정은 국가작용의 성질을 기준으로 행정을 이해하려는 것이다. 여기서는 전자(前者)에 속하는 소극설과 적극설의 내용을 간단히 살펴본다.

(1) 소극설

복잡한 행정현상을 적극적으로 규정하는 것이 어렵다고 보아 입법도 사법도 아닌 나머지의 모든 국가활동[5]을 행정이라고 보는 견해이며, 공제설이라고도 한다.

이는 3권 분립을 전제로 하여 행정개념을 쉽게 파악할 수 있는 것 같으나 행정의 독자성과 통일성 찾기 어려운 결점이 있다.

---

3) 안해균, 현대행정학(서울: 다산출판사, 1987), pp.55～66; 유종해, 현대행정학(서울: 박영신, 1986), pp.6～101; 김규정, 행정학원론(서울: 법문사, 1973), pp.3～5; 유훈, 행정학원론(서울: 법문사, 1979), pp.22～24; 박동서, 한국행정론(서울: 법문사, 1973), pp.33～35.

4) 이상규, 신행정법론(상)(서울: 법문사, 1971), pp.53～61; 서원우, 현대행정법론(서울: 박영사, 1979), pp.4～6; 김남진, 행정법 1(서울: 법문사, 1986), pp.29～33; 족립충부행정학(동경: 일본평론사, 1971), pp.69～70.

5) 수도회, 현대행정국가론(동경: 초서방, 1969), p.9; 유훈, 전개서, p.2.

(2) 적극설

행정은 '법 아래서 법의 규제를 받으면서 현실적으로 국가목적의 구체적 실현을 향하여 행해지는 전체로서의 통일성을 지닌 계속적 · 형성적 국가활동[6]'이라고 하여 국가목적의 구체적 실현과정을 행정의 내용상 특성을 규정하는 것이다. 비엔나학파의 규범주의적 방법론과 법단계설을 전제로 행정을 일반적인 법규범을 개별화하는 법적 작용으로 파악하려는 견해로서 행정을 적극적으로 규정하는 입장에 속한다.

이상과 같은 행정법학적 행정개념은 3권 분립적 권력구조가 중대한 변화를 겪고 정책형성과 같은 행정의 창조적 기능이 강화됨으로써 현대행정의 본질을 정확히 드러낼 수 없으며, 국가목적 또는 공익의 지나친 강조로 국민 개인의 권익이 부당하게 침해될 소지를 내포하고 있다는 결점이 있다.

2) 행정학적 행정개념

행정의 기능이 확대, 강화되면서 행정학자들이 사용하고 있는 행정의 개념도 여러 가지로 나타나고 있나. 행정의 기능에 관한 범위를 어떻게 잡고 어떠한 측면을 강조하느냐에 따라 개념의 규정이 달라지고 있는 행정의 개념들을 정리하면 발전기능설, 행정관리설, 정치기능설 및 행정행태설의 4가지로 대별할 수 있다.

(1) 발전기능설(發展機能說)

1960년대부터 1970년대까지 발전행정론자인 에스만(M. Esman), 헤디(F. Heady)와 와이드너(E. W. Weidner)에 의해 강조된 학설로서[7] 행정이란 스스로 나라의 정치경제사회의 발전목표의 설정에 적극적으로 참여하고 그에 일치되는 발전계획의 형성과 집행 및 관리기능을 주도하는 것으로 파악된다. 이 학설은 정치 · 행정 일원론의 입장을 취하면서 통치기능설과 다른 점은 행정을 정치적 · 경제적 · 사회적인 여러 국가 발전정책 · 발전목표를 적극적으로 달성하기 위한 정책형성의 기능으로 파악한다(새 일원론).

(2) 행정관리설

1880년대부터 1930년대까지 행정학의 초창기의 대표적인 견해이다. W. Wilson은 '행정

6) 田中二郞, 행정법총론(동경: 유문각, 1957), p.20.
7) Milton J. Esmam(1964), The Politics of Development Administration(CAG, ASPA), pp.10~20.

의 분야는 사무(business)의 분야'[8]라고 했으며, L. D. White는 '행정은 국가목적 달성을 위한 사람과 물건의 관리'[9]라고 정의하고 있다. 이는 정치・행정 이원론을 전제하며, 기술적 행정학으로 명명된다. 내용상의 특색은 이미 수립된 정책・법령의 구체화를 의미하는 것으로 간주하고 행정과 경영간의 차이를 경시한다는 점을 간과할 수 없다.

(3) 정치기능설

1930년대 중반 이후부터 M. E. Dimock,[10] P. H. Appleby[11] 등에 의하여 주창된 학설로서 행정관리설과는 달리 이미 수립된 정책의 구체화에 한정하지 않고 적극적인 정책결정 및 입법기능까지 담당하는 정치・행정일원론의 입장을 취하고 있다. 여기서는 행정과 경영의 차이를 인정하고 행정을 보다 정치와 관련시켜 정책결정의 역할을 중요시한다는 점에 특색이 있다.

(4) 행정행태설

1940년대에 H. A. Simon에 의하여 주창된 것으로 Simon은 행정조직을 목표달성을 위한 모든 구성원들의 의사결정행태의 망으로 보고 행정을 의사결정의 과정이라고 주장한다. 또한 D. Waldo도 행정이란 고도의 합리성을 지닌 집단적 협동행동이라고 규정함으로써 합리적인 집단행동이라는 점을 강조하고 있다. 여기서 말하는 행태란 공동목표를 달성하기 위한 집단구성원들의 '행동과 태도를 요약한 말로서의 행태(behavior)'를 의미한다. 따라서 행정은 의사결정이 핵심이 되는 행정행태를 중요시하는 사회심리적인 개념으로서 행정을 협동적 집단행위로서 이해한다. 이는 정치기능이 행정 속에 내포되고 있는 것을 인정하지만 행정학의 과학화를 위하여 인위적・논리적으로만 가치판단적인 것을 연구대상에서 배제하려는 것으로서 행정의 과정면에 중점을 두며 행정과 경영간의 본질적인 차이를 인정하지 않는다.

---

8) Woodrow Wilson, 'The Study of Administration,' *Political Science Quarterly* Vol.2,(June 1887), p.209.
9) Leonard D. White, *Introduction to the Study of Public Administration*, 1st ed.(New York: Macmillan Company, 1926), p.2.
10) Marshall E. Dimock, *Modern Politics and Administration*(New York: America Book Company, 1937), p.243. Dimock은 '통치는 정치와 행정 즉, 정책형성과 집행으로 이루어진다. 이 두 관계는 상호 배타적이 아니라 협조적이다.'라고 했다.
11) Paul H. Appleby, *Policy and Administration*(Alabama: Alabama University Press, 1949), p.22, 24, 29, 170 참조; Appleby는 '행정은 바로 정책형성이다. …… 따라서 행정은 정치와 융합적이고 순환적인 통치과정이다. 그리고 현대행정이 통치과정 중에서 핵심적 부분을 이루고 있다.'라고 했다.

3. 현대행정의 개념 정립

행정의 개념이나 성격은 시간적 · 공간적 차원이나 정치 · 문화의 특징에 따라 유동적이다. 다만 행정은 어떤 나라를 막론하고 전통적으로 사회질서를 유지하는 사회안정 기능이나 특정국가사회의 체제를 유지하는 기능에 중점을 두어왔다. 20세기 행정국가에 있어서 행정은 국가사회의 체제유지 뿐만 아니라 국민의 경제 · 사회생활에 적극적으로 널리 관여하게 되고 정책결정기능을 수행하게 되었으며 경제적 · 사회적 변동을 관리하는 역할까지 담당하게 되었으나 국내외적 환경의 급변으로 21세기 행정의 기능과 역할의 전면적인 재조정 · 재검토가 불가피하게 되었다. 그러므로 행정의 개념을 여러 가지 측면에서 정의할 수 있지만 현대행정의 개념을 정립하면 '행정은 국가발전이라는 목표를 향하여 통치 권력의 배경 아래서 공공정책을 형성하고 이것을 능률적 · 효과적으로 집행하는 협동적 집단행위'라고 요약할 수 있다.

4. 행정과 정치

행정의 본질을 제대로 이해하기 위해서는 정치와의 관련성을 명백하게 규명하는 것이 무엇보다 중요하다. 왜냐하면 오늘날 행정과 정치는 상호 밀접하게 관련되어 있고 나름대로 독자성을 가지고 있으며 또한 행정은 고도의 정치적 성격을 띠고 있기 때문이다. 그런데 행정과 정치의 이러한 상호관련성은 행정의 개념자체를 어떻게 규정하고 그 영역을 어떻게 설정하였는가에 따라 달라진다. 지금까지 정치와 관련하여 행정의 개념과 영역을 규정한 것을 보면 대개 정치 · 행정이원론과 정치 · 행정일원론 사이를 방황하고 있는 것 같다.

여기서는 이러한 이론적 추세에 따른 행정과 정치의 상관성을 차례로 살펴보고 한국에서의 행정과 정치에 관하여 간단히 언급하고자 한다.

1) 정치·행정이원론(기술적 행정학)

(1) 성립배경

정치 · 행정이원론은 현대행정학의 시조라고 부르는 미국의 윌슨(W. Wilson)에 의해 제창되었다. 즉, 행정은 정치와 별개이며 정치로부터 독립되어야 한다는 관념은 19세기 미국의 정치경제적인 시대적 배경에서 찾아볼 수 있다.

정당정치에 뿌리를 두고 발달된 엽관주의가 극심한 부패를 초래하게 되자 19세기 중엽에는 이러한 횡포를 방지하기 위한 대책의 일환으로 실적주의를 확립하기 위한 인사법을 제정하였다. 이는 간단히 말하면 우선 인사행정의 차원에서 행정을 정치로부터 절연(絶緣)시키고 이를 통하여 관리로서의 행정의 독자성을 유지시키기 위한 노력이었다. 이와 같은 노력은 '행정의 분야는 사무의 분야이며, 행정은 정치의 고유영역 밖에 존재하고 행정문제는 정치문제가 아니다.'[12]라고 하는 1953년도에 출판된 윌슨(W. Wilson)의 논문 「행정의 연구(The Study of Public Administration)」에서 학문적으로 양분론을 분명히 하였다.

또한 미국이 산업사회로 성장하면서 여러 가지의 사회경제적인 문제가 급증되어 행정에 의한 해결을 요청하게 되었다. 그런데 이와 같은 문제해결은 엽관주의에 의하여 충원된 정당공무원으로는 결코 쉽지 않았다. 다시 말하면 증가일로에 있는 복잡한 문제의 해결을 위하여 과학적이고 능률적인 행정이 요청되었고 그러자면 행정은 또한 정치성을 배제하고 관리적 성격을 강조하지 않으면 안 되었다. 요컨대, 쇄신적(刷新的)이고 능률적인 행정의 요청이 정치·행정이원론을 탄생시켰다는 것이다.

(2) 영 향

윌슨(W. Wilson)과 굿노우(Good Now)의 주장은 거의 40여 년간 미국의 정치·행정학자들에게 받아들여졌으며 민주정치에 있어서 행정관의 적절한 역할에 관한 연구에 많은 영향을 미쳤는데 행정에 미친 영향을 요약하면 다음과 같다.

① 대부분의 학자들과 개혁자들에게 민주정치에 있어서 직업공무원제와 실적주의의 수립에 관한 만족스러운 이론적 정당성을 제공해 주었으며 합리성과 능률성에 입각한 행정기구 및 관리의 개선에 공헌하였다.

② 이러한 주장은 새로운 독자적인 이미지는 물론 자기영역과 정체성(identity)을 갖는 학문으로서 행정학을 수립하는데 이론적이며 실제적인 기반을 조성해 주었다.

③ 정부조직에 관한 일련의 명백하고 만족할만한 기준을 제공하였다. 즉 정책을 수립하는 관료는 정치적으로 임명되는 정무관(政務官)으로 충원되며 행정관(行政官)은 실적주의에 의해서 임명되며 그들이 중립적인 기술적 능력을 가지고 있는 한 계속적으로 신분을 보장한다는 것이다.

---

12) Woodrow Wilson, 전게서, pp.197～222 및 Dwight Waldo(1953 edit), Ideas and Issues in Public Administration(New York: McGraw-Hill), pp.65～75.

(3) 비 판

① 정치・행정이원론은 행정을 독자적인 영역으로 분리하여 그 능률화에 기여한 것은 부인할 수 없으나 행정이 실제로 정치나 정책으로부터 완전히 분리되어 기계적인 집행만을 담당하는 것으로 한정될 수 있을 것인가가 문제이며 또 그렇게 되어서는 안 되는 것이다.

② 정책의 문제는 집행의 과정에서도 계속적으로 제기되며 특히 현대행정의 실제는 행정에 의한 행정수립을 더욱더 요구하고 있다.

③ 집행과정의 기술적 합리화에만 주력하는 것은 한정된 의미밖에 없는 것이며 그것을 통해서 진정한 능률이나 사회적 목적을 달성하는데 있어서의 능률을 올릴 수 있을 것인지도 문제이다.

이상과 같은 비판의 여지로 인하여 초기행정학의 정치・행정이원론은 정치・행정일원론에 그 자리를 내어줄 수밖에 없게 되었으며, 행정을 정치로부터 분리하여 그 기술적 합리화에만 주력한 행정학을 기술적 행정학이라고 한다.

2) 정치·행정일원론(기능적 행정학)

(1) 성립배경

1929년의 대공황으로 국민소득의 격감, 실업자의 격증, 위기관리 등의 문제가 발생하고 이를 극복하기 위한 뉴딜(New Deal) 정책과 제2차 세계대전을 계기로 행정권과 행정기능이 확대・강화됨에 따라 정치・행정이원론은 비판을 받게 되었으며 위임입법의 증가와 행정의 전문성・기술성의 증대로 인해 행정의 정책결정기능(정치성)은 점진적으로 강화되었고, 제2차 세계대전 이후에는 행정의 정책결정기능은 일반적인 현상으로 인식되었다. 정치・행정일원론의 성립배경을 요약하면 다음과 같다.

① 1929년의 대공황과 제2차 세계대전의 빌미로 대량실업과 위기관리 등의 과업이 폭증하였다. 이와 같은 과업은 전통적인 회의나 정당보다 전문적인 행정에 의하여 효율적으로 관리될 수 있었고 따라서 행정의 정책관리기능이 대폭 강화되었다. 이와 관련하여 나타난 징표로 행정권에 의한 위임입법의 증가, 행정권의 재량확대, 정책결정에 참여하는 행정위원회의 설치 등을 들 수 있다.

② 뉴딜정책과 전시행정관리에 행정학자들이 적지 않게 참여하였는데 이들은 행정실무에의 직접참여를 통하여 행정이 정치로부터 결코 분리할 수 없는 것임을 절감하였다.

(2) 이론의 내용

행정의 본질을 있는 그대로 파악하여 오늘날 압도적인 지지를 받고 있는 정치・행정일원론의 대표적 이론을 간단히 살펴보면 다음과 같다.

① 디목(Marshall E. Dimock)은 행정실무경험을 토대로 현대정치와 행정을 저술하였다. 그는 여기서 통치과정을 정책결정과 정책집행, 즉 정치와 행정으로 구분하고, 두 과정은 상호 배타적이라기보다는 협조적 관계에 있다고 주장하였다.[13)]

② 애플비(Paul H. Appleby)는 '정책과 행정'에서 행정의 정치성을 크게 강조하면서, 행정과 정치의 연속적・혼합적 성격을 설명하였다. 요컨대 행정과정에서는 정책이 수립되며 따라서 행정과 정책결정은 상호 교호적으로 파악되어야 하고, 결국 행정은 정책결정과 관리의 혼합이라는 것이 그의 주장이다.[14)]

③ 행정이 환경적 조건에 의하여 성격이 달라진다는 가우스(J. M. Gaus)와 리그스(F. W. Riggs)의 생태론적 행정학과 행정관료가 집단이익의 충돌을 조정하는 과정에서 정책결정에 관여하지 않을 수 없음을 지적한 허링(E. P. Herring)의 견해도 넓게는 정치・행정의 불가분성을 전제로 하고 있다.[15)]

(3) 이론의 평가

행정은 넓은 의미의 정치과정에 포함되어 있고, 또한 행정과정에서도 정책결정이 이루어진다는 사실을 명백하게 지적함으로써 정치・행정일원론은 현실적인 행정의 본질을 제대로 이해하게 하는 데 기여한 바가 크다. 그러나 행정의 정치성 내지 행정관련성을 크게 부각시키다 보니 행정과 정치의 개념상 경계가 불투명해지고, 행정학과 이론적 독자성과 과학화가 저해되는 결과를 가져왔다.

---

13) Marshall E. Dimock, *Modern Politics and Administration* (New York: American Book Company, 1937), p.243.
14) Paul H. Appleby, *Policy and Administration* (Alabama: University of Alabama Press, 1949), pp.6~8.
15) E. P. Herring(1936), *Public Administration and the Public Interest* (New York: McGraw-Hill Book Company, Inc.), p.9.

3) 정치·행정 새 이원론(행정행태론)

행정기능의 확대 · 강화와 더불어 정치 · 행정일원론이 당연한 것으로 받아들여지는 가운데 1940년대 후반부터 사이먼(H. A. Simon)을 비롯한 행태과학자들이 행정학의 연구대상과 정치학의 연구대상을 다시 구분할 것을 주장하였는데, 이것이 소위 새 이원론이다.[16)]

말하자면 행정현상 중에서 사실에 관한 것만을 행정의 연구대상으로 하는 것이 행정의 과학화를 높이는 방도(方道)라는 것이 그들의 주장이다. 그렇다면 이러한 접근법은 행정의 본질을 정치와 단절시키는 것이라기보다는 정치성을 내포하고 있는 행정의 관념 속에서 편의상 정치성, 즉 가치판단의 영역을 연구대상에서 제외하자는 것일 뿐이다. 따라서 행정의 본질을 파악하는 과정에서 정치성의 부분을 제거하려고 한 초기의 이원론과는 그 입장이 다르나는 것을 유의하지 않으면 안된다.

4) 정치·행정 새 일원론(발전행정론·행정우위론)

행정의 과학성을 높이려는 논리실증주의적 행태주의는 행정의 발전기능과 정책관련성이 강화되면서 행정과 정치를 일원적으로 이해하려는 입장에 다시 그 주도권을 빼앗기게 되었다. 몇 가지 이론적 관점에서 새로이 조명된 정치 · 행정의 관계를 정리하면 다음과 같다.

(1) 발전론적 관점

발전론적 관점은 행정과 정치의 영속성(永續性)을 인정하되 종래의 정치우위보다 행정우위의 관계를 뒤집어 생각하자는 주장이다. 이는 와이드너(E. Weidner), 에스만(M. Esman) 등이 정치조직에 비하여 행정의 발전유도기능을 상대적으로 강조하다 보니 나타난 결론이다[17)]. 이와 같은 관점은 한국을 비롯한 발전도상국의 행정을 이해하는 데 많은 도움이 되지만 관료제의 지나친 비대와 이로 인한 횡포, 예컨대 자유와 인권을 침해한다는 비판이 있다[18)].

---

16) H. A. Simon(1949) et al., Public Administration (New York: Knoff, 1956); P. H. Appleby, *Policy and Administration* (Alabama: University of Alabama Press), p.17.

17) M .J. Esman, 'The Ecological Style in Comparative Administration' Public Administration Review, Vol.27, No.3, September, 1967. p.275.

18) Fred Riggs(1963), Bureaucratic and Political Development : A Paridoxical View, in J. Lapalombara (ed) Bureaucracy and Political Development(Princeton University Press), pp.126~139.

(2) 행정론적 관점

행정을 공공정책의 결정과 집행과정이라는 측면에서 파악하려는 입장이다. 최근에 강력한 지지를 받고 있는 이러한 입장에서는 행정의 정책결정기능을 강조하기 때문에 행정을 정치와 이원론적으로 파악한다. 라스웰(H. D. Lasswell), 드로어(Y. Dror) 등에 의하여 주도되고 있는 관점이다.

(3) 후기행태주의와 신 행정론적 관점

사실을 중시하는 논리실증주의를 포기하지 않으면서 가치문제를 행정의 고려대상에 포함시키고자 하는 후기행태주의와 여기서 한 걸음 더 나아가 전통적 행정이론의 문제점을 전반적으로 비판하면서 가치중립적인 행태론과 실증주의를 지양하고 규범주의를 통하여 현실문제를 해결할 것을 제안하는 신행정론의 입장도 근본적으로 행정과 정치를 동일선상에서 조견(照見)하자는 태도라고 할 수 있다.

5) 한국의 행정과 정치관계의 문제점과 방향

지금까지 행정과 정치의 관계가 어떠한가를 미국정치이론의 전개과정을 중심으로 살펴보았다. 이와 같은 논리적 토대에 비추어볼 때 한국의 행정과 정치는 어떠하고 또 어떠해야 될 것인가를 간단히 검토해 보고자 한다.

(1) 문제점

① 우리나라는 행정과 정치의 기능이 미분화 된 채 정치체제에 대한 행정체제의 압도적 우월화 상황이 계속되었으며 국민의 정치적 기능은 극도로 제약되고 정치는 행정권에 예속되었다. 따라서 정치우위론이 지배되어 왔으며 정당정치와 관련성이 깊은 엽관주의의 전통이 없는 우리나라에서는 정치・행정일원론과 정치・행정이원론간의 논쟁이 제기될 사회적 여건은 없었다고 보아야 한다.

② 우리나라는 1960년대와 1970년대에 걸쳐 국가의 근대화와 조속한 경제사회발전을 위하여 행정이 주도적 역할을 하지 않을 수 없었다는 점을 인정하면서도 국민에 의한 통제와 책임정치가 수반되지 않는 정치권력의 비대화에 의하여 행정의 민주성・책임성이 희생되었다.

(2) **방 향**

① 오늘날에 있어서는 행정과 정치의 균형적 발전이 중요시되어 행정은 정치의 지도·통제를 받으면서 그 자체의 독자성·자율성을 유지해 나가야 할 것이다. 또한 행정인도 정치적 적응력과 쇄신적 능력을 갖춘 행정적 정치인이 되어야 한다.

② 행정만능주의를 배격하고 지나친 행정의 정치화를 지양하여 행정의 자율성을 강화·확대해 나가야 하며 참여의 확대를 통하여 정치체제의 투입기능을 활성화 시켜야 한다.

5. 행정과 경영

1) 의의

최근에 '경영행정', '행정의 경영화' 또는 '기업형 행정'이라는 용어가 널리 사용되면서 이에 대한 관심이 고조되고 있다. 이러한 현상은 혁신적인 기업가 정신을 도입하여 정부부문을 효율화하자는 데에 그 근본 목적이 있다. 그 내용은 정부부문에 시장 원리와 경쟁 원칙을 도입하여 비효율을 제거하고 성과지향적이며 고객 지향적인 행정서비스를 제공하는 것이다.

그러나 '행정의 경영화'가 추구하고자 하는 본래의 목적이 달성되기 위해서는 행정과 경영의 특성을 잘 이해할 필요가 있다. 행정과 경영은 한편으로 서로 유사한 면이 있지만 다른 한편 상이한 면도 있다. 따라서 행정과 경영의 유사성과 차이점을 인식함으로써 '행정의 경영화'의 의미와 한계를 분명히 이해해야 한다.

행정은 일반적으로 공행정과 사행정으로 구분되는데 공행정은 흔히 행정(public administration), 사행정은 경영(business administration)이라고 부르고 있다. 이와 같은 구별은 운영의 주체가 공권력을 가진 국가기관이냐, 아니면 공권력을 가지고 있지 못한 개인 또는 비공공(非公共)기관이냐에 따라 이루어진다. 그러므로 공공행정은 국가 또는 기타의 공공기관에서 행하는 행정을 말하며 사행정은 개인기업체나 각종의 민간단체에서 행하는 행정을 의미한다.

그런데 지금까지는 공·사 행정이라는 두 분야만을 생각해 왔으나 근래 정부가 민간에 계약으로 공적 사업을 맡기는 일이 증가하고 공·사 행정의 어느 것에도 속하지 않고 양자의 성격을 아울러 가지는 시민단체, 교회, 사립학교와 병원, 민간박물관, 사회복지단체 등과 같은 다양한 제3분야(third sector)가 출현함으로써 공·사 행정의 한계가 모호해지고 있다.

사회학자 에치오니(Etzioni)는 공과 사(公과 私)라는 두 분야로 나누지 않고 사적(영리적), 정부적(국가적), 공공적(비영리적 · 자발적)이라는 세 분야로 나누고 있는데 공공적 분야란 제3분야를 의미한다고 하겠다.[19] 공 · 사 행정의 관계에 관한 이론의 계보는 다음과 같다.

(1) 기술적 행정학의 입장

정치로부터 분리된 행정을 기술적 과정으로 인식하고 경영에서의 과학적 관리법이 행정에도 적용될 수 있다고 생각하여 행정과 경영간의 유사점을 강조하는 정치 · 행정 이원론자들은 공 · 사 행정 동질론, 즉 공 · 사 행정 일원론의 입장을 취한다. 대표적인 학자로는 윌슨(W. Wilson)과 귤릭(L. Gulick), 어윅(L. F. Urwick) 등을 들 수 있다.

(2) 기능적 행정학의 입장

행정기능의 변화와 더불어 행정의 공공성 · 독자성을 중시하여 행정의 과학화에 소극적 태도를 취하면서 기술적 행정학의 이론을 비판하고 행정과 경영 간의 차이점을 강조하는 정치 · 행정 일원론자들은 공 · 사 행정 이질론(공 · 사 행정 준별론, 공 · 사 행정 이원론)을 주장한다. 애플비(Paul Appleby), 디목(Marshall E. Dimock) 등이 그 대표적 학자이다.

(3) 행태론적·체제론적 입장

조직의 구조보다 행태, 체제, 기능에 중점을 두면서 조직이론의 과학화에 주력하는 사회학자, 심리학자, 일반관리론자들이 취하는 입장으로 행정의 경영에 대한 차이성과 독자성이 경시된다. 사이먼(H. A. Simon), 톰슨(Victor A. Thompson), 에치오니(Amitai Etzioni) 등이 여기에 속한다.

(4) 발전행정론과 신행정론의 입장

행정이 국가발전을 주도해 나간다는 점을 강조하면서 행정의 사회변동 기능이나 정책결정 기능과 능동적 역할에 중점을 둔 발전행정론자들이 60년대에 들어서면서 취한 입장으로 행정의 경영에 대한 차이점과 독자성을 강조한다. 신행정론에서도 공공행정의 논리적 · 규범적 성격이나 공공성 · 공익성을 강조한다. 에스만(M. Esman), 와이드너(E. Weidner)가 대표적인 학자이다.

---

19) 신종순(1982), 행정학, 서울: 고시원, pp.61～62.

2) 유사점(類似點)

행정과 경영은 대규모의 조직 속에서 많은 사람이 협동을 통하여 목표를 달성하는 현상이 내포되어 있다는 점에서 공통적이다. 이와 같은 측면에서 볼 경우 공행정은 사행정(경영)과 다음과 같은 유사점을 갖는다.

(1) 관료제적 성격

행정과 경영은 주어진 목적을 효과적으로 달성하기 위하여 대규모의 조직을 가지며, 따라서 관청적 권한, 계층제, 비정의적, 문서주의, 전문적 지식, 평등고용 등을 특징으로 하는 관료제적 성격을 띠고 있다는 점에서 유사성을 가진다.

(2) 협동행위

공・사 행정을 막론하고 협동은 인간조직에 있어서 가장 핵심적인 요소이다.[20] 행정이나 경영은 다 같이 집단 내에서의 협동적인 집단노력이란 점이 유사하다.

(3) 관리기술

행정이라면 공・사를 막론하고 다 같이 목표를 달성하는 과정에서 능률성이 강조되므로 그 과정에서 적용되는 관리기술은 그다지 차이가 없다.

예컨대 합리적인 기획제도, 목표에 의한 관리[21], 리더십, 과학적 관리법, 예산절약방안, 사무자동화 등의 관리기술은 실제로 어느 쪽에서도 쉽게 찾아볼 수 있는 요소들이다.

(4) 의사결정

공행정이든 사행정이든 조직의 목표를 결정하고 수행하기 위하여 많은 대안을 탐색하고, 또 그 중에서 최선의 대안을 선택하는 의사결정과정(decision making process)을 밟는다. 경우에 따라서는 비합리적 의사결정도 존재하며 이와 같은 의사결정은 개인적으로 이루어질 경우도 있고 집단적으로 이루어질 경우도 있다.

---

20) Felix A. Nigro and G. Nigro(1973), *Modern Public Administration*, 3rd ed.(New York: Harper & Row), p.15.

21) 목표에 의한 관리(MBO) : Management By Object, 1965년 피터드럭커가 그의 저서 「경영의 실제」에서 주장한 이론.

3) 차이점(差異點)

행정과 경영은 전자가 정치성을 함유하고 있기 때문에 여러 가지의 차이가 있는데[22] 이러한 차이는 시대와 국가에 따라 다르다. 다만 일반적으로 지적되는 양자의 차이를 열거하면 다음과 같다.

(1) 목 표

공행정(公行政)은 그 추구하는 목표를 공익에 두고 있으나 사행정(私行政)은 이윤의 극대화를 일차적 목표로 삼는다. 물론 사행정도 공익을 추구하는 경우(영리법인의 장학재단이나 사회복지시설 운영)가 없지 않으며 또 공행정도 사익을 추구하는 경우(전매사업 등)가 없지 않다. 그러나 공행정은 목적이 공익과 공공봉사 질서유지 등으로 다양하게 표시되지만 경영은 이윤추구의 일원적 목적을 지향한다.

(2) 정치적 성격

행정은 본질적으로 정치적 성격을 내포하고 있으나 경영은 정치적 성격이 약하다. 즉 행정은 정치적으로 설정된 목적을 공권력의 배경아래 수행하며, 적법타당성 여부에도 국민, 의회나 정당으로부터 통제와 감독을 받는다. 이에 비하면 경영은 조직대표의 주도아래 의사결정이 이루어지며 집행은 상호주의원칙 아래서 이루어진다. 그리고 경영에 대한 국민의 감시와 비판이 전혀 없는 것은 아니나 대개 윤리적 책임의 한계를 벗어나지 아니한다. 다만 근래에는 경영이 거대화됨에 따라 정치권력과 더욱 긴밀한 유대관계를 지니는 경우가 많아지고 있다.

(3) 법규의 규제

행정은 조직의 신설, 변경, 예산의 운용 그리고 질서유지를 위한 소극적 작용이나 복지증진을 위한 적극적 작용 모두 엄격한 법적 규제를 받으며 이것은 법치주의의 당연한 결과이다. 이에 비하여 경영에서는 비록 넓게는 법의 테두리 내에서 모든 활동이 이루어지지만 행정에서와 같은 직접적인 법적 규제를 받지는 아니한다. 이와 같은 차이는 조직의 신설이나 예산집행상의 탄력성을 비교해 보면 쉽게 알 수 있다.

---

22) P. H, Appleby(1949), *Big Democracy*, University of Alabama Press, p.12.

(4) 공개성(公開性)과 평등성(平等性)

행정은 모든 국민에게 평등하게 적용되며, 이를 위하여 유리알 속에서 행해지는 것처럼 널리 공개되는 것을 원칙으로 한다. 그러나 경영에서는 자기 이익 극대화를 위하여 고객을 편의주의에 따라 차별대우하는 것이 널리 용인되며, 또한 경영 또는 기술영리상의 비밀이 흔히 존재한다. 다만 행정에서는 외교·안보상의 정책결정에도 적지 않은 비밀이 존재하는 반면 경영에 있어서는 주식회사의 확대와 사회성의 차원에서 많은 부분이 공개되는 경우도 없지 않다.

(5) 독점성(獨占性)

행정은 소방·경찰·군대·전매사업의 예에서와 같이 정부기관에 의하여 독점적으로 수행되며 원칙적으로 이에 대한 경쟁을 허용하지 않는다. 그러나 경영사회에서는 이익이 존재하는 한 경쟁성의 원칙이 지배하는 것이 일반적이다.

(6) 윤리의 수준

공행정은 공익의 달성과 국민에 대한 봉사, 그리고 국가의 발전에 민주적이며 합리적인 기여를 해야 하므로 청렴, 사명감 등에서 기업에 비하여 더 높은 수준의 윤리를 요구한다. 그러나 현재 우리나라 공무원의 청렴도는 비교적 낮은 편이어서 공무원의 부정부패는 커다란 사회적 문제가 되고 있다.

(7) 조직구성원의 신분보장

행정조직의 구성원인 공무원은 법령에 의하여 두터운 신분보장을 받고 있다. 반면 경영조직의 구성원인 회사원의 경우 경영방침이나 회사의 사정에 의하여 임면(任免)이 좌우된다. 다만 경영조직의 구성원이라 하더라도 노동법상 특별한 경우가 아니면 임의로 해고를 하지 못하도록 규정하고 있기 때문에 공·사조직 구성원의 신분보장 정도는 상대적인 것이라고 할 수 밖에 없다.

(8) 조직규모 및 영향력의 범위

행정은 조직규모가 방대하며 그 영향력도 전 국민 또는 지방주민의 모두에게 미친다. 이에 비하여 경영의 조직규모와 영향력의 범위는 상대적으로 적다고 할 수 있다. 그러나 근래 등장하고 있는 국제적인 재벌기업은 규모나 영향력에 있어서 정부의 행정에 못지않은 것을 볼 수 있다.

4) 행정과 경영의 상호관련성

(1) 행정과 경영의 관계는 국가와 시대의 변천에 따라 다르기 마련이며 양자의 명확한 한계를 설정하는 것은 어려운 일이다. 특히 오늘날 대규모기업체의 출현, 민간기업의 정치성과 영향력의 확대, 기업의 사회적 책임성의 강조 등으로 양자의 구별이 애매해지고 있으며 더구나 군 - 산 복합체(軍 - 産 複合體)와 같은 제3분야(third sector) 행정의 등장은 양자의 구별을 더욱 더 어렵게 하고 있다.

(2) 행정과 경영의 차이의 정도는 행정의 정치적 · 권력적 성격에 의하여 좌우된다고 할 수 있다. 이렇게 본다면 서구의 선진국에서는 상대적이고 양적 차이라면 우리나라의 경우는 기업의 행정에 대한 자율성이 약화되어 있어서 상대적이지만 질적 차이가 있다고 평가된다.

6. 행정문화

같은 행정제도와 비슷한 관리기술을 사용하였는데도 실제 나타나는 행정현상과 그 결과는 모두 같지 아니하다. 이는 행정인의 의식구조 또는 가치관이 중요한 행정변수의 하나임을 짐작케 하는 것인데, 특히 행태론적인 접근방법이 행정의 연구에 원용되면서 구체적인 행정행위를 이해하고 장래의 행동방향을 예측하는 데 있어서 '행정문화'라는 개념을 중심으로 집중적인 관심의 대상이 되고 있다.

따라서 여기서는 행정문화의 개념과 속성을 정리하고, 행정문화가 현실적으로 행정에 어떻게 영향을 미치는지 알아본 뒤 한국의 행정문화에 대하여 검토해 보고자 한다.

1) 행정문화 개념

행정문화는 정치문화, 교육문화, 주거문화, 생활문화 등과 같이 문화라는 일반적 개념과 특정 사회현상이 결합된 용어이다. 따라서 다른 것들이 그러하듯이 행정문화도 일반 사회문화의 한 부분을 차지하는 하위문화이다. 그러므로 행정문화의 개념을 정의하자면 그에 앞서 일반적인 문화의 개념을 먼저 알아보는 것이 순서이다.

문화의 개념에 대하여는 인류학자나 사회학자들이 나름대로 다양한 정의를 내리고 있다.

그러나 행정문화의 개념을 분명히 하는 데는 두 가지의 대표적 견해만 소개하는 것으로 족할 것 같다.

Clyde Kluckhohn은 주로 인류학자 입장에서 '소속집단으로부터 신인이 얻는 사회적 유산으로서의 생활양식'을 문화라고 규정하였다.[23] 이러한 규정은 인간의 행동과 생활태도에 대한 문화의 설명력을 강조한 것이다. 이에 대하여 M. E. Olsen은 사회학자 관점을 부가하여 문화란 '사회적 조직화의 과정 속에 나타나는 하나 내지는 그 이상의 사회적 질서의 유형과 관련된 비교적 통일된 상징적 공유관념 총체'[24]라고 정의하였다. 이러한 정의에는 결정론적 유형성 외의 상징적 관념, 사회집단성 등이 특히 강조되었다.

이상 강조하는 측면이 다소 다른 두 가지 개념정의를 종합한다면, 문화는 대개 ① 역사적 산물로서 사회적 행동에 영향을 미치며, ② 사회질서의 유형과 관련된 가치를 내포하고 있고, ③ 생활양식을 지배하는 관념체계 등의 세 가지 요소를 포함하고 있는 것으로 볼 수 있다. 그런데 이와 같은 문화는 행정문화에도 그대로 적용된다. 쉽게 말하자면 행정인의 행동이나 행정조직을 둘러싸고 앞에서 설명한 개념요소들이 나타난다면 그것이 바로 행정문화라고 할 수 있다.[25] 이를 좀 더 구체적으로 정의하자면 '행정에 종사하는 사람들의 태도, 행정양식 등을 지배한다고 생각되는 가치관'[26]으로 볼 수 있을 것이다.

이와 같은 행정문화의 개념에는 적어도 ① 오랜 시간을 거쳐 형성되었다는 역사적 지속성, ② 행정현상에 대한 결정력, ③ 추상적 감정, 가치, 관념이라는 요소들이 내포되어 있다.

2) 행정문화 속성

행정문화는 당연히 시대와 나라에 따라 같지 아니하다. 따라서 일반적인 행정문화의 속성을 논의할 수도 없으며 특정의 행정문화의 성격을 얘기할 수밖에 없다. 여기서는 비교행정론적 시각에서 흔히 제시되는 선・후진국의 행정문화에 대하여 설명하기로 한다.

---

23) Clyde Kluckhohn, 'The Concept of Culture in Edger A. Schuler', et, al.(eds.), Readings in Sociology (New York: Thomas Y. Crowell, 1971), pp.74~79.

24) Marvin E. Olsen, The Process of Social Organization : Power in Social Systems, 2nd ed.(New Yok: Holt, Rinshart and Winston, 1978), pp.160~201.

25) 문화의 개념이 행정문화에 그대로 적용된다는 주장에 대하여는 박동서, '새 시대 행정문화의 창조와 공무원 형태', 중앙공무원 교육원, 행정발전 심포지엄, 1982.7 참조.

26) 조석준, 한국행정학(서울: 박영사, 1980), p.109.

(1) 선진국의 행정문화 속성[27)]

① 합리주의

의사결정에 있어서 객관적인 자료의 수집과 분석에 의존하며, 감정의 이론과 권력적 독단이 지배되는 경우가 적다. 극히 세속적·몰인격적인 관료제도가 이를 잘 반영하고 있다.

② 성과주의

인력의 채용과 능력의 평가에 있어서 귀속성(ascription)보다는 실적성(achievement)이 주요 기준이 된다. 따라서 자원의 절약과 능률의 향상이 도모된다.

③ 전문주의

정부기능이 확대되어 행정이 거의 모든 영역을 포괄하고 있지만, 분야별로는 고도의 전문성을 추구한다. 공직의 전문직업화가 이를 잘 반영하고 있다.

④ 다원주의

추구하는 가치와 사회제도의 다원적 존재가 존중된다. 상대방의 존재가치를 인정하기 때문에 여러 가지 권력이 개인간, 기관간, 조직간에 균형있게 배분된다.

그 외에 관료의 정치적 기능을 제약하는 정치적 중립주의, 과감한 문제의 해결을 시도하는 모험주의 등을 들 수 있으나 모든 선진국의 공통적인 행정문화로 보기는 어렵다.

(2) 후진국의 행정문화 속성[28)]

지금 우리 사회의 정치, 사회, 경제의 현실을 진단해 볼 때 리그스가 말하는 프리즘적 사회의 성격을 강하게 띠고 있다 라고 하겠다. 전이사회, 과도사회, 굴절사회의 형태로 시장사회와 경제에 있어서도 상품의 가격메카니즘을 채택하고는 있으나 오히려 가격의 불확정성이 지배적이고, 정치·행정의 행태면에서도 평등주의 원칙을 전제로 하지만 정치집단과 관료들은 소속집단과 자기세력의 목전의 이익, 파벌에 따라 차별대우를 하고 있다.

사회집단은 이질오합집산으로 혼합되어있고 기능이 중복되어 있으며, 연고우선주의에 빠져 있고, 형식주의에 머물고 있으며 신분과 계약이 혼합한 관계가 조성되어 있으며 다규범

---

27) Ferrel Heady, Public Administration : A Comparative, 2nd.(New York: Marcel Dekker Inc., 1979), pp.168~170.

28) 이는 F. Riggs가 sala모형에서 자세히 설명하고 있다. F. Riggs, Administration in Developing Countries : The Theory of Prismatic Society(Boston: Houghton Mifflin Co., 1964), pp.310~315.

주의가 팽배해 있는 사회이다.

① 형식주의

형식과 실제간의 현격한 괴리, 즉 형식인 법규와 사실상의 집행이 크게 다르다. 이는 법규 자체의 현실적 부적합, 형식을 존중하는 전통, 관료에 대한 사회적 통제력의 약화 등이 그 원인이다.

② 기능의 중복

전통적 요소와 현대적 요소가 공전하며, 공식적으로는 기능이 분화되어 있으나 실제로는 중복・대행현상이 잦다.

③ 다분파주의・다규범주의

공동체 상호간의 대립투쟁이 격화되는 다분파작용이 일어나며 전통적 규범과 현대적 규범이 편의에 따라 적용된다.

④ 권력과 권한통제의 불균형

관료는 법적으로는 제한적 권력을 가지나 현실적으로는 큰 영향력을 가지며 공식적 통제는 형식적이다.

⑤ 상향적・하향적 누수체제

세입・세출과정에서 부정수입 또는 하도급 등으로 세입이 누수된다.

⑥ 연고우선주의는 혈연과 지연, 학연과 같이 일차 집단적 연소를 다른 사회적 관계보다 우선시하고 이런 행동양식을 다른 사회관계에 까지 확장 투사하는 문화적 특성을 말한다. 다시 말하자면, 대개 자연발생적으로 주어진 인간관계의 그물망을 공적영역에까지 확장하여 사회생활의 중요한 원리로 삼는 태도를 가리킨다. 우리는 연고 속에서 태어나 그 안에서 성장한다. 그리고 어려울 때에는 연고자에게 의탁하게 되고 연고가 없는 곳에서는 낯선 느낌을 갖게 된다. 따라서 연고는 인간에게 없어서는 안될 소중한 것이다. 하지만 이러한 사적인 인간관계의 원리가 공적인 영역에까지 확장되어 사회적 선택의 지배원리가 될 때에는 단순한 연고가 아니라 연고주의가 된다. 취업이나 승진, 비즈니스 등에서 연고가 결정적인 영향을 끼칠 때 이제 '연고'는 우아하게 '연고주의'로 '격장'되는 것이다. 이리하여 연고주의에 휘둘리는 곳에서는 공과 사가 혼합되고 오히려 사사로움이 공변됨을 잡아먹는 형국에 이르는 것이다. 그리고 연고주의는 기회균등을 봉쇄하여 사회적 형평성을 깨뜨리고 있음도 간과해서는 안된다. 아니, 합리적 효율성의 질식보다 사회적 불평등의 초래가 더 근본적이 문제점이 된다.

⑦ 가격의 불확정성

발전도상국의 상품거래에서 정찰가격이 없고 거래할 때마다 개별적인 가격이 부여되는 현상을 말한다. 리그스(F. W. Riggs)는 프리즘사회 즉, 과도사회에서는 가격메커니즘이 전통적인 융합사회의 특성과 분화된 근대 사회의 시장요소를 동시에 지니고 있으므로 가격불확정성의 특징을 지니게 된다고 말한다. (행정학사전, 이종수, 2009.1.15)

3) 행정문화 행정관계

지금까지 우리는 행정문화의 의의를 행정형태의 결정요인이 된다고 하는 이른바 문화결정론적 입장에서 논의하였다. 그러나 행정문화와 행정실제와의 관계를 행정문화가 형성되는 과정을 관찰하면 이와 같은 일방적 결정관계에 있는 것만은 아니다. 오히려 행정문화가 행정형태에 영향을 미치고 행정형태의 거듭된 반복이 또한 행정문화를 형성함으로써 상호작용을 미치는 관계에 있다고 할 수 있다. 이러한 상호작용을 간단히 도식적으로 나타내자면 그림 1-1과 같다. 행정문화가 행정인의 의식구조와 가치관에 영향을 미치고, 이에 의하여 행정구조와 기능관계가 형성되며, 나아가 행정행위의 모습이 결정된다. 그리고 이와 같은 세 가지의 행정요소와 행정현상이 오랜 시간을 거쳐 반복되다 보면 일정한 유형의 행정문화가 형성되며 이는 행정에 영향을 주게 된다.

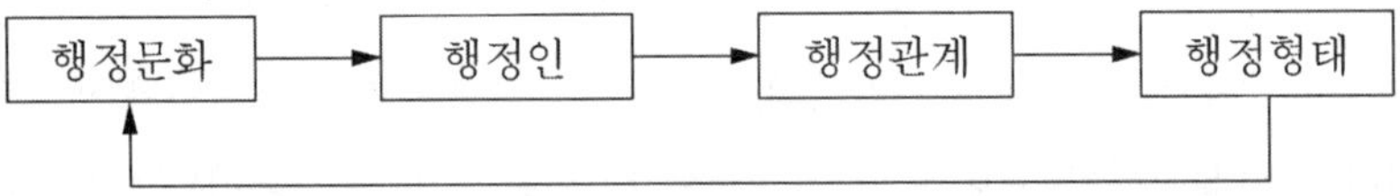

그림 1-1 행정문화의 상호작용

이와 같은 행정문화와 행정과의 연속적 상호작용은 문화결정론의 입장에 행정의 적극적 기능을 덧붙여 생각하면 명백하다. 그런데 행정의 적극적 기능은 행정이 사회변동을 주도한다는 발전행정론적 입장이나, 행정이 사회경제적 역할을 수행하고 있음을 통하여 충분히 이해할 수 있을 것이다. 김운태 교수는 '행정은 복합사회내의 문명인이 그들의 문화를 통제하기 위한 주요한 발명이요 수단'[29]이라고 하여 행정의 사회문화 통제기능을 적극적으로 강조하고 있다.

29) 김운태, 행정학원론(서울: 박영사, 1980), p.90.

4) 한국의 행정문화

한국의 행정문화에 대하여는 많은 학자들이 나름대로 주요 속성을 제시하고 있다.[30] 이들이 주장하고 있는 것에는 약간씩 차이가 있지만, 공통적으로 가장 많이 지적되고 있는 것은 가족주의, 권위주의, 형식주의, 계급주의 등이다. 이에 대하여 우선 간단히 설명하면 다음과 같다.

(1) 가족주의

우리나라 공무원들은 가족주의[31] 때문에 공과 사를 혼동하는 경우가 많다고 한다.[32] 이를테면 행정조직상의 부하직원을 자기 집의 일꾼과 같이 생각하고 공금을 개인적 경비로 착각하는 경우 등이 그러한 예에 속한다. 비단 행정조직뿐만 아니라 경영조직 속에서도 흔히 발견되는 이와 같은 가족주의적 경향은 근대화 과정에서 서구의 개인주의가 침투함으로써 상당히 소멸되었지만 공・사조직의 인사관리에서 아직 그 잔재를 적지 않게 발견할 수 있다.

공적 인간관계를 사적 인간관계로 전환시키는 이와 같은 가족주의는 지나친 경쟁을 방지하고 협동을 도모하는 일면이 없지 않으나 행정의 부패와 비능률을 가져오는 요인이 되기도 한다.

(2) 권위주의

권위주의는 복종의 기초가 되며 당연히 복종해야 한다는 신념에서 우러나오는 것이다. 유교문화의 영향을 압도적으로 받은 우리나라는 공・사생활을 막론하고 권위주의가 강하게 지배하여 왔으며 일제의 식민통치과정에서 또한 이의 수용이 강요되었다. 의사결정권이 주로 조직의 상층부에 집중되는 권위주의도 행정질서를 유지하는 데는 유리하지만 행정의 쇄신과 독창성을 저해하는 중대한 장애요인이 되기도 한다.

한국행정에서 권위주의는 유교문화의 퇴조, 전문직업의 분화, 국민의 교육과 생활수준의 향상[33] 등으로 인하여 근래에 상당히 약화되고 있으며, 특히 1980년대 후반 민주화 물결이 불면서 가속적 약화추세가 눈에 띠고 있다.

---

30) 김광웅, '행정문화', 행정론집, 제19권 제2호, 서울대학교 행정대학원, 1981, p.261.
31) 최재석, 한국인의 사회적 성격(서울: 개문사, 1977), p.23.
32) Wanki Paik, 'Modernization of Korean Bureaucracy : Value Orientation Approach', Unpublished Ph. D. Dissertation, Florida State University, 1972, pp.35~50.
33) 조석준, 한국행정학(서울: 박영사, 1984), p.133.

(3) 형식주의

예의는 유교적 덕목 중에서 가장 중요하다. 한국의 행정사, 특히 조선시대의 행정사에서 그 비중이 매우 높은 것을 알 수 있다. 예의의 지나친 강조는 내용보다 형식을 존중하게 되고 따라서 제도와 실제의 괴리를 사회현장에 남겨놓았다.

형식주의란 내용이나 실리보다는 과정과 절차, 격식, 선례 등 형식에 집착하는 태도를 말하는데, 경우에 따라서는 행정질서를 유지하는 데 도움이 될 수도 있겠지만 대개는 전례답습(前例踏襲)과 무사안일의 온상이 되어 행정의 낭비와 비능률을 자초하는 경우가 더 많았다. 또한 형식주의는 서구의 행정제도를 도입하는 과정에서 몸에 맞지 않는 장식을 무비판적으로 수용함으로써 많은 시행착오를 범하게 하는 원인이 되기도 하였다.

(4) 계서제 (계층주의)

계서제란 모두 동일한 신분이 아닌 여러 단계로 나뉜 신분제도를 말한다. 우리나라는 조선시대부터 계급제인사구조를 지녀왔다. 우리나라 행정인이 얼마나 계층의식이 철저한지는 행정인을 대상으로 하는 회의에 가보면 잘 알 수 있다. 회의장이나 행사장에 들어가면 위계에 따라 자기 자리가 어딘지를 찾는 데 많은 신경을 쓰고 있다. 또한 행정참여적 성격을 지닌 담당관 제도가 많은 부하직원을 거느린 집행조직으로 변질되어 버린 것도 이와 상당한 관련이 있다. 이러한 계층주의문화는 관료조직의 본질상 앞으로도 상당히 오래 존속될 것이 예상된다. 다만 민주, 평등의 관념이 강한 젊은 공무원의 경우 종전에 비하면 계층의식은 다소 약화되어 있다.

이상과 같은 속성 외에 학자에 따라서는 사인주의, 혁명주의, 온정주의, 의리주의 등을 한국행정문화의 하나로 설명하고 있다. 그러나 이들은 이미 설명한 네 가지 속성과 유사하거나 적어도 밀접한 관련을 지닌 것들로 별도의 구분설명이 필요하지 않는 것으로 생각된다.

한국의 행정문화를 이상과 같은 일반적 속성을 중심으로 설명하는 것과 달리 비교행정론적 시각에서 비교기준을 네 가지로 설정하여 한국의 행정문화를 판단하는 견해도 있다. 안해균은 ① 업무관계에 있어서 의사결정 및 의사전달유형이 일방적 상의하달적이며, ② 자원관계에 있어서 비물질주의에서 물질주의로의 전환, 인적 자원에 있어서 귀속주의와 업적주의의 혼재, ③ 목표・규범에 있어서 발전과 평등의 중시, ④ 환경에 있어서 권위주의와 행정제일주의 등을 한국행정문화의 주요 특성으로 지적하고 있다.[34)]

한국의 행정문화를 어떤 기준에 따라 어떠한 유형으로 정리하든 이상과 같은 논의도 대개 엄격한 분석에 바탕을 둔 것이 아니며 다분히 감각적 판단이나 한두 가지의 관련사례에 근거를 둔 경향이 있다. 따라서 한국의 행정문화로서 앞서 제시된 것과 무관하거나 상반된 속성이 지적될 수도 있음을 유의할 필요가 있다. 특히 사회경제적으로 전환기에 있고 동서양의 문화가 복잡하게 얽혀 있는 한국의 사회현실 또는 행정환경을 고려할 때 행정문화로서의 전통적 속성은 설명력이 상당히 감퇴될 것이다.

7. 행정의 특성

어느 하나의 학설만으로는 복잡하고 다양한 행정을 분석하기 어려우므로 행정의 특질과 속성을 인식함으로써 행정에 대한 보다 명확한 이해가 가능하리라고 본다. 현대행정은 공공성, 공익성, 권력성 등의 요인들이 복합적 · 종합적으로 관련되어 전개되는 특성을 지닌다.

(1) 공공성

공공성이란 자유롭고 평등한 인민이 공개적인 의사소통의 절차를 통해 공공복리를 추구하는 송성이다. 행정은 공공적 성격에 의하여 특정지어진다. 현실 개념인 동시에 이념이기도 한 공공성의 개념은 사회통합의 상징으로 이해된다. 공공성은 현실적으로 한 사회의 관습, 제도나 환경적 요인에 의하여 제약되며, 이 단어는 의료, 교육, 방송, 건축, 미술, 소방, 경찰 등 다양한 분야에서 사용된다. 영어의 open에 해당하는 단어이다.

(2) 공익성

공익성이란 영리를 목적으로 하지 않고 공공의 이익을 도모하는 성질을 의미한다. 학교, 교통, 통신기관, 언론기관, 병원 등은 공익성을 앞세워야 한다. 행정은 공공성을 가진 이익 즉 공익을 실현시키기 위한 작용이다. 공익은 국민이 공유하는 가치와 기준이며 특수이익에 우선한다.

(3) 정치성

행정은 본질적으로 정치성을 내포하고 있으며 정부행정은 정치적 환경 속에서 수행된다.

34) 안해균, 행정학원론(서울: 다산출판사, 1984), pp.142~150.

(4) 권력성

행정은 권력성을 띠고 있으며 권력수단이나 강제력에 의하여 사회체제를 유지하고 통제기능을 수행한다.

(5) 합리성·기술성

행정은 최소의 비용과 노력으로 최대의 목표를 달성하려는 합리성 · 능률성을 추구한다. 또한 행정은 공공사무의 관리 · 집행에 있어서 전체적으로 기술성을 띠고 있다.

(6) 안정성·계속성

행정은 국민의 욕구를 충족시키기 위한 기능이므로 안정성 · 계속성이 요구된다. 현대사회에서 행정은 가장 중요한 사회적 기능을 담당하고 있으므로 행정의 안정성과 계속성이 확보되지 않는 한 사회의 안정 있는 발전은 지속될 수 없다.

(7) 협동적 집단행위성

행정적 집단행위성이란 목표달성을 위한 구성원들의 협동행위이다.

제2절 행정구조와 현대행정

1. 소방행정기능의 분류

소방행정이란 무엇을 하는 것인가? 소방공무원은 무엇을 하는 사람들인가? 이러한 질문은 정부가 국민을 위해 '하고 있는 일'과 밀접한 관련을 갖고 있으며 소방행정기능이란 정부가 하는 일을 의미한다. 정부가 하는 일은 국민의 생명과 재산을 보호하기도 하고 개인생활을 규제하기도 한다. 행정은 진공상태에서 존재하는 것이 아니며 행정이 놓여있는 보다 넓은 환경과 밀접한 관련을 맺고 있다. 그러므로 행정의 기능이나 역할은 행정을 둘러싼 정치 · 경제 · 사회 · 문화적 환경에 의해 결정되게 된다. 따라서 소방행정의 기능은 국가나 시대에 따라 차이가 있게 마련이다.

행정기능은 기능과 필요에 따라 다양하게 분류할 수 있다. 그러나 여기서는 중앙정부의 행정기능을 중심으로 행정의 활동영역 즉 실질분야에 의한 분류와 기능수준별 분류, 그리고 활동과정 중 나타난 성질에 의한 분류를 살펴보기로 한다.

1) 활동영역에 따른 분류

이것은 행정이 추구하는 목적을 중시한 분류로서 국민에게 직·간접적으로 혜택이 돌아간다고 생각되는 기능을 중심으로 한 분류로서 활동영역에 따라 법과 질서유지기능, 국방 및 외교기능, 경제적 기능, 사회적 기능, 교육·문화적 기능으로 나눌 수 있다.

(1) 법과 질서유지 기능

국가의 제1차적 기능으로서 이것은 다른 모든 기능이 전부 법과 질서가 유지된다는 조건하에서만 이루어질 수 있다는 것을 의미한다. 이러한 기능을 주로 담당하고 있는 정부기관은 안전행정부, 법무부, 국가정보원 등이다.

(2) 국방 및 외교 기능

국민의 생명과 재산을 외적으로부터 보호하고 외국과 외교관계를 유지하는 기능으로서 이러한 기능을 주로 담당하고 있는 정부기관은 국방부, 외교부, 통일부 등이다.

(3) 경제적 기능

제반경제정책을 통하여 기업 및 소비자의 경제활동을 보장해주고 보다 나은 경제적 삶을 영위하도록 경제에 관여하고 경제개발을 촉진하기 위한 사회 간접자본 및 과학기술분야 등에 대한 투자활동을 하는 기능을 말한다. 이러한 기능을 주로 담당하는 정부기관으로는 기획재정부, 외교부, 고용노동부, 해양수산부, 농림축산부, 교육부 등이다.

(4) 사회적 기능

국민들의 사회적 욕구를 충족시키고 삶의 질을 향상시키기 위한 활동으로서 노동자들의 최저임금을 정하고 국민들의 보건향상에 노력하며 환경을 보호하고 각종사회보장제도를 실시하는 활동을 말한다. 이러한 기능을 주로 담당하고 있는 정부기관은 보건복지부, 환경부, 고용노동부, 국가보훈처 등이다.

(5) 교육문화적 기능

국민들의 교육 및 체육활동을 담당하고 예술활동을 보장하며 청소년 문제를 담당하는 기능이다. 이러한 기능을 주로 담당하는 정부기관으로는 교육부, 문화체육관광부 등이 있다.

2) 활동과정의 성질에 따른 분류

정부가 실질분야의 존재목적을 추구하는 수단 및 과정을 중시하는 방법으로서 그 성질에 대한 분류방법인데 정부의 활동과정에서 나타나는 성질에 따라 기획기능과 집행기능, 규제기능, 조장 및 지원기능, 중재 및 조정기능으로 분류할 수 있다.

(1) 기획기능과 집행 기능

기획기능은 정책결정이나 기획수립을 위한 기능을 말하며 집행기능은 이미 결정된 정책이나 계획을 집행하기 위한 기능을 의미한다.

(2) 규제 기능

법령에 근거하여 국민들의 생활을 일률적으로 금지하거나 제한하는 기능이다. 예컨대 독점금지 및 공정거래에 대한 규제, 각종경제활동에 대한 인・허가, 노동자의 안전에 대한 규제, 각종 환경규제, 소비자보호를 위한 규제 등이다.

(3) 조장 및 지원 기능

특정분야의 사업이나 활동을 적극적으로 조장(助長)하거나 지원하는 기능이다. 중소기업에 대한 금융지원이나 기술지도, 농어촌에 대한 특별지원, 개발촉진지역에 대한 지원 등이 그러한 예이다.

(4) 중재 및 조정 기능

사회 내에서 이해당사자들 간에 분쟁이 발생했을 때 정부가 중간에서 이해관계를 조정하고 양측의 합의를 도출해내어 중재하는 기능이다. 예컨대 노동쟁의를 둘러싼 노동자와 사업자간의 조정, 대기업과 중소기업간의 조정, 한약분쟁을 둘러싼 한의사와 약사 간 분쟁의 조정 등이다.

2. 행정기능의 변천과정

1) 행정기능의 변천유형

행정기능은 정부가 하는 일 즉, 공무원들이 하는 일의 범위와 강도(强度)의 측면에서 살펴볼 수 있다. 정부가 '하는 일'의 범위와 강도는 나라에 따라 또는 시대에 따라 다르게 나타난다. 행정이 미치는 범위와 강도가 매우 크게 나타나는 나라가 있는가 하면 행정의 범위 및 강도가 작은 나라도 있다. 반면에 어떤 나라는 국민생활의 광범위한 분야에 행정이 미치는 범위는 큰 편이 아니지만 행정의 강도는 강력한 경우도 있다.

행정의 기능은 행정을 둘러싼 정치·경제·사회·문화적 환경과 역사적 특성에 의해 영향을 받는다. 특히 그 나라의 정치·경제체제는 행정의 기능과 역할의 성격을 결정하는 중요한 변수이다. 민주주의 국가와 권위주의국가, 자본주의 체제와 공산주의 체세 간에는 전지보다 후자의 경우가 행정기능의 범위 및 강도가 더 크다고 볼 수 있다.

시대별로 볼 때는 야경국가[35] 또는 입법국가시대와 복지국가 또는 행정국가 시대 간에 행정기능의 특성에 많은 변화가 있었다. 야경국가시대인 19세기 자유주의 국가에서 정부는 소극적으로 질서유지만 담당하고 나머지 국민생활에 대해서는 최대한으로 개인의 자유를 방임하여 중립을 유지하는 데 그쳐야 한다고 보았다. 따라서 '최소의 행정이 최선의 정부'로 받아들여졌다.

애덤 스미스(Adam Smith)가 국가경비는 비생산적인 경비이므로 국가의 의무는 ① 국방 ② 사법제도 ③ 공공토목사업 ④ 정권 유지를 위한 재정권의 행사에 국한시켜야 한다고 주장한 '값싼 정부론(cheap government)'이 그 대표적인 예이다.

복지국가시대인 20세기에는 정부는 단순히 국민의 정치적 자유의 보장에 그치지 않고 공공복지를 증진하며 경제·사회·문화면에서 실질적인 자유와 평등을 보장하는 등 적극적으로 국민생활에 개입하지 않으면 안 된다고 보았다. 따라서 '최대의 봉사가 최선의 정부'라고 간주되었다. 최근에는 신보수주의의 흐름을 타고 민영화, 규제완화 등의 정책방향을 가진 '작은 정부론'에 대한 시대적 요청이 강하게 대두하고 있다. 이것은 정부실패에 대한 인식, 즉 정부역할의 한계를 인식한 결과라고 볼 수 있다. 이러한 흐름 속에서 세계 각국은 작은 정부를 구현하기 위해 다양한 행정개혁을 추진하고 있다.

---

35) 야경국가란 국가의 기본목표를 국민복지 등에 두지 아니하고, 국방이나 치안유지 등에 두는 나라. 독일의 라샬(F. Lassalle)이 자유주의국가를 비판하며 사용한 말임.

2) 우리나라 행정기능의 변천과정

행정기능의 변천과정을 고찰하는 방법은 여러 가지가 있다. 구조적 접근, 기능적 접근, 재정적 접근 등이 그러한 예이다. 우리나라 행정기능의 변천과정을 주요기능을 중심으로 고찰해 보면 다음과 같은 변천과정을 거쳐 왔다(행정개혁위원회, 1989 : 55~56).

1940년대와 1950년대에는 독립에 따른 국가건설을 위한 기본적 기능, 농지개혁 기능, 귀속재산의 처분 · 관리기능, 한국전쟁으로 인한 피해복구기능을 주로 수행하였다.

1960년대와 1970년대에는 국가발전을 위한 국가기획기능, 경제성장을 위한 각종규제와 지원기능, 국토의 효율적 이용과 개발을 위한 건설기능, 자주국방태세 확립을 위한 기능, 경제발전의 도약단계 이행에 따른 각종 조정기능, 국제적 자원난 극복을 위한 기능, 사회복지의 기반조성을 위한 기능, 평화통일기반 조성을 위한 남북대화기능 등을 주로 수행하였다.

1980년대에는 민주화와 민간부문의 자율성제고기능, 경제안정 및 국제화 시대에 따른 개방화 정책추진기능, 사회복지시설의 확충기능, 지방화와 지역간 기능발전을 위한 기능 등을 주로 수행하였다.

1990년대에는 국제화와 세계무역기구(WTO) 체제에 대응한 통상외교기능, 지방자치제 실시에 의한 자치기반조성기능, 정보화를 위한 정보체제구축기능, 사회간접자본투자기능 등을 수행하였다.

또한 행정기능의 변천을 파악하는 여러 가지 방법 중 정부예산의 기능적 분류의 기능적 변천내용을 추적해 보는 방법도 의미 있는 일이다. 예산은 정부의 기능을 수행하기 위한 사업계획과 재정적 수지를 조정한 계획이라고 정의할 수 있다. 따라서 정부가 어떠한 영역에 얼마만큼의 예산을 배정하였는가를 고찰하는 예산의 기능적 분류의 내용은 행정기능의 변천과정을 이해하는 중요한 지표가 된다.

3. 행정의 담당자

1) 공무원의 분류

행정의 담당자는 공무원이다. 각국의 공무원제도는 다양한 형태로 되어 있으나 여기서는 우리나라의 공무원제도를 중심으로 고찰해 보고자 한다. 공무원은 입법부와 사법부에도 있는데 여기서의 주된 대상은 행정부 공무원이다[36].

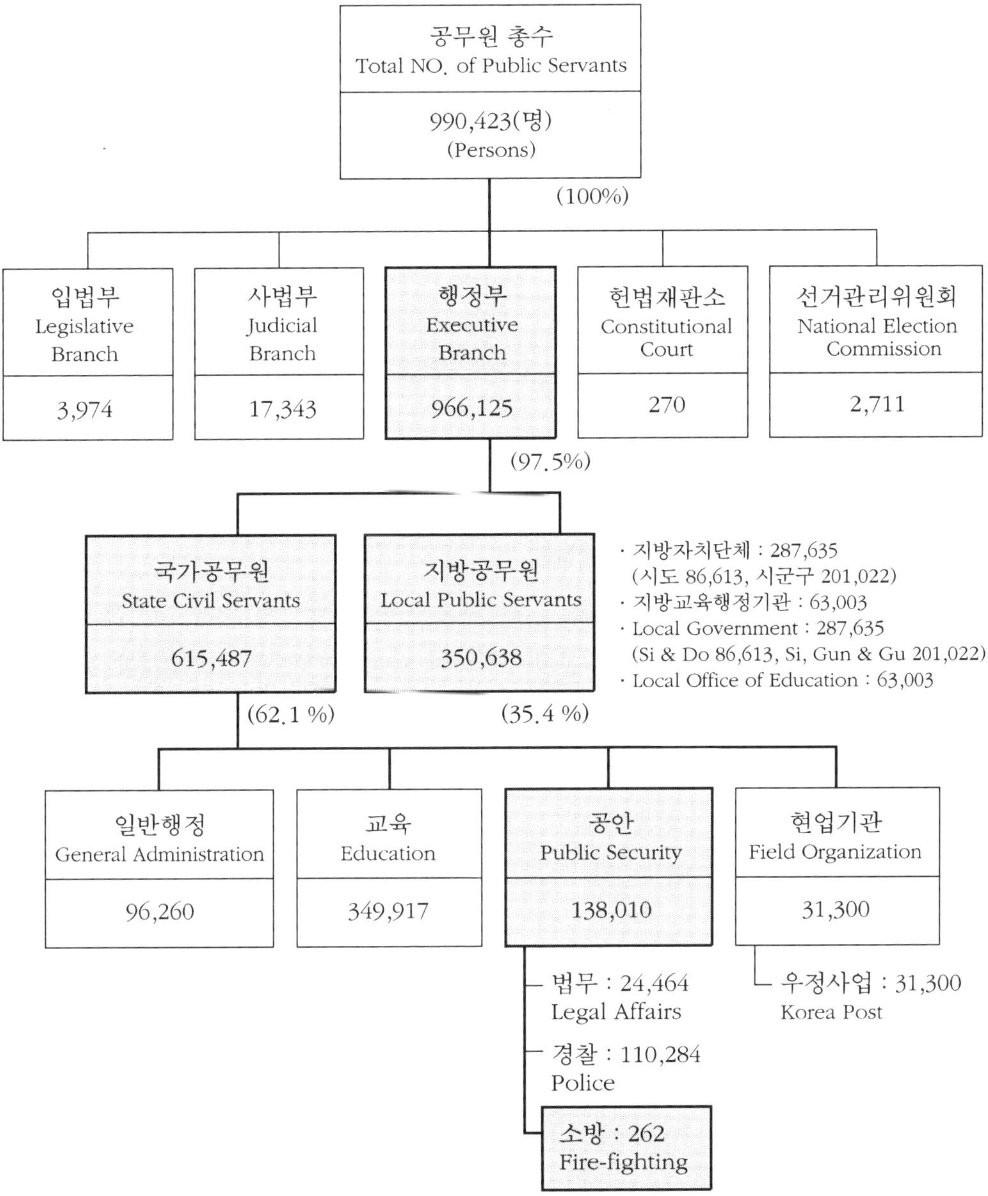

그림 1-2 공무원 총정원 분류표(Number of Public Servants by Branch)

* 자료 : 안전행정부(2013년), 안전행정 통계연보, p.75.

36) 2013년 통계연보 : 입법부 3,974명, 사법부 17,343명, 행정부 966,125명, 헌법재판소 270명, 선거관리위원회 2,711명의 공무원이 있다. 이를 포함한 공무원 총수는 990,423명이다(안전행정부 2013통계연보, pp85~86)

(1) **국가공무원과 지방공무원**

공무원은 먼저 중앙정부에 소속하는 국가공무원과 지방정부에 소속하는 지방공무원으로 구분할 수 있다. 우리나라는 현재 양자에 대한 법체계를 달리하여 국가공무원법과 지방공무원법이 따로 제정되어 있다. 국가공무원은 국가사무, 즉 중앙정부의 업무를 수행하고 그들에 대한 보수는 국비로 지급하는 것이 원칙이다. 지방공무원은 지방자치단체에 의해 임명되거나 선거에 의해 지방자치단체에 취임하는 공무원으로서 그들의 보수는 지방비에서 지급되는 것이 원칙이다. 그러나 이러한 원칙에 대해서는 많은 예외가 존재한다.

행정부에 소속된 공무원의 수는 그림 1-2에서 보는 바와 같이 2013년 1월 1일 현재 공무원 총수 990,423명 중 966,125명인데 그 중 국가공무원이 62.1%인 615,487명이고, 지방공무원이 35.4%인 350,638명이다.

(2) **경력직 공무원과 특수경력직 공무원**

국가공무원은 다시 경력직 공무원과 특수경력직 공무원으로 구분한다. 경력직 공무원은 실적과 자격에 의하여 임용되고 그 신분이 보장되며 정년까지 공무원으로 근무할 것이 예정되는 공무원이다. 여기에는 일반직 공무원, 특정직 공무원, 기능직 공무원이 포함된다. 일반직 공무원은 기술·연구 또는 행정 일반에 대한 업무를 담당하며 직군·직렬별로 분류되는 공무원이다.

특정직 공무원은 법관·검사·외무공무원·경찰공무원·소방공무원·교육공무원·군인·군무원 및 안전기획부의 직원과 특수 분야의 업무를 담당하는 공무원으로서 다른 법률이 특정직 공무원으로 지정하는 공무원이다. 기능직 공무원은 현업 업무에 종사하거나 사무보조업무 등을 수행하는 공무원이다.

특수경력직 공무원은 경력직 공무원을 제외한 나머지 공무원을 지칭한다. 여기에는 정무직 공무원, 별정직 공무원, 전문직 공무원, 고용직 공무원이 포함된다. 정무직 공무원은 선거에 의하여 취임하는 공무원 및 국무총리, 감사원장, 각 부처의 장·차관, 국가안전기획부의 부·차장 등과 같이 주로 정치적 판단이나 정책결정을 담당하는 고급공무원을 의미하나 별정직 공무원은 국회 전문위원, 감사원 사무차장, 국가안전기획부의 기획조정실장, 비서관 등과 같이 주로 정치적으로 임명되는 공무원이다.

전문직 공무원은 국가와 채용 계약에 의하여 일정한 기간 동안 연구 또는 기술업무에 종사하는 전문가들을 의미한다. 고용직 공무원은 정부 내에서 단순한 노무에 종사하는 사람들이다. 이러한 직급별 정원현황 보면 표 1-1과 같다.

표 1-1 분야별 행정부 공무원 정원현황(2013년 현재)

구분＼분류	총계	경력직 공무원				특수경력직 공무원			
		계	일반직	특정직	기능직	계	정무직	별정직	계약직
계	966,125	962,430	355,716	504,626	102,088	3,695	125	3,454	116
국가공무원	615,487	614,105	111,843	464,834	37,428	1,382	121	1,145	116
지방공무원	350,638	348,325	243,873	39,792	64,660	2,313	4	2,309	0

* 지방공무원 정원현황 중 지방자치단체장 및 지방교육감은 제외

* 자료 : 안전행정부(2013년), 안전행정 통계연보, pp.85~86.

(3) 공무원의 계급(직급) 체계

공무원은 담당 직무의 책임도와 난이도를 반영하여 계급(직급) 체계를 형성하고 있다. 경력직 공무원 중 일반직 공무원은 1 내지 9급의 9계급 체계를 유지하고(연구직 · 지도직 · 의료직 제외), 기능직 공무원은 1 내지 10등급, 검사를 비롯한 특정직 공무원은 각 개별 법률에 의하여 별도 계급(직급) 체계를 유지하고 있다(표 1-2). 그리고 정무직 · 별정직 · 전문직 · 고용직 등의 특수경력직 공무원은 계급 구분이 없다.

표 1-2 공무원의 계급체계

공무원의 종류	계급(직급)구분
일반직공무원	
행정일반	1～9급(관리관 · 이사관 · 부이사관 · 서기관 · 사무관 · 주사 · 주사보 · 서기 · 서기보)
연구직	연구관 · 연구사
지도직	지도관 · 지도사
기능직 공무원	1～10등급
특정직공무원	
법관	대법원장 · 대법관 · 판사
검사	검찰총장 · 고등검사장 · 검사장 · 검찰관
외무공무원	
외교직	특1급 · 특2급 · 1～5급
특임공관장	특1급 상당 · 특2급 상당
외무행정직	1～9급
외신직	1～9급
경찰공무원	치안총감 · 치안정감 · 치안감 · 경무관 · 총경 · 경정 · 경감 · 경위 · 경사 · 경장 · 순경
소방공무원	소방총감 · 소방정감 · 소방감 · 소방준감 · 소방정 · 소방령 · 소방경 · 소방위 · 소방장 · 소방교 · 소방사

표 1-3 경력직 공무원의 정원현황

계	고위 공무원단 또는 1급	2급	3급	3·4급	4급	4·5급	5급	6급	7급	8급	9급	기타
368,567명	1,051	157	402	835	6,508	2,817	32,768	92,345	97,489	83,777	38,691	0
100%	0.28	0.04	0.11	0.23	1.80	0.76	8.90	25.05	26.45	2.73	10.50	0

주 : 연구 및 지도직, 특수직, 기능직은 제외[37]
* 자료 : 안전행정부(2013년) 안전행정통계연보, p.83을 본 저자가 경력직 공무원 중 일반직만 간략히 도표화 한 것임.

국가공무원 중에서 일반직 공무원의 직급별 현황을 보면 표 1-3과 같다.

2) 공무원 정원의 증가추이

행정기구의 팽창과 더불어 공무원의 수는 계속 증가해 왔다. 이러한 현상은 우리나라뿐만 아니라 세계 각국의 공통적인 현상이다. 우리나라의 경우 1962년에 25만 명이던 것이 1970년에 42만 명, 1985년에는 67만 명, 1990년에는 82만 명, 1995년에는 90만 명, 2005년 12월 말에는 931,025명, 2008년 6월 말에는 974,830명, 2013년에는 990,423명에 이르고 있다(경력직 · 특수경력직 정원). 인구 1000명당 공무원의 수도 1970년에 13.3명, 80년에 15.9명, 1990년에 18.8명, 1995년에 20.2명, 2005년에는 54명, 2013년에는 16명으로 점차 증가하는 추세를 보이고 있다(표 1-4).

표 1-4 공무원 총 정원의 증가추이

연 도	1990	1995	2005	2008(6월)	2013년
정 원 (증 감)	818,121 (147,484)	905,390 (87,269)	931,025 (25,635)	974,830 (43,805)	990,423 (15,593)
증가율(%)	22	10.6	2.8	4.5	1.9

* 자료 : 안전행정부(2013년), 안전행정통계연보, p 83

그러나 인구수와 대비한 공무원 수를 외국과 비교할 때에 아직도 우리나라의 공무원 수는

37) 연구직 7,206명, 지도직 4,521명, 특수직 중 법관 2,858명, 헌법연구관 42명, 검사 2,012명, 외무직 1,955명, 경찰직 110,411명, 소방직 38,630명, 교육직 351,214명, 경호직 404명, 기능직 105,899명이다.
* 2013년 안전행정통계연보, p 83 참고

상대적으로 적은 편에 속한다. 공무원 1인당 인구수를 보면 비교연도는 다르지만 스웨덴 8명, 프랑스 12명, 영국 15명, 미국 13명, 일본 29명, 캐나다 12명 등인데 비해 우리나라는 54명에 이른다(표 1-5).

표 1-5 공무원 1인당 인구수(2010통계자료)

국가명	인구수	국가명	인구수
스웨덴	8.4	일 본	28.9
프랑스	12.2	뉴질랜드	19.0
영 국	15.3	덴마크	7.5
미 국	13.3	대한민국	53.6
독 일	18.8	캐나다	12.0
이탈리아	16.8	스페인	25.4

어느 정도의 공무원 수가 적정한지에 대해서는 정부기구 및 기능, 정부예산과 함께 정부의 적정규모와 관련하여 행정의 주요 논점이다. 일반적으로 공무원 수는 새로운 행정수요가 증대함에 따라 증가하기 마련이다. 그러나 좀 더 질 높은 봉사를 위해 공무원의 수가 늘었다면 바람직한 일이겠으나 그것과는 상관없이 공무원 스스로의 이익을 위해 공무원 수가 증가하는 현상도 발생한다. 파킨슨의 법칙,[38] 니스카넨의 예산극대화 모형[39] 등이 그러한 현상을 설명하는 좋은 이론적 예이다.

파킨슨의 법칙(Parkinson's Law)이란 '공무원의 수는 해야 할 업무의 경중이나 그 유무에 관계없이 일정비율로 증가한다.'는 법칙을 의미한다. 파킨슨은 이렇게 공무원 수가 증가하는 이유로 두 가지를 들고 있다. 즉 '부하 배증의 법칙'(제1공리)과 '업무 배증의 법칙'(제2공리)이 그것이다.

제1공리 '부하 배증의 법칙'은 A라는 공무원이 과다한 업무에 허덕이게 될 때 그는 자기의 동료 B를 보충 받아 그 업무를 반복하기를 원치 않고 그를 보조해 줄 부하 C를 보충 받기를 원한다는 것이다.

제2공리 '업무 배증의 법칙'은 상술한 바와 같이 부하가 배증되면 과거에 A 혼사서 일하던

38) Cyril Northcote Parkinson(1957), Parkinson's law(New York: Happer&Row), p.33.

39) 니스카넨은 관료들의 행태에 자기이익 극대화 가정을 도입하여 관료들은 승진, 이득, 명성 등의 자기 이익을 극대화하기 위하여 예산을 극대화하는 행태를 한다고 분석한다. 그 결과 정부 산출물은 적정 생산 수준보다 2배의 과잉생산이 이루어진다고 한다.

때와는 달리 지시, 보고, 승인, 감독 등의 파생적 업무가 창조되어 본질적 업무의 증가 없이 업무량의 배증 현상이 나타난다. 그리고 이상과 같이 제2공리에 의하여 배증된 업무량 때문에 다시 제1공리인 부하 배증 현상이 나타나고 이는 다시 업무 배증 현상이 창조되는 순환과정을 거침으로써 본질적 업무량과는 관계없이 정부 규모가 커져 간다는 것이다.

4. 현대행정의 특징

현대행정(modern public administration)이란 20세기 후반 현대국가의 행정으로서 현대행정은 우선 양적(量的)인 면에서 행정기능의 확대・강화, 행정기구의 증설, 공무원 수의 증가, 재정규모의 팽창, 공기업의 증가 등을 나타내고 있고, 질적(質的)인 면에서는 행정의 전문화・기술화, 정책화・계획화, 중앙집권화, 행정조사・통계의 활용, 컴퓨터와 관리과학 이용 등의 경향을 보이는 것이 그 특징이라 할 수 있다. 이를 보다 구체적으로 설명하면 다음과 같다.

1) 양적(구조적)인 측면

(1) 행정기능의 확대·강화

현대행정은 행정기능의 확대・강화의 경향을 보여주고 있다. 오늘날 행정기능은 단순히 사회질서의 유지나 법 집행 등 소극적 기능에만 머물지 않고 노인복지제도 및 사회보장제도의 실시, 도시개발, 주택건설, 공해대책, 교통대책 등 모든 영역에까지 확대되었다. 특히 발전도상국의 경우에는 급속한 경제성장을 이루기 위해 정부가 주도적 역할을 담당함으로써 행정기능이 한층 강화되고 있다. 소방행정의 예로는 화재진압에서 예방으로, 예방에서 구조・구급으로 봉사의 축이 이동되어 가고 있는 실정이다.

(2) 행정기구의 증설

현대행정의 특징 중의 하나는 행정기구의 증설을 지적할 수 있다. 오늘날 행정기능이 확대됨에 따라 행정기구도 계속 증설되는 현상을 보이고 있다. 미국의 경우 중앙정부 기구가 독립 직후에 3개 성(省)으로 출발한 것이 현재에는 15개성으로 증가되었고, 우리나라의 경우도 1994년 말 정부기구 개편을 제외하고는 정부수립 후 계속 증설되어 왔다.

(3) 공무원 수의 증가

행정기구의 확대화 경향에 따라 공무원의 수가 대폭적으로 늘어나는 현상이 나타나는데 이와 같은 공무원의 증가현상과 관련되는 중요한 요인으로서 특정국가의 인구밀도, 경제체제, 사회계층, 기술의 발달과 정치적 · 전통문화적 특성을 지적할 수 있다. 공무원의 증가에 관해서는 앞에서 기술한 파킨슨의 법칙과 같이 업무량의 증가여부에 관계없이 공무원은 자기의 부하를 많이 거느리고자 하는 욕망을 가지고 있으며(부하 배증의 법칙), 이렇게 증가된 사람들은 스스로 자기의 일을 만들기 때문에(업무 배증의 법칙) 공무원의 수는 해마다 5.17~6.65% 정도로 자연스럽게 증가한다고 볼 수 있다.

(4) 재정규모의 팽창

현대행정에서는 매년 재정규모가 팽창하고 있다. 행정기능의 확대에 따라 정부사업의 증대, 행정기구의 팽창과 공무원 수의 증가를 가져오게 되었고, 이로 인해 재정 규모도 매년 팽창하는 추세에 있다.

(5) 공기업의 증가

현대행정의 마지막 특징으로는 공기업의 증가현상을 들 수 있다. 민간자본의 부족, 기간산업과 첨단산업의 개발, 공공성(公共性)이 강한 기업의 유지, 국방 · 전략상의 고려, 독점적 사업, 정치적 신조 등 여러 가지 이유로 발전도상국가에서는 공기업의 증가현상이 나타나고 있다. 공기업에는 ① 정부부처의 형태를 지닌 공기업, ② 주식회사 형태를 지닌 공기업, ③ 공사(公社)가 있다.

2) 질적(기능적)인 측면

(1) 행정의 전문화·기술화

현대행정은 행정의 전문화 · 기술화되고 있다. 오늘날과 같이 사회가 복잡화되고 생활인의 직업이 다양해짐에 따라 행정기능의 확대는 물론 그와 관련된 행정업무를 효율적으로 처리하고, 또 새로운 정책결정이나 행정계획을 세우기 위해서는 행정의 전문성과 기술성이 요구된다. 이에 따라 정부 각 부처에서는 해당분야의 전문적 지식이나 기술을 갖춘 훈련된 직업공무원의 확보가 필요하게 된다.

(2) 행정의 정책화·계획화

현대행정은 행정의 정책화・계획화를 그 특징으로 한다. 즉, 현대행정은 행정계획의 수립은 물론 정책결정까지 담당하고 있는 것이다. 행정의 계획성은 경제사회발전계획・국방계획・도시계획・소방행정계획뿐만 아니라 행정의 모든 면에서 필요하며, 계획 작성을 위한 기획기능이 예산・조정 등의 기능과도 결부되어 중요시되고 있다.

(3) 중앙집권화(행정의 광역화)

현대행정은 중앙집권화의 경향을 띤다. 과학기술과 교통・통신수단의 발달과 경제생활권의 확대로 현대행정은 지방분권의 경계를 넘어 광역화됨으로써 새로운 중앙집권화의 추세에 있다. 이러한 경향은 과거 절대국가 시대처럼 단순한 권력의 중앙집중을 의미하는 것이 아니라 복지국가의 실현에 수반되는 중앙집권을 의미하는 '신중앙집권화(new centralization)' 현상이 나타나고 있다. 또 도시화와 산업경제의 발전에 따라 지방주민의 생활권, 경제권, 사회권, 문화권이 확대되고 유동성이 증가하면서 권력과 행정권을 일치시키는 행정의 광역화 현상이 나타나고 있다.

(4) 행정조사와 행정통계의 활용

현대행정에서는 행정실태나 행정상황의 정확한 파악과 행정의 합리적 운영을 위하여 과학적인 조사활동과 행정의 기초가 되는 통계업무가 날로 중시되고 있다.

(5) 컴퓨터와 관리과학의 이용

현대행정에서는 컴퓨터를 이용한 행정관리의 전산화・체제분석・PERT(Program Evaluation and Review Technique)[40]・OR(Operations Research)[41]등의 관리과학과 각종관리기법・관리정보체제(MIS)가 문제해결, 의사결정, 정책분석 등에 널리 활용되고 있다.

---

40) 공사의 실행계획을 짜는 경우 어떠한 방법으로 어떠한 공정의 진전방법을 쓰면 인원이나 자재의 낭비가 없이 배치할 수 있고 공기를 단축할 수 있는가를 해명하는 공정관리의 기법을 말한다. 복잡다기한 공사계획을 공정마다 풀어서 이것을 그물눈과 같은 관련도에 의해 관계를 맺게 하고 작업순서나 작업진행상황을 한눈으로 보아서 알 수 있게 만든 것이며 공사일정이나 납기를 산출해 내는 데 안성맞춤이다. → 공정관리(매일경제신문사, 1999).

41) 경영자가 행하는 의사결정을 수학적으로 행하는 방법으로서 목적은 경영전반의 관점에서 최적의 정책을 발견하는 것이며, 자료를 수집하고 이를 분석하여 그 사이에 존재하는 체계를 발견하는 과학적 방법을 쓴다. 그 방법으로서 LP, 시뮬레이션, PERT, 게임이론 등이 대표적이다. → 시뮬레이션, PERT(매일경제신문사, 1999).

5. 정보사회와 행정

1) 정보사회의 전개

엘빈 토플러(Alvin Toffler)가 그의 저서 「제3의 물결(The Third Waves)」에서 산업사회인 제2의 물결이 끝나가고 제3의 물결이 밀려오고 있다고 지적했듯이 우리 사회도 이제 빠른 속도로 산업사회에서 정보사회(information society)로 옮겨가고 있다. 컴퓨터와 통신기술을 주축으로 하는 정보기술이 사회 각 부분에 광범위하게 확산됨으로써 정부와 기업체는 물론, 가정에까지 보편화된 일상도구로 자리 잡았다. 지금까지는 인적자원과 자본이 우리 사회의 중요한 자원으로 여겨져 왔지만 이제는 정보가 가장 중요한 자원이 되어 가고 있는 것이다. 정보기술이 발달되고 그 활용이 일상화되면 정부행정도 내・외적으로 여러 가지 변화를 맞이할 수밖에 없다. 현대사회에서는 정치, 경제, 사회, 문화 등 모든 면에 걸쳐 국민들의 행정에 대한 요구가 증가하고 있으므로 행정체제가 환경으로부터의 요구에 신속하고 적절하게 대응하기 위해서는 빠른 정보를 얻을 수 있어야 한다.

2) 정보화가 행정에 미치는 영향

(1) 컴퓨터의 활용

컴퓨터 중심의 정보기술은 대체로 조직의 한 부서에서 개발되어 점차적으로 전체 조직으로 확산되며 나아가서는 다른 조직과 환경으로까지 활용범위가 확대된다. 이러한 과정에서 정보기술이 어떻게 활용되느냐에 따라 그것이 조직과 환경에 미치는 영향도 달라진다. 정보기술이 높은 수준에서 적절히 활용되기까지는 여러 단계를 거치게 되고 각 단계마다 정보기술이 가져오는 영향은 다르게 나타난다. 컴퓨터의 활용과정은 진입단계, 확산단계, 통제단계, 통합단계, 정보관리단계, 성숙단계인 6단계로 나누어진다.

(2) 조직에 미치는 영향

조직에서 컴퓨터를 도입하고 활용하게 되면 조직과정과 조직구조가 변화하게 된다. 조직은 컴퓨터를 활용하여 때로는 의도적으로 계획적인 변화를 유도하는 경우도 있지만 간접적이고 의도되지 않았던 변화를 초래하기도 한다.

(3) 행정 집권화와 분권화

통상적으로 중앙집권화의 의미는 조직의 상층부로 혹은 중앙조직으로 권력이 이동하는 것을 의미하며 분권화의 의미는 그 반대로 이해되고 있다. 컴퓨터의 활용으로 정보체계가 통합되면 의도했건 그렇지 않건 간에 조직의 상층부나 중앙조직이 조직과 관련된 정보를 이용하기 쉽게 된다.

현대는 컴퓨터의 하드웨어(hardware)와 소프트웨어(software) 그리고 통신기술이 발달함에 따라 여러 장소에서 많은 이용자가 똑같은 컴퓨터를 공동으로 이용할 수 있게 되었으며, 업무가 이루어지는 장소로부터 지리적으로 원거리에 있더라도 업무가 형성되는 현장에서 의사결정을 할 수 있게 되었다. 이와 같은 정보기술의 계속적 발전은 지금까지 불가피하다고 생각되어 온 중앙집권화의 경향을 역전시켜 분권화의 방향으로 행정을 끌고 갈 가능성을 열어 주고 있는 것이다. 나이스비트(John Naisbitt)는 정보기술이 발달함에 따라 집권화의 경향은 끝이 나고 보다 다양하고 균형을 이룬 분권화된 사회가 도래할 것이라고 주장한다.

(4) 정보화의 역기능

컴퓨터를 주축으로 하는 정보기술의 발달은 행정은 물론 사회에 많은 영향을 준다. 조직에 대해서는 좀 더 합리적으로 의사결정을 할 수 있게 함으로써 효율성을 높여주고, 국민 각자에게는 중요한 정보를 공유하고 신속히 주고받을 수 있게 함으로써 문화적인 생활을 누리게 한다. 그러나 이러한 과학의 이기(利器)가 잘못 이용되어 개인의 인권 및 생활을 침해하거나 컴퓨터 범죄를 일으키고, 인간성을 상실케 하는 등의 문제를 야기시키거나 또는 예기치 않은 재난으로 정보기술이 파괴된다면 사회적 혼란을 초래할 위험이 있다.

6. 21세기 지식기반사회와 행정

21세기를 맞이하면서 지식경영은 작은 조직에서부터 대규모 국가조직에 이르기까지 시대적 변화를 실천적으로 담아내기 위한 방안으로 제시되고 있다. 지식기반국가나 지식기반사회라는 비전도 이와 같은 측면에서 음미해 볼 수 있을 것이다.

그 동안 정보지식사회라는 용어는 자주 사용되어 왔지만 21세기를 맞이하면서 특히 경제현상과 결부되어 전개되고 있는 지식기반사회는 보다 구체적이고 미시적인 관리전략을 지니고 있어 행정가에게 주는 의미가 매우 크다 하겠다.

1) 지식기반사회

지식기반사회에서는 사회발전의 원동력이 지식에서 비롯되고 지식이 부가가치의 핵심요소임을 강조한다. 지식기반사회의 경제는 생산, 분배 및 지식과 정보의 활용에 기초를 두고 있다. 과거의 경제가 노동, 자본, 토지의 투입에 의한 부가가치의 창출과정에 초점을 맞춘 경제라면 앞으로의 경제는 종래의 생산요소에서 한 걸음 더 나아가 정보, 첨단기술, 지식을 보다 적극적으로 활용함으로써 보다 큰 보폭으로 경제를 발전시킬 수 있다는 것이다.

2) 전자정부

전자정부(Electronic Government)란 용어는 미국 클린턴 행정부에서 처음 사용되었다. 전자정부는 정보통신기술을 활용하여 행정활동의 모든 과정을 혁신함으로써 정부의 업무처리가 효율적이고 생산적으로 개선되고, 행정의 고객인 국민에 대하여 질 높은 행정서비스를 제공하는 지식정보사회형 정부를 말한다.

좁은 의미로는 대민 행정 측면, 내부행정 처리 및 정책결정의 측면, 조달 등의 세 측면이 전자적으로 상호 유기적인 사용을 하면서 온라인 네트워크를 통하여 공공재화나 서비스를 상호간에 제공하는 것을 뜻한다.

전자정부가 구현되면 민원처리와 관련한 국민과 기업의 불편 및 시간비용이 대폭 줄어들고 공무원과 민원인의 직접 대면접촉에 따른 부조리 소지도 크게 감소될 것으로 기대된다.

3) 지식사회와 행정

지식사회란 정보화사회가 발전되어 나타나는 사회로, 정보인프라의 바탕 위에서 정보를 과정에 투입시키고 여기에 인간의 신념, 가치관, 창의력이 발휘되어 기존지식의 개량이나 새로운 지식창출이 계속적으로 이루어져 지식인프라(knowledge infrastructure)가 구축되고 이러한 지식인프라를 바탕으로 지속적으로 부가가치가 창출되는 사회를 의미한다. 지식사회에서 행정의 효율성을 극대화하기 위해서는 새로운 패러다임(paradigm[42])에 부합되는 조직의 운영과 구성이 절대적으로 필요하다. 지식사회에 대처해야 할 몇 가지 행정의 기능을 제시해 본다.

42) Paradigm이란 한 시대 사람들의 견해나 사고를 지배하고 있는 이론적 틀이나 개념의 집합체(공통된 사고의 틀)을 의미하며 미국의 Thomas Kuhn이 그의 저서 「과학혁명의 구조」에서 제시한 개념

① 고객중심, 현장 중심적인 조직을 지향하여 환경변화에 유연하게 적응할 수 있는 조직체계로 거듭나야 한다. 지식사회에서의 행정고객은 수동적인 고객에서 참여고객으로 바뀌고 있다. 따라서 행정조직은 급변하는 고객 수요에 대응하여 고객은 누구이고, 고객의 수요충족을 위해서는 무엇을 어떻게 해야 할 것인가를 지속적으로 연구·검토할 필요가 있다.

② 계층제적이고 권위적인 조직구조에서 팀(team)제 중심으로 재조직되어야 하고, 팀제를 기반으로 기능이나 업무별로 전문성을 강화하는 방향으로 조직이 운영되어야 한다.

③ 급격한 환경변화에 대응하고 고부가가치의 창출을 위하여 유연성과 창의력을 갖춘 인적자원개발이 필요하다. 행정조직의 구성원에게 정보통신기술 활용능력, 팀워크 발휘능력, 의사소통능력 등을 배양해 줌으로써 지식사회에서 조직의 경쟁력을 높여 나갈 수 있다.

소방행정이념과 발전

2

CHAPTER

제1절 소방행정의 학문적 접근

1. 소방의 개념

한 사회나 국가가 존립하기 위해서는 그 사회나 국가의 질서를 유지하고 공공복리증진에 기여하여 국민생활의 안정과 평화를 보호할 필요가 있다.

우리인류가 언제부터 불을 사용했는지 정확한 기록은 알 수가 없다. 그렇다면 불을 사용한 가장 오래된 유적을 찾을 수밖에 없는데 현재까지 발견된 가장 오래된 유적은 북경원인(北京原人)이 거주했던 중국북경의 저우커텐(周口店) 동굴이다. 이 동굴의 시대는 전기구석기시대 후반의 유적으로 약 40～50만년 전으로 추정하고 있다. 이곳에 살았던 북경원인 등은 불을 피우고 사용할 줄을 알았으며 불을 피운 흔적인 노지(爐趾)가 있다. 이로써 인류가 대략 40～50만년 전 사이에 이미 불을 사용했음을 알 수 있다[1]. 그 후 삼국시대를 거쳐 조선시대에도 한성부내에 크고 작은 화재가 많이 발생하였고 화재진압에는 개인보다는 국가가 이러한 임무를 전문적으로 수행하는 것이 효과적이기 때문에 점차적으로 소방이라는 조직체가 생기게 된 것이다. 따라서 국가는 공공의 안녕과 질서를 유지하기 위하여 소방기관을 설치하고 사회적 장해(障害)를 제거하게 되었다.

우리나라 소방의 기본법이라고 할 수 있는 소방기본법 제1조는 '화재를 예방・경계하거나 진압하고 재난・재해 그 밖의 위급한 상황에서의 구조・구급활동 등을 통하여 국민의 생명・신체 및 재산을 보호함으로써 공공의 안녕질서 유지와 복리증진에 이바지함을 목적으로 한다.'고 규정하고 있어 소방조직의 목적을 소극적인 공공 안녕 질서의 유지와 복리증진에 국한하고 있다.

오늘날 자유민주주의 국가에서는 과학기술의 발달과 국민 생활수준의 급격한 향상에 따라 소방의 개념 속에 소극적인 봉사행정 뿐만 아니라 적극적인 목적을 위한 권력 작용까지도 포함시켜야 한다는 주장이 나오고 있다. 그러나 소방의 개념은 어디까지나 소극적인 봉사행정 구현으로 파악하면서 국민의 안녕 질서 유지와 공공복리 증진을 보호하기 위하여 적극적으로 봉사하거나 협조하여야 할 것이다.

우리나라 소방행정도 영국・미국・일본 등과 같이 소방의 고유(固有)한 직무 이외에 소

1) 김정규(1999), 21세기 원색대백과사전14, 태극출판사, p.233.

방본연의 임무처럼 간주되는 수많은 조장행정(助長行政) 업무를 담당하고 있는데 특히 119 특별구조대에서는 '구조 · 구급'이라는 중대한 업무를 국가적 현실 때문에 업무 외적인 업무도 담당하고 있어 다른 어느 나라보다도 과중한 업무에 시달려 왔다.

더구나 최근에는 산업사회의 급속한 전개, 도시화의 가속화와 집중화, IMF시대 이후 경기침체에 따른 생활고로 인한 방화의 증가, 국민들의 소방에 대한 봉사행정의 욕구 증대 등 과거에는 볼 수 없었던 거대한 봉사행정의 변화를 초래하고 있다. 따라서 소방행정은 단순히 화재진압 · 예방, 구조 · 구급기능을 주로 하는 현상유지, 사회 안녕 · 질서 유지 · 통제 등의 안전유지 · 봉사자로서의 기능뿐만 아니라 급격한 선진사회변동에 따르는 환경으로부터의 도전을 해결하며 보다 적극적이고 능동적으로 변화하고 사회안녕과 봉사발전을 자발적으로 도모하는 변화담당자로서의 기능까지 담당하게 되었다.

이러한 소방관(消防觀)은 단순한 봉사행정으로 사회생활에 대한 화재의 예방 또는 진압과 같은 소극적인 작용이나 권력적 행사가 사회안녕 질서유지를 위한 필요악으로 간주되어 오던 구 관념에 대한 일대 수정이며 소방행정에 대한 새로운 접근을 의미하는 것이다.

2. 소방행정의 개념

화재로부터 국민생활의 안전 및 재난 · 재해 · 각종사고 그리고 질병 등 행복에 대한 새로운 위협은 오늘날에 있어서 소방의 업무를 한층 더 중요하고 복잡하게 만들고 있다. 물론 그 근본 목적에 있어서는 변함이 없지만 사회의 발전과 새로운 발명은 새로운 문제를 야기시켰으며 이러한 문제들을 해결함에 있어 새로운 절차를 필요로 하게 되었다. 이와 마찬가지로 소방을 둘러싼 환경의 변화와 더불어 소방수요는 날로 크게 증가되는 추세에 있다.

소방은 이러한 새로운 수요에 능동적으로 대응하고 국민의 기대와 신뢰에 부응하는 고도의 서비스를 제공해야 한다. 즉 소방서비스 수요의 급격한 변화는 소방행정의 민주적이며 능률적인 발전을 촉구하게 되었고 이러한 요구에 부응하기 위하여 발단(發端)된 것이 소방행정이다.

소방행정학은 소방개념의 발전과정에서 살펴 본 바와 같이 대륙법계[2] 국가에서는 소방행정을 국가의 통제권에 근거한 소방통제의 행사를 뜻하는 것으로 파악하여 왔으며, 영미법계

2) 독일 · 프랑스를 중심으로 하는 유럽 대륙 여러 나라의 법체계로서 로마법의 영향이 강하고, 성문법(成文法)을 중심으로 이루어진다.

국가에서는 국민에 대한 봉사행정으로서 소방서비스를 국민 고유의 기본권으로 파악하였다.

그리하여 대륙법(大陸法)계에 속하는 국가에서는 소방행정을 행정법의 일부로 영미법계에 속하는 국가에서는 행정학의 일부로 발전하게 되었는데, 자치행정의 일부로 발전한 영미법계 국가에서의 소방행정은 그 임무를 수행함에 있어서 대 국민 봉사기관으로 인식하는 경향이 높아가고 있다.

또한 대륙법계 국가에서의 소방행정은 통제기관으로서의 역할에 대한 반성으로 영미법계의 자치소방적 봉사기관을 지향하고 있다. 따라서 대륙법계 국가에서는 적극적인 조장행정을 배제하고 소방고유의 소극적인 행정만을 담당하려는 노력을 보이고 있으며, 반대로 영미법계 국가에서는 복지사회를 지향하는 국가행정작용의 확장으로 소방분야에 상당히 적극적인 행정 관여를 법으로 허용하는 경향이 있다.

이러한 경향은 소방행정학의 연구대상으로 삼아야 할 것이며 소방의 목표와 범위, 그 달성방법 그리고 소방행정문제를 해결하기 위한 최적모형을 밝혀야 할 것이다.

현대의 소방행정학은 화재진압과 봉사행정의 오랜 역사 속에서 발전하여 왔으나, 그 출발은 화재로부터 생명과 재산을 보호하기 위한 것이었다. 그러나 소방행정학의 존재여부는 절대군주국가의 관방학[3]적 소방행정학에서 찾기보다는 영국 · 프랑스 · 미국 등에서 찾아볼 수 있다.

1666년 9월 2일 발생한 영국의 런던 대화재[4] 이후 도시의 복구를 위해서 크리스토퍼 렌은 세인트 폴 대성당을 비롯하여 많은 건축물을 설계했다. 이 때 ① 목조건물을 금지하고 연와조(煉瓦造), 석조로 바꾸는 등 이 대화재를 계기로 런던의 모습을 새롭게 하는 결과를 가져왔으며 현재 런던 시가의 기본적인 구조는 이때 형성된 것이다.

런던 대화재는 그 후 ② 근대적인 건축방화법의 제정 ③ 베란다(veranda)[5]개념의 도

---

3) 官房學(cameralism) 16세기 중엽에서 18세기 말까지 약 3세기동안 독일과 오스트리아에서 발달한 일종의 행정정책학(行政政策學). 행정학의 기본이라 볼 수 있다. 관방학을 흔히 행정학의 효시로 보는 것은 그것이 비록 종합적 학문에 지나지 않는 것이나 국가의 목적 또는 이념을 실현하는데 국가 활동을 제시한 이론이기 때문이다. 16세기 이후 유럽은 절대군주국가가 형성되고 각 나라마다(특히 영 · 프)경제적 세력을 신장하고 있던 중상주의 시대였다. 그러나 독일에서는 아직도 중세적 도시경제의 수준에서 벗어나지 못한 채 후진국으로 머물고 있었다. 이러한 상황을 직시한 독일의 몇몇 학자들이 절대군주제와 중상주의를 자기나라에 도입할 것을 주장하였다. 이러한 과정에서 생겨난 것이 관방학이다.

4) 7일간 일어난 대화재. 시가지의 4/5를 태움. 토요일인 2일 새벽 푸딩 렌의 빵집에서 발화함. 1200명 소사(변우연, 소방실무, p.244).

5) 양옥에서 건물의 앞쪽으로 툇마루처럼 튀어나온 부분. 이층 이상의 것은 발코니(露臺: balcony)라고 한다. 화재 시 위층으로의 연소확대를 저지하기 위하여 건축설계 시 베란다(발코니) 구조를 최초 도입한다.

입 및 ④ 화재보험회사 탄생의 계기가 되었으며, 런던의 재건을 위한 갖가지 시책과 실행에 대하여 후세의 사람들이 이 대화재를 ⑤ 「위대한 화재(The Great Fire)」라고 칭송(稱頌)한 것으로 유명하다.

그 당시 찰스 2세는 부흥·재건의 2대 방침을 도시의 근대화와 재해의 제거에 두어 이를 위한 기초 작업으로 부흥법을 제정하였다. 그 골자는 첫째, 가로(街路)의 개조, 둘째, 목조건축의 금지였다. 이의 실현을 위해 행정당국은 물론 시민들도 허리띠를 졸라매고 부흥사업에 전력한 결과 오늘날의 불연도시 런던의 기초가 마련되었고, 이 대화재로 탄생한 화재보험제도가 19세기에 이르러 미국에서 방화법 정비에 크게 공헌하게 되는 등 소방행정의 전문화와 소방기구의 조직화 등에 대한 소방제도개혁을 제시한 데에서 학문적 체계를 구축하게 되었다.

소방행정학은 소방작용이 형성·전개되는 행정현상의 의미를 체계적으로 구소화하는 현실의 실용과학으로 보는 측면과, 소방의 목적인 공공의 안녕 질서유지와 복리증진의 달성을 위하여 민주적이고 능률적인 수행을 위한 방법과 절차를 학문적으로 탐구하는 것으로 보는 측면이 있다. 따라서 소방행정학은 소방의 철학·소방체계·소방정책에 관한 과학적 법칙과 윤리를 규명하고 합리적인 수단과 과학적인 기술 및 그 응용을 탐구하는 응용종합사회과학 분야이다.

3. 소방행정의 특수성

소방행정은 공공서비스를 제공한다는 점에서 조장행정기관이나 권력을 행사하는 경찰기관, 국방을 책임지는 군사기관, 교육·세무 등의 행정기관과는 다른 성격을 지닌다. 따라서 소방행정의 본질을 정확히 이해하기 위해서는 소방행정의 특수성을 규명할 필요가 있다.

(1) 위험성(危險性)

소방공무원의 역할을 특징짓는 것 중의 하나는 소방공무원은 화재예방·경계·진압 및 구조·구급의 업무에 대처할 것이 요청되고 있다는 점이다.

예컨대 대형사고가 발생한다면 모든 소방공무원은 고유의 담당업무에 관계없이 화재진압은 물론 구조·구급업무에 총력을 기울여야 한다. 소방의 존재 이유는 대형화재나 대형사고에 대한 위험의 가능성이 존재함으로써 더욱 명확해진다.

따라서 소방은 소방행정은 물론 화재예방과 진압, 구조・구급으로 인한 생명(인명)의 구조를 주요 기능으로 하고 있으며 그 방법과 수단으로써 명령・강제 등 광역 행정권의 발동이 필요하고 비상근무나 관외출동을 할 때가 많아 항상 긴장감을 갖게 된다. 소방관의 자격요건으로 일정한 신체적 기준을 정하여 체력이 강건하고 사명감이 강한 자를 채용하고 있는 것은 이러한 조건을 충족시키기 위한 것이다.

(2) 돌발성(突發性)

일반 조장행정기관은 일정한 여건 하에서 대부분 예고된 대상을 어느 정도 예측하면서 행정을 수행하고 있다. 그러나 소방은 대부분 전혀 예기치 못한 사태가 돌발적으로 발생하여 판단이 어려운 상황에 놓이게 되는 경우가 많다. 소방조직 관리는 이러한 돌발적인 화재나 사고를 신속하게 대처할 수 있는 고도의 판단력과 광역체계가 가능하지 않으면 안 된다.

(3) 기동성(機動性)

일반 행정기관이 당면하는 업무는 예측이 가능하여 피해 발생 후에도 그 흔적이 뚜렷하게 남아 있는 경우가 많아 구제가능성이 있으나, 소방행정은 대부분 시급히 해결하지 않으면 그 피해를 회복하기가 곤란하여 구제의 기회를 상실하게 된다. 뿐만 아니라 기동성은 공공의 안녕・질서 유지를 위한 화재나 인명구조와의 투쟁에 있어서 화재 진압은 물론 인명구조・구급활동과 화재조사시 증거물의 확보에도 대단히 중요한 요소가 된다. 119화재・구조・구급신고 즉응체제가 화재 등 각종 사건・사고에 신속히 대응할 수 있도록 초동대처 시간을 최소화하고 있는 것은 그 까닭이다.

(4) 조직성(組織性)

소방행정은 그 조직에 있어서 일반 행정조직과는 다른 특성을 지니고 있다. 즉 돌발적인 사건이 발생하면 그 해결이 시급하며 이해관계는 직접적으로 수혜자인 국민에게 미치고 또한 소방업무가 위험성을 띠고 있어서 소방조직의 기동성・협동성을 충분히 발휘할 수 있도록 치밀한 장치가 필요하다. 따라서 소방조직은 안정되고 능률적이며 군대식으로 조직되어야 한다. 이러한 조직성의 요구에 부응하기 위하여 소방은 계급사회를 이루고 있으며 제복착용을 원칙으로 하고 있다.

(5) 보수성(保守性)

소방행정은 재난 및 화재예방을 통하여 국가의 안녕질서 유지와 국민의 공공복리를 위하는 것을 그 주된 임무로 하기 때문에 본질적으로 혁신적인 변화를 추구하기보다는 현상 유지적 행태를 지니고 있다. 따라서 소방은 본질상 보수적인 색채가 강한 것이며, 이로 인하여 내부로부터의 진보・개선은 극히 완만하고 사회정세의 변화는 심하여 객관적인 요구와 소방과의 사이에 격차가 커지게 되고 대형화재나 사회이목이 집중되는 사건・사고가 발생한 이후 그에 대한 사후조치로 정치・사회적인 수단에 의하여 비약적인 혁신(민방위본부 신설, 방염제도 강화, 소방방재청 신설)이 이루어진 경우가 많이 있다.

(6) 대기성(待機性)

여기서 의미하는 대기성이란 출동준비를 끝내고 출동명령을 기다리는 것으로서 소방행정의 특수성 중 하나로 화재나 구조・구급업무가 언제, 어디서, 어떤 이유로 발생할지 모르기 때문에 만일의 사고에 대비하기 위하여 마치 군대의 5분 대기조처럼 출동태세가 완벽하게 갖추어져 있어야 하는 것이다. 즉, 완벽한 출동태세를 위하여 2부제 또는 3부제 형태로 화재 및 구조・구급업무가 있든 없든 출동인원은 항상 24시간 긴장상태로 대기하고 있어야 한다.

제2절 소방행정의 기본이념

소방행정의 기본이념은 소방행정의 철학적인 요소라 할 수 있다. 이것은 소방행정이 지향해야 할 방향이기 때문에 지도이념이라고도 한다. 이와 같은 이념은 시대와 장소에 따라 그 의미와 비중을 달리하고 있으므로 고정된 개념은 아니다. 보통 어떠한 국가에 있어서도 통용될 수 있는 소방행정의 기본이념으로 합법성과 민주성・능률성・효과성 그리고 최근에 인정을 받게 된 사회적 형평성을 들고 있다.

소방행정은 친절과 봉사의 상징으로서 사회 안녕・질서 유지와 국민에게 봉사하는 전문직업인으로 활동해야 하기 때문에 민주성과 능률성이 다른 이념보다 강조되어 왔다. 그러나 이와 같은 이념들은 상호보완적인 관계를 지니고 있으므로 이를 동시에 실천해야 하는 것이다.

1. 합법성(合法性)

소방행정이념으로서의 합법성은 소방행정과정이 법률적합성을 지녀야 한다는 것을 의미하고 모든 소방의 행정행위가 객관적인 법률에 의하여 지배된다는 원칙이다. 특히 소방활동에 있어서는 공공의 안녕・질서 유지와 사회복리증진을 위하여 소방 관계인에게 명령・강제하여 개인의 자유와 권리를 제한하는 작용이기 때문에 개인의 자유와 권리가 위법・부당하게 침해되는 일이 없도록 소방권한의 행사에 있어서는 법률에 의한 소방행정의 원리가 지배되고 있는 것이다. 그러나 소방행정의 기술성・전문성・기동성 등으로 인하여 법률에 의한 소방행정이라는 합법성의 달성이 매우 곤란한 경우가 많다.

2. 민주성(民主性)

소방행정의 민주성이란 민주적인 소방행정을 말한다. 오늘날 민주국가에 있어서는 민주주의를 그 정치이념으로 하고 있기 때문에 소방에 있어서도 민주적 이념을 그 기조로 하여야 한다. 소방행정은 공공의 안녕・질서 유지와 사회복리증진을 위한 기본적 사항에 관한 것이며, 소방활동은 화재예방・진압, 구조・구급 등 국민 개개인의 생명과 재산을 직접 보호하는 것이므로 소방의 조직과 제도도 민주주의의 정신에 입각해야 한다. 다시 말하면 그 근본정신은 인간의 생명과 재산의 귀중함에 대한 자각으로부터 출발하여 인간의 생명과 신체를 보존하는 민주주의의 이념을 기조로 하는 것이다.

개인의 생명과 재산을 보호하고 공공의 안녕과 질서를 유지하는 소방의 임무수행은 국민을 위하여 또는 대신하여 행해지는 것이며, 그 권위는 어디까지나 국민으로부터 유래하는 것이다. 그러므로 민주사회에 있어서의 소방의 권한은 그것이 통치권에 기인한 것이라도 본래 국민으로부터 유래하는 것이며 상부에서 권위로써 국민에 임하는 것이 아니라 국민에게 봉사하는 것으로, 국민에 대하여 책임을 지는 관계에서 비로소 권위가 생기는 것이다.

소방의 민주성을 확보하기 위해서는 민간인으로 구성된 소방위원회 제도와 공개행정을 통한 행정과정의 민주화, 자치소방제도의 도입, 소방윤리의 확립 등이 이루어져야 한다.

3. 능률성(能率性)

현대의 국가는 행정국가가 대두되면서 행정의 능률성이 강조되었다. 능률이란 보통 투입

(input)과 산출(output) 사이의 합리적인 비율을 의미하고 있지만 소방행정에 있어서는 산출이 파악될 수 없는 경우가 많아서 능률성을 평가하기란 쉽지 않다.

오늘날 봉사소방은 급격한 수요증가에 따르지 못하는 소방인력의 부족에도 불구하고 실적을 위주로 한 능률성만을 강조하는 경향이 있어서 직권남용이라는 비난이 제기되고 있다. 더구나 본래의 업무처럼 간주된 수많은 조장행정업무 때문에 업무량이 가중되어 능률성만을 추구하고 있는 조짐도 나타난다. 따라서 기계적 능률성 대신 인간존엄성의 구현 · 사회목적의 실현 등 사회적 차원에서의 능률을 인식해야 하고 이러한 사회적 능률성을 추구해야 한다.

소방행정에 있어서는 민주성을 기조로 하면서 인간적 능률 · 봉사적 능률 · 합목적적 능률 · 규범적 능률 · 상대적 능률 · 장기적 능률 · 발전적 능률을 확보해야 할 것이다.

우리나라의 소방조직은 시 · 도(道) 단위의 광역적인 조직으로 중앙집권적이며 계층적인 소방행정조직을 이룸으로써 소방조직의 능률성을 도모하고 있으며 증가일로에 있는 각종 사회적 요구를 받아들이고 있으나, 능률성은 민주성과 상대적이고 상반적인 성격을 지니고 있기 때문에 이를 조화시키는 것이 중요하다.

4. 효과성(效果性)

효과성(effectiveness)이란 소방행정이 내건 목표의 달성도(達成度)를 의미하는 기능적 개념인데, 효과성이 행정의 이념으로 강조되기 시작한 것은 1970년대 중반 국내적으로는 민방위 본부의 창설과 국외적으로는 발전도상국이나 후진국에서 발전행정(development administration)이 중요시 되면서부터이다.

그렇다고 해서 발전도상국에서만 효과성을 중요시한 것은 아니며, 미국과 같은 선진국에서도 소방행정이 그 동안 사회의 여러 문제를 해결하고 목표를 달성하는데 부족했다는 인식에서 효과성을 강조하고 있다. 특히 최근에 이르러서는 정책수립이나 정책평가에 관심이 집중됨에 따라 효과성도 중요시되고 있다.

이와 같이 목표의 달성도를 의미하는 효과성은 능률성과 매우 유사한 개념이나, 소방행정의 효과성은 투입과 산출의 비율로 파악하지 않고 목표의 성취도만을 따진다는 점에서 능률성과 구별되며, 목표의 성취와는 상관없이 단순히 저렴함과 신속에 역점을 둔 능률성에 비하여 높은 행정이념이라 하겠다. 그러나 능률성을 전제로 하지 않는 효과성을 기대하기는 어렵기 때문에 양자를 조화시킨 효율성이라는 이념이 전개되고 있다.

5. 사회적 형평성(社會的 衡平性)

사회적 형평성(social equity)이란 행정이 대내적으로나 대외적으로 모든 면에서 공평하여야 한다는 이념으로 1970년대에 접어들어 미국의 신행정론 주창자들에 의하여 강조되기 시작하였다. 즉 모든 사람은 평등하게 가장 광범위한 기본적 자유를 위한 소수인의 희생을 용인하지 않고 누구에게나 유리하다는 한계 내에서만 불평등을 용인할 수 있다는 내용이다. 이와 같이 사회적 형평성은 자원이나 지위의 공평한 배분과 관련된 개념으로써 이는 사회적 약자를 보호하는 것을 그 출발점으로 삼는다. 따라서 자원의 배분은 언제나 사회적·경제적·정치적 환경이 불리한 입장에 있는 열세한 계층에 보다 많은 그리고 양질의 서비스를 제공하는 것을 의미한다.

제3절 소방행정조직제도의 발전

1. 고려시대(금화원제도)

삼국시대에서 통일신라시대까지는 소방이 행정의 한 분야로 분화되지 않았기 때문에 군사들과 백성들이 부락 단위로 불을 끄는 방식이었고, 인구 증가와 병란(兵亂)이 잦았던 고려시대에는 실화자에 대해 엄중 처벌했다는 기록은 있으나 소방 전담기구에 대해서는 언급이 없다.

고려 초기부터 개성과 각 지방 창고 소재지에 금화원을 배치하였는데, 이는 소방의 효시라는 점에 의의가 있다. 이 금화원제도는 문종 20년(1066년) 2월 개경의 큰 창고인 운흥창(雲興創)의 화재를 계기로 설치되었는데, 당시 왕은 모든 창고의 일반관리 외에 방화전담관원과 이속(吏屬)을 배치하도록 하였다.

그리고 이들이 근무상태를 어사대로 하여금 수시로 감독하도록 하여 근무결략시(勤務缺略時) 선금후문(先禁後聞)케 하였으니, 이는 당시 농경사회에서의 미곡에 대한 중요성을 감안할 때 금화원제도가 얼마나 중요하였는가를 알 수 있게 한다.

2. 조선시대

1) 금화(禁火)[6)]

금화란 조선시대 소방제도의 하나였다. 병조・의금부・형조・한성부・수성금화사 및 5부에서 숙직하는 관원은 화재를 단속하기 위하여 순찰하였는데, 만일 궁궐 내에 화재가 발생했을 경우 대종을 쳐서 궁내에 있는 자들이 모두 달려가 불을 끄게 하였다. 장병들은 당직하는 직소(直訴)를 떠나지 못하며 출번(出番)한 장병들은 소속위에, 제관사의 관원은 각각 조방(朝房)에 집합해서 명령을 기다려야 한다.

5부에 불이 나면 병조・의금부・형조・한성부・수성금화사의 관원들이 저마다 부원들을 데리고 달려가서 불을 끄고, 백성들은 1통마다 금화판을 발급받아 통민을 인솔하고 불을 껐나. 의금부는 화재감시인을 정해서 언제나 종루에 올라가 간망(看望)하게 하고 이궁(離宮)이나 관청사에서 불이 나면 종을 쳤다. 바람이 심하면 수성금화사가 방(坊)[7)]・이(里)・각호(各戶)로 다니며, 방울을 흔들어 순찰・경계하여 화재에 대비하였다.

2) 금화령(禁火令)

금화령은 조선시대의 법령으로서 태종 17년(1417) 호조의 건의에 의하여 실시된 것으로 대명률(大明律) 실화조에 규정된 조항을 보면 실화하여 자기 집을 소실한 자는 벌로 태장(笞杖) 40대, 다른 민가까지 소실한 자는 태장 50대, 종묘 및 궁실까지 불태운 자는 교살형(絞殺刑), 왕릉 경계 내에서 실화한 자는 장 80대에 1년 유형(流刑), 사직제단을 연소한 자는 교살형에 감1등(減一等), 금산(禁山)까지 연소한 자는 100대에 유형 2천리, 관부・공해(公廨)나 창고에서 실화한 자는 장 80대에 2년 유형, 창고나 공해 내에서 불을 피운 자는 장 80대, 궁전 창고의 수위나 죄인을 간수하는 관리들이 불이 일어났다고 하여 장소를 떠나는 때에는 장(杖) 100대 등의 벌칙을 규정하였다.[8)]

3) 금화도감(禁火都監)[9)]

조선시대 방화(防火)의 임무를 띤 관아로서 세종 8년(1426년) 2월에 발생한 한성부의 대

---

6) 김복남(1984), 국사대사전, 삼영출판사, p.235.
7) 조선시대 행정조직상의 단위구역. 조선 초기에 서울을 분할하여 5부(部)로 나누고, 그 5부의 밑에 각각 방(坊)을 설치하였는데 오늘날의 동(洞)과 비슷한 것이었다.
8) 김복남, 전게서, p.235.
9) 김정규, 전게서5권, p.154.

화(大火)를 계기로 이조(吏曹 : 인사담당기관)의 건의에 의해 산하에 금화도감을 설치하였는데 이것이 우리나라 최초의 소방관청이다.

금화도감에서는 방화(防火)를 목적으로 인접한 가옥 사이에 방화장(防火墻)을 쌓고 요소에 우물을 파며 방화기기를 설치하고 이를 총괄(總轄)하였다. 또한 화재예방을 위해 청명절(4월 5일경) 3일 전부터는 이른 아침 바람이 잘 때에 불을 피워 음식 익히는 것을 허락하고 청명일에는 주야로 불과 연기를 금하게 하였다.

금화도감은 병조에 속하는 기관으로 제조 7명, 사 5명, 부사・판관 각각 6명의 관원이 있었다. 그해 7월에 성문도감을 합쳐 수성금화도감으로 개칭하였으나 한 때 중요했던 소방기관인 금화도감은 수성금화도감으로 합병되었다가 큰 화재가 발생하지 않아 약 34년간 존속하다가 결국 폐지되었다.

4) 수성금화사(修城禁火司)

수성금화사는 국초(國初)에 설립된 소방관청으로서 궁전・도성 및 도로와 교량의 수축(修築)과 소화를 맡아보았다. 1426년(세종 8)에 성문도감과 금화도감을 합쳐서 수성금화도감이라 칭하였는데, 1460년(세조 6)에 금화사무는 주간은 한성부, 야간은 순청(巡廳) 그리고 수성사무는 병조에 이관하였다가 1481년(성종 12년)에 다시 둘을 합쳐 수성금화사를 설치하고, 도제조・제조・제검(정4품)・별좌(정・종5품)・별제(정・종6품) 등의 관원을 두었다. 이 관원은 대개 다른 관청의 관원이 겸임하였는데 선조 이후에 폐지된 것으로 추측되며 금화규칙은 다음과 같다.[10)]

① 병조・의금부・형조・한성부・수성금화사 및 5부에 숙직하는 관원은 순행하여 화재를 단속한다.

② 궁궐 내에 화재가 발생했을 때에는 대종을 치며 재궐자는 달려가서 구화(救火)하여야 하고, 장졸들은 당직하는 직소를 떠나지 말아야 하며, 출번한 장병들은 각기 소속위에, 제관사 관원은 각기 조방에 집합하고, 제관사 소속의 제원・공인・경성 5부의 시민・출번한 별감 및 각 차비관(差備官)은[11)] 모두 궁궐문 밖에 집합하여 명령을 기다려야 한다(국왕이 이동 거처하시는 곳에 있어서의 경우도 이와 같다). 대종을 치는 것은 나중에 취라적(吹螺赤)[12)]으로 대신했다.

10) 허남오(1998), 한국경찰제도사, 동도원, pp.135～136.
11) 특별한 임무를 맡아보기 위하여 임시로 임명되는 관원.

③ 제관사를 5부에 분속하여 구화패(救火牌)를 발급하되 부내에서 화재가 일어났을 경우에는 병조 · 의금부 · 형조 · 한성부 및 수성금화사의 관원들이 각기 소속부원을 인솔하고 달려가서 구화한다(방 · 리인에 대하여는 일통마다 금화판을 발급하여 통인을 인솔하여 달려가 구화한다).

④ 의금부는 망화인을 정하여 의금부 나장 · 사복시(司僕寺)[13] 및 군기사노(軍器寺奴) 각 1인은 항상 종루에 올라가 간망(懇望)하고 이궁이나 관 청사에 불이 나면 종을 치고(민가 연소에도 종을 친다) 도총부는 즉시 국왕에게 상주하며 부장으로 하여금 입직보병을 인솔하여 달려가 구화한다.

⑤ 풍난(風難) 때는 수성금화사는 방 · 리 각 호에 요령을 치며 순경(巡警)하여 불에 대비한다.

⑥ 공 · 사 각처에 모두 저수통을 만들고 방화 사다리와 구화기기를 비치한다.

⑦ 종묘 · 영녕전 · 문소전 관원은 순행하여 금화하고 풍난 때는 제조가 입번하고 종친은 순찰하였으나 나중에 폐지하였다.

⑧ 궁성 담장 4면에는 100척 내에 인가건조를 금한다.

⑨ 와가(瓦家)는 3간 이상, 초가는 5간 이상의 실화자를 인경에서 파루(罷漏)시 까지 속시 서계(書啓)하여야 한다(사람이 다치면 1간이라 할지라도 서계한다).

5) 소방(消防)용어의 사용

우리나라에서 소방이라는 용어가 처음 등장한 것은 갑오경장(甲午更張) 당시인 1894년(고종 31년)이다. 한성부(지금의 서울)내 경무청(지금의 경찰청) 세칙 중「수화 소방은 난파선 및 출화 홍수 등에 관계하는 구호에 관한 사항」으로 규정하였는데, 여기에서「소방」이란 용어가 역사상 처음 등장하게 된 것이다.[14]

---

12) 조선시대 군대에서 소라를 부는 취타수(吹打手)의 하나. 정원 640명으로 4개월씩 5번(番)으로 나뉘어 근무하며 그 선발은 매년 4월, 7월, 10월, 3차례에 걸쳐 취각(吹角)으로서 시험하였다. 재직기간이 끝나면 종5품까지 주어 거관(去官)시키며 계속하여 근무하기를 원하는 자는 정3품까지 품계를 올려 주었다.

13) 고려와 이조 때 궁중의 승여(乘輿) · 마필(馬匹) · 목장(牧場) 등을 맡아보던 관청. 원래 태복시(太僕寺)라 부르던 것을, 1308년(충렬왕 34)에 사복시로 고쳤다. 1356년(공민왕 5)에 태복시로 복구, 1362년에 다시 사복시로 개칭, 1369년에 태복시로 환원하였다가 1372년에 사복시로 고쳤다. 명칭의 변화와 함께 속관도 변했다. 1308년의 것을 보면 관원은 고려 말에는 판사(判事-정3품) 1명, 정(正-정3품) 2명, 부령(副令-종4품) 2명, 승(丞-종6품) 2명, 직장(直長-종7품) 2명을 두었고, 이조 때에는 정(正-정3품) 1명, 부정(副正-종3품) 1명, 견마배(牽馬陪) 10명 등을 두었다(고려사, 대전회통).

3. 일제시대

1) 경찰기구와 소방행정

구한말 융희 4년(1910) 8월 22일 이완용과 테라우치마사다케 사이에 한일합병 조약이 조인되고 일주일 후인 8월 29일 동 조약을 발표함으로써 조선시대는 조선왕조가 건국된 지 27대 519년 만에 끝을 맺고 따라서 소방행정도 일본인의 손에 넘어갔다.

(1) 중앙소방기구

소방행정은 경찰기구인 경무과에서 관장하다가 1910년 7월 14일 통감부령에 의거 보안과 내 소방계에서 관장하도록 하였다. 당시의 기구를 도시(圖示)하면 그림 2-1과 같다. 그 후 방공의 중요성을 감안하여 1939년 경무국에 방호과를 설치하고 방공과 소방사무를 분장하도록 하였으나 1940년 방호과를 경비과로 개편하여 소방사무는 다시 경비과에서 관장하도록 하였다.

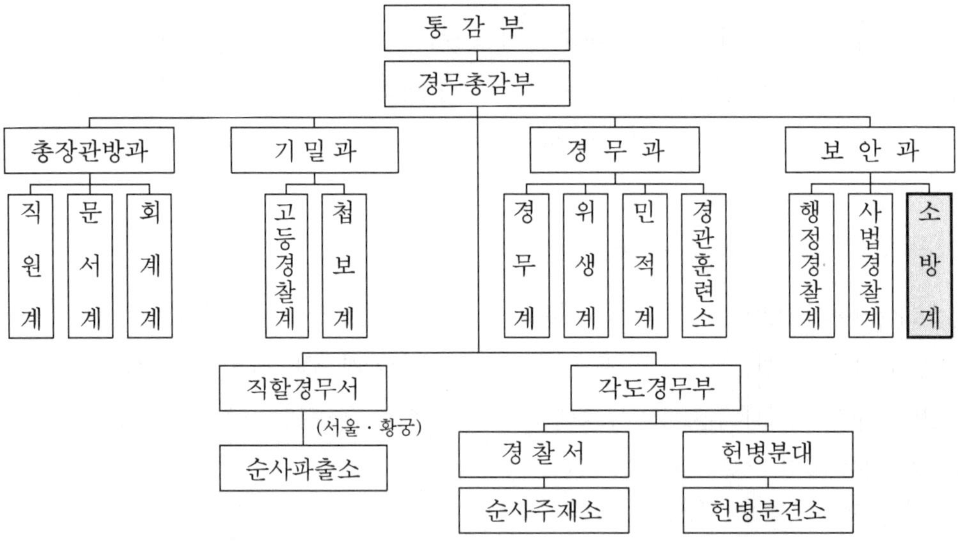

* 소방사무는 종전 총무과에서 1910.7.14 통감부령 제39호 "통감부 경무총감부 분담규정" 제8조에 의거 보안과 내 소방계에서 관장토록 함.
* 자료 : 한국경찰의 발자취(1989년), p.93, 한국소방행정사(1999년), pp.39~40.
* 본 자료는 당시 경찰기구와 소방사무관계를 본 저자가 새로 도식화 한 것임.

그림 2-1 통감부경찰기구

14) 내무부(1978), 소방행정사, p.29.

(2) 지방소방기구

1919년 경무부 내에는 경무과, 고등경찰과, 보안과 및 위생과의 4과를 두었는데 소방사무는 보안과에서 분장(分掌)하였고, 그 후 1939년 총독부 경무국 내에 방호과를 설치함에 따라 도 경무부에도 방호과를 두고 소방사무는 다시 방호과에서 담당하였으며, 1943년 경비과의 신설로 소방사무는 방호과에서 다시 경비과로 이관되었다.

2) 소방조(消防組)[15)]

1915년 6월 23일에 조선총독부령으로 「소방조 규칙」을 제정・공포하였는데 이미 1914년 말에는 전국에 694개조에 조원수는 74,476명에 달하였다. 이 소방조는 일제의 조선합병 이전부터 일본인들이 한국에 거류하게 되면서 자신의 생명과 재산을 보호하기 위하여 임의단체로 조직・운영하여 왔다. 한국인 사회에서도 이를 본받아 한국인만의 조직으로 또는 한・일인 공동조직으로 소방조를 설치하기도 하였다.

(1) 조직

경찰서장(후에 소방서가 설치된 지역은 소방서장)은 소방조 설치의 필요성이 있다고 판단되면 해당지역의 부윤(府尹) 또는 군수와 협의하여 도(道) 경무부장(후의 도지사)에게 신청하도록 하였는데 소방조에는 조두(組頭) 1명, 소두(小頭) 및 소방수 약간을 두고 필요한 경우 부조두를 둘 수 있도록 하였다. 또한 소방조에는 상비소방수를 약간 둘 수 있도록 하였다. 소방조원은 해당 지역에 거주하는 18세 이상의 신체 건강하고 소행이 선량한 남자로 경찰서장 또는 소방서장이 임명하도록 하였다.

한일합방 직후인 1910년에는 소방조의 수가 68개조에 3,559명에 불과하였지만 소방조가 경방단으로 통합하기 전인 1938년에는 1,393개조 69,414명으로 증가하였다. 소방조원은 한국인이 일본인보다 훨씬 많았으나 간부직은 일본인이 상대적으로 많이 임명되었으며, 이는 표 2-1에서 보는 바와 같다.

1917년부터 1934년까지 간부(조두)의 임명에 있어 일본인이 월등히 많이 선발되는데, 이에 대한 공주 소방조 한국인 소방수들의 불만과 저항을 다음의 내용에서 잘 나타내고 있다.

---

15) 행정자치부(1999), 한국소방행정사, pp.42～43.

표 2-1 전국 소방조 현황

구분/년도	조수	조원															
		총수				조두		부조두		소두			소방수		
		계	일본인	한국인	기타	일본인	한국인	일본인	한국인	일본인	한국인	기타	일본인	한국인	기타
1910	68	3,559													
1915	713	72,676	6,982	65,666	28	255	454	147	382	711	2,392	2	5,869	62,438	25
1920	635	41,462	7,943	33,449	70	341	279	158	273	831	1,743	2	6,613	31,154	68
1925	818	52,191	9,253	42,840	98	407	389	187	424	1,029	2,293	3	7,630	39,734	95
1930	965	59,135	9,102	49,950	83	494	464	225	541	1,205	2,957	3	7,178	45,988	80
1935	1,154	64,133	8,581	55,510	42	556	592	233	718	1,346	3,451	2	6,446	50,749	40
1938	1,393	69,414	7,965	61,412	37	601	785	275	925	1,377	4,046	1	5,712	55,656	36

* 자료 : 한국소방행정사(1999년), pp.44~45.

공주 조선소방수 동맹퇴조

1926년 8월 11일 오후 2시경에 충남 공주소방조 조선인 소방수 30여명은 공주 불교 포교당에 모여 총동맹 사직을 결의하고 피복·기구등속까지 조두집에 보내는 등 그 형세가 자못 험악하여 졌다는데 그 원인은 소방조 간부 피선에 조선사람과 일본인의 차별 문제로 감정이 생겨 그와 같은 동맹 사직을 단행한 것이라. 【동아일보 1926.8.13】

(2) 복무 및 급여

경찰서장은 매년 2회 이상 소방조직을 소집하여 점검 및 훈련을 실시하고 기율(紀律)과 기구의 정비상황을 감독하도록 하였으며, 조두와 소두는 각기 소속 소방기계기구의 보존과 정비에 책임을 지고, 소방조원은 명령을 받거나 지역 내 화재를 인지하였을 경우에는 즉시 출동하도록 하였다. 또한 소방조는 화재진압이 주 임무였지만 화재예방활동과 지역 내 행사에 동원되어 활동하기도 하였다.

한편 소방조에 근무하는 조원에게는 연봉과 월봉이 있고 수당으로는 출장수당, 비상소집수당, 비번근무수당, 당직수당, 소화전조사수당, 기타 피복료 및 공무상부상 또는 발병자에 대한 치료비가 있었다.

3) 경방단(警防團)

일제는 1939년 7월 3일 조선총독부령 제104호로 경방단규칙을 제정・공포하고 소방조와 수방단을 해체하여 경방단으로 통합하였다. 경방단 설치에 따라 조선총독부 경무국장은 '종래 경찰의 계통에 속해 있던 소방조 및 수방단과 부・읍・면 계통의 방호단을 해체 통합하여 새로이 도지사 감독 하에 경찰서장이 지휘하는 경방단을 설치한다.'고 경방단 설치의 취지를 밝히고 있다.

(1) 조직

경방단의 설치구역은 부・읍・면 구역 단위로 설치하는 것을 원칙으로 하고 있어 소방조의 설치구역과 같다. 경방단의 정원은 정병주의원칙(精兵主義原則)에 의하되 구역 내 인구 1,000명당 5~10명을 기준으로 하고 선발은 지원의 형식에 의하여 사령하되 18~50세 이하의 남자 중에서 선발하였다. 단장, 부단장, 분단장 및 부분단장은 도지사가 임면하고 부장이하의 단원은 소방서장과 협의 임면하였다. 경방단의 조직은 1939년 말 기준 2,427개단에 181,221명으로 소방조가 해체되기 전 해에 비하면 약 2배로 늘어났다[16].

(2) 복제 및 임무

경방단원의 복제는 1939년 8월 28일 정무총감이 각도에 지시함으로써 일제히 실시하였는데, 그 내용은 ① 지방경제와 물자 절약상 착용하지 않아도 되지만 예외 없이 계급표시는 하여야 한다. ② 종래의 피복을 그대로 착용하여도 무방하다. ③ 단원의 업무표지는 부(部) 및 반명(班名)의 명찰을 붙이도록 하였다.

경방단의 임무는 경찰서장 또는 소방서장의 지휘를 받아 평상시에는 수・화재, 전시에는 공습에 의한 화재를 경계・방어하여 이로 인한 재해를 방지하는 데 있다.

4) 상비소방제도의 성립

일제통치하의 소방기본조직은 소방조 조직이다. 그러나 대도시 지역의 시가가 복잡해지고 건축물의 수가 증가하고 건물규모가 점차 대형화 추세에 이르게 되면서 화재를 방비하기 위한 인원과 장비의 필요가 요청되어 상비소방[17]요원이 배치되고 소방관서가 설치되게 되었다.

16) 행정자치부(1999), 전게서, p.49.

우리나라에서는 1910년 한・일합방 이전부터 상비소방수가 생겼으며, 1915년 6월 23일 「소방조규칙」을 제정, 소방조에 상비소방수를 둘 수 있도록 명문화하였다.

(1) 상비소방수제도(常備消防手制度)

상비소방수제도는 두 종류로 나누어진다. 하나는 소방조 소속 상비소방수이고 또 하나는 도 경무부 소속 상비소방수이다. 즉, 「소방조 상비소방수」와 「도소방수」로 칭한다.

가. 소방조 상비소방수(消防組常備消防手)

소방조에 상비소방수를 두도록 한 것은 정확한 기원을 알 수 없으나 1907～1908년경으로 보이며 이들은 지금의 체계처럼 격일제로 근무하였고 급여는 월봉, 출장수당, 비번근무수당, 당직회료, 퇴직금 등이 일반 소방수에 비하여 특별 지급되었다. 소방조 상비소방수는 경찰서장의 임명형식으로 채용된 것으로 보이며 이들의 숫자도 정확하게 파악하기 어려우나 1918년 말 현재 경성소방조 상비소방대에 일본인 21명, 한국인 80명 등 총 101명이 근무하였다.

나. 도소방수(道消防手)

1922년 3월 31일에 조선총독부 지방관제를 개정하여 경기도에 소방수를 배치하고 이들의 신분을 판임관[18]으로 함으로서 정식 공무원으로 양성화하였고 이후 소방서가 설치된 지역에 판임관 대우 소방수를 배치하였다.

① 채용 및 근무 : 1922년 4월 1일 소방수채용규칙을 제정・공포하여 판임관제 소방수제도를 실시한 후부터는 종래에 소방수로 근무하고 있는 자는 그대로 판임관 대우로 임명하고 신규로 임명하는 경우에는 학술시험과 체격검사를 거쳐 채용하도록 하였다. 소방수의 업무는 수・화재 기타의 재해를 경계・방어하고 수・화재현장에서의 인명구조에 임하는 것을 그 직무로 하여 기관근무, 경방근무, 신호근무, 교습(教習)으로 구별하며, 특별한 사유가 있는 경우를 제외하고 격일근무를 원칙으로 하였다.

② 소방수제도 : 소방수제도는 1933년 3월과 1941년(소화 16년) 10월 개정이 있었으나 소방수의 월봉 등 기본골자에는 변동이 없이 시행되어 왔는데, 일제시대의 소

---

17) 상비소방은 일본인들이 쓰던 용어로써 「전문적으로 소방을 상설하여 놓은 제도」를 말한다. 즉, 의용소방대 및 소방대원을 말함.

18) 패전 전 일본에 있어서의 최하급의 관리. 주임관(奏任官; 갑오개혁 이후에 제정된 관계(官階)의 한 가지. 여러 대신이 추천하여 임금이 임명하였음. 일본식 官階를 본뜬 것임.)의 아래로 본 속의 장관의 자의로 임면되었다.

방수제도는 일본제도를 모방하여 시행한 것이지만 우리나라에서 처음으로 실시한 소방직 공무원제도라는 점에 그 의의가 있다.

(2) 소방관서의 설치

앞에서 살펴본 바와 같이 조선시대에도 금화도감이나 한말 궁정소방대가 있었으나 그 소방 조직들은 한시적인 기능과 설치목적을 가진 소방조직이었다. 이에 비하여 일제시대에 설치되어 오늘날까지 내려온 소방관서제도는 전문적인 소방력을 상비하여 화재예방활동과 진압활동을 하는 기구라는 점에서 차이가 있다.

① 일제통치기 상비소방제도의 발전과정을 보면

- 한일합방 직후 경성의 주요시가지 경찰관서 내 경기도 경무부 상비소방수 배치(최초의 소방관제도)
- 이와 병행하여 경성을 비롯한 주요도시 소방조에 상비소방수 배치
- 1922년 경성소방조 상비대를 경성소방소로 개편
- 1925년 경성에 소방서 설치
- 그 후 주요도시에 소방서 설치(표 2-2 참조)

② 소방조 상비소방대의 조직

- 1912년 12월 20일 경성소방조 남산정 힐소를 설치
- 1919년 12월 용산소방서 상비소방수 16명을 남대문 소방힐소에 배치

표 2-2 일제시대 소방관서 현황

순번	소방서명	개서일자	인 원	비 고
1	경성소방서	1925.4.1	142명(1931년) 중 일본인 79명	대정 14년(단기 4258년), 파출소 고시(황금정, 남산정, 본정, 삼정목, 한강통)
			208명(1937년)	
2	부산소방서	1939.4.1	62명	소화 14년(단기 4272년), 조선총독부 경무국 방호과에서 소방분장
3	평양소방서	1939.4.1	88명	소화 14년(단기 4272년)
4	청진소방서	1941.10.11		소화 16년(단기 4274년)
5	경성소방서용산분서	1942.11.5		소화 17년(단기 4275년)
6	용산소방서	1944.6.20		소화 19년(단기 4277년)
7	인천소방서	1944.9.1		소화 19년(단기 4277년)
8	함흥소방서	1944.11.1		소화 19년(단기 4277년)
9	성동소방서	1945.5.15		소화 20년(단기 4278년)

* 자료 : 한국소방행정사(1999년), pp.666~671 및 경기소방사(2000년), p.58.
* 본 저자가 연도별 주요사항(소방제도)을 표로 작성한 것임.

• 1921년 용산소방조에 상비소방수 배치

③ 경성소방소 설치

• 1922년 4월 1일 판임관대우 도소방수제도 실시

• 1922년 5월 23일 도소방수 근무체제를 갖추기 위해 경성부(京城部)에 소방서 설치

경성소방소는 경성소방서의 전신이며, 종전의 민간자치조직인 소방조 상비소방대와는 성격이 다른 관설소방조직이다. 소방서장을 경기도 경찰부 보안과 소방주임경부(消防主任警部)로 보하였으며, 소방주임경부는 후에 소방과로 개정함에 따라 소방과장으로 보하고 소방서장이 관할하는 소방수 힐소를 설치하였다.

④ 경성소방서 개서 및 직제

• 상기한 소방서는 관설소방조직이었으나 임시기구에 불과

• 1925년 4월 1일 경기도 소방과 폐지

• 경성부에 소방서를 설치하도록 조선총독부령이 공포됨에 따라 경성소방서 개서

소방서의 상위직위는 경찰 간부직으로 보하고 하위직위 및 직원은 소방직으로 보하도록 하였는데, 소방서장은 경찰서장과 같이 경시(警視) 또는 경부(警部)로 보하였고, 소방서장을 보조하기 위해 주임을 두되 도경부 또는 도경부보로 보하였다. 또 소방서에는 펌프반, 수관반, 파괴반, 사다리반을 두고, 반장은 소방수부장 또는 상석소방수로 보하였다. 소방서장의 관할 하에 소방수 파출소를 두었고, 파출소장은 소방수부장으로 보하였다.

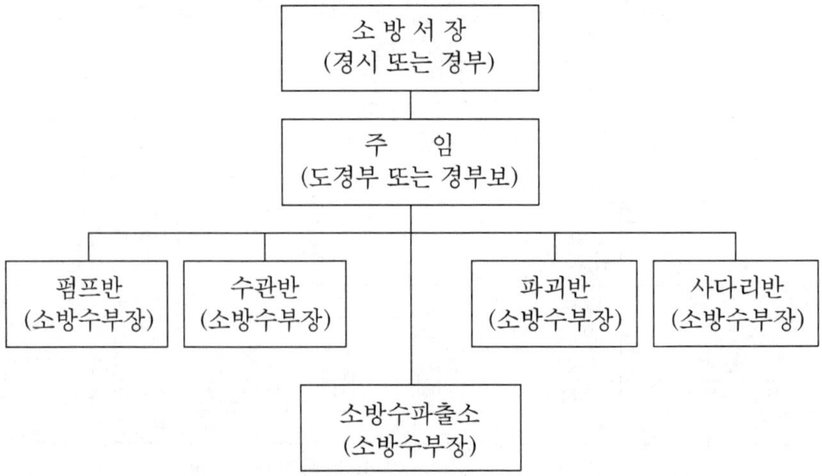

그림 2-2 경성소방서 직제

5) 소방용 기계기구의 도입 및 사용

조선왕조의 초기에 방수장비가 있었는지는 확실하지 않으나 조선왕조실록에는 별도로 구화기(救火器)를 제작・장치하여 놓은 것으로 기록되어 있다. 그러나 이것이 방수작용을 하는 기계를 말하는 것인지 단순히 물동이 정도에 불과한 것인지는 아직까지 밝혀지지 않고 있다.

이것이 별도로 제작한 방수장비라 할지라도 이는 궁전, 종묘 등 제한된 지역 내에서 사용되었던 것만은 틀림없으며 일반에서는 물동이로 물을 길어 소화하는 방법을 사용하였을 것으로 보인다. 우리나라에서 소방장비를 사용하게 된 것은 중국이나 일본으로부터 소방장비를 도입한 후부터이며 이들의 도입과정과 보급상황을 살펴보면 아래와 같다.[19)]

- 1723년 6월(경종 3년)에 중국으로부터 서양의 수총기(水銃器)를 도입(최초의 수입 장비임).
- 1908년 순종(융희 2년)때 궁정소방대가 완용(婉容)펌프 4대를 일본에서 도입한 것이 최초임.
- 1910년 말 일본인 소방조에 증기펌프 5대 배치함.
- 1911년 7월 경성소방조를 별도로 조직하여 남산 기슭에다 수동수관차대(手動水管車隊)를 편성함.
- 1912년 3월 증기펌프를 끄는 마차 배치함.
- 1912년 5월 경성에 스웨덴제 가솔린펌프 1대 구입함(소방기계로는 최초).

표 2-3 소방기계기구 보유현황

구분 / 연도별	펌프						수관차		
	자동차	증기	연기	가솔린	오토바이	완용	자동차	수만(手挽)	운송차
1933(소화 8년)	58	11	6	168	3	1,401	24	398	246
1934(소화 9년)	69	15	6	184	4	1,483	26	444	273
1935(소화 10년)	80	13	6	194	7	1,594	20	437	328
1936(소화 11년)	96	8	6	210	12	1,719	17	517	266
1937(소화 12년)	111	6	6	222	13	1,841	15	589	275
1938(소화 13년)	126	10	6	245	15	2,011	16	614	315

19) 행정자치부(1999), 전게서, pp.59～61.

이후 농촌지역에서는 완용펌프가 널리 보급되어 화재신고가 접수되면 소방관이 오토바이로 출동하여 현장상황을 파악하고 인명구출 작업을 선행하였다. 1933년부터 1938년까지 소방용 기계기구 보유현황은 표 2-3과 같다.

6) 소방행사 및 연습

(1) 화재예방에 대한 고유(告諭)

일제시대 초기에는 겨울철을 맞아 화재예방에 대한 지시를 시달하고 각 관아에서는 이에 따라 주민을 계도하였다. 이때 하달된 내용은 대부분 화기취급상의 유의할 점을 강조하고 소방시설을 갖추도록 한 것으로 조선총독부 경무총감부에서 시달된 화재예방에 관한 고유의 주요내용을 보면 다음과 같다.

① 아궁이 또는 온돌, 분화구 부근에 자초(紫草) 등 연소하기 쉬운 물질을 놓지 말 것
② 돌에 불을 땔 때에는 과열로 부지(敷地) 기타 등이 발화하지 않도록 주의하고 파손된 개소(個所)는 속히 수리할 것
③ 난로와 벽, 장자(障子), 창수(窓樹) 등의 사이를 안전한 거리로 유지하도록 하고 중간에 화력을 차단하는 장치를 할 것
④ 연통을 소제하여 매연을 잔류하지 않도록 하고 금속제 연통이 벽 또는 지붕 등에 관통하는 곳에는 두께 3촌(三寸) 이상의 돌등으로 연소 물질체를 격리할 것
⑤ 램프의 기름통은 금속제를 사용하고 램프를 달아놓을 때는 못을 구부리거나 견뢰안전(堅牢安全)한 램프 조(釣)를 쓸 것
⑥ 석유통에는 항상 뚜껑을 덮어놓을 것
⑦ 풍로 사용 후에는 화기를 제거・소화하고 석유난로는 취급에 각별히 주의할 것
⑧ 재처리 항아리는 견고한 물건을 사용하며 뚜껑을 닫아 안전한 장소에 두고 화로는 사용 후 방치하지 말고 필히 화기를 제거할 것
⑨ 거로(炬爐)는 병자, 노인, 어린이 등이 사용하는 경우는 수시로 주의할 것
⑩ 외출 시에는 램프 불을 필히 소화할 것
⑪ 재를 버릴 때에는 화기가 남아있지 않도록 하고 담장 밑 또는 판자 벽 등에 버리지 말 것
⑫ 담배꽁초나 성냥불은 인화물질 부근에 버리지 말 것

⑬ 어린이 등이 성냥 기타 화기로 장난하지 않도록 할 것
⑭ 가급적 나화(裸火)를 사용하지 말 것
⑮ 작업장 기타 분화하는 장소에는 잔화(殘火)를 끄고 난 후 퇴실할 것
⑯ 강풍이 불 때에는 화기의 취급에 각별히 주의하고 풍로 또는 옥외의 분화 등은 가급적 피할 것
⑰ 화재가 나기 쉬운 업체 및 다중이 회합하는 건물에서는 평소 소화제, 소화기 등을 준비하고 수도전(水道栓)에 충분히 압력을 가진 수관을 준비하여 방화수를 저장할 것

(2) 불조심 행사

일본인들이 한국에 들어와 소방조를 조직한 이후에 '출초식(出初式)'이라는 불조심 행사를 가졌으며 경서지역에서는 소방장비의 사열 등 시무식을 거행하였다.

1915년부터는 경성, 인천 등 도시지역에서 불조심 행사를 거행하였고, 그 후 주요도시의 소방조에서 같은 행사를 거행하였다.

(3) 춘·추 연습(훈련)

춘 · 추 연습(훈련)은 경찰서장이 매년 2회 이상 소방조원을 소집하여 점검과 연습을 행하였고 각 소방조에서는 봄 · 가을로 나누어 소방용 기계기구의 점검 및 연습, 소화전조사, 각 관청의 방화기구 검사와 연주회, 음악회 등을 통한 방화선전 등을 실시하였는데 오늘날 상 · 하반기 장비검열과 소방홍보에 해당하는 행사와 비슷한 것이라 추측된다.

(4) 방화일 및 방화강조기간 행사

화재가 많이 발생하는 겨울철을 맞아 매년 12월 1일을 「방화일」로 정하고 각종 화재예방 활동을 실시하였는데 지역에 따라서는 12월 1일과 2일 양일간을 방화일로 정하는 곳도 있었다. 언제부터 이러한 행사가 시작되었는지 확실하지 않으나 1930년 「방화일 행사계획」을 보면 다음과 같다.

① 지령봉독(捧讀)
- 오전 중 소방조 비상소집
- 지령봉독, 방화기원제(防火祈願祭) 등 집행

② 선전방법의 표준
- 신문에 의한 선전

- 옥외 강연 및 방어 · 피난 연습의 실시
- 흥행장 및 고층건물에 대한 선전
- 방화 강연회 및 활동사진
- 포스터에 의한 선전
- 소방차 기타 자동차에 의한 선전
- 소방음악회 기타 음악에 의한 선전
- 라디오에 의한 선전

③ 소방조와 활동의 예시

화재조사, 소화기 및 비상구 등의 일제조사

④ 경찰관서 및 소방관서의 활동 예시

화기취급소 일제검사, 소방시설 · 피난시설 일제검사

⑤ 피난연습 · 방화강화(防火講話) 및 가두행진(각급 학교, 공장, 병원 등)

⑥ 방화전람회 등

한편 방화강조기간 행사는 정기적으로 행사를 벌였는데 이 기간 중 행사는 방화일 행사와 비슷하였고, 1920년 2월 11일부터 17일까지(일주일간) 실시하였는데 지금의 「소방의 날」행사나 「전국불조심 강조의 달」행사와 그 맥을 같이 하고 있다. 당시 경성소방서의 행사내용은 다음과 같다.

① 표　어

끄기 전에 내지 말고 불조심

② 행사 내용

- 회지독식(會旨讀式)
- 방화좌담회
- 수리시설 일제조사
- 경방기구 검사
- 피난 · 구조훈련
- 화원(火源) 일제조사
- 입간판 선전
- 선전삐라(bill)[20] 배부
- 망루 선전

(5) 연합훈련 및 기타 소방활동

소방연습은 소방서 또는 소방조 단위로 행사를 하는 것이 상례였으나 경우에 따라서는 지역별 연합연습을 실시하기도 하였는데 그 내용은 각 소방조의 소방 펌프차를 집결시킨 후 인원점검과 복장・기계기구를 점검한 후 가상화재 진압・보도경주・펌프조작・사다리 오르기 등 시범훈련과 공로자 표창・분열식 등 다양한 행사를 하였다. 또 각 지역에서 소방활동을 하는 외에 「화재예방조합」을 편성하여 경찰과 민간합동으로 야경을 실시하기도 하고 소방, 순경, 연무(演武), 교통 등을 위한 「청년소방구락부」를 조직하여 활동하기도 하였다.

한편 화재로 인한 이재민에게는 지역 내 유지(有志)들이 성금을 모아 위문하기도 하고 화재가 발생하면 신문보도 내용 중 '불조심, 불조심'이라는 경구를 먼저 사용한 뒤 보도내용을 실어 상당한 홍보효과가 있었을 것으로 예견된다. 그러한 훈련과 활동이 발전하여 오늘날 소방기술경연대회나 화재취약지역 순찰 등으로 소방행정이 변천한 것이다.

4. 미군정시대

1) 소방위원회설치

미군정청이 조선총독부를 인수할 당시 소방행정은 경무국 통신과에 속해 있었다. 이 때 소방행정에 관한 서류는 대부분 멸실 되었으므로 일본인 소방담당자를 잔류시켜 자문에 응하도록 하여 소방행정의 맥을 이어갔다.

경무국의 경비과를 인수한 미 군정청은 소방업무와 통신업무를 통폐합하여 소방과를 설치하였고, 1945년 11월에는 소방과를 소방부로 개칭하는 동시에 도 경찰부에도 소방과를 설치하였다. 또한 소방업무의 지방자치단체 관리를 위하여 1946년 4월 10일 「소방부 및 소방위원회의 창설에 관한 건」을 공포하여 각 시・읍・면의 감독과 운영아래 독립된 소방부를 창립하고 종래 경찰서에서 취급하던 소방부의 운영 및 관리를 이관시켰다.

한편 상무부 토목국 내에 중앙소방위원회를 창설하여 이들로 하여금 소방예산을 작성하게 하고 소방상 중요하다고 인정되는 제반장비의 규격화와 시・읍・면 소방부의 조직적 계획, 소방에 대한 급수 및 용수배급, 화재경보와 전달제도 등을 연구하게 함으로써 소방행정을 경찰로부터 완전히 분리시켜 자치화하였다.[21]

---

20) 선전물의 인쇄물(포스터) 또는 돌라 주는 종이쪽지.

(1) 중앙소방위원회

중앙소방위원회는 상공부 토목국에 설치하고 위원회는 7인으로 구성하도록 하였으며 그 중 1명은 서기장으로 하였다. 위원은 소방행정분야의 전문지식이 있는 인사(人士)로 군정장관이 임명하였으며 규정된 봉급을 지급할 수 있도록 하였다. 그 후 1947년 남조선과도정부로 개칭된 후에는 동 위원회 집행기구로 소방청을 설치하였는데 소방청에는 청장 1명과 서기관 1명을 두고 군정고문 1명을 배치하였으며 총무과, 소방과, 예방과를 두었다.

(2) 도 소방위원회

각 도에는 도 소방위원회를 설치하였는데 위원회는 소방행정분야의 전문지식을 가진 인사 중에서 도지사가 임명하는 5명으로 구성하여 그 중 1명은 서기장으로 보하고 각 위원회에 기술보조원 및 직원을 둘 수 있도록 하였고 그 임무는 다음과 같다.

① 화재로 인한 손해와 화재위험에 관하여 연구하고 소화 · 방화에 대하여 적당한 계획을 수립 발전시키기 위하여 시 · 읍 · 면을 원조하고

② 정책, 계획, 보고 및 예산에 있어 중앙소방위원회를 원조한다.

도 소방위원회의 사무집행기구로는 서울에 소방부를 두고 각 도에는 소방청(충북은 소방과)을 두었다. 서울시 소방부에는 부장 밑에 서무과 · 경리과 · 훈련과 · 선전과 · 방화 · 안전과 · 기관과 · 통신과를 두었으며 각도 소방청에는 소방과와 예방과를 두었다.[22)]

2) 미군정체제의 소방행정

미군은 조선총독부를 인수한 다음 철도국 · 체신국 · 위생국 등을 설치하였으며, 1946년 8월 7일 농무부 토목국을 토목부로 승격하고 중앙소방위원회의 업무까지 관장하도록 하였다. 그 다음해인 1947년 12월 25일 중앙경찰위원회를 설치하였는데 미군정시절에는 경찰보다도 소방위원회가 1년 이상 먼저 설치되었음을 알 수 있다.[23)]

---

21) 허남오(1998), 한국경찰제도사, p.281.
22) 행정자치부(1999), 전게서, p.82.
23) 행정자치부(1999), 전게서, p.85.

5. 대한민국 정부수립 이후

1) 경찰행정체제의 소방

1948년 8월 15일 대한민국정부가 수립되자 동년 9월 3일 내무부는 경무부 · 토목부 · 중앙소방위원회와 그 소속기관을 인수하고 동년 11월 4일 내무부 직제에 의하여 기구를 개편하였는데 자치소방조직은 경찰조직에 인수되어 소방행정은 다시 경찰 행정체제 속에 포함되었다. 이에 따라 중앙소방위원회는 내무부 치안국내 소방과에서 사무를 분장하게 하여 소방행정 · 소방훈련지도 · 소방사상의 선전보급에 관한 사항을 분장하였는데 당시의 치안국 기구는 그림 2-3과 같다.

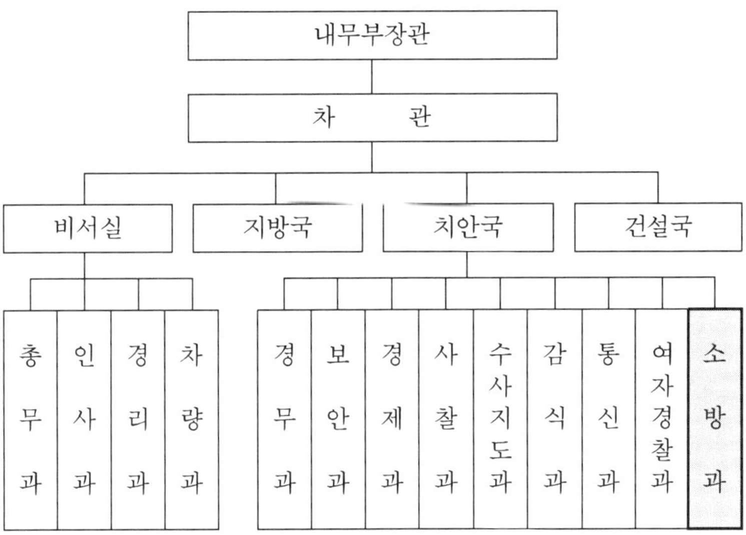

그림 2-3 치안국 기구(1948년도)

또한 1950년 3월 31일 내무부 직제가 개편됨에 따라 소방과는 보안과 내 소방계로 축소되어 소방반 · 기술반을 두고 소방에 관한 계획 · 소방사상의 계도선전 · 소방기구와 약품의 성능 조사연구 · 소방협회에 관한 사항을 다루었는데 당시의 치안국 기구는 그림 2-4와 같다.

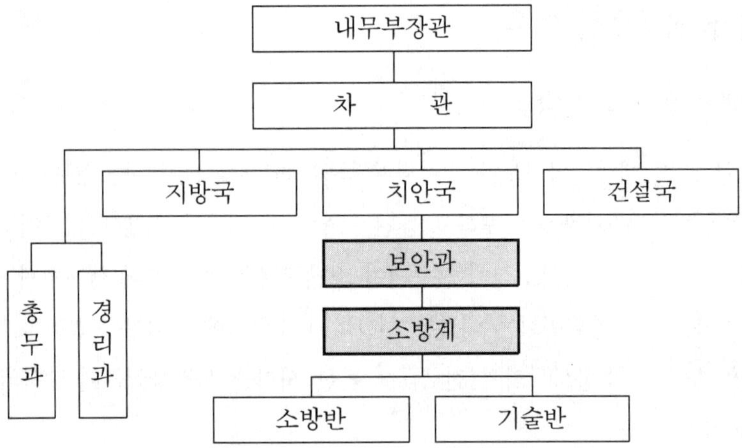

그림 2-4 치안국 기구(1950년도)

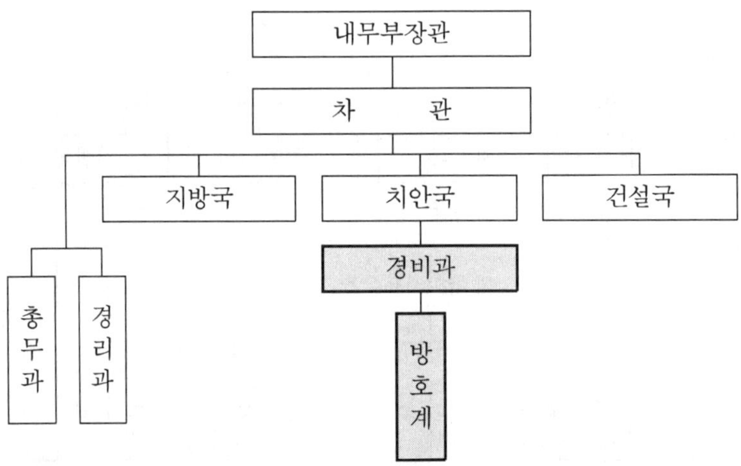

그림 2-5 내무부 직제 개정(1953년도)

그리고 다시 1953년 7월 6일 내무부 직제가 그림 2-5와 같이 되어 보안과의 소방계를 신설된 경비과 내 방호계와 합병하여 방호계로 하였으며, 당시 방호계는 소방, 방공에 관한 기획, 소방과 방공사상의 계몽선전, 방호기구와 약품의 성능 조사연구, 방호시설과 그 유지의 연구, 방공통신정보 및 방공위원회와 직장방공단의 운영과 지도감독에 관한 사항을 분장하였다.

소방행정은 조선시대부터 그 부침(浮沈)과 조직의 변동이 심하여 일정한 부서에 자리매김하여 성장 발전하지 못하고 정치적 · 경제적 · 사회적 논리에 따라 이동이 잦았다. 1961년

10월 2일 내무부 직제를 또 다시 개정하여 치안국에 다시 소방과를 설치하였는데 당시 소방과에는 방호계와 소방계를 두고 민방공 · 소방 · 수난구조 · 방호사무를 분장하였다. 당시의 기구를 도시하면 그림 2-6과 같다.

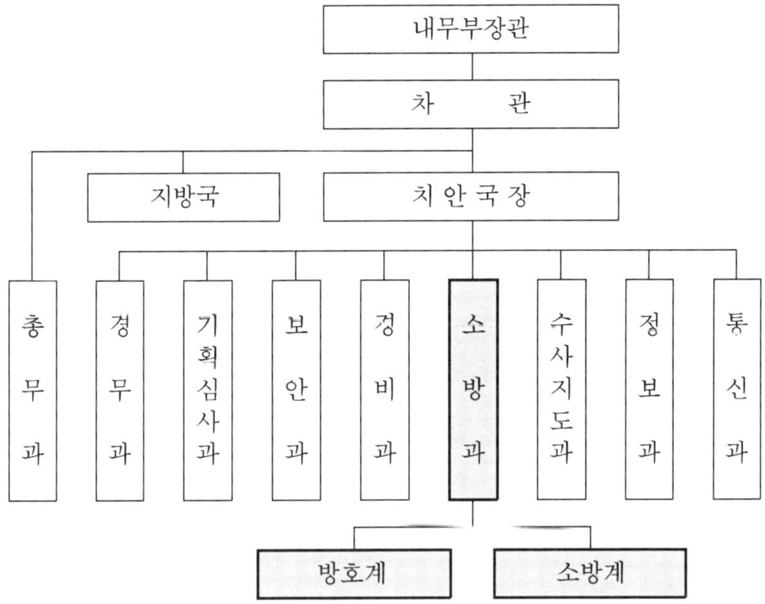

그림 2-6 내무부 직제 개정(1961년도)

그 다음해인 1962년 12월 2일 내무부에 내무부차관을 위원장으로 하는 소방행정 심의회를 설치하고 1964년 5월 27일 소방과의 방호계장을 총경으로 소방계장을 소방령으로 보하도록 직제를 개정하였다.

1969년 1월 7일 경찰공무원 법이 제정됨에 따라 소방계장은 소방총경으로 보하였고, 1970년 8월 30일 정부조직법을 개정하여 내무부의 소방기능을 삭제하고 소방사무는 자치단체로 이양하기로 하였는데, 서울과 부산에서만 지방 사무로 실시되고 다른 지역에서는 실시되지 못하였다. 1975년 민방위제도 실시와 더불어 소방은 다시 민방위 업무체제의 한 분야로 자리 잡아 오늘에 이르게 되었다.

2) 민방위제도와 소방

1975년 인도지나사태를 계기로 우리나라는 북한의 남침위협에 대비 민방위제도를 실시키로 결정함에 따라 다음과 같은 조직개편이 이루어졌다.

- 1975년 7월 23일 정부조직법을 개정
- 1975년 7월 25일 민방위기본법을 제정하여 내무부에 민방위본부 설치, 치안국내에 있던 소방과를 민방위본부 내 소방국으로 승격 개편함
- 1975년 8월 26일 내무부 직제 개정
- 1975년 8월 29일 민방위본부에 소방국을 두고 소방 국장은 별정직 2급 갑류 상당 국가공무원으로 보함
- 소방국에는 소방과(행정계・기준계・관리계), 방호과(방호계・조사계) 및 예방과(예방계・지도계・검정계)를 둠
- 소방과장・예방과장은 서기관, 방호과장은 별정직 3급 갑류 상당 국가공무원으로 보함

소방국이 창설되면서 국장 및 과장 보임에 소방공무원은 모두 배제시키고 일반직으로만 구성하였다. 이것은 소방업무의 전문성과 특수성을 도외시한 것인데 내무부 직제 개정시 소방공무원에게는 참여의 기회를 주지 않아 이후 소방관계자들은 소방전문직화를 위해 계속하여 꾸준히 노력하였다. 그 결과로서 다음과 같은 조직발전이 이루어졌다.

- 1978년 8월 9일 방호과장 직위를 소방직화(별정직 4급에서 소방감으로) 함
- 1981년 4월 8일 정부조직법 개정, 소방국장 직위를 3복수화(별정 2급 갑 또는 2급 을, 이사관・부이사관 또는 소방정감으로) 함
- 1984년 1월 21일 내무부 직제 개정, 예방과장은 소방직화 하고 소방과장은 복수직화 함
  - 소방과장 : 서기관에서 서기관 또는 소방감으로 함
  - 예방과장 : 서기관에서 소방감으로 함
- 1987년 4월 내무부차관이 사정 상임위원회에 중앙소방조직의 전문화에 대한 필요성 보고함
- 1987년 6월 중앙소방기구 소방직전문화 세부계획수립 제출(대통령 지시)함
- 1988년 12월 내무부 소방국 정원 36명 중 12명을 소방직으로 함
- 1991년 4월 23일 소방국 정원 36명 중 소방공무원을 20명으로 증원
- 1992년 소방국장 직급을 이사관・부이사관 또는 소방정감에서 소방정감으로 전문화하기로 함
- 1993년 6월 8일 소방국장을 소방직으로 함

- 1995년 10월 19일 민방위본부를 민방위 재난 통제본부로 개칭하고 소방국에 구조구급과와 장비통신과를 신설
- 1995년 12월 6일 소방공무원법을 개정, 소방총감 직위를 신설
- 1996년 2월 21일 내무부 직제를 개정, 소방국장 직급을 소방정감에서 소방총감 또는 소방정감으로 조정
- 1998년 7월 22일 소방국은 장비통신과를 해체하여 장비계는 소방행정과로 통신기술계와 전산정보계는 방호과로, 긴급구조상황실은 구조구급과로 조정하였고, 이 과정에서 소방국 정원 4명이 감축됨(표 2-4 참조).

표 2-4 소방공무원 인원현황

구분	총계	총감	정감	소방감	소방준감	소방정	소방령	소방경	소방위	소방장	소방교	소방사
합계	39,519	0	2	8	34	278	950	2,398	2,676	5,770	11,219	16,184
국가직	322	0	2	8	18	21	36	56	68	56	54	3
소방방재청	94			2	6	11	19	26	25	4	1	
중앙학교	54			1		4	6	10	11	11	8	3
중앙구조본부	151				1	1	11	20	32	41	45	
시・도국가직	23		2	5	11	5						
지방직	39,197	0	0	0	16	257	914	2,342	2,608	5,714	11,165	16,181

※ 시·도 국가직(23) 내역 : 소방본부장 16명(서울 경기 소방정감2, 부산 인천 충남 전남 경북 소방감5. 시·도 소방준감9), 지장소방학교장 7명(서울 경기 소방준감2, 부산 광주 강원 충청 경북 소방정5)
※ 별도정원 5명 미포함 : 국방대학원 1(소방감), 통일연구원 1(소방준감), 대통령실 1(소방준감), 국무총리실 1(소방정), 연구단지 1(소방경)
* 자료 : 2014년 소방행정자료 및 통계. p49

3) 지방소방행정 조직의 변천

(1) 소방본부 설치

① 1972년 2월 1일 서울・부산 소방본부 설치
② 1981년 7월 1일 대구・인천 소방본부 설치
③ 1986년 11월 1일 광주 소방본부 설치
④ 1989년 1월 1일 대전 소방본부 설치
⑤ 1992년 3월 28일 9개 도에 소방본부 설치
(소방본부장과 소방학교장은 국가직으로 함)

⑥ 1997년 7월 15일 울산 소방본부 설치

⑦ 2006년 경기 2본부 설치

⑧ 2012년 세종소방본부 설치

(2) 구조구급과 설치

가. 119구조·구급대 운영현황

[설치근거]

119구조대 : 119구조 · 구급에 관한 법률 제9조(구.소방기본법 제34조)

119구급대 : 119구조 · 구급에 관한 법률 제10조(구.소방기본법 제35조)

① 구조업무

- 1988. 4. 30 119구조대원복제규정 제정(내무부훈령 제938호)
- 1988. 8. 1(구조대 발족) 제24회 서울올림픽 개최 7개시 9개대
  (서울 3, 부산, 대구, 인천, 광주, 대전, 수원)
- 1989. 12. 30(소방법 개정) 소방기본업무로 법제화
- 1995. 12. 27 중앙 119구조대 발대(6팀 68명)
- 1997. 12. 20(내무부령 제747호 제정) 구급대 및 구조대의 편성운영 등에 관한 규칙
- 2005. 8. 22(행자부령 제 296호 개정) 구조대 및 구급대의 편성운영 등에 관한 규칙
- 2011. 3. 8(법률 제10442호 제정) 119구조구급에 관한 법률(2011.9.9 시행)
- 2013. 9. 17 중앙119구조대를 중앙119구조본부로 승격
- 2013. 12. 9 중앙119구조본부 특수사고 대응단 창단
  (1단 6화학구조센터 · 울산, 시흥, 서산, 익산, 여수, 구미)

② 구급업무

- 1970년 미 잉여 앰뷸런스를 인수받아 화재현장 응급환자 이송
  – 야간구급환자신고센터 운영지침(내무부훈령 제595호; '79. 9. 3)
- 1980. 10. 2 대전소방서(구급차 1대) 구급업무 수행
- 1981. 6~ 부산시 4개 소방서(구급차 4대) 구급업무 수행
- 1982. 3. 1 서울시 8개 소방서(구급차 8대) 구급업무 수행
- 1982. 6. 9(내무부 제716호, 보사부 제447호 공동훈령 제정)
- 1983. 12. 31(소방법 개정) 소방기본업무로 법제화(30개 소방서)

- 1989. 8. 18(내무부예규 제정) 소방구급활동 요강
- 1992. 8. 31(내무부예규 제742호 제정) 구급대 편성운영 등에 관한 규정
- 2005. 8. 22(행자부령 제296호 개정) 구조대 및 구급대의 편성운영 등에 관한 규칙
- 2011. 3. 8(법률제10442호제정) 119구조구급에 관한 법률(2011.9.9시행)

나. 구조·구급업무 확충

- 1994. 11. 8 소방긴급구조체계 확충계획 수립
- 1994. 12. 31 전국 시·도 소방관서 구조구급과 설치 승인
- 1995. 6. 14 내무부(안전행정부) 소방국 구조구급과 신설
- 2004. 6. 1 소방방재청 출범(대응관리국 구조구급과)
- 2005. 9. 1 직세 개편(소방대응본부 구조구급팀)
- 2006. 7. 1 직제 개편(소방정책본부 U119팀)
- 2008. 3. 4 직제 개편(소방정책국 U119과)
- 2008. 6. 5 직제 개편(소방정책국 구조구급과)
- 2012. 7. 23 직제신설(119구조구급국 신설)

다. 설치현황

- 119구조대 : 240개대 3,690명
  - 일반구조대 : 205개대 2,851명
  - 특수구조대 : 26개대 280명(수난 9, 산악 7, 화학 10)
  - 직할구조대 : 9개대 289명(중앙 서울 부산 대구 인천 강원 경북은 각1, 경기2)
- 소방항공구조구급대 : 15개대 헬기 27대 보유(270명)
- 119구급대 : 1,280개대 7,883명(고속도로구급대 10개대)

* 근거 : 2014년 소방행정자료 및 통계, pp 197~198

(3) 지방소방학교 설치

① 1983년 7월 18일 서울소방교육대 발족(서울시조례 1788호)
→ 1986년 9월 22일 서울소방학교로 승격(2과6팀, 소방과학연구센터, 구조구급교육센터)

② 1993년 7월 20일 충청소방학교 개교(3과 7담당)
(1994. 4. 10 충남소방학교에서 교명 변경)

③ 1994년 9월 11일 경상북도 소방학교 개교(2과 4담당 1단)

④ 1996년 3월 29일 광주소방학교 개교(3과 6팀)

⑤ 1997년 6월 2일 경기도소방학교 개교(3과 8팀)

⑥ 2006년 9월 11일 부산소방학교 개교(2과 1팀)
(1987. 1. 9 부산소방교육대 발족)

⑦ 2010년 5월 11일 강원소방학교 개교(2과 4담당 1교수단 1특수훈련센터)

⑧ 2011년 1월 3일 인천소방안전학교 개교(2과 1단 7팀)
(1990. 2. 16 인천소방교육대 설치)

* 근거 : 2014년 소방행정자료 및 통계, pp 5

소방기획과 정책

3

CHAPTER

제1절 기획의 개념과 유형

1. 기획의 개념

기획이라는 용어는 널리 그리고 자주 사용되고 있으면서도 그 의미와 내용이 포괄적이기 때문에 많은 혼란을 일으키고 있다. 우리가 사용하는 planning은 기획이며, 그것에서 나타난 산물인 계획은 plan이다.[1] program은 planning의 하위사업, 즉 사업계획을 말하고, project는 그보다 더 세부적인 사업계획이다.[2] 기획은 정책과 프로그램을 공식화하고 수행하는 데 있어서의 선견장치(先見裝置)라고 간단히 정의할 수 있다.[3]

그러나 더욱 상세히 말하면 소방행정에서 기획이란 소방관계자들이 미래를 예측하고, 거기에 도달하기 위한 수단들 가운데 다양한 대안을 고려하고, 그들이 선택한 상황에 도달하기 위하여 나아가는 절차이다. 즉 기획이란 바람직한 목표를 달성하기 위하여 최대한의 가능성을 제공하는 행동의 방침을 미리 결정하도록 개발하기 위한 과정이며, 미래를 위한 정책결정 즉, 합리적인 의사결정과정이다.

소방기획은 미래를 대상으로 하여 목표달성을 위한 효율적인 수단을 강구하는 합리적인 의사결정과정이며 바람직한 방향으로의 행동과 집행을 지향한다는 점은 기획의 저변에 흐르고 있는 기본생각이다.

1) 기획의 특성

기획의 기본철학[4]이라고도 논의되는 기획의 특성은 장래를 내다보고 목표달성을 위한 합리적인 수단을 강구하는 합리적인 의사결정과정이며 바람직한 방향으로의 변화를 유도한다는 점은 모든 기획의 속성이다. 그리하여 기획은 다음과 같은 요소들을 본질적으로 내포하고 있다. 즉 기획은 하나의 계속적인 과정이며 행동지향적인 활동이고 미래지향적인 활동이며, 목표달성을 위한 활동이고 효율적인 수단을 강구하는 과정이다. 따라서 기획은 다음과

1) 기획(planning)과 계획(plan)은 통상 과정과 산출물로 대비된다. 즉, 기획이라는 활동 또는 과정의 산출물로 계획을 보는 것이다.
2) 김봉식(1975), 기획론, 박영사, p.50.
3) Barclay M. Hudson(1979), 'Comparison of Current Planning Theories : Counterparts and Contradictions', Journal of the American Planning Association, 45, p.387(October 1979).
4) 박용호(1992), 현대행정학 원론, 서울: 고려원, p.343.

같은 특성을 가진다.

(1) **미래지향성**

과거의 경험과 축적된 정보를 바탕으로 장래에 일어날 불확실한 사태를 미리 예측하여 그 대비책을 강구해 둠으로써 임기응변에 의한 시행착오를 방지한다.

(2) **합리성의 추구**

목적을 달성하는데 가능한 한 최적의 수단과 방안을 모색하여 주어진 자원을 가장 효율적으로 활용하려고 한다. 그러나 실제에 있어서는 기획담당자의 가치관이나 무형적 요인이 관련되므로 전적으로 합리적 과정이라 할 수는 없다.

(3) **통제성**

기획은 기존의 추세에 어떤 형태로든 수정과 통제를 가하여 미래의 모습을 인위적으로 바람직한 방향으로 바꾸어 보려는 것이다.

2) 기획의 기능

기획은 그것을 어떠한 관점에서 파악하느냐에 따라 그 기능을 파악할 수 있다. 즉 문제해결 과정으로 파악하느냐, 혹은 관리기능의 한 과제로 보느냐, 아니면 사회변화와 국가발전의 도구로 보느냐에 따라 그 기능을 각기 다른 각도에서 파악할 수 있다. 그러나 여기서는 위의 3가지 관점을 통틀어 일반적인 관점에서 검토해 보기로 한다.

(1) **문제해결의 과정으로 보는 입장**

기획을 단순히 문제해결의 과정으로 보는 입장이다. Newman은 「기획을 문제를 진단하고 그 해결을 위한 대안을 탐색하는 과정」이라고 규정하였다. 이 경우에 기획은 과학적인 문제해결방법의 한 유형에 지나지 않는다.

(2) **관리기능의 한 단계로 보는 입장**

전통적으로 경영과 행정은 POSDCoRB[5])로 대표되는 일련의 과정으로 설명되었으며 여기

---

5) 1937년 출판된 L. Gulick과 Urwick의 「行政科學論文集」은 11개의 논문으로 구성되어 있고, 그 중 한 논문

서 기획은 최초이면서 가장 중요한 관리기능 중의 한 단계이다.

(3) 사회변화, 국가발전의 도구로 보는 입장

이는 기획의 기능을 단순히 관리능률의 향상에 결부시켰던 전통적인 관점과 비교할 때 보다 적극적인 입장이다. A. Waterstone은 1960년대 이후 사회주의 국가나 혼합경제체제의 국가를 막론하고 국가발전목표를 달성하기 위한 수단으로 기획의 중요성을 인정하는 데는 공통적이 라는 점을 지적한다.[6]

이렇게 볼 때 오늘날 현대행정에 있어서 기획의 기능은 변화와 개혁의 계기, 국가자원의 합리적 동원・배분, 정책의 안정화・지속화, 정책의 타당성・효율성 제고, 조정과 통제의 수단적 기능 등을 담당하는 매우 중요한 역할을 한다고 하겠다.

3) 기획의 속성

소방기획이란 용어가 갖는 공통적인 속성으로는 장래를 내다보고, 결과에 어떤 한계를 설정하고, 목표달성을 위한 수단을 강구하며, 선택을 하는 활동이라는 점으로 지적될 수 있다. 이를 좀 더 자세히 살펴보면 기획에는 다음과 같은 7가지의 요소들이 포함되고 있다.[7]

① 기획은 하나의 계속적인 과정이고
② 기획은 집행할 결정을 준비하는 과정이며
③ 기획은 일단의 복합적인 결정을 대상으로 한다.
④ 기획은 행동 지향적인 활동이고
⑤ 기획은 미래지향적인 활동이며
⑥ 기획은 목표를 성취하기 위한 활동이고
⑦ 기획은 효율적인 수단을 강구하는 기술적 과정이다.

에 서술된 용어가 POSDCoRB이다. 이는 1930년 이전, 즉 전통적 행정(정치행정이원론) 시대에서 최고 관리층의 제기능을 이니셜만 따서 Gulick이 제시한 신조어이다. 최고 관리층의 기본적 기능으로서 Grulick은 ① 기획(planning), ② 조직화(organizing), ③ 인사(Staffing), ④ 지휘(directing), ⑤ 조정(Co-ordinating), ⑥ 보고(reporting), ⑦ 예산(budgeting) 〈강진봉〉.

6) Waterston, Albert(1966), Development Planning : lessons of Experience, Baltimore : John Hopkins Press. p.14.

7) Y. Dror(1963), 'The planning Process : A Facet Design', International Review of Administrative Sciences, Vol.29 , pp.46~58.

2. 기획의 유형

기획의 유형은 여러 가지로 나눌 수 있으나 일반적으로 많이 이용되는 유형으로 분류하면 기간별, 대상별, 일반성별(계층별) 등으로 분류할 수 있으며 구체적으로 어떠한 기획을 하느냐 하는 것은 문제, 목표의 성격과 시간, 예산의 정도에 따라 결정된다.

1) 기간별 유형

(1) **장기계획**(long-range planning)

일반적으로 대상, 목표에 따라 달라지나 보통 10년 정도를 말한다. 기간이 길어지면 미래예측이 저하되는 데도 이를 시도하는 이유는 중단계획의 전제로서 필요하며, 국민들에게 장래에 대한 희망과 의욕을 고취시켜 주는 정치적 효율성에 강조점을 둔다.[8] 장기계획의 대표적인 예로서는 이탈리아의 바노니(Vanoni)플랜(1955～1964)[9], 네덜란드의 장기전망(1959～1970), 프랑스의 10개년 전망(1955～1965), 캐나다의 장기경제전망(1980년대) 등이 있다.

(2) **중기계획**(middle-range planning)

중기계획은 보통 5년 내외로 하고 있으나 구체적인 결정에 있어서는 대상의 성격과 정치적인 것으로서 집권자의 임기를 고려하여 제일 많이 이용되고 있다. 대표적인 예로는 노르웨이의 4개년 계획, 스웨덴의 5개년 계획, 네덜란드의 공업화 5개년 계획, 프랑스의 경제근대화 계획 등이 있다.

(3) **단기계획**(short-range planning)

1년 내외를 기준으로 한 계획이며 소방의 경우 2014년도 기본 운영계획이 이에 해당한다. 이것은 구체적인 것이며 1년 전에 작성되는 것이지만 정치・경제・사회・행정적 여건 변동으로 많은 수정을 보게 된다. 단기계획으로는 국민경제 예산이 있으며 캐나다・미국・영국・독일 등에서 실행되고 있다.

---

8) 박동서(1985), 한국행정론, 제2전정판, 법문사, p.190.
9) 바노니플랜(2009년), 이평원, 형설출판사, p.116.

2) 대상별 유형

(1) 경제기획(economic planning)

기획이라 하면 경제를 생각할 정도로 모든 나라가 실시하고 있으며 우리나라도 1962년 제1차 5개년 계획부터 제7차까지 실시하여 왔으며 그 후 신경제계획을 실시하고 있다. 기획은 정치의 영향을 강하게 받기 때문에 그 나라의 정치발전 정도에 따라 상당한 영향을 받는다고 생각된다.

(2) 물적 기획(physical planning)

물적 기획은 도로, 항만, 공원 등의 조성과 같이 국토와 지역 또는 도시개발을 내용으로 하는 기획으로 한편 자연기획이라고도 한다.

(3) 사회기획(social planning)

우리나라의 경우 교육부, 보건복지부가 관장하는 분야로서 인구 · 교육 · 보건 · 사회보장면을 의미하며 1970년대 초부터 장기계획이 구성되기 시작하여 경제발전과 관련이 있는 부분은 어느 정도 되었으나 기타 사회보장 면은 많이 떨어지고 있다. 따라서 정부는 국정목표로서 복지 · 정의를 제시하고 있으므로 이에 일치되는 정책사업이 구체화되어야 할 것이다.

3) 일반성별 유형

(1) 기본운영계획

소방기관의 1년간 활동목표를 기획화 하고 이에 따라 구성원에게 목표 의식을 부여하고 예산편성의 기준이 되며 시행의 결과를 평가하는 기준으로 이용하는 연도별 사업계획인 것이다. 이의 구체적인 운영은 기획의 수립 · 시행 및 심사분석(평가)으로 되어 있으며 담당기관은 지식경제부이다.

(2) 목표관리

조직구성원의 참여를 통하여 목표를 설정하고 이에 따라 성과를 평가함으로써 목표를 효율적으로 이룩하려는 과정을 의미한다.[10)]

---

10) Peter F. Drucker(1976), 'What Results Should You Expect?' Public Administration Review 36-1

4) 통합성별 유형

(1) 사업별 계획

민간부문의 투자사업은 포함되지 않고 공공부문의 사업들도 상호연결 없이 나열해 놓은 계획으로 발전의 철학, 장기전망 등의 기본방향이 결여되어 있고 사업간 우선순위, 발전목표, 투자자원의 추계도 없는 것이 보통이다.

(2) 통합적 공공투자계획

공공부문의 가용투자재원을 추계(推計)하고 분야별・기관별로 배분하여 우선순위를 정한 후 재원조정 등 체계적으로 통합된 총괄적 분석형태의 계획이다.

(3) 종합계획

공공부문과 민간부문을 포괄한 가장 발전된 형태의 발전기획이다.

5) 강제성의 정도에 따른 유형

(1) 중앙집권적 강제기획

거의 모든 인적・물적 자원들이 중앙기획기구에 의하여 배분되고 각 기업의 생산량, 상품가격, 임금 등을 중앙기획기구에서 결정하는 중국 및 러시아, 과거의 동구권 국가의 기획을 말한다.

(2) 경쟁적 사회주의기획

생산수단이나 자원은 국유화되어 있으나 경쟁에 의한 능률성 향상을 추구하는 경제체제에서의 기획으로 유고, 헝가리 등에서 채택하고 있다.

(3) 민주적 경쟁기획

공공부문에서는 기획목표를 상세히 제시하고 민간부문에 대해서는 목표 제시 및 기타 육성방향을 유도하는 신생국들의 발전기획이다.

(Jan./Feb. 1976), pp.19~29.

(4) 유도기획

정부의 일방적인 기획수립이나 집행방식을 지양하고 관·민의 협조와 간접적인 영향력의 행사를 통하여 국가기획을 작성·운영함으로써 국민들이 경제전망을 믿고 기업도 이에 합치되는 계획을 수립하도록 유도하는 기획방식으로 1946년 프랑스에서 채택하였다.[11)]

(5) 예측기획

확정된 목표를 제시하지 않고 거시적 수준의 경제전망을 전문적·통계적 추계에 의하여 제시하는데 그치는 것으로 유도기획과 밀접한 상관이 있으나 참고자료로 제시되므로 그 성격은 다르다.

6) 고정성의 여부에 따른 유형

(1) 고정계획

계획기간을 고정시킨 계획으로 중장기계획의 집행과정에서 목표의 차질, 주변여건의 변화에 대처하기 어렵다. 이런 경우에는 전혀 새로운 계획을 세우거나 연차계획을 통하여 조정해야 한다. 우리나라의 제3차 5개년 계획(1972~1976) 등이 대표적인 예이다.

(2) 연동계획

장기계획이나 중기계획의 집행과정에서 매년 계획내용을 수정·보완하되 계획기간을 1년씩 늦춰 가면서 동일한 연한의 계획을 유지해 나가는 제도로 점진주의 전략이 그 기본철학이다.

7) 기타의 유형

기획의 단위가 지역인 경우 그 범위에 따라 국제계획, 국토계획, 도시계획, 농촌계획, 등으로 나누어지고 이용빈도에 따라 단용계획과 상용계획 혹은 상비계획으로 구분한다. 최근에는 공사계획과 관련하여 PERT(Program Evaluation & Review Technique : 복잡한 프로젝트를 계획·통제·관리하는 방식)와 CPM(Control Program for Micro-computer : 평가)이 많이 이용되고 있어 공사의 효율화를 기하고 있다.

---

11) Alfred J. Kahm(1969), Theory and Practive of Social Planning(New York: Russel Sage Foundation), pp.53~54.

제2절 소방기획

1. 소방기획의 목적

소방기획은 중앙안내장치로서 작용한다. 효과적인 기획을 통하여 소방기관은 그 방향을 발견해 낼 수 있고 변화하는 상황에 매끄럽게 적응할 수 있다. 소방기획을 담당하는 직원은 다음과 같은 증대되는 목적을 위하여 소방조직, 운영 그리고 관리의 모든 국면을 실험하고 분석할 것이 기대된다.

① 소방업무의 효과성과 능률성

② 소방운영의 경제성

③ 시민에게 봉사를 하고 있는 소방기관의 반응

2. 기획의 특징

소방기획은 다음과 같은 것을 특성화할 수 있는 중요한 관리기능이다.

① 연구방법, 양적 분석 그리고 예측기법의 정확한 준비에 의거한 지적과정(知的過程)

② 체계적이고 적극적 접근방법을 요구하는 진행과정

③ 미래의 경향과 사회적, 정치적, 경제적 그리고 법률적 지침에 관련된 적절한 해석으로 추론된 예상되는 변화에 현재상황을 결합시키려는 재조정 과정

④ 선택을 하는 정책 결정자에게 일련의 선택권을 부여하는 지원과정, 즉 각 선택권은 그것의 실행으로부터 파생된 가치와 초래된 비용을 가리킨다.

⑤ 기관내부로부터 선발된(그리고 훈련받은) 또는 조직 외부로부터 기획 자문관으로서 고용된 유능한 계획담당자에 의하여 수행되고 있는 전문화과정

3. 기획의 과정

기획의 과정(process of planning)이란 좁은 뜻으로는 계획을 수립하는 과정, 넓은 뜻으로는 계획을 수립하고 시행하며 그 결과를 평가하는 과정까지 포함된다. 이와 같이 기획 과

정은 계획을 수립하여 집행하고 그 결과를 평가하여 다음의 계획 설정에 반영하는 환류(feedback)작용을 하는 것이므로 정책과정과 유사한 점이 많다. 그러나 기획과정은 정책과정과 다른 점도 많으므로 여기서는 다른 점에 역점을 두고 좁은 뜻으로의 기획과정인 '미래예측 → 목표설정 → 상황분석 → 기획전제의 설정 → 대안의 탐색과 분석 → 최종안의 선택'의 6단계로 구분하여 설명하기로 한다.

(1) 미래예측

기획의 첫 번째 단계는 미래의 예측이다. 흔히 이 단계를 목표의 설정단계에 포함시키기도 하나, 기획은 정책결정보다 미래를 예측하는 활동에 역점을 두고 있으므로 기획과정에 있어서는 매우 중요한 단계이다. 미래예측(forecasting)의 방법에는 여러 가지가 있겠으나 일반적으로 널리 이용되고 있는 것은 계량적 미래예측법과 질적 미래예측법을 들 수 있다.

계량적(計量的) 미래예측법은 과거에 집행된 바 있는 계획의 결과에 대한 자료로 미루어 보아 어떤 변동의 양태(樣態)를 미리 짐작할 수 있고, 그러한 변동의 양태가 앞으로도 재현될 것이라는 전제 아래 이루어지는 예측의 방법이다. 이에 속하는 대표적인 방법으로는 시계열분석(time series analysis), 회귀분석(regression analysis) 등을 들 수 있다.

그러나 특정 계획을 수립하는 데 이용할 과거의 자료가 없거나 그 변동의 양태가 불규칙적이며 비정형(非定型)일 경우에는 질적 미래예측법을 사용하게 된다. 이러한 질적인 예측방법은 그 계획과 관련된 분야의 전문가들이 가진 지식과 경험, 그리고 통찰력(洞察力)에 의한 주관적 판단으로 예측할 수밖에 없다. 주관적인 예측판단에 흔히 이용되고 있는 것으로는 델파이(delphi) 기법[12]을 들 수 있다.

(2) 목표의 설정

기획의 두 번째 단계는 목표의 설정이다. 이 단계에서는 달성하려고 하는 목적이 무엇인지를 규명하고 그것을 구체화 한다.

기획에서 목표를 설정하기 위해서는 먼저 달성하고자 하는 최종 상태에 관한 합의(合意)가 이루어져야 한다. 그 합의가 이루어지면 목표를 체계화시킨다. 즉, 목표를 추상적 성격을

12) 델파이 기법(delphi 技法)은 설문조사를 통해 장래에 전개될 상황을 미리 예측하는 기법. 즉 장래의 과학기술이나 신제품이 언제 나와 산업구조나 국민생활이 어떻게 변할 것인가를 예측하는 데 주로 쓰인다. 행정학 분야에서는 행정을 둘러싸고 있는 사회적 상황이나 경제적여건의 변화 등에 따른 새로운 경향을 예측하며 정책수립이나 계획을 세우는데 흔히 활용되고 있다.

또는 상위목표와 이를 구체화시키는 하위목표로 구분한다. 이와 같이 기획에 있어서는 몇 개의 상위목표와 여러 개의 하위목표들이 설정되고, 이들 목표는 상호간에 '목표・수단의 연쇄(means-ends chain)'관계를 이루며 세분화되는데, 이 과정에서 요구되는 작업이 목표의 구체화와 조작화(操作化) 작업이다. 이 작업에는 모든 계층의 참여와 여건 등에 대한 고려가 있어야 한다. 그리고 기획목표는 여러 과정에서 지침(指針) 또는 준거(準據)로서 기능을 하기 위해서는 아래와 같은 요건이 갖추어져야 한다.

① 국민 또는 주민 앞에 내세운 공식적 목표와 실질적 목표간에 괴리(乖離)되어서는 안 된다.
② 목표는 앞으로 해결하여야 할 문제와 직접적인 관련이 있어야 한다.
③ 목표는 현재 상황에서 실현 가능한 것이어야 한다.
④ 목표는 그 실현 수단을 검토하여 수정(修正)할 수 있는 것이어야 한다.

(3) 상황의 분석

목표가 설정되면 다음으로 상황분석의 단계로 들어간다. 상황분석(circumstantial analysis)이란 계획과 관련된 현재 및 장래의 상황을 면밀히 분석하여, 기획목표를 달성하는데 장애(障碍)가 되는 요인이 무엇이며, 또 문제점은 없는지를 파악하는 과정을 말한다.

(4) 기획전제의 설정

상황분석의 다음 단계는 기획전제의 설정이다.

기획전제(planning premises)란 목표 달성 기간 중 상황변화에 대한 가정(假定)이나 전망을 말한다. 가령 경제기획의 경우를 예로 들면, 에너지 자원을 포함한 주요 원자재의 수급 및 가격이 계획기간 중에 현재 상태대로 지속될 것이라든지 아니면 큰 변동이 있을 것이라고 가정하는 것과 같은 것을 말한다. 앞의 단계와 다른 점은 상황분석이 주로 현실적 여건을 대상으로 삼는 단계라면 기획전제는 미래에 관한 예측이나 전망이라는 점이다.

(5) 대안의 탐색과 분석

기획전제의 다음 단계는 목표를 달성하기 위한 여러 가지 방안, 즉 대안(alternative)을 탐색하는 일이다. 계획과 관련된 정보나 자료를 수집하여 대안을 탐색하고, 이를 통해 선정된 여러 가지 대안을 놓고 어느 것이 최종안(계획)으로 가장 적합한 것인가를 판단하기 위하여 비교・분석한다.

(6) 최종안의 선택

계획 수립을 위한 기획과정의 마지막 단계는 최종 계획안(計劃案)을 선택 · 결정하는 일이다. 최종안을 선택 · 결정하는 일은 결코 쉽지가 않다. 왜냐 하면 기획은 장래의 예측을 내용으로 하고 있으므로 불확실성(uncertainty)이 문제가 되기 때문이다. 그러므로 최종안의 선택에 있어서 주의할 점은 정책의 경우에서와 같이 경제적 · 기술적인 합리성(合理性)뿐만이 아니라 실현 가능성과 확실성의 확보, 예산의 뒷받침 그리고 국민의 지지(支持)와 같은 정치적 합리성도 고려하지 않으면 안 된다.

4. 기획의 형태

기획은 어떤 행동과정을 선택할 것인가를 권고하는 것을 의미한다. 따라서 계획은 설계된 행동과정의 문서이다. 법 집행업무를 담당하는 데 있어서 일반적인 기획의 형태는 관리기획, 운영기획, 절차기획, 전략기획의 네 가지를 들고 있다. 그러나 소방계획은 다음과 같이 나누어질 수도 있다.

1) 단일사용계획(single-use plans)과 표준적 계획(standardized plans)

(1) 단일사용계획

하나의 특별한 상황만을 위하여 사용되는 행동과정을 설계한다. 주요한 예는 신임소방관을 선발하기 위한 한 번의 평가센터 접근방법을 사용하는 계획이다.

(2) 표준적 계획

주기적인 개정을 위하여 계속적으로 사용하는 것으로 상비계획이라고도 한다. 때때로 종합기본계획(master plans)으로 알려져 있고 이러한 계획은 규칙적인 근거, 예컨대 소방관의 모집, 소방부서 예산의 준비, 장비의 구매 또는 매각을 위한 입찰의 요청에서 일어나는 상황에 적용된다.

2) 장기계획(long-term plans)과 단기계획(short-term plans)

(1) 장기계획

소방부서의 규칙과 규정이 특별하게 분명하지 않은 동떨어진 목표에 이르는 데 도움이 되는 행동과정을 말하는 것이다. 이것은 자료를 수집하고 조직화하고 해석하여 과거의 경험에 의지하며, 국민의 태도와 가치관을 분석하여 미래의 욕구를 예측하며, 최근의 경향을 근거로 하여 예측을 하며, 변화를 통한 개선을 위하여 아이디어와 제안을 제공하는 것이다. 예컨대 예산비율의 감소, 생산성의 증가, 교육훈련의 향상, 소방부조리 근절대책 등에 관한 계획이 포함될 수 있다.

(2) 단기계획

장기계획과 대조적으로 더욱 특정하고 명확한 목표에 도움이 된다. 예컨대 시장순찰방법의 변화, 관할구역 내에서 하나 또는 그 이상의 구역에서의 고정대기근무제도를 신설하는 계획이 포함된다.

3) 전략계획(strategic plans)과 전술계획(tactical plans)

(1) 전략계획

무허가 위험물을 정기적으로 계속해서 단속하는 것과 같이 일련의 연속되는 결정을 요구하는 포괄적인 계획이다. 평소에는 장기적인 것이지만 전략계획은 주요한 소방부서의 목표와 목적 그리고 그러한 목표를 달성하는 데 요구되는 자원을 결정하는 것을 의미한다. 주요한 예는 둘 또는 그 이상의 소방관서를 통합하거나 또는 새로운 기관을 신설하기 위한 기획이다.

(2) 전술계획

지정된 구역과 주어진 환경 속에서 선택하는 행동과정을 말한다. 예컨대 주택에서 휘발유, 시너 등을 가지고 방화를 시도하거나 옥상에서 투신 자살극을 벌이는 요구조자를 구조하기 위한 119구조대의 계획 또는 정월 대보름날 불꽃놀이나 백화점 등 대형건물에서 비상구를 잠가 놓거나 물건 등으로 막아놓는 유사한 사건들을 단속하는 계획이 포함된다.

4) 관리계획(management plans)과 운영계획(operational plans)

(1) 관리계획

조직과 인사 및 물자의 관리, 그리고 자금의 조달과 지출에 관련된 장래의 행동과정을 의미한다. 이러한 계획은 지휘, 조정, 그리고 통제의 기능을 수행할 수 없는 소방관리자를 도와준다. 예컨대 예산계획, 인사계획, 인력의 배분, 교육훈련계획, 장비검열계획, 소방법 피의자 송치계획 등이 포함된다.

(2) **운영계획**

정책의 테두리 안에서 이러한 정책을 실천에 옮기기 위한 특수한 목표와 이러한 목표를 구현하기 위한 세부적 활동에 관한 계획이다. 이러한 계획은 업무의 수행방법을 결정하기 위하여 수립된다. 예컨대 화재예방검사, 화재조사, 통신 등에 관한 활동을 위하여 필요하다.

소방관리자는 그 기관 전체의 운영기획을 장려하기 위한 적절한 방향과 분위기를 제공하여야 한다. 그 첫 단계는 기획과 긍정적인 변화에 관련된 것을 표현한 강력하고 명쾌한 정책성명서를 공식화하고 보급하여야 할 것이다. 또한 소방관은 그의 계획이 예측할 수 없는 환경의 발전에 따라 우선순위가 항상 압력을 받기 쉬울 것이라는 것을 이해하여야 한다. 그리고 역동적인 환경에서 그의 책임을 계속적으로 수행하기 위한 계획을 마련해야 할 것이다.

5. 소방기획의 범위

기획부서는 소방조직 전반에 관한 계획과 소방조직내의 특정한 과(課) 또는 팀에서 특별한 문제에 목적을 두고 있는 계획을 수립할 책임이 있다.

1) 소방부서 전체계획

소방관서의 기획부서에서 전체계획을 공식화함에 있어 기획부서의 기본적 직무는 다음과 같다.

① 소방조직 전체에 걸친 관리상의 문제를 확인하고 그러한 문제를 해결하고 또 그들의 부정적인 효과를 완화시키는 것

② 현존하는 문제를 해결하기 위한 대안을 준비함에 있어서 활동하고 있는 직원에게(직접 또는 소방관서장을 통하여) 원조를 요청하는 것

③ 화재발생률, 이직률, 생산율 그리고 다른 지표의 조사를 통하여 장래에 어떻게 효과적으로 소방업무를 수행할 수 있는가를 예측하는 것, 장래의 요구에 현재의 자원들을 조화시키기 위한 방법을 권고하는 것

④ 소방기관의 기획과 정책형성을 위하여 요구되는 정보를 획득하는 것, 사용 가능한 체

제로 이러한 정보를 조직화하는 것

⑤ 적합하고 최신이라는 것을 확실하게 하기 위하여 정기적으로 모든 소방조직의 정책을 재검토하고 분석하는 것

⑥ 시간, 비용 또는 노력의 낭비를 포함한 현존하는 정책들을 현대화하고 향상시키는 것

⑦ 모든 수준에 있는(하급감독자, 중간감독자 그리고 상급관리자) 정책 결정자들을 위한 행동절차의 대안을 제시하는 것

소방기관에서는 기획기능이 각 집행부서, 즉 소방행정, 방호, 예방, 구조구급 등의 각 기능으로 이전되어 가고 있어 기획관리 담당자는 각 기능에서의 기초적인 기획을 종합・검토하여 조정하는 역할을 수행하여야 한다.

2) 과(課) 계획

기획부서는 또한 소방조직내의 특정한 과를 위하여 계획과 관련된 현재의 문제와 장래의 요구들을 실험하여야 한다. 과 단위의 문제영역은 교육훈련, 모집 또는 승진, 소방과 지역사회관계, 소방력의 운영정책 등에 관한 절차를 포함할 수도 있다.

6. 기획의 원칙

기획이란 어떤 대상에 대해 그 대상의 변화를 가져올 목적을 확인하고, 그 목적을 성취하는 데에 가장 적합한 행동을 설계하는 것을 의미하며, 기획의 원칙은 다음과 같다.

(1) 목적성의 원칙

비능률과 낭비를 피하고 그 효과성을 높이기 위하여 명확하고 구체적인 목적이 제시되어야 한다.

(2) 단순성의 원칙

기획은 간명(簡明)해야 하며 난해하거나 전문적인 용어는 가능한 한 피해야 한다.

(3) 표준화의 원칙

기획의 대상이 되는 재화, 서비스 및 작업방법 등의 표준화를 통하여 기획을 용이하게 수

립할 수 있어야 한다.

(4) 신축성의 원칙

유동적인 행정상황에 대응하여 수정할 수 있도록 작성되어야 한다.

(5) 경제성의 원칙

기획작성에는 막대한 물적 · 인적 자원과 시간이 소요되므로 가능한 한 사용 가능한 자원을 활용해야 한다.

(6) 기 타

이 외에도 기획은 안전성의 원칙, 장래예측성의 원칙, 계속성의 원칙이 요구된다.

7. 기획의 단계

기획을 좀 더 넓게 보아 이상적인 상태의 기획이란 규범적 수준, 전략적 수준, 전술적 수준, 그리고 조작적 수준의 기획활동이 계속적으로 이어져 진행되는 것이 기획의 단계라고 볼 수 있다. 이와 같이 보았을 때에, 어떤 기획이든지 최소한 다음의 수순이 필요하다.

① 상황 또는 문제상황의 인식과 형성, 즉 체제나 조직이 직면한 기회와 위협의 체제를 분석하고,

② 목적의 기획, 즉 바람직한 미래를 기술하여 목표를 설정하고,

③ 수단의 기획, 즉 특정한 목표를 추구할 구체적인 수단을 선택하며,

④ 자원기획, 즉 주어진 수단과 목표가 이루어지자면 어떠한 자원이 언제, 어떻게 필요한가를 결정하고,

⑤ 집행과 통제의 설계, 즉 누가, 무엇을, 언제, 어떻게, 어디서 할 것인가를 결정하고 이러한 집행과 (예상되거나 또는 예상되지 못하는) 그 결과를 어떻게 통제할 것인가를 고안하는 활동의 수순을 밟게 된다고 볼 수 있다.[13)]

13) Ackoff, Russell L. et al.(1981). A Prologue to National Development. Philadelphia : University of Pennsylvania. Social Systems Sciences Department. p.74.

8. 기획부서

한 조직의 책임자는 그의 조직을 위하여 광범위하고 효과적인 기획을 하는 데 필요한 조직구조와 참모를 공급할 책임을 지고 있다. 생산은 주로 직원들의 노력의 결과이므로 그의 자질은 항상 그 노력에 이바지할 수 있는 사람들의 자격조건, 훈련, 태도, 그리고 개성과 일치되고 있다.

소방기획도 예외는 아니다. 소방책임자는 소방관서에서 기획의 최종적인 책임을 지고 있다. 아주 작은 소방관서에서의 기획은 소방책임자의 일상업무의 하나로서 단순하다. 어느 정도 큰 소방관서에서는 기획과 연구는 전임 또는 시간제로 몇 명의 직원들로 구성된 단위에 맡겨질 수도 있다. 그리고 대규모 소방관서에서는 기획기능은 기획 부서에 위임될 수도 있다.

(1) 기획부서의 조직

우리나라 소방조직에 있어서 기획은 전국소방의 기획을 주관하는 안전행정부 기획담당이 있고 각 시도의 지방소방기획을 담당하는 소방본부의 소방행정과(消防行政課) 그리고 각 서의 소방행정과로 분화되어 이루어진다. (지방소방관서에서는 유일하게 서울 소방방재본부에 기획담당이 있음)

(2) 기획직원

소방조직은 기획에 관한 그들의 전문가적 식견보다는 다른 이유 때문에 흔히 기획 부서에 배치되거나 기획업무가 주어진다. 이것은 기획과 같은 그러한 기능의 전문성에 관한 그들의 잠재력 때문이라기보다는 오히려 소방관으로서의 숙련성 때문이거나 개인을 승진시키려고 하는 경향에 있는 소방기관 때문이다.

(3) 바람직한 자질

바람직한 자질을 가진 직원은 고도의 훈련을 받은 직원가운데서 선발하여야 하는데 이러한 직원은 다음과 같은 것이 요구되고 있다.[14)]

14) National Advisory Commission on Criminal Justice Standards and Goals, op. cit., pp.119～120.

① 독립성

기획담당직원은 독자적으로 많은 시간을 가지고 일할 것이 기대되기 때문에 그들은 최소한의 감독을 필요로 하는 솔선수범자이며 근면한 직원이라야 한다.

② 분석성

기획담당직원은 정보를 평가하고, 관련성을 인지하고 이해하며 목적의 결과를 이끌어 낼 수 있어야 한다.

③ 창조성

기획담당직원은 새로운 대안들을 탐색하고 문제를 쇄신적으로 해결할 수 있는 상상력과 창조력을 발휘하여야 한다.

④ 명료성

기획담당직원은 그들의 계획을 설명할 수 있어야 한다. 구두나 문서로 분명하고도 간결하게 표현할 수 있는 능력이 이러한 직업을 위해 기본적으로 요구된다.

⑤ 철저성

기획담당직원은 광범위한 연구와 문서를 통하여 필요한 정보를 입수할 수 있어야 한다. 이와 관련하여 개인들이나 조사를 통하여 정확한 정보를 얻을 수 있는 능력이 필요하다.

9. 기획의 한계

기획의 한계(restraint factor of planning)란 기획과정에 있어서 계획수립을 제약하는 요인이다. 기획은 불확실한 미래에 대한 예측을 전제로 하는 것이므로 계획을 수립하는 과정에는 여러 가지 어려움이 있기 마련이다. 계획 수립을 어렵게 하는 제약 요인(制約要因) 중 대표적인 것으로는 미래예측의 곤란, 목표설정에의 갈등, 시간과 비용의 제약, 신축성의 결여, 계획에 대한 저항성, 계획과 예산의 괴리(乖離) 등을 들 수 있다.

(1) 미래예측의 곤란성

과학기술이 고도로 발달한 오늘날에 있어서도 미래를 정확히 예측하기란 인간의 능력으로서는 불가능한 일이다. 따라서 아무리 면밀하게 작성한 계획일지라도 장래에 대한 정확한 예측을 보장할 수 없다.

(2) 목표달성에의 갈등

기획과정에서 목표를 설정할 때 기획담당자들 간의 의견불일치나 여러 이해 당사자들 간의 갈등으로 목표가 일치하지 못하거나 막연하게 제시될 경우에는 기획의 수립은 어려워진다.

(3) 시간과 비용의 제약

기획은 불확실한 미래를 대상으로 하는 것이므로 보다 적중성(的中性)을 높이려면 많은 시간과 비용을 들여 여러 가지 정보나 자료를 수집하고 분석해보지 않으면 안 된다. 그렇다고 많은 시간과 비용을 들여 수립한 계획이 반드시 성공하리라는 보장도 없다. 경우에 따라서는 기획에서 얻는 이익보다 비용이 더 많이 드는 수도 없지 않다.

(4) 신축성의 결여

미래의 상황은 유동적인 데다 인간의 예견(豫見) 능력도 한계가 있으므로 기획전제로 설정한 가정(假定)이 빗나가는 수가 흔히 있게 된다. 이럴 경우 계획은 적시(適時)에 수정을 가하지 않으면 안 되는데, 행정의 속성이라 할 수 있는 경직성(硬直性) 때문에 신축성(伸縮性) 있는 수정이 이루어지질 못한다.

(5) 계획에 대한 저항성

계획의 집행과정에는 기존 상태에 변화를 가져오기 마련이다. 그 변화가 일부 국민이나 행정관료들에게 당장 불이익을 가져다 줄 경우에는 아무리 공공 이익을 위하고 먼 장래를 위한 계획일지라도 저항을 받게 되어 실효를 거두지 못하는 수가 있게 된다.

(6) 계획과 예산의 괴리

아무리 훌륭한 계획일지라도 예산의 뒷받침 없이는 성공할 수가 없다. 그런데도 기획담당자는 예산을 고려하지 않고 계획을 수립하는 경우가 있다. 특히 통제(統制) 위주의 전년도 답습예산제일 경우이거나 기획부서와 예산부서가 서로 분립되어 있는 경우에는 계획과 예산 간에는 괴리(乖離) 현상이 일어나는 수가 많다.

제3절 소방의 정책결정

정책결정(policy-making)은 채택된 정책의제를 정책으로 바꾸어 나가는 과정 또는 정책을 수립하는 일련의 과정을 말한다. 정책결정 과정은 넓게는 정책의제의 설정, 정책형성, 정책채택까지 포함되고, 좁게는 정책채택만을 뜻한다. 넓은 의미에 있어서 정책결정이란 정책과정(政策過程)의 첫 단계로서, 정책을 위한 여러 대안(alternatives) 중에서 정부가 추구하는 행정목표에 가장 적합하고 합리적이며 효과를 거둘 수 있는 것을 선택하여 결정하는 동태적(動態的) 과정이라 하겠다. 바꾸어 말하면 정책결정은 정부기관의 공공정책에 관한 의사결정(decision making)인 것이다. 따라서 정책결정은 다음과 같은 특성을 가지고 있다. 즉 정책결정은 정치성・공공성을 띤 내용을 대상으로 하고, 장래의 행정활동에 대한 방향을 결정하는 것으로서 국민에게 관심을 갖게 하며, 여러 사람의 참여와 많은 노력 끝에 결정되는 동태적(능동적이고 활동적인) 과정이다.

정책결정이 동태적 과정이라고 말할 수 있는 것은 정책이 다음과 같은 단계를 거쳐 이루어지기 때문이다. 즉 하나의 정책이 결정되려면, 첫 번째 단계로 정책의제(政策議題)를 채택하여야 한다. 정책의제가 채택되면 두 번째로 정책목표의 설정단계로 들어간다. 정책목표를 설정하려면 무엇을 정책문제의 핵심으로 볼 것인지를 확정하여야 한다. 정책목표가 설정되면 세 번째로 대안의 탐색과 검토 단계로 들어간다. 즉 정책과 관련된 각종 자료와 정보를 수집하고, 그 수집된 자료를 바탕으로 문제 해결을 위한 대안(代案)을 탐색하고 몇 개의 대안 중에서 어느 것이 가장 합리적이고 효과적인 것인가를 비교・평가하게 된다. 이와 같은 과정을 거쳐 비로소 대안을 선택하여 정책으로 내어놓는 것이다.

정책결정은 대체로 이상과 같은 단계를 거쳐 이루어지는 데, 그 과정에 대안의 탐색과 검토 및 대안의 선택에 있어서 과거에 선례(先例)가 없는 문제나 상황에 직면하게 되었을 경우, 즉 비정형적 결정을 하여야 할 때 이를 어떠한 방법으로 할 것인가에 관해서 여러 가지 이론이 제시되고 있다.

1. 정책결정의 정의

정책은 관리의 철학, 원리, 태도, 가치관 그리고 의지를 구체화하는 것이다. 그것은 구두 또는 문서로 표현될 수 있고 다년간의 활동의 결과를 포함할 수 있다. 정책은 목적지향적인 성과의 지표가 된다. 그리고 정책결정은 행동의 대안방침 가운데에서 선택을 행하는 과정이다. 행정적 정책결정은 조직을 통제하고, 유지하고, 변화시킬 목적으로 선택을 하는 기술이다. 따라서 정책결정이란 주로 정부기관에 의하여 장래의 주요 행동지침을 결정하는 것이며 이러한 지침은 최선의 방법으로 공익을 공식적으로 추구하려는 복잡하고 동태적인 과정이다.[15]

2. 소방정책결정의 목적

현대의 법 집행은 복잡한 직무이다. 소방기관을 효과적으로 통제하고, 그 운영을 법 집행하기 위하여 소방관리자는 정책을 개발하고, 근무성과를 향상시키고, 직원에게 동기부여를 하고, 전반적인 효과성을 평가하는 데 도움이 되는 결정을 해야만 한다.

3. 정책결정의 이론모형

오늘날 정책결정에 관한 연구에는 여러 학문분야의 다양한 이론과 개념이 광범하게 활용되고 있다. 초창기에는 규범적 차원에서 모든 인간의 행동이 합리적이라고 전제하고 목표의 극대화를 위하여 정책결정자가 하여야 할 일을 분석 추구하는 것으로 이를 규범적·합리적 접근방법이라 하며 합리모형이 이에 속한다.

최근에 이르러서는 현실에서 행해지고 있는 결정은 절대적 합리성보다 타당한 결정을 취하는 경향을 가지고 조직내외의 제약요인 등을 중심으로 연구하는 것으로 이를 현실적·실증적 접근방법이라 하며 만족모형, 점진모형, 혼합모형이 있다. 그리고 인간의 초 합리적 성격을 반영하고 있는 최적모형이 있다.[16]

(1) 합리모형(合理模型)

합리모형(rational model)은 인간의 이성과 합리성에 근거하여 결정하고 행동한다는 이론이다. 즉 이것은 관련된 모든 대안들을 고려할 수 있다는 객관적 합리성에 근거한 의사결정

15) Yehezkel Dror(1968), Public Policy-making Reexamined(San Francisco : Chandler Publishing Co.), p.12.
16) 조석준(1977), 조직론, 법문사, p.255.

자에 대한 전능(全能)의 가정과 주어진 목적달성의 극대화를 위하여 최대한의 노력을 한다는 주관적 합리성에 근거한 경영인과 같은 합리적 인간을 전제로 한 이론모형인 것이다. 이와 같은 모형은 가장 좋은 대안의 선택이라는 점에서 이상적인 모형이라고 할 수 있을 것이다. 그러나 인간의 능력, 시간, 정보 및 비용의 한정성과 완벽한 평가방법이란 존재할 수 없다는 이유 등으로 인하여 현실적으로는 적용가능성이 거의 희박한 모형이라고 하겠다.[17]

(2) 만족모형(滿足模型)

만족모형(satisfying model)은 사이먼(H. A Simon)과 마치(J. G. March)에 의해서 주장되었다.[18] 이 모형은 합리모형의 현실적 제약점을 극복하기 위해 제시된 것으로 합리모형과는 달리 완전한 합리성이 아닌 제한된 합리성에 기초하고 있다는 데 특색이 있다. 조직인은 어떤 결정을 하는 경우 최대한도로 최적안을 위한 노력을 한다고 일반적으로 기대할 수 없으며 현실적으로 만족할만한 것으로 그치게 되기 때문에 보다 쇄신적인 문제해결을 요하는 경우에는 적용하기 어렵다고 볼 수 있다.

(3) 점진모형(漸進模型)

점진모형(incremental model)은 린드브롬(C. E. Lindblom)과 윌답스키(A. Wildavsky)에 의하여 주장된 것으로 합리모형의 비현실성에 대해 비판을 제기하면서 현실적인 정책결정 행태에 보다 가까운 설명을 할 수 있고 동시에 정책의 현실가능성을 높이기 위한 처방제로서 제시된 것이다.

정책의 결정은 경제적 합리성으로만 이룩되는 것이 아니고 시민과 정치인의 지지를 얻을 수 있는 정치적 합리성이 크게 작용하는 것이며 따라서 너무나 전자에 치우치는 관리과학에 따른 생각은 정치와 행정을 경제와 동일시하는 데 연유한 것이라고 하며, 예로써 예산의 전년도 위주의 편성을 들고 있다. 그러나 안정과 균형이 상대적으로 유지되고 있는 사회에서는 적용될 수 있으나 결정자에 대한 여러 방면으로부터의 압력이 약해 결정자 자신의 판단이 크게 작용할 가능성이 많은 사회에서는 적용가능성이 적다.

---

17) Louis C. Gawthrop(1969), Bureaucatic Behavior in the Executive Branch(New York: Free Press), pp.86~89.

18) James G. March and Herbert A. Simon(1958), Organizations(New York: John Wiley & Sons, Inc.), pp.140~141.

(4) 혼합모형(混合模型)

혼합모형(mixed scanning model)은 에치오니(A. Etzioni)에 의해 제시된 것으로 합리모형과 점진모형을 혼합한 것에 특색이 있다.19) 합리모형은 너무 결정자에게 기대가능성이 없는 것인 데 반하여 점진모형은 너무 보수성을 띠고 있다는 것이다. 따라서 이 모형은 기본적인 방향의 설정과 같은 것은 합리형의 방법을 택하나 그것이 설정된 후의 특정문제의 결정은 점진형의 입장을 취해 깊은 검토를 하는 것이 보다 현실적이라고 하는 것이다. 이것은 새로운 모형이라기보다는 두 개의 대립되는 모형의 입장을 절충·혼합한 것으로 볼 수 있으며 현실적으로 언제나 이러한 방법을 순서적으로 얼마나 따를 수 있겠는가 하는 것이 문제가 된다.

(5) 최적모형(最適模型)

최적모형(optimal model)은 드로어(Y. Dror)가 제시한 것이다. 지금까지 주장된 모형들은 그 이전의 결정예를 바탕으로 하는 오류를 범하고 있는 것이라고 비판하면서 그러한 결정예가 반드시 정당한 것이라는 보장이 없음에도 불구하고 이를 바탕으로 하여 어떤 결정을 내릴 것이 아니라 모든 새로운 결정에는 그 때마다 정책방향부터 각각 새롭게 검토되어야 한다는 것이다.20) 그러나 현실적으로 이러한 수준에 도달하지 못함은 정책결정을 발전시키려는 노력의 부족, 직원의 기득권으로 인한 보수성, 정보자료의 부족, 목표의 불명확성, 평가·환류(feed back)의 경시 때문인 것으로 생각되고 있다.

4. 효과적인 결정의 특징

정책결정자는 기계에 비유될 수도 있다. 기계 속에서 정보가 나오지만 행동과정에 관한 결정은 그것의 밖에서 이루어진다. 그러나 정책결정과정은 단지 결정에 도달하는 것이 아니라 실질적이고 효과적인 결정에 도달하는 것을 목표로 삼고 있다. 효과적인 결정은 다음과 같은 특성을 나타낸다.21)

---

19) Amitai Etzioni(1967), 'Mixed Scanning : A Third Approach to Decision Making', Public Adminstration Review, Vol.27, No.5(December 1967), pp.385～392.

20) Yehezkel Dror(1968), Public Policy-making Reexamined(San Francisco: Candler), pp.11～13.

21) P. Marvin(1971), Developing Decisions for Action(Homewood, Ⅲ: Dow Jones-Irwin, Inc.), p.46.

(1) 개괄적(概括的)

효과적인 결정자는 희망이 있는 기회와 잠재성을 탐색하고, 증명하고, 평가함에 있어서 중요한 상황에 초점을 둔다.

(2) 불만스러움

그들은 더 훌륭한 방법이 있다는 것을 알고 그것을 발견하려고 조치를 취한다.

(3) 민감성(敏感性)

그들은 정책결정의 전이나 정책결정의 기간 동안, 정책결정 후의 상황에 대하여 예리한 민감성을 유지하고 있다.

(4) 촉매역(觸媒役)

그들은 정책결정에는 많은 사람이 참여해야 하며 정책결정이 이루어지고 그것이 수행된 것을 확인하는 데 솔선해야 한다는 것을 인정한다.

(5) 기회주의적(機會主義的)

그들은 너무 오래 한 가지 일에만 매달리지 않는다. 그들은 기회가 발생할 새로운 과제를 탐색한다.

(6) 지시받은 기술(技術)

그들은 맹목적으로 도전을 받아들이는 사람을 이해하려고 노력하는 태도를 받아들이지 않는다. 그들은 그들이 잘 할 수 있고 그들 조직의 자원을 이용할 수 있는 것을 알 수 있는 일들을 한다.

(7) 혁신적(革新的)

독창적인 투입은 정책결정에 있어서 중요하다. 창조적인 정책결정을 하는데 있어서 아이디어들은 정책결정자 자신의 모든 아이디어가 아니다. 그것은 다양한 다른 자원들로부터 나온다.

(8) 진보적인 사고(思考)

그들은 항상 기회를 찾고 있으며 기회를 기다리지 않는다.

(9) **비상한 재치(才致)**

그들은 가장 잘 알고 있는 사람의 자문을 이용하며 그들의 잠재적 공헌에 비례하여 다른 사람들을 참여시킨다.

(10) **비평적(批評的)**

그들은 그들이 요구한 질문에 대답을 얻을 때까지 만족하지 않고 옳은 질문을 요구하고 있다.

(11) **정략적(政略的)**

그들은 일을 달성하는 데 효과적인 방법을 알고 있다. 효과적인 방법은 항상 규칙적이고, 쉽고, 적당한 방법이 아닌 것이다.

(12) **용감성(勇敢性)**

훌륭한 정책결정가들은 그들이 하고 있는 일들에 대한 책임을 기꺼이 받아들이는 사람들이다. 그들은 능력의 범위 내에서 위협, 책임, 보상, 그리고 결과를 심사숙고한다.

5. 소방정책결정의 한계

앞에서 지적한 특징에도 불구하고 일반적으로 소방정책결정자들은 합리성에 근거하여 정책을 결정하려고 하고 사회도 합리적 결정을 강하게 요구하고 있지만 완전한 합리적 결정이란 매우 힘들고 또 그렇게 하기에는 상당한 자원이 소요된다.

따라서 완전한 합리성이란 아주 단순한 문제를 제외하고는 정책결정자들이 달성할 수 없는 이상적인 목표이다.

1) 공공정책결정에 관한 일반석 한계

다운스(Anthony Downs)는 모든 공공정책 결정자에게 영향을 미치는 어떤 기본적인 한계가 있다고 주장한다.[22)]

22) Anthony Downs(1967), Inside Bureaucracy(Boston: Little Brown), pp.272～273.

① 각 정책결정자는 정책결정을 위하여 단지 제한된 시간만을 바칠 수 있다.

② 정책결정자가 이용할 수 있는 정보의 양은 어쩌면 그 주제에 관하여 이용할 수 있는 정보의 일부분에 불과하다.

③ 특별한 문제와 관련이 있는 추가적인 정보를 사용할 수도 있는 반면에 그 수집과 이용은 너무 시간이 많이 소비되고 또는 비용이 많이 들 수도 있다.

그리고 나이그로(F. A. Nigro and L. G. Nigro)는 정책결정과정에 있어서 자주 발생되는 한계에는 몇 가지 형태가 있다고 주장한다.23)

① 인식의 근시(近視)

② 미래는 과거를 다시 경험하게 될 것이라는 가정(假定)

③ 지나친 단순화

④ 자신의 경험에 대한 지나친 신뢰

⑤ 선입견

⑥ 실험에 대한 반항

⑦ 결정에 대한 저항

2) 소방정책결정에 관한 부가적인 제한

① 소방정책결정자들은 자주 국민의 불신과 언론매체의 비판 속에서 기능하여야 한다.

② 소방정책결정자들은 보다 대규모 정치적 권력기구의 구성원들이다. 그러므로 그들의 결정은 권력에 있어서 정치가들의 관념과 강령에 일치되어야 한다.

③ 대부분의 소방관들은(특히 대형폭발성 화재현장 등에서) 생사에 관한 사건에 직면하고 있어서 때때로 순간적(찰나)으로 결정하여야 한다.

④ 모든 수준에 있는 소방정책결정자들은 정책결정의 기술에 훈련되어 있지 않은 것 같다. 대부분은 행동과학, 관리학 또는 경영학에 관한 공식적인 훈련을 받지 않았기 때문일 것이다.

⑤ 소방정책결정자들이 합리적이고 공개적인 결정을 하는데 있어서 그들에게 도움을 줄 수 있는 충분한 정책안내서가 매우 부족하다.

---

23) F. A. Nigro and L. G. Nigro(1977), Modern Public Administration(New York: Harper & Row), pp.226~232.

소방관료제와 행정

4

CHAPTER

제1절 서 설

공공관료제라는 용어보다는 공무원이라는 용어가 더 일반적이다. 따라서 공공관료제란 무엇인가를 알려면 우리나라 공무원 제도를 보면 쉽게 이해할 수 있다. 즉, 공무원은 정치에 중립적인 입장에서 공공정책을 행하는 사람들이다. 이것이 바로 공공관료제의 의미이기도 하다.

우리나라의 정부제도는 대부분의 다른 나라와 마찬가지로 삼권분립의 원칙에 따라 3부로 구성되어 있다. 하나는 법률과 공공정책들을 형성하는 기능을 담당하는 입법부이고, 다른 하나는 이러한 법률과 정책들을 해석하고 그 적용을 보호해주는 기능을 담당하는 사법부이며, 마지막으로 모든 국민들에 대하여 공정하게 그 법률과 정책들을 집행하는 기능을 담당하는 것이 행정부이다.

그런데 정부에 의해서 제정된 법령은 얼마나 되는지 정확하게 파악되지 못하고 있으며, 또한 그것을 집행하는 데 있어서도 상당한 복잡성이 뒤따르기 때문에 정부의 관리들은 공공정책을 효과적으로 실행에 옮겨 집행해야 하는 어려운 기능을 수행하고 있다고 할 수 있다. 이러한 정부 내의 구성원들이 운영하는 내용이 곧 행정(administration)이다.

행정법의 집행은 거의 독점적으로 행정부에서 근무하고 있는 전문가들에 의하여 수행되고 있다고 할 수 있다. 이러한 전문가들은 소방공무원이나 일반직공무원 뿐만 아니라 국・공립병원의 의사, 국・공립학교의 교사, 군인공무원, 경찰공무원, 판・검사를 포함한다. 그러나 이러한 전문가들은 공백상태에서 그들의 행정업무를 수행하고 있는 것은 아니다.

현대사회의 이해와 요구는 너무나도 거대하고 다양하기 때문에 전문가들은 그들이 원하는 성과를 달성하기 위해서 집단화되어야만 한다. 이러한 전문가와 그 보조자의 조직, 그들의 권위・권력, 기능을 관리하는 규칙, 그리고 그들의 역할을 수행하는 방법과 수단이 바로 관료제를 구성하는 것이다.

관료제와 행정의 개념은 상호 관련되어 있고 상당부문이 중복되어 있다. 관료제는 행정을 구현하는 실체인 반면에 효과적인 행정은 관료제의 통제와 합리적인 기능을 위한 전제조건이기 때문에 양자간에는 분명히 상호보완성과 유사성이 존재한다고 할 수 있다.

제2절 관료제의 본질

1. 관료제의 역사적 개관

인간은 공동체적 삶을 영위해 온 이래 크고 작은 숱한 문제들을 해결하기 위해 공적 또는 사적 영역에서 다양한 조직들이 생성·발전되어 왔다. 고대로부터 중세에 이르는 농경사회에서는 비교적 단순한 조직들이 사회의 중추적 역할을 담당하였으나 근대 이후 산업화가 진전되면서 규모도 크고 복합적 성격을 띤 조직, 이른바 관료제[1)]가 사회의 근간을 이루게 되었다. 이러한 현상은 서구 사회에서 근대 초 절대군주제가 확립되면서 나타나기 시작하여 급속한 산업화와 함께 사회 각 부문으로 확산되었다. 물론 관료제는 과거에도 존재하였다.

고대 이집트, 로마, 그리고 중국 등의 통치구조에서 그 전형적인 예를 찾아볼 수 있으나 관료제화의 정도가 매우 높은 근대적 관료제는 18세기 이후 서구사회의 산업화와 함께 등장하였다.

과학기술의 발달에 힘입어 대량생산 체제가 확립되고, 그에 따라 사회 각 부문이 조직화되고 규모 또한 팽창하게 된 것이다. 그리고 산업화 과정에서 파생되는 여러 문제는 정부조직의 기능과 규모를 점차 확대시키고 거대화시키는 결과를 초래했다.

이와 같은 사회구조의 변화는 과거와는 다른 사회조직의 원리를 필요로 하게 되었다. 즉, 사회조직의 기본 원리가 점차 능률성을 향상시키기 위한 제도의 합리화 방향으로 바뀌게 되었는데 이러한 사회조직 원리의 변화에 깊은 관심을 기울인 학자는 막스 베버(M. Weber)[2)]이다. 그는 '인간사회는 합리화를 향해서 진전해 오고 있는데, 이 과정에서 생성된 것이 관료제'라고 주장한다. 따라서 합리적·계층적인 대규모 조직이면 관료제로서 조건이 충족되기 때문에 반드시 정부나 군대 그리고 종교 등의 대규모 부문일 필요는 없고, 대기업이나 종합대학교와 병원 및 각종 민간조직들이 관료제화되기 시작한 것이다. 한 마디로 베버는 관료

---

1) 관료제(bureaucracy)라는 용어는 중농주의를 제창했던 프랑스의 정치경제학자 구르네(Vincent de Gournay)가 1745년경에 처음 사용한 것으로 전해지고 있다. 그 어원인 bureaucracy는 '(사무용) 서랍 달린 큰 책상'을 뜻하는 bureau와 '통치'를 뜻하는 그리스어인 'cratia'가 결합된 합성어이다(M. Albrow, 99.16~17).

2) Max Weber, 1864~1920년. 독일의 사회학자. 하이델베르그대학·베를린대학 등 독일각지의 4개 대학에서 법률·철학·경제·역사 등을 공부하였고, 1920년 뮌헨대학 교수직을 끝으로 57세에 인생을 마칠 때까지 사회과학자로서 활동하며, 법학·경제학·사회학·윤리학·역사학 등 빛나는 업적을 남겼다.

제를 합리성 향상의 수단으로 간주하였다. 그러나 칼 막스(K. Marx)는 관료제를 어떤 이익을 증진하는 도구로 전제하고, 국가관료제를 지배계급의 이익 옹호자로 규정하였다. 이처럼 막스가 관료제를 경제적 지배계급의 차원에서 접근한 데 비해 모스카(Moska)는 정치적 지배계급의 관점에서 관료제에 대한 논리를 전개하고 있다.

모스카에 의하면 모든 사회는 소수의 지배계급과 다수의 피지배계급으로 구성되는데, 실질적으로는 항상 관료를 포함한 소수의 지배계급이 다수를 지배하게 된다. 그러므로 관료제는 그 자체가 정치적 지배계급의 일부로서 기본적으로 기득권을 보존하고 증대시키려는 성향을 지닌다고 강조하고 있다.

19세기 중반부터 서유럽에서 논의되기 시작한 관료제론은 1950년대 이후 미국을 중심으로 관료주의적 견해가 강조되면서 관료제를 복잡한 조직화의 양식으로 인식하게 되었다. 이처럼 근대적 관료제의 성립은 서구 사회의 역사적 변천과정과 밀접한 관련성을 갖는다. 즉, 화폐경제의 발달, 합법적 · 합리적 권위의 보편화, 사회 각 부문의 분화와 전문화, 개인적 친분보다 보편적이고 성취적 기준에 의한 사회관계 형성 등이 관료제의 성립을 촉진시킨 것으로 지적되고 있다.[3] 요컨대 관료제는 서구 사회의 개인주의와 합리주의의 산물이라고 볼 수 있다. 한편 현대 관료제는 사회문제에 대응하면서 정부의 결정을 수행하는 정부의 권력이고 '정부의 우두머리가 제4부(headless fourth branch of government)'에 속하는 것으로 간주되고 있다.[4]

2. 관료제의 개념

관료제(Bureaucracy)라는 용어는 다양한 의미를 함축하고 있다. 그래서 메리암(C. E. Merriam)은 이를 불확정 개념이라고도 한다. 우리나라에서도 이와 관련된 용어를 관료제 · 관료적 · 관료주의 등 여러 가지 용어를 사용하고 있으나 보다 중요한 것은 대상을 기능적인 입장에서 보느냐 또는 구조적인 입장에서 보느냐 하는 것이다. 따라서 관료제는 정치권력을 장악하고 있는 통치형태(H. Laski), 특수한 계층을 구성하고 있는 관료군(H. Finer), 국가와 시민사회간의 가교(G. Hegel), 다수를 지배하는 소수 지배계급의 장(G. Moska, V. Pareto), 과두제의 철칙이 지배하는 조직(R. Michels), 지배계급의 이익을 구

3) 백완기(1998), 행정학(전정증보신판), 박영사.
4) 이황우(1996), 경찰행정학, 법문사.

현하는 권력의 원천적 도구(K. Marx), 구조적 특색을 지닌 대규모의 조직체제(T. Parsons), 권위·정당성·합리성을 구현하는 메커니즘(M. Weber), 다원적 정치체제 내에 존재하는 국가구조의 일부분(R. Dahl, F. Rourke), 일종의 무한책임을 지닌 보험회사(A. King) 및 전문성을 지닌 문제해결조직(D. Waido) 등을 의미하는 것으로 보고 있다.[5] 한편 리그스(F. W. Riggs)는 관료제의 새로운 개념규정을 시도하여 다음과 같이 요약하고 있다.[6]

첫째, 대규모 조직으로서 정해진 규칙과 규정에 의해 통치기능을 수행하는 권력적 측면
둘째, 효율적인 목표달성을 위해 전문적으로 업무를 처리하는 합리적 측면
셋째, 창의성이나 인간성이 배제된 역기능적 내지 병리적 측면을 가진 체계라 하고 있다.

관료제는 실제로 많은 관료들 또는 관료조직들로 구성되어 있다. 그것은 각기 선발된 직원의 공식적인 구조이며 규정된 직위와 계급에 따라 조직되어 있고 규칙과 규정에 의하여 운영되고 있으며 미리 정해진 목표와 목적을 달성하기 위하여 집단적으로 업무를 할당받고 있는 것이다. 그러나 최근 관료제의 최대 과제로서 WFA(Waste, Fraud, and Abuse) - 행정의 낭비, 부정(사기, 속임, 가짜) 및 권력의 남용 또는 오용 - 를 줄이는 문제가 크게 대두되고 있다[7]고 한다.

3. 관료제의 구조적 특징

베버(M. Weber)는 관료제의 주요 특징을 다음과 같이 지적하고 있다.[8]

① 관청적 권한(규칙과 절차의 중시) : 관료의 권한과 직무범위는 법규에 의해 규정된다. 관료제의 지배 원리는 전통이나 개인적 자질에 의한 카리스마가 아니라 합리적 절차에 따라 제정된 법규 또는 규칙에 따른다.

5) 김운태(1986), 일본제국주의의 한국통치, 박영사, pp.45~48.
6) Fred W. Riggs(1969), 'Bureaucratic Politics in Comparative Perspective', Journal of Comparative Administration, pp.6~8.
7) Norman Bechman and clyde Christofferson, 'Reducing WFA : The Newest Public Administration', The Bureaucrat(Fall 1983).
8) H. H. Gerth and C. Wright Mills(1958), From Max Weber : Essaysin Sociology(N.Y.: Oxford University Press), pp.196~198.

② 계층제(명확한 권한계층) : 계층제란 권한과 책임의 정도에 따라 조직구성원들간에 계층을 설정하여 각 계층간에 권한과 책임을 배분하고 명령복종과 지휘감독체계를 확립하는 것을 말한다. 일반적으로 하위직(또는 기관)은 상위직(또는 기관)의 엄격한 감독과 통제하에서 임무를 수행한다.

③ 문서주의 : 직무의 수행은 서류(문서)에 의거해서 이루어지며, 그 결과는 문서로 기록・보존된다.

④ 비정의적(몰인간성) : 관료는 직무수행 과정에서 애정이나 증오 등의 개인적 감정에 끌리지 않는 비정의적(非情誼的) 자세를 견지해야 하며 업무처리는 법규에 따라 공정하게 수행한다.

⑤ 전문적 지식 : 모든 직무는 전문지식과 기술을 지닌 관료가 담당하며, 이들은 시험 또는 자격증 등에 의해 공개적으로 채용된다. 또한 관료들은 지속적인 교육 훈련을 통해 전문적 능력을 기르고 관료직을 '생애(生涯)의 직업'으로 여기고 전념한다.

⑥ 직업의 전념화 : 관료는 직무 수행의 대가로서 급료를 규칙적으로 지급받고, 승진 및 퇴직금 등의 직업적 보상을 받는다.

⑦ 평등고용 : 관료제에서 고용관계는 전통적인 신분관계가 아닌 평등한 관계에서 고용의 자유계약이 허용된다.

4. 관료제의 순기능과 역기능

1) 관료제의 순기능

고도의 기술적 합리성을 가진 조직인 관료제는 다음과 같은 순기능이 있다.

① 전문성・능률성・생산성을 제고할 수 있다.

② 법과 규칙에 근거를 두고 업무를 처리함으로써 조직활동의 객관성・예측가능성・일관성을 확보할 수 있다.

③ 비정의성을 중시하여 인간의 감정을 배제하고 공평・무사한 업무처리를 할 수 있다.

④ 계층제에 입각하여 명령・복종관계와 질서를 확립할 수 있다.

⑤ 문서주의에 따라 직무수행의 객관성・정확성・공식성을 기할 수 있다.

⑥ 능력・성적주의와 공직에의 기회균등을 보장할 수 있다. 베버(M. Weber)는 관료제의 순기능에 치중하여 그 역기능・병리를 등한시 하였다.

2) 관료제의 병리현상(역기능)

관료제의 병리 내지 역기능현상이 나타나게 되는 주요한 원인은 공공관료제의 경우, 첫째 관료제의 권력성, 둘째 관료의 자기이익 추구, 셋째 대규모조직에 내재하는 본질적 속성 등을 생각할 수 있다. 한국관료제의 병리는 우리의 행정문화와 밀접한 관련성이 있다. 문화적 차이에 따라 관료제의 역기능이 악화될 수도 있고 완화될 수 있다는데 유의할 필요가 있다.

(1) 문서주의(red tape)·형식주의(formalism)

대규모조직에서는 사무처리의 비합리성을 배제하고 책임의 한계를 명확히 하기 위하여 주로 문서에 의한 업무처리를 하지만 이로 말미암아 이른바 번문욕례(繁文縟禮 : red tape), 복잡한 날인절차, 문서다작, 형식주의·의식주의(ritualism) 등의 현상이 나타난다. 즉 관료제에 있어서의 사무의 처리는 문서라는 형식에만 의존한다.

(2) 동조과잉(over conformity)과 수단의 목표화

조직의 목표달성을 위하여 규칙의 준수가 요구되는데 관료는 목표가 아닌 수단인 규칙·절차에 지나치게 영합(迎合)·동조하는 경향이 있으며 이러한 규칙향일성(rule-tropism)은 보수주의와 목표의 전환을 초래한다.

(3) 전문화에 따른 무능 현상

전문가는 이른바 훈련된 무능(trained incapacity)의 특징을 가짐으로써 시야가 좁고 통찰력이 부족하며 전문가의 아집, 고집, 편견으로 조정·협의가 곤란하므로 포괄적인 통제력이 부족하다.

(4) 변동에 대한 저항

관료제는 본질적으로 보수주의적·현상유지적인 특징을 지니고 있으며 변동에 대한 적응성의 결여와 관료의 자기보존에 대한 집착 때문이다.

(5) 할거주의(sectionalism)적 경향

관료는 자기가 소속한 조직단위나 기관에만 관심과 충성심을 가질 뿐 다른 부서에 대한 배려를 하지 않아 조정·협조가 잘되지 않는다. 그 원인은 다른 기관에 대한 이해부족이나 자원을 보다 많이 확보하려는 데서 찾을 수 있다.

(6) 인격적 관계의 상실과 인간적 발전의 저해

조직내의 대인관계의 지나친 몰인정성은 냉담과 무관심, 불안의식 등으로 나타나 인간으로서의 인격을 상실한다. 관료제의 구성원은 대규모조직의 부속품처럼 기계화・비정의화되어 인격적 관계를 상실하게 된다.

(7) 무사안일주의와 권위에의 의존

적극적으로 새로운 일, 조언, 결정을 하려하지 않고 상관으로부터의 지시가 옳든 그르든 이에 영합(confirm)하고 소극적으로 처리하는 행동을 말한다. 문제해결에 적극적・쇄신적 태도를 취하지 않으려 하고 정책결정을 지연시키며 상급자의 명령・지시에만 맹종・영합하고 책임을 회피하기 위하여 상급자의 권위에 지나치게 의존하려는 경우가 빈번하다.

(8) 무능력자의 승진

계층제적 관료조직의 구성원이 각자의 능력을 넘는 수준까지 승진한다는 「피터의 원리(Peter Principle)」가 작용하여 모든 직위가 무능자로 채워지는 경향이 나타난다.

5. 관료제와 민주주의

1) 관료제와 민주주의의 관계

민주주의는 다수에 의한 지배인 반면 관료제는 소수에 의한 지배임을 그 특징으로 한다. 본래 관료제는 권력의 집중과 권력의 효율적 행사에 적절한 장치이므로 이로 말미암아 초래되는 역기능・병폐가 지적되고 그 비민주적・반민주적 성격이 비판되어 왔다. 베버(Weber)는 관료제를 민주주의와 반드시 대립적인 것이라고 보지는 않았으며 근대대중민주제에 불가피하게 수반되는 현상이라고 이해하였으나 시민적 자유에 대한 관료제적 지배의 침해 가능성에 큰 관심을 가진 바 있다.

2) 관료제와 민주주의의 이론적 파악

관료제는 권위 내지 지배관계와 능률성・합리성을, 민주주의는 자유・평등내지 다수결의 원칙이나 소수파의 의견존중과 반대의 자유보장 등을 각각 기반으로 하고 있다. 따라서 양자의 이론적 관계는 블라우(Peter M. Blau)가 밝힌 바와 같이 조직에 있어서 합의에 도달하는 과정과 결정을 집행하는 과정으로 나누어서 고찰함으로써 이해할 수 있다. 즉 합의도달과정인 목표설정·정책결정과정은 민주적 절차가 요구되며 결정집행과정인 목표달성은 관료제조직이 요구된다고 인식하는 것이다.

3) 관료제의 민주주의에 대한 기여와 역작용

(1) 관료제의 민주주의에 대한 기여(공헌)

관료제는 민주주의와 갈등·대립을 빚는 측면이 많으나 민주제의 확립에 기여하는 다음과 같은 중요한 기능을 수행한다.

① 민주적으로 결정된 조직의 목표는 고도의 기술적 합리성과 기능성을 가진 관료제를 통해서 달성될 수 있다.

② 관료제는 정실이나 자의에 의한 개별주의를 배격하고 일반적 규칙에 의한 보편주의를 추구함으로써 법 앞의 평등을 확립하는 데 기여한다.

③ 관료제는 사회적 신분에 의한 차별 없이 전문적 지식과 능력에 따른 관료의 임용을 원칙으로 하기 때문에 공직에 나아갈 수 있는 기회가 균등하게 보장된다. 그러나 공직에의 기회균등을 확립하는 데는 교육의 기회균등이 전제되어야 한다.

(2) 관료제의 민주주의에 대한 역작용(위협)

민주주의를 확립·지속시켜 가는 데 있어 관료제가 어떠한 제약을 가하거나 저해요인이 되고 있는가를 다음과 같이 살펴 볼 수 있다.

① 관료제는 이를 장악하고 있는 소수인이나 혹은 국민에 의한 선거를 통하지 않은 임명관료에게 지나치게 많은 권력을 집중시킴으로써 권력의 불균형을 초래하여 민주주의를 저해할 위험이 있다.

② 특권 집단화하여 국민요구에의 적응이 어렵다. 라스키(H. J. Laski)는 관료제가 국민의 이익보다 스스로의 이익을 추구하는 세습계급화를 우려하였으며, 파이너(H. Finer)는 관료제가 특수계층을 형성하여 국민의 요구는 외면하고 국민 위에 군림하는 체제라고 비판한 바 있다.

③ 정책결정에 있어서는 역할이 과대하다. 행정국가화의 경향에 따라 관료제는 전문적 지식·기술에 의하여 정책결정을 실질적으로 주도하고 있으며 행정수반이나 관에서만

책임을 질 뿐 국민은 직접적인 책임을 지지 않고 있다.

④ 엄격한 계층제를 기반으로 하여 상・하 명령 복종관계가 이루어지는 관료제에는 소수의 간부에게 권력이 집중되는 현상이 나타나게 되며 미헬스(R. Michels)의 이른바 '과두제의 철칙(Iron Law of Oligarchy)'9)이 적용된다.

4) 관료제와 민주주의의 조화

관료제와 민주주의의 관계는 결코 양자택일의 관계라 할 수 없다. 민주주의를 버리고 관료제를 택한다면 목표를 버리고 수단을 택하는 셈이 되며 관료제를 버리고 민주주의를 택한다면 침체를 의미하기 때문이다. 또한 관료제는 민주주의와의 관계에 있어서 양면적 성격을 가지게 된다. 즉 관료제는 소수자에게 권력을 집중시킴으로써 민주주의에 불가결한 시민의 자유와 행정책임의 보장을 위태롭게 할 가능성이 명확하지만 이와 동시에 무시할 수 없는 중요한 역할을 민주주의 사회에서 수행하고 있다. 서구선진국의 비약적인 발전이나 고도의 생활수준 유지는 관료제적 조직의 덕택이었으며 발전도상국가의 비약적인 경제적・사회적 발전도 관료제의 주도적 역할에 의존하지 않을 수 없다. 합리적・능률적 관료제를 충분히 활용하기 위하여는 시민의 예속화를 방지하고 관료제를 통제할 수 있는 민주적 방안이 강구되어야 하며, 다원적인 민주주의 가치・규범과 관료제가 추구하는 가치・규범은 조화・통합되어야 한다.

5) 관료제의 권력과 민주통제

오늘날 관료제는 방대한 자원 배분권의 장악, 고도의 전문기술능력과 정보처리 능력, 합법적인 강제권력 수단의 보유, 높은 사회적 신분・지위의 향유, 광범한 재량권의 행사 등을 기반으로 하여 강력한 권력을 행사하고 있다. 민주체제의 확보・유지를 위해서는 이러한 관료제의 권력에 대한 효과적인 통제메커니즘의 확립이 절실하게 요청된다.

9) 정치조직 특히 이데올로기를 강조하는 조직에서 상위층의 몇몇 지도자들이 그 조직을 계속 지배하려는 권력욕으로 인해 원래의 조직 목표를 망각하고서 목표를 실현하기 위한 수단을 더욱 중요시하는 목표대치현상. 여기서 과두제란 소수의 지도자들에 의한 지배체제를 말하고, 철칙이란 조직을 지배하고 있는 현 지위를 유지하기 위해서는 수단 방법을 가리지 않는다는 뜻이다.

6. 관료조직 권력의 원천

관료들은 행정가의 권력을 지니고 있지만 그들의 실제적인 권력은 단순한 행정보다 훨씬 확대되어 있다. 사회에 대한 관료들의 실질적인 영향은 다른 제도와는 비교할 수 없을 만큼 크다. 관료들에 의하여 행사되는 권한은 주로 네 가지 기본적인 원천으로부터 생겨난다.

(1) 대규모성

세계 모든 국가들의 수많은 공공기관에서 근무하는 공무원의 수와 그들에 의해 집행되는 예산규모만 보아도 그 방대한 대규모성을 쉽게 인지할 수 있다. 한 예로써 우리나라의 2013.12.31 현재 소방관서의 수는 18개 소방본부, 9개 소방학교, 197개 소방서에 953개 119안전센터 구조대가 있고 그 조직구성원은 39,519명이나 되며 이들에 의해 집행되는 2014년 예산규모는 3,216,221(백만원) 이다.[10)]

(2) 전문성

국회의원은 행정의 모든 기술적인 분야에 전문가일 수는 없으므로 관료들은 – 그들의 전문적 지식과 경험을 바탕으로 – 종종 새로운 법률의 제정을 위하여 사전에 입법부에 조언을 해주고 있다. 따라서 관료제는 모든 분야에 있어서 직업적 · 전문적으로 훈련된 공무원이 절대로 필요하게 되었다.

결과적으로 관료들은 그들의 권한이 축소되거나 또는 그들의 이미지를 손상시킬지도 모르는 법률에 대해서 통과를 봉쇄할 수도 있는 실질적인 역량을 가지고 있다고 할 수 있다.

(3) 비밀주의

비록 관료주의적인 공적 기록에 의한 경우라도 그 기록은 대개 특정한 결정이 어떻게 그리고 왜 그렇게 이루어졌는가를 설명하고 있지는 않다. 국민의 '알 권리(right to know)'는 국가안전보장이라는 차원에서 또는 행정부의 특권이라는 이유로 자주 봉쇄되어지고 있다. 우리나라에서도 이에 대한 입법이 시도되고 있으나 미국의 경우 1976년 「정보자유법(freedom of information act)」은 이러한 문제를 어느 정도 완화시킨 한 예로 들 수 있다. 그래도 관료들은 여전히 행정절차에 있어서 그들의 업무편의를 위한 아주 적절한 비밀보호 방법을 찾아내어 이를 허용하면서 국민의 알 권리를 제한하고 있다.

---

10) 소방방재청, 2014년 소방행정자료 및 통계, p.10,29,49.

(4) 과학기술

대체로 관료조직(행정기관)은 기술적 첨단장비와 체계를 갖추고 있으며 방대한 조직운영에 이들을 최대한 활용하고 있다. 이를 통해 행정기관은 모든 자료를 효과적으로 관리할 수 있게 되며 이것은 또한 모든 정부수준의 정책결정 과정을 효율적 내지 합리적으로 이루어 갈 수 있도록 하는 데 많은 긍정적 영향을 주고 있다.

7. 관료조직에 대한 견해

1) 긍정적 견해

관료제를 지지하는 사람들은 관료조직이 다음과 같은 긍정적인 이유들 때문에 필수불가결하고 유익한 것이라고 주장한다.

① 사회의 욕구에 적합 : 관료제는 개인적이거나 사적인 집단에 맡길 수 없는 중요한 사회의 욕구를 처리하기 위한 수단을 제공한다. 예를 들면 소방, 군대 ,경찰, 법원 그리고 교도소에 의하여 수행되는 업무 등을 들 수 있다.

② 안정성 : 관료조직은 언제라도 과업을 실행할 수 있도록 그 조직의 체계가 확립되어 있으므로 정부업무의 연속성 및 안정성을 증진시킨다.

③ 안정된 재정 : 관료조직은 세금과 같은 규칙적이고 영구적인 자금원에 의해 운영되므로 사조직과 같이 자금이 중단되거나 경영이 불가능한 상황에 놓이지는 않는다.

④ 정치적 무관심 : 관료조직은 독립적으로 조직되어 관리되고 있는 것 같이 보여지고 있기 때문에 명백한 정치적 간섭으로부터 상당히 격리되어 있다.

⑤ 공정한 관리 : 관료조직은 사적인 유대에 의해서가 아니라 실적(능력)에 의해서 자질있는 전문가들을 직원으로 채용하고 있다.

⑥ 헌신적 봉사 : 관료조직은 직원들이 계속적인 교육훈련을 통해서 공공업무에 능률적이고 효과적이며 신뢰할 수 있도록 국민에 대한 헌신적 봉사를 하고 있다.

2) 부정적 견해

관료조직에 대한 부정적 시각을 가진 사람들은 그것이 너무 비용이 많이 들고 비민주적이며 역효과의 결과를 가져오는 경향이 있음을 주장한다. 그들의 견해를 보면 관료제는 다음

과 같은 근본적인 결점을 가지고 있다.[11)]

① 강제성 : 관료제는 그들 자신이 결정을 하고 그들 자신의 양심에 따라 구성원의 선천적 성향을 간섭하는 강제적이고 인위적인 조직체이다.

② 타고난 우월감의 부족 : 관료가 가지고 있는 '지혜(wisdom)'는 단지 사기업의 직원들이 지니고 있는 수준이기 때문에 사기업의 직원보다 더 정직하거나 헌신적이라고 말할 수는 없다.

③ 정치성 : 관료는 '정부의 제4부'에서 봉사하고 있기 때문에 업무에 있어서 정치적 간섭은 관료적 안전장치에 관계없이 피할 수도 없고 이미 관행화 되어 있는 것으로 보인다.

④ 과다한 비용 : 관료조직은 그들의 권력을 지속시키기 위하여 조직규모와 예산을 증대시키고자 하는 경향이 있다. 이로 인하여 관료조직은 종종 비능률적으로 관리되거나 운영되므로 불필요한 비용이 많이 든다.

⑤ 비능률성 : 관료제는 번거롭고 형식에 치우친 절차나 문서로 인하여 업무수행이 비능률적이고 실리적이지 못하다. 또한 형식적인 절차 속에서 부패가 발생할 가능성이 많다.

⑥ 경직성 : 관료제는 과다한 규칙과 규정들로 인하여 융통성이 없고 수시로 변화하는 상황에 적절하게 대처할 수 있는 능력을 저하시킨다.

⑦ 폐쇄성 : 관료조직에서 권한의 계층적 조직은 직원들의 욕구불만을 낳고 그들의 창조성을 제약하며 그들을 냉담하고 감수성이 무딘 편협된 인간으로 만드는 부정적인 면이 있다.

8. 소방관료제에 적용

위에서 지적한 대립되는 견해에 관계없이 관료제는 여전히 정부운영의 중심적인 도구이고 정부가 존재하는 한 국민의 일상생활을 조정하는 조직이다. 따라서 합리적이고 성공적인 관료제의 운영목표를 달성하기 위하여 필수적으로 수반되어야 할 것이 바로 효과적인 행정인 것이다.

특히 소방조직의 본질적인 특성은 법규에 의한 엄격한 규제와 전문적인 지식과 기술을 바탕으로 한 책임과 권한의 계층화를 기본요소로 하고 있다. 이와 같은 소방조직의 특성은 능

11) Victor A. Thompson(1961), Modern Organization(New York: Knopf), p.177.

률성이나 경제성을 확보하기 위한 것이다. 다시 말하면 조직의 효율성을 제고하기 위한 것이다. 따라서 국민의 생명과 신체, 재산의 보호 그리고 사회공공의 안녕・질서를 유지하고 있는 소방의 조직특성은 다음과 같이 분류할 수 있을 것이다.

① 파슨스(T. Parsons)는 조직이 사회적 필요성을 충족시키기 위해서 어떠한 기능을 하느냐 하는 관점에 따라 경제적 생산조직・정치적 조직・통합조직・형상유지조직으로 나누었다. 특히 이러한 유형 중에서 사회내 구성원들의 질서를 확립하고 갈등을 조정하며 사회안정과 일탈 방지를 기능으로 하는 조직의 유형을 통합조직이라고 하는데, 넓은 의미에서 소방조직은 여기에 속한다고 보았다. 또한 이런 조직은 사회내의 갈등을 해결하고 사회의 각 부분들이 공존・협동할 수 있게 하며 제도적 기대의 실현에 기여하도록 동기를 유발하는 기능을 수행한다고 보았다.[12)]

② 캇츠(D. Katz)와 카안(R. Kahn)은 사회에 있어서의 조직의 기능을 기준으로 생산적 또는 경제적 조직・형상유지조직・적응조직・관리 또는 정치적 조직으로 나누고 사법기관은 법의 집행수단이라는 점에서 정치적 조직이며 사회화기능 내지 규범적 기능을 수행하는 형상유지조직이라고 하고 이런 조직은 사회가 와해되지 않도록 규범적 통합을 유지한다고 하였다.[13)]

③ 또 블라우(P. Blau)와 스코트(R. Scott)는 조직활동의 주된 수혜자가 누구냐를 기준으로 공공복리조직(공익조직)・사업조직・호혜적 조직・서비스조직으로 구분하고 있다. 공공복리조직(Common-wealth organizations)이란 조직으로부터 혜택을 받는 대상이 일반 대중인 경우의 조직으로서 소방서・경찰서 등이 이에 속한다. 즉 소방 119 구조・구급 이송대상자・화재피해자 등의 고객집단이 주요 수혜자가 될 수 있다. 이 때 가장 중요한 문제는 전문적 봉사와 행정적 절차 간에 생기는 갈등이라고 지적하고, 국민 일반을 주요 수혜자로 할 때는 공공복리조직이 되므로 이 때 국민에 의한 외부적 통제장치가 발전되어야 한다고 주장하였다.[14)]

---

12) Talcott Parsons(1960), Structure and Process in Modern Societies(Glencoe, Ill.: Free Press), pp.45~46.
13) Daniel Katz and Robert L. Kahn(1966), The Social Psychology of Organization(New York: John Wiley and Sons Inc.), pp.112~113.
14) Peter M. Blau and W. Richard Scott(1962), Formal Organizations(San Francisco: Chandler Publishing Co.), pp.42~52.

이렇게 볼 때 소방조직은 대 사회(對 社會) 봉사기능으로 크게 사회 안녕・질서 유지적 목적과 봉사적 목적으로 구분할 수 있을 것이다. 따라서 질서유지의 목표는 신속성이 요청되므로 엄격한 계층제에 의한 권위체계가 집행을 용이하게 하는 장점이 있으나 보호・보장적인 신중성이 있어야 한다. 반면에 봉사목표는 친근・신뢰성이 요청되므로 지역주민의 참여와 공개행정을 중시하여야 할 것이다.

제3절 행정의 본질

1. 행정의 의의

행정의 의의는 공(公)행정뿐만 아니라 넓게는 민간기업의 경영, 즉 사(私)행정까지 포함되기도 하기 때문에 행정의 의의를 한마디로 정의하기란 사실상 어려운 일이다. 그러나 행정이란 일반적으로 법 아래에서 법의 규제를 받으면서 국가 목적 또는 공익을 실현하기 위해 행하는 능동적이고 적극적인 국가작용을 말하지만, 그것을 정의하는 사람들이 행정의 어떤 면을 강조하느냐에 따라 정의가 달라질 뿐 행정 그 자체가 달라지는 것은 아니다. 따라서 행정이란 공통과업을 달성하고 설정된 목표를 성취하기 위한 둘 이상의 사람들에 의한 총체적 노력이라고 할 수 있다. 그것은 행동으로서 구성원의 공통목표가 설정한 정책을 바람직한 방향으로 변화시키면서 그 목표달성을 추구하는 것이다.[15] 또한 표현은 다소 다르나 행정이란 공공성을 지닌 협동적인 집단행동이며 이는 고도의 합리성을 지닌 정책형성의 과정이다.[16]

행정의 필요성은 동시에 두 가지 이상의 직무를 수행하고 있는 개인의 능력한계를 극복하고 주어진 모든 일들을 한결 같이 잘 수행하고자 하는 데 있다. 따라서 행정은 사회의 목표와 목적을 달성하기 위해 복잡하고 힘든 일들을 개개인의 필요성은 물론 여러 구성원들의 집단적인 협조에 의해 이루어진다.

15) Dwight Waldo(1955), The Study of Public Administration(New York: Random House), p.6.
16) Felix A. Nigro(1984), Modern Public Administration, 6th ed(New York: Harper & Row), p.11.

2. 공행정과 사행정

1) 공행정(public administration) : 소방행정

공행정은 공익을 추구하는 것이며 정부기관, 예컨대 소방서 · 경찰서 · 법원 · 교도소 · 국 · 공립학교 · 국 · 공립병원의 업무를 집행하는 것이다. 특히 소방조직은 국민의 생명과 재산을 화재로부터 보호하고 재난 · 재해 현장 등 위급한 상황에서의 구조 · 구급활동을 통하여 인명을 구조 · 구명하는 중요한 정부기관이다. 일반적으로 공행정은 다음과 같은 특징을 가지고 있다.

① 공평성 : 소방행정은 업무집행과 그 효과에 있어 공평하고 편견이 없어야 한다. 소방조직의 구성원들은 각기 정해진 업무를 부여받을 자격이 있으며 모든 국민은 그러한 행정업무의 집행결과에 따른 효과(혜택)를 공평하게 받을 권리가 있다.

② 능률성 : 소방행정은 그 방법과 결과에 있어서 능률적이어야 한다. 즉 업무상의 협력 · 절차의 일관성 · 업무수행의 신속성 · 비용절감의 노력 등이 있어야 한다.

③ 비정치성 : 정부의 정책입안은 정치성을 내포하고 있을지 모르나 이러한 정책의 구체적인 집행은 행정이다. 그러므로 행정은 가능한 한 정치로부터 분리되어야 한다. 비록 이 두 가지 영역이 실제에 있어서는 혼동될지도 모르지만 이상적으로 볼 때 정치는 정치가에 의해 수행되고 소방행정은 행정소방전문가에 의해 수행되어야 한다.

④ 공공업무 지향성 : 소방행정은 공공정책을 집행하는 것이다. 그것은 국민에게 봉사하고 국민적 합의에 의한 국가목표를 달성하기 위해 존재하는 것이다. 따라서 사적인 이윤추구가 아닌 공익이 그 운영의 궁극적 지향목표이다.

⑤ 국민에 의한 자금의 공급 : 소방행정을 추진 · 관리하기 위해 필요한 자금은 합법적인 절차에 의하여 국민으로부터 받은 세금으로 충당된다.

⑥ 정보 및 자료의 공개 : 소방행정과 재정에 관련된 모든 문서나 자료는 일정 기간 또는 영구적으로 보존되어야 하며, 그 내용은 필요시에는 언제나 국회의원, 판사 또는 일반국민에 의하여 검토를 받아야 한다. 또한 이러한 내용의 정보들은 법규로 정해진 특수한 분야를 제외하고는 모든 국민들이 이용할 수 있는 공공의 것으로서 소방기관은 그것을 보존 · 관리하는 책임을 가질 뿐이다.

⑦ 국민에 대한 책임성 : 소방관서는 국민에 대하여 정책의 집행과 결과에 대한 책임을

저야 하므로 상급부서 및 감사원의 감사 또는 조사를 받게 된다.

⑧ 선발된 직원 : 소방행정기관은 소방공무원 채용시험을 통해 나타난 능력을 근거로 선발된 자질이 우수한 직원을 채용하고 있다. 직원들은 직위에 의하여 분류되며, 정해진 재직기간이 주어지고 그들의 전문가적 식견과 업무성과에 따라 종합적인 능력이 평가된다.

⑨ 계층제 : 소방기관은 사무적이고 계층적이며 공식적이다. 또한 소방기관은 하위직과 이들을 통제하는 상위직으로 구성되어 있다. 이러한 계층제는 감독자가 부하(상급자의 명령과 충고에 복종하여 업무를 수행하고 있는 사람)의 업무행위를 직접적으로 간섭할 수 있도록 규정된 권한의 행사를 통하여 유지되고 있다.

2) 사행정(business administration)

사행정은 일반적으로 영리적 이익을 목적으로 하는 크고 작은 규모의 기업에서 소유주 또는 관리자에 의하여 업무가 집행되는 것이다. 여기에서는 공행정의 상대개념을 비교적인 차원에서 사행정이라고 표현하고 있으나 실제상에 있어서 활용되는 용어는 경영(business)이라 할 수 있으며 식당・개인사업자・점포주 또는 대・소규모의 농・공・상업 관련 회사들이 이에 포함된다.

공행정에 비하여 사행정은 다음과 같은 특징을 가지고 있다.

① 사인 또는 법인조직이 소유한다.

② 시장가격에 의하여 재정이 조절된다.

③ 이윤추구를 궁극적인 목적으로 한다.

④ 다른 기업과 경쟁을 한다.

⑤ 작업방법 및 절차를 보다 자유롭게 규정한다.

⑥ 국가 법령의 제한된 범위 내에서 종업원의 고용과 해직을 보다 자유롭게 한다.

⑦ 정보와 기록은 일정한 제한 내에서 비밀 관리된다.

3. 권한과 권력으로서의 행정

(1) 권한(authority)

권한이란 권리나 권력 또는 직권이 미치는 범위이다. 즉 일반적으로 행정기관이나 법인의 기관이 법률상 유효하게 국가 또는 공공단체의 행위를 할 수 있는 범위를 말하며 관할(管轄)이라고도 한다. 예컨대 소방공무원은 화재의 위험성이 현저한 제조소 등에 대해 물건을 옮기거나 치우게 하고 무허가 위험물을 취급하는 관계자에 대하여 조사 및 입건할 권한이 있으며, 검사는 송치된 서류를 검토하여 법의 한계 내에서 벌금을 부과할 권한이 있고, 교사는 교실에 들어가 학생들을 가르치고 시험답안을 채점할 권한이 있는 것이다.

(2) 권력(power)

권력의 개념을 한마디로 정의하기는 어려우나 대체로 개인 또는 집단이 다른 개인 또는 집단을 자기의 의사에 따라 행동하게 하는 힘이라 할 수 있다. 이러한 힘이 정치적 기능을 하기 위하여 형성된 경우를 정치권력이라 하고, 법학부문에서는 공권력 또는 국가권력이라 부른다. 여기서 유념할 점은 권력에 대해 저항하는 것은 때때로 합법적일 수 있지만 권한에 대한 저항은 결코 합법적일 수 없다는 것이다.

(3) 권력과 권한의 결합

자유사회에 있어서 행정은 권한과 권력을 적당히 조화시키는 것이 필요하다. 권한이 없다면 행정은 단순히 무지한 권력 또는 횡포에 지나지 않을 것이다. 다른 한편 적당한 권한을 행사하는 데 있어서 권력이 없다면 행정은 단지 추상적 이론이거나 가치 없고 의미도 없는 일이 될 것이다. 권한과 권력의 적당한 결합은 국가의 법률뿐만 아니라 그 사회의 역사적, 문화적, 사회적 관습에 입각한 제한성을 고려하여 이루어져야 한다.[17)]

4. 과학과 기술로서의 행정

행정이 과학이냐 또는 기술이냐에 대한 논쟁은 아직도 명확한 정의를 내리지 못한 채 계속되고 있으며 가까운 장래에도 쉽게 결론이 나지 않을 것으로 보인다.

---

17) 유종해(1988), 현대행정학, 박영사, pp.308~314.

(1) 기술의 입장

기술적 접근방법을 선호하는 애플비(P. H. Appleby), 메리암(L. Meriam)과 같은 사람들은 행정현상이 유동적이고 창조적인 성질을 가지고 있으며, 동시에 판단이나 지도력 등과 같이 무형적 성질도 아울러 가지고 있기 때문에 행정은 과학일 수가 없고 기술이라고 주장하면서 어떤 숙련성 · 재능 · 특성을 사용하는 것을 행정으로 규정하고, 다음과 같은 내용을 주된 설명요소로 들고 있다.

① 조직 · 의사전달 그리고 정책결정의 분야에 대한 재능
② 리더십의 기술과 기법
③ 협력과 개인의 동기부여에 대한 신념
④ 시행착오의 경험에서 나온 상식

(2) 과학의 입장

행정의 과학적 입장을 지지하고 있는 윌로우비(W. F. Willoughby), 귤릭(L. Gulick), 어윅(L. Urwick)과 같은 사람들은 행정은 경험과 통찰에서 얻은 정확한 지식적 체계이며 실제에 응용될 수 있는 법칙 또는 원리를 도출할 수 있다는 점에서 과학이라고 주장하면서 체계적인 관리와 통계의 역할에 초점을 맞춘다. 그들은 주로 다음과 같은 내용을 제시하면서 행정을 이해하고자 한다.

① 기획 · 계획 그리고 예산을 포함한 지식의 과학적 체계
② 수년간의 실험을 통해 확립된 관리의 원칙
③ 독립변수들의 양적 측정
④ 조직 · 분류 그리고 예정표의 작성에 대한 체계적 접근

5. 조직과 관리로서의 행정

현대 관료제의 행정은 크게 분류하면 조직적인 요소와 관리적인 요소로 구성되어 있다.

1) 조직의 개념

조직이란 학자의 관점에 따라 개념정리가 달라질 수 있겠으나 대체로 특정한 목적을 추구하기 위하여 의도적으로 구성된 사람들의 집합체로서 외부 환경과 여러 가지 사회작용을 하

는 사회적 단위라고 할 수 있다. 현대사회는 조직사회라 할 수 있을 만큼 여러 분야에 걸쳐 다양한 조직이 수없이 존재하고 있으며, 대부분의 사람들은 적어도 한 개 이상의 조직에 소속되어 있다.

조직에는 몇 사람만으로 이루어진 조직이 있는가 하면 수십 수백만 명으로 구성된 조직도 있다. 그러나 행정학에서 다루는 조직은 비교적 그 규모가 큰 조직으로서 다음과 같이 정의할 수 있는 조직들만을 대상으로 한다. 즉 일정한 환경 내에서 비교적 지속적으로 존재하는 사람들의 집합체로 특정한 공동의 목표를 추구하며, 이를 달성하기 위하여 체계적으로 구성된 사회적 단위라 정의할 수 있는 조직을 대상으로 한다.

행정학에서 다루는 조직의 개념을 좀 더 명확히 이해하기 위해서는 조직이 갖는 요소를 알아둘 필요가 있다. 무엇을 조직의 요소로 볼 것인가의 문제는 먼저 조직의 본질을 규명하지 않으면 안 된다. 그러나 조직의 본질이 무엇이냐에 대한 견해는 학자의 관점에 따라 다양하게 제시되고 있다. 몇몇 학자들의 개념을 살펴보면 다음과 같다.

① 에치오니(A. Etzioni)는 '조직이란 일정한 환경 하에서 특정한 목표를 추구하면서 이를 위하여 일정한 구조를 가진 사회단위[18]'라고 정의하였고, ② 미국의 조직 이론가인 바너드(C. I. Barnard)는 '조직이란 어떤 목적을 성취하기 위하여 두 사람 이상의 힘과 활동을 의도적으로 조정한 협동적 체제'라고 정의하였다.[19]

③ 샤인(E. H. Schein)은 '조직이란 업무와 기능의 분배, 권한과 위임의 계층을 통하여 어떤 특정한 조직 구성원의 공통된 목적(목표)을 달성하기 위하여 여러 사람의 활동을 합리적으로 조정한 것[20]'이라고 주장하고 있는가 하면, ④ 프레스트후스(R. Presthus)는 '조직이란 구성원들의 활동을 조정하여 제한된 목표를 성취하도록 설치된 비교적 지속적으로 존재하는 사회 체제[21]'라고 말하며, ⑤ 캇츠(D. Katz)와 칸(R. Kahn)은 '조직은 어떤 목표에 따른 결과를 산출하는 개방체계이다. 개방체계란 조직의 존립에 필수적인 외부 환경에 상당히 의존적이라는 뜻을 가지고 있다[22]'고 조직의 속성으로서 외부 환경에의 의존성을 강조하고 있다.

---

18) Amitai Etzioni(1964), Modern Organization, (Prentice-Hall), p.3.
19) Chester I. Barnard(1938), Functions of the Executive(Harvard University Press), p.73 and pp.82~95.
20) 행정학용어 표준화 연구회(1999), 행정학 용어사전. p.641.
21) 상게서, p.641.
22) Daniel Katz and Robert L. Kahn(1966), The Social Psychology of Organizations(John Wiley and Sons, Inc.), p.47.

이와 같이 학자마다 조직에 대한 정의가 다르며, 조직의 본질을 부분적으로 밝혀주고 있다. 이런 다양한 정의를 종합해 볼 때, 조직은 어떤 특정한 목적(목표)을 가지고 있으며, 구성원 · 구조 · 기술 등의 요소들로 구성되어 있다. 그리고 그 목적을 달성하기 위하여 이들 부분 요소들이 하나의 전체 단위를 이루며 유기적 상호작용을 함과 동시에 외부환경과 서로 영향을 주고받으며 조직의 안정과 발전을 도모한다고 말할 수 있다.

2) 관리(Management)의 개념

관리란 주어진 일을 효율적으로 수행하기 위한 기도(冀圖) 또는 활동이라고 할 수 있다. 이것은 행정직원에 의하여 산출된 관념 · 혁신 그리고 개선으로 구성되고 행정의 유동적이고 활력적인 요소이다. 또한 관리는 리더십과 기획 그리고 정책결정의 위치에 있는 사람의 창의력을 반영하는 아주 개인적인 성격의 것이다.

3) 조직과 관리의 구별

행정에 있어서 조직과 관리라는 두 요소의 구별을 명확히 하기 위해 다음과 같은 비유를 하는 것이 이해에 도움이 될 것 같다.

관리와 조직간의 비교는 정신과 두뇌를 비교하는 것과 같다고 할 수 있다. 두뇌는 시각적으로 확인하고 시험할 수 있는 조직 · 세포 · 신경 그리고 혈액으로 구성되어 있다. 한편 정신은 두뇌활동에 의한 무형의 산물이며 지성과 오성(悟性)으로 구성되어 진다.

소방관료제의 조직적 요소는 시각적이거나 유형적인 것으로 측정되어질 수 있으며 그것은 소방관서에 종사하는 수많은 직원 · 시설 · 장비 · 규정 · 예산 등과 같은 것을 말한다. 또한 관리는 소방업무의 특색 · 소방에 대한 국민의 신뢰도 · 소방공무원에 의해 나타난 전문성과 공정 · 신속성의 수준을 결정하는 정책결정 · 기획 그리고 리더십의 산물이다.

4) 조직과 관리의 결합

행정에 있어서 조직과 관리의 개념적 통합은 존재하지 않는다. 소방기관은 규모가 크고 복합적인 형태와 형식으로 구성된다. 또한 소방공무원은 능력이나 지성과 동기부여가 다양하다. 관리가 없는 조직은 교과서에 의해서만 통용되는 어떤 전통적인 소방기관의 특성을 나타낼 것이며 조금도 쇄신을 시도하지 않거나 쇄신이 없을 것이다. 이와 상대적인 상황으로 조직이 없는 관리는 실제상황으로서는 존재할 수 없을 것이며 다만 이론상으로만 이해될 수 있을 것이다. 따라서 행정의 실제적인 형태가 가시적이며 효과적으로 활동되어지기 위해서는 이 두 가지 요소가 결합된 상태가 되어야 할 것이다.

5) 적절한 결합을 위한 요소

특정한 소방관서에 있어서 조직과 관리의 적당한 결합에 영향을 미치는 주요한 요소는 다음과 같다.

① 규모 : 소방기관의 직원 수
② 목표 : 소방기관의 목표 및 목적의 종류와 성질
③ 규칙 : 적용하고 있는 규칙과 규정의 종류
④ 정치적 압력 : 기관이 폭로할 수 있는 정치적 간섭의 정도
⑤ 교육 : 직원에게 요구되는 교육수준
⑥ 리더십 : 소방기관이 이용할 수 있는 리더십의 형태와 자질
⑦ 자원 : 예산을 포함한 소방기관이 사용할 수 있는 재정적 자원
⑧ 의사전달 : 소방기관 운영에 필요한 의사전달(예; 전화, 인터넷, E-mail, 휴대전화 등)의 형태
⑨ 외부적 환경과의 상호작용 : 소방기관과 그 외부의 모든 환경간 상호작용의 양과 질
⑩ 전통 : 소방기관의 운영에 관한 전통적 업무습관과 영향

소방조직의 원리

5

CHAPTER

제1절 조직이론

1. 조직의 개념

조직은 인간의 모든 사회목적을 달성하기 위한 수단으로서의 성격을 띠고 있으나 그 개념에 내포되어 있는 고도의 추상성으로 말미암아 정확한 개념을 밝히기란 어려운 일이다. 따라서 논자들마다 동일한 대상의 조직에 대해서 연구가 진행되면서 연구목적과 관심에 따라서 조직에 대한 개념은 실제로 다양하게 정의되고 있다.

조직의 공식적인 구조적 측면을 강조한 베버(M. Weber)는 '조직이란 계속적이고 의도적인 특정한 종류의 활동체제[1]'라고 정의하였고, 에치오니(Amitai Etzioni)는 '조직이란 특정한 목표를 추구하여 이를 위한 일정한 구조를 지닌 사회적 단위[2]'라고 정의하여 목표, 구조 및 환경의 3자 관계에 중점을 두고 있다. 또한 홀(R. H. Hall)은 '조직이란 비교적 뚜렷한 경계선, 규범적 질서, 권위의 계층, 의사전달체제, 구성원들 간의 조정체제를 가지고 일정한 환경 내에서 비교적 지속적으로 존재하면서 하나 혹은 일련의 목적에 관련한 활동에 종사하는 인간들의 집합체[3]'라고 정의하고 있다.

위와 같은 견해들을 종합적으로 고찰해 볼 때 '조직이란 인간의 집합체로서 특정한 목적을 추구하기 위하여 의식적으로 구성된 사회적 단위'라고 정의할 수 있다. 또한 조직이론은 조직을 중심된 연구대상으로 하는 복합과학적 연구대상의 집합체라 규정할 수 있다. 이러한 조직이론의 사적 고찰은 조직현상에 관한 배경적 정보를 제공하고 조직연구에 있어 안내자가 될 수 있다. 따라서 조직은 다음과 같은 요소로 구성되어 있다고 말할 수 있다.

첫째, 조직은 인간행태의 근본적 행태에 특성을 두고 있으며 둘째, 조직은 명시적으로나 묵시적으로나 공동목표를 달성하려고 노력하고 있으며 셋째, 조직은 공동목표를 달성하려는 조직구성원들의 노력과 협조가 있어야 한다.

조직의 개념을 좀 더 분명히 하기 위해서는 몇 가지 유사개념에 주의를 기울일 필요가 있다.

---

1) Max Weber, *The Theory of Social Economic Organization*, translated by A. M. Handersen and Talcott Parsons(New York: Roneld Press, 1947), p.151.
2) Amitai Etzioni, *Modern Organizations* (Englewood Cliffs, N.J.: Prentice-Hall, 1964), p.4.
3) Richard Hall, *Organization: Structure and Processes and Outcomes* (Englewood Cliffs, N.J.: Prentice-Hall, 1991), pp.28~33.

① 관료제 : 관료제와 조직은 유사한 의미로 사용되지만 관료제에는 부정적 의미가 내포되어 있으며 흔히 대규모 분업체제의 조직을 관료제라 한다.
② 공식적 조직 : 공식적 조직이란 체계내의 구성요소들의 활동과 상호관계를 의식적으로 설계하고 그 결과 활동이 계획에서 벗어나면 이를 통제・조정한다. 공식적 조직은 조직의 한 측면만을 의미하는 것으로 본다.
③ 집단 : 집단이란 대면적 관계를 갖고 상호작용을 하는 인간의 집합체를 의미하나 조직은 대면적 관계만 있는 것은 아니다.
④ 제도 : 제도란 특정한 의미의 조직을 의미하며 공익적 성격을 강하게 지니고 있다.

2. 조직의 유형

1) 조직유형연구의 필요성

조직론의 접근방법은 일반이론적 접근방법과 사례연구적 접근방법으로 크게 나눌 수 있다. 일반이론적 접근방법은 모든 조직에 적용하기 위한 획일적 이론부류에 속하는 것으로서 일반화 또는 추상화의 정도가 너무 높아 구체성이 없고 상징적 수준을 벗어나기 힘들다. 반면 사례연구적 접근방법은 특정한 조직을 집중적으로 다룬 구체적 이론부류에 속하는 것으로서 특정분야에 대한 구체성은 높은 편이나 일반화에 문제가 있어 한계성을 지니고 있다. 따라서 이들 두 이론의 결점을 보완하고 장점을 살리기 위한 상호보완적 중범위이론으로서 비교조직론이 대두된다.

비교조직론은 조직이론의 발전으로 연구범위가 넓어짐에 따라 다양한 각종조직을 비교・분석함으로써 모든 사회조직에 적용될 수 있는 이론을 모색하게 되고 조직이론의 진정한 보편적 명제를 확립하기 위한 것이다.

비교조직연구에 있어서 가장 중요한 문제는 어떠한 요소를 분류기준으로 삼아 분류도식을 만들고 조직 상호간의 유사성과 상이성을 체계적으로 연구할 것인가 하는 것이다. 이러한 비교조직론의 목적은 조직유형의 특징과 이동성(異同性)을 비교・연구하는 것이다.

2) 조직의 분류모형

비교조직론에 의한 조직의 분류는 여러 사회적 조직에 대한 기준(기능, 규모, 역사, 목표

등)의 특정화에 따라 다양하게 이루어질 수 있고 그러한 기준은 어느 것이나 일반적이거나 포괄적인 성격을 완전히 가질 수는 없기 때문에 학자에 따라 다양한 모형이 제시되고 있다.

(1) 수혜자를 기준으로 한 분류

블라우(Blau)와 스코트(Scott)는 조직을 분류하기 위하여 인간과 조직의 특정관계를 그 방법에 따라 ① 조직구성원 일반 ② 조직의 소유자나 관리자 ③ 고객 · 접촉하는 공중 ④ 일반대중 등 4가지의 기본적인 조직참여자의 범주로 나누고 누가 조직의 주된 수혜자이냐에 따라 조직을 분류하고 있다.[4)]

① 호혜적 조직 : 조직구성원이 주요 수혜자가 되는 경우로서 정당 · 노동조합 · 클럽 · 직업단체 등이 이에 속한다. 이들 조직의 주요 관심사는 조직내적 민주주의의 실현과 조직구성원의 통제문제이며 조직의 목적은 궁극적으로 구성원들의 목적과 일치된다.

② 사업조직 : 조직이 소유자나 관리자가 주요 수혜자가 되는 조직이다.
궁극적 목적이 국민의 복리가 되는 공기업은 여기에서 제외되며 일반 민간기업 즉, 생산 · 판매회사, 은행, 보험회사 등이 포함된다. 이러한 사업조직에서의 지배적 관심사는 경쟁에서의 생존과 성장 그리고 능률성이다.

③ 서비스조직 : 조직과 정기적 · 직접적 관계를 갖는 고객 또는 일반대중이 주요 수혜자가 되며 사회사업기관, 병원, 학교, 법률상담소, 정신병원 등이 이에 속한다. 봉사조직이라고도 불리는 서비스조직의 주된 관심은 어떻게 고객들에게 전문적인 서비스를 제공할 것인가 하는 것이다.

④ 공익조직 : 일반대중이 주요 수혜자가 되는 조직이며 일반행정기관, 군대, 경찰서, 소방서 등이 이에 속한다. 이러한 조직이 당면하게 되는 주요문제는 외적 · 민주적 통제를 어떻게 확보하는가에 대한 것이다.

(2) 조직의 기능을 기준으로 한 분류

파슨스(T. Parsons)는 조직이 어떠한 사회적 필요성을 충족시키는가에 따라 조직을 분류하고 있다. 사회체제로서의 조직은 적응기능, 목표달성기능, 통합기능, 형상유지기능의 4가지 사회기능을 수행한다는 것이다.[5)]

---

4) Peter M. Blau and Richard W. Scott, Formal Organizations(San Francisco: Chardler Publishing Company, 1962), pp.42～58.

① 경제조직 : 이는 사회체제의 환경에 대한 적응기능을 수행하는 조직을 의미하며 경제적 재화의 생산과 배분에 종사하는 조직을 의미한다. 이러한 조직에는 영리를 목적으로 하는 민간기업과 생산 및 배분에 관련되는 공기업 등이 속한다.

② 정치조직 : 이는 사회체제의 목표를 수립·집행하는 기능과 관련된 조직으로서 행정기관 및 정당이 이에 속하며 이러한 조직에서는 목표달성을 위한 효과적 자원배분이 중요한다.

③ 통합조직 : 이는 사회내의 구성원들의 관계를 통제하고 갈등을 조정하고 사회의 일탈을 방지하고 안정을 유지하며 사회적 규범을 창조하고 유지하는 조직으로서 법을 취급하는 대부분의 정부, 사법기관, 경찰, 정신병원 등이 이에 포함된다.

④ 형상유지조직 : 사회체제의 유형을 유지하고 사회의 문화적 가치를 창조하고 전승하는 등의 문화적·교육적 기능에 관련된 조직으로서 학교, 교회, 학술, 예술 및 기타 문화단체 및 연구소 등이 여기에 속한다.

이와 같은 파슨스(Parsons)의 분류는 캇츠(Katz)와 카안(Kahn)도 그대로 따르고 있다. 즉, 캇츠(Katz)와 카안(Kahn)은 조식을 사회체제의 하위체제로 보고 조직의 기능을 중심으로 ① 생산 또는 경제적 조직 ② 형상유지조직 ③ 적응조직 ④ 관리 또는 정치적 조직으로 분류하고 있다.

(3) 참여도를 기준으로 한 분류

리커트(Likert)는 리더십 연구에서 지도자 혹은 최고관리자의 유형을 네 가지로 나누고 이에 대한 조직구성원의 참여도를 기준으로 하여 다음 네 가지의 체제로 분류하였다.

① 수탈적 권위체제 : 조직의 최고관리자가 단독으로 모든 결정권을 행사하고 조직구성성원의 이익이나 의사는 전혀 고려되지 않는 비참여적 체제이다.

② 온정적 권위체제 : 주요정책은 고위층에서 결정하되 하급자는 상부에서 결정한 지침의 범위 안에서 결정권을 행사할 수 있으나 이 역시 최종 확정에 앞서 고위층의 결재를 얻어야 한다.

5) Talcott Parsons, Structure and Process in Modern Societies(Glencoe, IL: The Free Press, 1960), pp.4~58; Henry H. Landsberger, 'Parsons Theory of Organization' in Max Black(ed.), The Social Theories of Talcott Parsons(Englewood Cliffs, N.J.: Prentice-Hall, Inc, 1961), pp.214~429.

③ 협의체제 : 주요정책은 상부에서 결정하지만 한정된 범위 안에서의 특정사항에 관한 결정권은 하급자에게 있다.

④ 참여집단체제 : 조직구성원이 집단으로서 결정에 참여하도록 허용되는 부하의 자유영역이 가장 넓은 부하 중심적 체제이다. 이러한 체제에 가까울수록 조직구성원의 사기와 생산성이 높게 나타나며 수탈적 권위체제에 가까울수록 그 반대의 성향을 보인다.

(4) 복종의 정도를 기준으로 한 분류

가. 분류의 기준

에치오니(Etzioni)는 조직분류의 기준으로 복종이라는 개념을 사용한다. 복종이란 지배자가 사용하는 권력에 대한 자기연계의 상태 즉, 권력행사자에 대한 복종자의 심리적 구속감의 정도를 말한다. 권력은 행할 때의 수단에 따라 물리적 수단을 행사하는 강요적 권력, 물질적 수단을 사용하는 보상적 권력, 상징적 권력을 사용하는 규범적 권력으로 나눌 수 있다. 자기연계는 정도의 문제이므로 이를 연속선상에서 생각하여 중간점을 중심으로 반은 적극적 자기연계, 나머지 반은 소극적 자기연계라 하며 다시 이들의 중간점을 기준으로 양끝을 도의적 자기연계, 소외적 자기연계, 중간의 둘을 묶어서 계산적 자기연계라 한다.

도의적 자기연계는 규범을 내면화하고 권위에 대하여 자기를 일체화시키든지 제1차 집단으로부터의 수용 · 인정 때문에 심리적인 구속감을 느끼는 것이며, 계산적 자기연계는 자본주의에서 기업가 또는 물질욕 때문에 느끼는 구속감이고, 소외적 자기연계는 형무소 죄수의 형무소 권에 대한 태도와 같은 것이다.

나. 조직의 분류

조직의 분류기준인 복종을 중심으로 권력의 행사수단과 자기연계를 조합하며 표 5-1과 같이 9가지 유형의 조직유형이 생긴다.

표 5-1 조직의 유형

권력 \ 자기연계	소외적	계산적(공리적)	도의적(인간적)
강요적 (강제적)	1	2	3
보상적 (효용적)	4	5	6
규범적 (위치 · 존경)	7	8	9

① 이 중에서 다음의 세 가지 유형이 가장 뚜렷한 특색을 갖는다. 그러나 현실에 있어서는 혼합형이 보다 일반성을 띠고 있다.

- 제1유형(강제적 조직) : 강제가 조직구성원에 대한 주요한 통제수단이며 구성원은 이러한 조직에 대하여 소외적 관여를 보이고 있다. 이러한 조직에는 교도소, 강제수용소, 정신병원 등이 속한다.
- 제5유형(공리적 조직) : 물질적 자원과 보수가 주요한 통제수단이며 조직구성원은 이에 대해 타산적 관여를 보이며 민간기업, 이익집단이 여기에 포함된다.
- 제9유형(규범적 조직) : 규범적 상징(위신, 존경)이나 사회적 상징(애정, 관용) 등의 규범적 권력이 주요한 통제수단이며 구성원은 이러한 조직에 대한 도의적 관여를 하며 헌신적인 태도와 사명감을 갖는다. 이에는 이데올로기적 정치조직, 종교단체, 자발적 사회단체 등이 포함된다.

② 일치형과 불일치형 : 위의 9가지 조직 중에서 가장 흔하게 존재하는 조직들은 제1, 5, 9형의 조직들인데 이들을 모두 일치형이라고 한다. 그 이유는 권력행사자가 강요적 권력을 사용하면 복종자는 소외적 자기연계를 갖게 되며 계산적 또는 도의적 자기연계를 갖는다는 것은 거의 생각하기 어렵기 때문이다. 제1, 5, 9형을 제외한 나머지 조직들은 불일치형이라 부른다. 불일치형의 조직은 일반적으로 일치형 조직으로 이동하려는 경향이 있다.

③ 단일구조와 이중구조 : 위의 9가지 조직유형은 각각 단일구조를 갖는다. 그런데 위의 각 조직유형과 거의 같은 빈도와 유사성을 갖는 조직이 있을 수 있다. 즉, 전투부대는 규범적 조직의 특성과 강요적 조직의 특성을 고루 갖추고 있다. 또한 어떤 대규모 조직은 전체적으로는 효용적 조직이면서 그 속의 각 부서에는 규범적 조직, 효용적 조직, 강요적 조직을 갖고 있을 수 도 있으며 한 조직은 시간의 변화에 따라 환경과 리더십의 변화 때문에 각 유형의 특징을 변화시켜 갈 수도 있다. 이러한 유형을 이중구조라고 부른다.

다. 조직유형과 조직변수의 관계

분류에 따른 강요적 · 효용적 · 규범적 조직들과 조직변수들의 관계를 검토하면 다음과 같다.

① 목표와 효과성 : 조직의 목표를 질서목표, 경제목표, 문화목표로 나누었을 때 내세운 목표와 이를 성취하기 위한 조직유형도 9가지가 있을 수 있다. 이때 질서목표를 가진

조직은 강요적 조직으로, 경제목표를 가진 조직은 효용적 조직으로, 문화목표를 가진 조직은 규범적 조직으로 대처하는 것이 목표를 가장 효과적으로 달성하는 방법이다.

② 조직의 엘리트 : 엘리트는 조직의 최일선 감독자를 말하는데 이들의 권력의 출처는 개인권력과 직위권력의 두 가지가 있고 사람들의 활동은 수단적 활동과 표현적 활동으로 나눌 수 있는데 이들의 조합에 의하여 엘리트의 유형이 생겨난다(표 5-2 참조).

강요적 조직에서의 엘리트는 관원이고 조직구성원의 수단적 활동만을 통제할 수 있으며 규범적 조직에서의 엘리트는 공식지도자이며 구성원의 수단적 활동과 표현적 활동을 함께 관장하며 효용적 조직에서는 위 양자의 중간 위치에 있다.

표 5-2 조직엘리트의 유형

개인권력 \ 직위권력	+	−
+	공식지도자	비공식지도자
−	관　　원	비엘리트

③ 문화적 통합 : 조직의 문화적 통합이란 조직구성원에 대한 사회화를 말하는 것으로 이들 간에 효과적인 의사전달이 되게 하고 상하 조직구성원들 간의 합의도를 높이는 것을 의미한다.

첫째, 조직대표자들과 하위구성원들 간의 합의도는 규범적 조직이 가장 높고 강요적 조직이 가장 낮으며 효용적 조직은 중간이다.

둘째, 의사전달의 효과성은 강요적 조직에서 계급간의 의사전달의 장애가 많다. 규범적 조직이 장애가 적고 효용적 조직은 중간이다.

셋째, 사회화 과정을 보면 강요적 조직에서는 조직에 가입하기 전에 사회화하는 경우는 거의 없으며 효용적 조직은 조직가입 이전에 사회 내의 다른 조직이 훈련을 맡아하고 있으며 규범적 조직에서는 조직가입 이후에 사회화 전담부서에서 집중적으로 행하여진다.

④ 환경의 처리 : 환경처리는 조직구성원의 모집과정과 조직 내외에서의 활동으로 나누어 볼 수 있다.

첫째, 조직구성원의 모집과정은 강요적 조직에서는 전혀 선택권이 없고 효용적 조직은 임의로 선택권을 행사할 수 있으며 규범적 조직도 마찬가지이나 지원자의 표현적 사회화 과정을 중요시한다.

둘째, 조직구성원의 조직 내외에서의 활동은 강요적 조직에서는 조직이 구성원의 활동에 관하여 간섭하는 종류는 적으나 집단활동의 종류는 다양하다. 효용적 조직에서는 조직이 규율하는 활동의 종류와 범위가 적다. 규범적 조직에서는 활동의 종류는 많으나 범위는 좁기도 하고 넓기도 한다.

⑤ 응집성 : 응집성이란 조직구성원들 간에 어느 정도로 적극적인 표현적 관계가 성립되어 있는가를 의미하는데 조직의 유형과 응집성 간에는 특별한 관계가 없다.

⑥ 카리스마의 배분 : 조직 내 카리스마의 배분형태를 보면 강요적 조직에서는 카리스마의 소유자가 거의 없다. 효용적 조직은 최고직위들에 카리스마가 집중되며 규범적 조직에서는 최고직위와 중간직위에 카리스마가 배분되어 있는 순수규범적 조직도 있고 중간직위에 카리스마가 배분되어 있는 규범적 조직도 있다.

3) 조직유형 연구에 대한 비판

여러 학자들에 의해 분류모형과 그 기준이 제시되었지만 조직의 사회적 속성은 어느 하나의 기준에 의해 고정될 수는 없는 것이다. 블라우(Blau)와 스코트(Scott)의 분류모형은 주요 수혜자가 분류기준이라고 하지만 사실상 이는 조직의 목표에 따른 분류로 이는 파슨스(T. Parsons)의 산출에 기본 사고방식을 약간 변형시킨 것으로서 별로 독자적 진전을 이루지 못했을 뿐 아니라 논리적 구조가 명백하지 못하다.[6)]

에치오니(Etzioni)가 조직분류에서 사용하고 있는 복종의 개념은 전통적으로 조직론에서 사용해 왔던 권위의 개념을 다르게 표현한 것이며, 이에 입각한 이론의 내용도 동어반복에 그치고 있다. 즉, 에치오니(Etzioni)가 구상한 3가지 일치형 조직이란 강요적 권력은 소외적, 자기연계는 강요적 조직이라는 뜻이며 질서목표를 수행하기 위해서는 강요적 조직을 사용하는 것이 효과적이라고 하지만 강요적 조직은 질서목표를 추구하는 조직이라는 것과 같은 뜻이다. 또한 어떤 과정에 의하여 불일치형 조직이 일치형 조직으로 변화하는가에 대한 설명도 없으며, 경험적 연구결과에 의해서도 여러 가지 구조변수와 조직유형 간에 의미 있는 상관관계가 없었다.

우리나라의 경우 발전행정의 입장에서 보면 조직구성원들이 능동적으로 행정과정에 참여

6) Talcott Parsons, 'Suggestions Approach to the Theory of Organizations', Administrative Science Quarterly, vol.1, 1956, pp.63~85 & 225~39; Amitai Etzioni(ed.), Complex Organizations: A Sociological Reader(New York: Holt, Rinehart and Winston, 1961), pp.32~47.

하여 창의성과 능력을 최고도로 발휘하게 함으로써 조직의 성과를 극대화할 수 있어야 한다. 따라서 한국행정에 있어서 바람직한 조직유형은 에치오니(Etzioni)의 분류모형 가운데 공리적 규범적 방법의 이용이라 할 것이나 아직도 너무 강제적 방법에 의지하고 있는 것 같다. 특히 리커트(Likert)의 참여체제라는 입장에서는 해방 후 민주주의 또는 개인주의에 입각한 참여가 주장되어 왔고 정치사회에서는 보통선거에 따라 참여가 널리 인정되어 왔으나 교육 정도와 참여의식이 보다 높아야 할 행정조직사회에서는 이것이 거의 인정되지 않고 있을 뿐만 아니라 아직 행정조직 내에서는 온정적 권위체제의 영역을 벗어나지 못하고 있어 행정의 내적・외적 책임성이 제한적이고 현실적으로 구현되지 못하고 있다.

제2절 조직의 목표와 목적

목표와 목적을 분명히 구별하기는 그리 쉽지 않다. 목표(goal)란 조직이 달성하고자 하는 바람직한 장래의 상태이다. 목표라는 용어 대신 '목적'이라는 말을 쓰는 학자도 있고, 심지어는 목적을 목표보다 장기적이고 상위적인 개념으로 이해하는 사람도 있다. 영어로는 목표가 'goal'이라는 말로 가장 많이 쓰이나 때로는 purpose, end, object, target 등으로도 쓰이고 있다. 또한 목적은 주어진 시간의 테두리 안에서 그리고 특정한 조건 아래에서 측정되어질 수 있는 바람직한 성과이다. 목적은 목표를 달성하기 위한 구체적이고 측정할 수 있는 수단이다.[7)]

논자에 따라 목적과 목표를 구별하며 전자가 보다 기본적인 성격을 의미하는 것이라고는 하나, 언제나 어떠한 바람직한 것은 상대적인 성격 즉 이러한 것은 가장 기본적이고 최고 규범적인 것에서부터 보다 구체적인 것으로 목적 수단의 연쇄적인 성격을 갖는 것이기 때문에, 언제나 어떠한 바람직한 상태(desired state)란 하나로 표현될 수 있는 것은 아니고, 그의 구체성의 정도에 따라 여러 가지로 구별될 수 있다는 것을 전제로 하면서 하나로 통합하여 이어동의적(異語同議的)인 것으로 생각되므로 반드시 구별되는 것은 아니라고 할 수 있다.

7) Henry M. Wrobleski and Karen M. Hess(1986), Introduction to Law Enforcement and Criminal Jutice, 2nd ed.(St. Paul, Minnesota: West Publishing Co), p.172.

1. 목표의 정의

목표는 대체로 지역사회의 태도와 소망에 달려 있다. 바꾸어 말하면 목표는 사회의 필요를 충족시키기 위하여 조직의 업무를 달성하려고 하는 소망스러운 상태를 말한다.[8] 따라서 목표는 조직의 장래의 포부 즉 조직이 존재하기 위한 궁극적인 목적이다. 예컨대 군대는 국가를 보호하고 방어하기 위하여, 학교는 학생을 가르치기 위하여, 병원은 환자를 치료하기 위하여, 경찰은 치안을 유지하고 범죄를 예방하기 위하여, 소방행정은 화재로부터 국민의 생명과 재산을 보호하고 위급한 상황에서의 구조・구급활동을 통하여 생명과 신체를 보호하기 위하여 설립되고 존재하는 것이다.

2. 목표의 기능

조직의 목표는 여러 가지 기능을 한다. 그 중에서도 중요한 기능으로는 다음과 같은 것을 들 수 있다.

(1) 조직의 방향 제시

조직의 목표는 조직이 나아갈 방향을 제시하는 기능을 한다. 즉 그것은 조직의 구성원들로 하여금 장래의 원하는 상태를 이룩할 수 있도록 행동의 지침을 제공한다.

(2) 조직의 존립 정당성

목표는 그 조직의 주위환경(사회)으로부터 정당성을 인정받을 수 있는 근거로서의 기능을 한다. 즉 목표는 조직이 하는 약속이라 할 수 있으므로 사회를 구성하는 여러 요소들은 이 약속을 믿고 조직에게 정당성을 부여하는 것이다. 그러므로 사회적 욕구를 충족시키지 못하면 조직은 존재할 필요가 없고 또한 존재할 수도 없다. 그래서 목표는 조직이 존립하고 있는 이유를 제시해 준다.

(3) 일체감과 동기부여

목표는 조직구성원들에게 일체감을 갖도록 할 뿐 아니라 동기부여의 기능도 수행한다.

---

8) Amitai Etzioni(1964), Modern Organigations(Englewood Cliffs, New Jersey: Prentice-Hall), p.6.

(4) 효과성의 평가

목표는 효과성을 평가하는 척도로서의 기능을 한다. 여기서 효과성(effectiveness)이란 조직이 여러 과정을 통하여 자기가 내세운 목표를 달성하는 정도를 말한다.

(5) 조직운영의 영향력

목표는 사회에 조직의 존재를 정당화시켜 줄 뿐만 아니라 조직 스스로의 기능을 관리하는 데 도움을 줄 수도 있다. 이와 같은 기능을 목표가 수행하므로 이러한 장점을 더욱 연구・개발한 것이 최근에 보급되고 있는 '목표에 의한 관리(MBO)'[9]인데, 이에 따르면 직원 상호간의 참여를 통한 목표설정과 이에 따른 평가가 상호간의 의사전달, 이해의 증진, 목표에 대한 적극적인 태도, 직원능력의 활용 및 관리의 쇄신을 이룩할 수 있다고 지적하고 있다. 소방행정조직에 있어서의 목표관리는 다음 사항을 결정하는 데 도움이 된다.

① 소방행정조직활동의 우선순위 그리고 관계정책의 형성
② 소방행정기관의 목표를 실현하는 데 필요한 예산
③ 능률적이고 효과적으로 요망되는 소방행정업무를 수행하는데 필요한 직원의 수
④ 소방행정기관 내 다양한 부서 사이의 적절한 분업
⑤ 계급간의 가장 효과적인 명령계통과 감독의 적절한 수준
⑥ 각 활동 또는 소방업무를 위하여 필요한 전문화의 수준
⑦ 직원의 교육훈련을 위하여 필요한 계획
⑧ 소방행정기관 일일업무의 운용을 위한 지침
⑨ 소방행정업무수행의 양과 질을 조절하기 위한 표준
⑩ 소방행정기관의 종합적인 생산성과 국민의 요구에 대한 반응을 평가하기 위한 수단

9) 목표에 의한 관리(Management by Objectives)란 1965년 피터 드럭커(Peter Drucker)가 그의 저서 「경영의 실제」에서 주장한 이론으로서 조직의 목표설정에서부터 책임의 확정, 실적의 평가, 개인 또는 조직단위의 활동에 이르기까지 조직의 상위층과 하위층이 다 같이 참여하여 효과적으로 조직의 목표를 달성하려는 관리기법 내지 관리체계라 할 수 있다. 정부기관에 처음 도입된 것은 1970년대 초 미국의 닉슨 행정부였다. 그러나 목표관리의 성격이나 정신은 이미 1930년대 중반 연방정부의 행정과 조직에 관한 귤릭(L. Gulick)의 연구에서도 나타나 있다.

3. 조직목표 유형

조직목표의 기능 및 근원이 다양한 만큼 조직목표의 종류도 다양하다. 여기서는 조직목표에 대한 대표적인 유형 몇 가지를 소개하고자 한다.

1) Amirai Etzioni 조직목표유형

에치오니(Etzioni)는 조직목표를 두 가지로 나누어서 설명한다. 즉 공식적 목표(stated goals)와 실제목표(real goals)가 그것이다.[10] 공식적 목표는 조직이 강령(綱領)으로 내세우는 목표이며, 실제목표는 조직이 실질적으로 추구하는 목표이다. 이 두 가지 목표는 서로 일치되는 경우도 있지만 일치하지 않는 경우가 더 많다. 이 두 목표 사이에 차이가 나는 것은 조직의 소유주나 구성원들이 목표를 추구하는 과정에서 목표의 변화가 생기기 때문이며, 한편으로 이 두 목표 사이의 차이를 의식하면서도 실질적인 목표달성을 위해 공식적으로 언명(言明)한 목표를 수단으로 사용하기 때문이다.[11]

에치오니(Etzioni)는 조직내의 복종양태와 조직목표 사이의 관계를 검토하기 위하여 조직목표를 세 가지로 구분하기도 한다. 즉 질서유지 목표(order goal), 경제적 목표(economic goal), 그리고 문화적 목표(cultural goal)가 그것이다.[12] 질서유지 목표는 일탈자를 사회로부터 격리하거나 일탈의 재발방지 및 통제를 추구하는 목표를 말한다. 경제적 목표는 경제적 이윤을 추구하는 목표이며 문화적 목표는 문화적 상징의 창조・보존・활용을 위해 필요한 조건을 제도화하는 목표를 말한다.

2) Charles Perrow의 조직목표

페로우(Perrow)는 조직목표를 분류함에 있어 우선 기본적인 분류를 시도하고 이 기본적인 분류를 다시 공식목표와 운영목표로 구분하여 재분류를 시도한다.[13]

---

10) A. Etzioni, op. cit., pp.6~7.

11) 심창삼, 조직이론(서울: 박영사, 1992), p.88.

12) Amitai Etzioni, A Comparative Analysis of Complex Organizations(New York: Free Press of Glencoe, 1961), pp.72~73.

13) Charles Perrow, 'The Analysis of Goals in Complex Organizations', American Sociological Review, Vol.26, No.6(Dec. 1961), pp.854~866; Charles Perrow, Organizational Analysis : A Sociological View(Belmont, CA: Wadsworth, 1970), pp.133~174.

페로우(Perrow)가 제시한 기본적인 목표는 다음과 같다. 즉 ① 사회적 목표(societal goals), ② 산출목표(output goals), ③ 체제유지목표(system goals), ④ 생산목표(product goals), ⑤ 파생적 목표(derived goals) 등이 그것이다.

반면 페로우(Perrow)가 제시한 공식목표(official goals)는 조직의 법규, 정관, 연례보고서 등에 나타난 조직의 일반적 목표를 말한다. 공식목표는 대개 막연하거나 고도로 추상적이다.

운영목표(operative goals)는 공식목표를 달성하기 위한 수단이기는 하지만 공식목표와 상관없이 조직이 실제로 추구하는 목표이다.

(1) 사회적 목표

사회적 목표는 조직의 대사회적 기능이 일반적으로 무엇인가에 관련하여 규정되는 목표이다. 즉 조직이 사회의 기대, 곧 사회가 필요로 하고 요구하는 것을 충족시키기 위해 갖는 목표를 말한다. 파슨스(Talcott Parsons)가 제시한 사회의 네 가지 기능, 즉 적응, 목표달성, 통합, 체제유지가 여기에 해당한다. 또 앞서 에치오니(Etzioni)의 질서유지목표, 경제적 목표, 문화적 목표도 여기에 해당한다.

사회적 목표는 그것이 지니는 추상성의 수준 때문에 조직의 목표달성에 대한 성과나 조직 내 문제해결을 위한 기준으로 삼을 수 없다는 문제가 있다.

(2) 산출목표

투자자의 목표라고도 하는 이 목표는 조직과 접촉하는 고객들과 연관되는 목표이다. 즉 조직이 투자자가 제공하는 자원에 따라 투자자를 위해 어떤 기능을 수행할 것인가를 결정하는 목표를 말한다. 조직이 투자자를 위해 제공하는 산출로는 서비스, 실제의 제품, 교육서비스, 복지 등이 있다.

(3) 체제유지목표

이 목표는 조직이 하나의 사회적 유기체로서 생존・유지・적응・성장하는 목표를 말한다. 체제유지 목표는 특히 조직의 최고관리층이 관심을 갖는 목표이기도 하다. 이윤증대, 체제보전, 조직환경에 대한 유연한 대처 등이 체제유지의 목표가 될 수 있으며, 이는 조직마다 다를 수 있다. 체제유지 목표와 다음에서 설명할 생산목표는 긴밀히 연관되어 있으며 양자는 서로를 제약하는 조건이 될 수 있다.

(4) 생산목표

생산목표는 조직의 생산기능 또는 생산활동에 관한 목표이다. 조직에서의 생산활동은 조직설립 및 존속의 본래 취지와 연관된 것이다. 그러나 실제의 생산활동 과정 중 목표는 얼마든지 변경될 수 있다. 생산목표는 특히 조직의 중간관리자들이 관심을 갖는 목표로서 실제 생산되는 제품의 질이나 양이 문제가 된다.

생산목표는 다시 공식목표와 운영목표로 구분되는데, 공식목표를 일반산출목표(general output goal), 운영목표를 생산작용목표(product goal)라고 한다. 따라서 우리가 생산목표라 할 때 이 의미는 생산작용목표를 가리킨다.

일반산출목표는 조직의 일반적인 업종에 관련된 목표이다. 즉 의료사업, 운수사업, 서비스사업 등이 여기에 해당한다. 실제 일반산출목표는 생산작용목표의 일반적 지침이 된다. 반면 생산작용목표는 일반산출목표에서 규정된 것을 보다 구체화시키는 목표로서 실제 제품의 질 · 양 · 모양 · 다양성을 표시하는 목표를 말한다. 앞서의 공식적 목표와 운영목표의 관계에서도 언급했지만 일반산출목표와 생산작용목표는 반드시 일치해야 할 필요는 없다.

(5) 파생적 목표

파생적 목표는 조직이 이상의 네 가지 목표 즉, 사회적목표, 산출목표, 체재유지목표, 생산목표를 추구하는 과정에서 파생된 목표이다. 파생된 목표는 목표의 추구하는 과정에서 여력이 생겨 발생할 수 있고 목표의 왜곡이 생겨 발생할 수 있다. 따라서 파생적 목표는 조직의 존재에 근본적인 중요성을 가지는 것은 아니지만 목표의 대치현상을 일으키게 하는 계기가 될 수는 있다.

3) Hebert A. Simon의 조직목표분석

사이먼(Simon)의 조직목표는 상위목표와 하위목표로 구분된다. 사이먼(Simon)은 의사결정의 인시적 측면을 강조한다. 즉 개인의 인지적 측면을 통하여 하나의 목표가 실현되기 위한 수단이 강구되고 이 수단을 목표로 하여 제2의 수단이 강구되는 목표수단의 계층제가 형성된다는 것이다.[14)]

---

14) James G. March and Hebert A. Simon, Organizations(New York: John Wiley, 1958), pp.152～153, 190～191.

목표와 수단은 상위목표와 하위목표의 형태로 표현되는데, 상위목표는 가장 추상적인 차원으로 그리고 하위목표는 가장 구체적인 차원으로 계층제를 형성할 수 있다. 따라서 상위목표는 가치의 영역이 되고 하위목표는 사실의 영역이 되며 이 두 가지는 분리해서 생각해야 한다는 것이다.

조직의 목표는 하위목표를 수단으로 해서 연상위의 목표가 달성되는 방식으로 실현되어져 가는데 사이먼(Simon)에게 중요한 것은 사실의 영역인 하위목표인 것이다. 따라서 하위목표를 의사결정의 인지적 측면에서 달성해가는 방식이 전제 조직목표를 달성하는데 도움이 된다는 것이다.

4. 공식적 목표와 실질적 목표

소방행정조직의 목표는 일반적으로 국민들에게 실제로는 결코 성취되지 못할 것으로 보여지고 있다. 이러한 인식은 조직의 공식적 목표와 일치하고 있는 것일 수도 있지만 조직의 실질적 또는 사실상 목표의 관점에서 볼 때에는 정확하지 않은 것이다.

(1) 공식적 목표

소방행정조직의 정해진 목표는 인쇄물로 기록하여 공표한 것이다. 그것은 일반적으로 광범위하게 공표되고 있는 표어 또는 문구로 표현되고 있다. 이러한 목표는 때때로 조직에 의하여 중요하게 취급되고 있으며 끊임없이 추구되고 있다. 그렇지만 많은 경우의 공식적 목표는 단지 정치적 또는 공적인 소비, 즉 그 조직의 존재를 정당화시키고 계속되는 재정을 보증하고 있는 것이다. 소방행정의 공식적인 목표는 국민의 생명과 재산을 화재로부터 보호하고 재난 · 재해 현장에서 인명을 구조 · 구급하는 것이다.

(2) 실질적 목표

어떤 경우에는 조직의 실질적 또는 사실상의 목표가 공식적 목표와 같을 수도 있다. 그러나 실질적인 목표는 보통 공식적 목표보다 더욱 잘 측정되어질 수 있고 사실적이고 신중하게 달성되어질 수 있다. 추가해서 실질적 목표는 보통 기록되어 공표된 것보다는 오히려 잘 알려져 있고 또 이해되고 있다. 따라서 소방기관의 실질적 목표는 소방인 · 허가 및 소방검사, 화재진압훈련 등 화재예방을 강화하여 화재발생률을 감소시키며 소방훈련을 발전시켜 대형사고(화재)를 방지하고 구조 · 구급활동을 신속히 하여 귀중한 생명을 구조 · 구명함으로써 국민들로부터 신뢰와 존경을 받는 것이라고 할 수 있다.

5. 목 적

목표는 목적의 광의의 표현인데 반하여 목적은 보다 더 큰 목표의 일반적인 상황 내에 있는 더욱 특정한 목표이다. 이러한 하위목표는 보통 범위가 작고 또 제한되어 있는 특정한 계획이다. 따라서 목적은 바람직한 사업계획과 직접적인 동기부여로 조직을 대비하는 보다 제한된 단기간의 의도이다.

소방조직의 목적은 소방법 집행, 사회의 안녕 · 질서 유지, 그리고 봉사라 할 수 있고 보다 구체적 목적은 화재의 예방 · 화재의 진압 · 화재피해조사 · 재난 · 재해 현장에서의 인명구조 · 구급처치와 이송 등을 들 수 있다. 이와 같은 목적은 전형적으로 목표보다 세부적으로 설명되고 있으며 그 달성은 진지하게 추구되고 있다. 예컨대 화재예방의 목표가 주어졌다면 이 목표를 달성하기 위한 목적은 국민에게 소방안전을 교육시키고 적법한 소방시설 설치유지와 무허가 위험물 단속 제도를 효과적으로 운영하며 소방활동을 보다 가시화(可視化)하고 소방력의 강화와 의용소방대의 지원 활동 등이 포함될 수 있다.

제3절 집단화의 방법

앞에서 지적한 바와 같이 소방기관은 개인들의(그들의 능력 또는 경험이 무엇이든) 조화되지 않은 노력으로는 효과적으로 처리할 수 없는 거대하고 복잡한 과업을 다루는 관료적인 조직으로 구성되어 있나. 이러한 과업을 달성하는 데 가장 훌륭한 방법에는 체계 또는 모형에 따라 소방활동과 기능을 결합시키거나 분리시키는 것이 꼭 필요하게 된다.

1. 집단화의 일반적인 방법

조직을 편성하는 데에는 구체적으로 어떠한 기준에 따라 행할 것인가가 문제된다. 여기에서 기준이란 조직이 그 업무를 어떠한 방침에 따라 편성하고 분담시킬 것인가에 관한 것을 뜻한다. 근본적으로 경제적이고 효과적인 감독과 통제를 위하여 행정단위들을 기능과 관련하여 집단화해야 한다. 부서 편성의 합리적인 기준으로는 ① 목적 또는 기능 ② 과정・절차 ③ 인원 또는 자원 ④ 지역 등 4가지 방법이 일반적이다.[15)]

(1) 목적에 의한 방법

이 방법은 조직의 주요한 목표 또는 기능에 따라 소방활동을 결합하거나 분리하는 것으로 가장 보편적인 것이다. 그 지지자들은 집단화의 중요한 목적이 기본적인 소방의 목적을 달성하기 위한 효과적인 수단이라고 보고 있다.

예컨대 소방행정과의 업무는 소방활동을 하는 모든 직원의 인사 및 감찰활동과 직원의 보수 및 차량유지 관리를 위해 만들어졌고, 방호구조과는 화재의 예방・진압・화재조사・구조・구급업무의 신속한 서비스를 위해 만들어진 것이라고 할 수 있다.

(2) 절차에 의한 방법

절차에 의한 방법은 행정을 수행하는 데 이용되는 시설, 방법, 절차와 기술을 기준으로 하여 동일한 시설을 사용하거나 동일한 직무에 종사하는 직원을 동일조직에 편성하는 것이다. 따라서 주로 조직의 하위단계에서 많이 이용되고 있으며 행정의 전문화와 기술화에 따라 이 기준의 적용범위가 확대되고 있다.

예컨대 소방기관은 소방행정・방호(예방)행정, 119특별구조(구급)대에 의해 수행되는 기술적 행정절차・인명구조 절차・구급환자처치 절차・구급환자이송 절차・전자정보처리의 절차・행정적 자문 절차 등에 따라 나누어진 것이라 할 수 있다.

(3) 지역에 의한 방법

지역에 의한 방법은 지리적인 고려에 따라 소방활동과 직위를 결합하거나 나누는 것이다. 따라서 주로 조직의 보조기관 편성에 이용되고 있다.

예컨대 소방본부는 시 또는 군의 특정한 구역에서 봉사하기 위하여 소방서・119안전센터・119특별구조대 및 의용소방대 등을 설치하고 있다.

---

15) S. C. Wallace(1953), 'Consideration Which Enter into the Construction of a Department', in D. Waldo(ed.). Ideas and Issues in Public Administration(New York; Mcgraw-Hill Book Co. Inc.), pp.116~153.

(4) 시간에 의한 방법

이 방법은 소방부서의 인적자원 배분을 위한 필요성에 따라 주야로 소방활동과 직위를 집단화하는 것이다.

예컨대 대부분의 소방기관은 24시간 격일제 근무를 운용하고 있는데, 이는 24시간 격일제 운용이 합리적이기 때문이 아니라 인원 부족에서 오는 현상이기 때문이다.

(5) 고객에 의한 방법

소방활동과 직위는 사회적, 경제적 고려에 관련된 것에 따라 배치될 수도 있다. 따라서 동일한 고객 또는 동일한 장비를 가진 행정을 동일 조직에 편성하는 방법으로서 행정의 서비스를 집중적으로 향상시키기 위하여 특수한 경우에 이용한다.

예컨대 고객에 의한 방법에 따라 소방기관은 소방검사반 그리고 대량 위험물 취급소 등이나 대형 화재 취약지구를 보호하기 위한 특별반으로 집단화할 수도 있다.

2. 집단화 방법의 비판

최근에 앞에서 지적한 집단화 방법에 대한 비판이 증가하고 있다. 이 방법에 대하여 제기되는 근본적인 결점은 다음과 같다.[16)]

(1) 애매모호(曖昧模糊)

비평가들은 이 집단화 방법이 너무 어렴풋하고 막연하다고 주장한다. 예컨대 목적에 의해, 고객에 의해 또는 절차에 의해 구분한 대량 위험물 취급소의 종합훈련 및 위험물의 인·허가에 관한 사항 등이 방호행정부서에서 담당하여야 하는가 하는 점이다.

(2) 중복

비평가들은 또한 집단화 방법이 상당히 중복되고 일부가 겹치는 결과를 낳는다고 주장한다.

(3) 비교를 위한 기준 모호

이 방법은 적당한 집단화 방법이 특정한 소방조직을 위하여 선택할 수 있도록 표준 지침

---

16) Sam S. Souryal(1981), Police Organization and Administration, New York: Harcourt Brace Jovanovich, Inc., p.13.

을 준비하지 못함으로써 비판을 받고 있다.

(4) 쇠퇴(衰退)

전통적인 집단화 방법은 예컨대 최근의 시장 순찰근무의 실행과 같은 기능적 조화(functional interfacing), 법 집행에 대한 인기 있는 일반행정과 접근방법의 새로운 이론에 비추어 볼 때 오늘날에 와서는 어느 정도 진부(陳腐)한 것으로 보인다.

3. 효과적인 집단화를 위한 지침

이러한 비판과 함께 소방기관이 그 자신의 유일무이한 요구와 필요성을 가지고 있다는 사실에 비추어 볼 때 소방조직에서 활동을 집단화하려고 시도하는 소방관리자는 다음과 같은 요소를 고려하여야 할 것이다.

① 조직의 실질적인 목표와 목적 그리고 집단화의 특별한 방법이 그것을 실현하는 데 도움을 줄 수 있는 범위
② 소방기관의 재정적 상태
③ 소방기관에서 필요한 전문화의 양(보다 요청되고 있는 전문화, 기관 내에 부가적인 분야를 위한 더욱 큰 필요성)
④ 집단화의 새로운 방법으로부터 나올 수 있는 중복의 가능성
⑤ 집단화의 특별한 방법의 선택에 따른 훈련에 대한 필요성
⑥ 기관 내의 직원들 의견과 그 운용을 감독하는 권한을 가지고 있는 사람(국회의원, 시·도의원 등)의 의견

제 4 절 계선, 참모, 보조기능의 분류

조직내부의 활동을 집단화하는 방법이 무엇이든 간에 모든 관료적 조직은 계선, 참모 그리고 보조직원의 기능으로 분리되어 있다. 이와 같이 세 부분으로 나누어 설명하는 이유는 그 각각의 기능을 검토함으로써 가장 잘 설명될 수 있을 것이다.

1) 계선기능

계선기능은 소방기관의 중추적인 위치에 있으며 법령을 집행하고 정책을 결정하여 국민에게 직접적으로 봉사하는 임무를 맡고 있다. 이것은 소방기관의 업무를 수행하는 직원의 감독뿐만 아니라 소방검사・순찰・화재조사・무허가 위험물 단속・화기취급단속・불법행위의 규제와 같은 운영을 의미한다.

계선기능은 팀원・팀장(담당)・과장 그리고 소방서장을 포함하여 계선직원에 의하여 수행되고 있으며 행정상의 명령권과 집행권 그리고 결정권을 가지며 수직적 계열을 형성하여 이를 통해 명령이나 보고가 전달된다. 계선직원은 다음과 같은 책임이 있다.

① 소방기관의 주요한 목적을 수행
② 소방기관에 의하여 준비된 업무의 원만한 처리
③ 소방기관의 고객민원을 직접적으로 처리
④ 계선활동에 관한 최종적 정책 결정 등

2) 참모기능

참모는 계선기관이 효과적으로 업무를 수행할 수 있도록 그를 보좌하는 기관으로 막료(幕僚)라고도 부르고 있으며 참모기능은 계선기능을 지원하기 위하여 설계된 운영기능이다. 전형적인 참모운영은 인사행정, 교육훈련, 법률자문, 공공관계, 감찰, 연구 및 기획, 예산, 화재예방 등의 기능을 수행하는 것이다. 참모들은 소방기관 내에서 근무하고 있는 직원을 특별히 훈련시키는 직원들이며, 소화전검사나 구조구급업무 및 소방대상물에 출입하여 일일이 검사 업무에 참여하지 않는다. 그들의 주요기능은 소방정책과 실무를 연구하는 것이며 소방기관의 장에게 제안을 하는 것이다. 그러므로 참모직은 조직의 목적에 간접적으로 기여하고 조성적, 촉진적 기능을 담당하고 있으며 다음과 같이 되기 쉽다.

① 고도의 전문화
② 자문 자격으로 참여
③ 국민으로부터 파견
④ 소방기관의 집행에 의해 이루어진 결정에는 직접적인 책임이 없다. 즉, 직접적인 책임이란 업무담당자와 과오의 경중에 따라 기관장에게 책임이 있다.

3) 보조기능

보조기능은 소방기관의 운영과 필연적인 관계가 있으며 서비스성을 띤다. 이것은 보통 기록 · 자료처리 · 환자이송 · 정비 · 통신 · 화재조사의 중간 책임 그리고 이와 유사한 운영을 포함한다. 그러나 보조기관을 참모기관과 구별하는 것은 별로 의미가 없다.

4) 세 부분으로 분류된 것의 장점

세 부분으로 분류된 체계는 다음과 같은 기본적인 장점을 지니고 있다.

① 지원활동을 하지 않아도 될 계선직원을 안심시키고 조직의 목표와 목적을 달성하는 데에 그들의 노력을 집중하도록 한다.

② 그들에게 한결같이 비용이 덜 들게 집행을 할 수 있는 특별한 부서(과)에서 어떤 업무를 집중함으로써 경비를 절약한다.

③ 참모들이 생각하고, 실험하고, 계획하고, 개혁을 제시하도록 보다 많은 시간과 기회를 제공한다.

5) 분리체계의 단점

한편 최근에는 계선 · 참모 그리고 보조기관의 전통적인 분리가 비난을 받고 있다. 비난자들은 이와 같은 세 가지 부분으로의 분류는 다음과 같은 결점이 있다고 주장한다.

① 소방기관의 직원들 사이에 갈등이 발생할지도 모른다. 예를 들면 사기문제는 소방기관 내의 분리(segregation)의 불명예로부터 나올 수 있다.

② 참모직이 계선직(특히 계급이 낮은 소방관과 외근 근무요원)과 다른 용어를 사용하기 때문에 소방기관 내에서 의사전달을 방해할 가능성이 있다.

③ 이러한 기능의 분리는 소규모 소방기관에 대해서는 한정되어 있는 재원으로 볼 때 너무 비용이 많이 들지도 모른다.

④ 우리나라 소방의 경우 참모회의라는 형태는 과장들이 참모기능을 담당하는 것으로 인식될 수 있으나 실제로는 계선기능도 담당하고 있어 엄격하게 구분하기 힘들며 계선과 참모는 같은 사람이 행할 수 있어서 이를 구분하는 것은 아무런 의미가 없다고 해야 할 것이다.

제5절 전문화(분업)의 원리

활동범위의 집단화와 계선・참모 그리고 보조기능의 분리는 관료적 조직 내에서 전문화의 대규모적인 예라고 할 수 있다. 개인적인 수준에 관한 전문화는 또한 어떤 직원들이 다른 사람들보다 활동영역에 있어서 보다 잘 알고, 보다 잘 수행하고, 보다 잘 공헌할 것이라고 기대되고 있기 때문에 조직에서 매우 중요한 것이다.

직원들 간의 업무능력의 차이는 다른 요소들 가운데에서도 신체적 특성・정신적 소질・기술・흥미・교육훈련・동기부여 또는 적응성의 결과에 달려 있다고 할 수 있다. 소방전문화는 전문적 기술과 고도의 인사 표준을 통하여 달성될 수 있다.

1) 전문화의 정의

전문화는 특별한 과업에 대하여 특정한 직원에게 할당된 임무이다. 그러므로 작업이나 사람으로 생각될 수 있다.

① 작업 전문화의 범위(areas of specialization)는 고도의 기술, 과학 또는 정확한 태도를 수행해야 하는 어떤 활동 또는 과업을 뜻한다. 이것은 업무활동을 세분화하고 반복적인 일상적 업무로 한층 단순화하는 이른바 업무의 분배와 관련된 조직상의 현상이다.

② 사람의 전문화(specialists)는 작업의 특정한 영역에서 전문가적 의견을 가지고 있는 특정한 사람을 뜻한다. 여기에서 전문화는 직무에 관한 훈련, 교육 또는 다방면에 걸친 경험을 통하여 어떤 기술적인 과업의 요구조건에 대한 개인의 적응을 뜻한다.

③ 예컨대 소방전문화의 범위는 소방검사업무・화재조사업무・소방사법경찰관(리)업무・각종민원업무・화재진압업무・119종합상황실업무・구조・구급업무・장비관리유지업무를 포함한다. 그러므로 우리나라 소방체계는 임용 시부터 채용분야와 특기제도(자격증제도)를 두어 보직의 기준으로 삼아야 할 것이다.

2) 전문화 요구의 결정요소

소방공무원의 전문화요구를 결정하는 데 있어서 고려되어야 할 중요한 요소는 다음과 같다.

① 전문부서로서의 규모

소방의 활동량(업무량)이 전문가의 할당 또는 전문부서로서의 설립을 정당화시키기 위하여 충분한 규모인가 하는 점이다.

② 전문적 기술의 요구

전문적 기술은 특별한 교육훈련을 통하여 습득될 수 있으며 비용과 시간이 많이 소요된다. 소방의 업무 가운데 소방검사, 화재조사 · 구조 · 구급업무, 건축물 인허가, 위험물 인허가 등은 전문적 기술이 요구된다.

③ 전문화에 대한 비용효과

소방활동의 비용효과를 측정한다는 것은 쉬운 일은 아니겠으나 소방업무가 전문화되지 못하다면 소방은 생산적이 될 수 없으며 비용효과도 없다.

④ 인력에 대한 조정의 필요성

소방조직에 있어서 인력에 대한 조정 · 계획 및 통제의 필요성은 분화된 부서의 발전과 연계를 위하여 요구되고 있다.

⑤ 전문가의 규모

모든 소방관서에 재직하고 있는 직원 중 전문가의 규모가 어느 정도의 수준인가 하는 점이다. 직원을 전문화한다는 것은 그들의 직무 만족과 생산성에 편익을 제공할 것이다.

3) 전문화의 장점

소방기관 내에서의 전문화는 다음과 같은 점에서 유리할 것이다.

① 업무의 애로와 지연을 제거 또는 최소화함으로써 업무의 흐름을 능률화시키는 데 도움이 된다. 업무는 자동적으로 문제의 영역에서 전문가로 임명된 직원들이 담당한다.

② 직무는 그것을 다루고 있는 가장 유능한 사람에 의하여 수행되기 때문에 소방기관 내에서 근무성적의 질을 향상시킨다.

③ 직무를 보다 신속하게 수행하도록 도와준다.

④ 소방업무에 대한 비용을 절감해 줄 것이다.

⑤ 직원들에게 동기를 부여하고 그들의 전문가적 기술을 증진시키며 소방기관 직원들 간에 보다 큰 직무만족을 가져다준다.

4) 전문화의 한계와 문제점(결함)

고전적 조직이론인 전문화와 분업화는 합리성을 지향하고 있는 현대조직에서 여러 가지 장점을 지니고 있으나 동시에 다음과 같은 문제점과 결함도 지니고 있다.

① 전문가들은 높은 권위의식을 나타낼지도 모른다. 즉 그들은 소방조직 내에서 전문가로 취급되어 경원(敬遠)시 되거나 또는 교만해질지도 모른다.

② 전문가들은 평범한 용어 사용의 부족 때문에 일반직원들과 의사소통에 어려움을 발견할지도 모른다.

③ 전문가들은 소방기관의 종합적인 목표와 조직 내의 다른 전문가들의 업무에 대한 의견을 알 수 없기 때문에 그들의 업무가 너무 고립될지도 모른다.

④ 너무 지나친 전문화는 과도한 경쟁을 초래하고, 나름대로 자기 영역을 만들어 내고 더욱이 소방조직 내부에 부패를 불러일으키게 될지도 모른다.

⑤ 전문가들은 소방조직 내에서 그들보다 더 우수한 다른 직원들에 의한 엄격한 징계 또는 면밀한 감독을 불쾌하게 느낄지도 모른다.

제6절 권한의 계층제

만일 조직 내에 있어서 모든 사람이 그들이 좋아하는 것은 무엇이든지 하도록 그리고 그들이 싫어하는 것은 무엇이든지 거절하도록 절대적인 자유가 주어진다면 조직의 노력에 대한 성공 가능성은 거의 기대하기 어려울 것이다.

소방조직에서 이와 같은 어떤 공동노력은 개인적인 활동에 대한 감독과 통제체제가 요구된다. 그러므로 소방조직은 직원의 행동을 지휘·감독하는 권한을 가진 사람이 있어야 하고 소방조직의 목표달성을 보장하기 위하여 부여된 표준에 맞추어 순종하도록 보장하여야 한다.

1) 권한(權限)의 정의

권한(authority)은 조직의 계층제 내에서 하위직에 있는 직원의 행동을 지휘하고 통제하는 권리이다. 이것은 어떤 행동을 수행하고, 어떤 행동을 수행하도록 다른 사람에게 요구하고, 어떤 결정을 할 수 있는 권리를 의미한다.[17] 그러므로 계층제는 소방기관에서 아래를 향한 권한(그리고 소방기관에서 위를 향한 복종)의 흐름에 대한 구조로 봉사하고 있는 것이다.

또한 소방조직의 권한은 그 소방조직의 목표(목적)를 달성하기 위한 사항을 결정하고 그 조직 구성원들로 하여금 그것에 따르도록 하는 권리 또는 지위의 범위를 말한다. 그러므로 소방조직에 있어서의 권한은 그 조직이 유지·발전하는 데 있어서 없어서는 안 되는 중요한 요소이다.

예컨대, 소방서장의 권한은 소방기관의 규모나 위치에 관계없이 지휘하거나 통제할 수 있어야 생기는 것이며, 소방의 감독자를 119안전센터장·구조대장·진압대장 또는 어떤 다른 직함으로 부른다 해도 그것은 서장의 권한에 속한다.

2) 계층제(階層制)의 정의

계층제(hierarchy)란 권한과 책임의 정도에 따라 직무를 등급화 함으로써 상하조직단위간에 지휘·명령·복종 관계에 있게 하는 제도를 말한다.[18] 즉 계층제는 권한과 책임의 종적 분업관계를 의미한다. 이러한 계층제는 조직의 정점으로부터 저변에 이르는 피라미드형의 구조를 이루게 되며 따라서 소방행정조직에서 상관과 부하의 관계를 말한다. 오늘날 소방조직과 같은 대규모조직은 관료제조직이며 일반 행정조직을 비롯한 이러한 관료제 조직은 피라미드형의 수직적 계층제를 확립시키고 있다. 이것은 다른 직위(책임의 범위)를 나타내는 계급(또는 계단)을 가지고 있는 피라미드로 보일 것이다(그림 5-1).

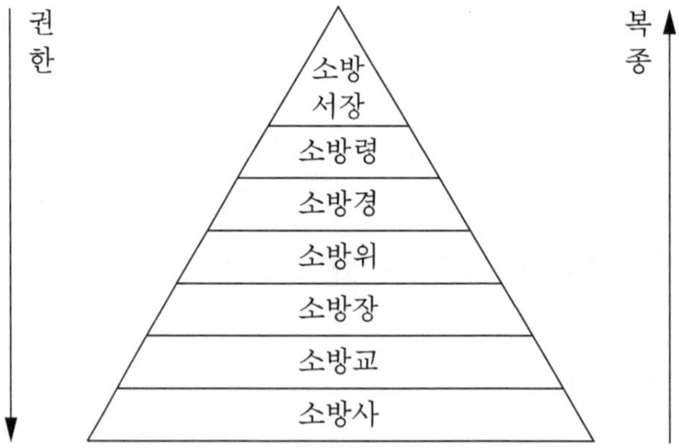

그림 5-1 소방조직의 단순한 계층제

17) Alfred R. Stone and Stuart M. Deluca(1985), Police Administration(New York: John Wiley & Sons), p.62.

18) James D. Mooney(1947), The Principles of Organization(New York: Harper and Row), p.14.

계층제의 상위계급에 있는 각 계급 또는 직위는 그 위 또는 아래의 직위에 따르는 특정한 임무를 지니고 있으면서 특정한 권한을 가지고 있다. 피라미드에 있는 어떤 특정한 직위는 보다 상위계급으로부터 받은 명령과 지시에 복종해야 하는 반면에 그 하위계급의 활동을 지휘하고 통제할 것이 기대된다. 따라서 권한의 위임은 계층제의 전제가 되며 계층제의 원리는 통솔의 범위 · 직무의 결정 · 명령의 통일을 그 내용으로 한다.

제7절 통솔의 범위

대규모 조직은 일반적으로 상관보다도 부하가 더 많기 때문에 관료제 내에 있는 부하의 직위는 감독의 직위보다 수가 훨씬 많을 것이다. 이러한 이유 때문에 소방이나 혹은 다른 공공기관의 조직표는 대부분 피라미드형을 이루는 경우가 많다. 소방관 서장은 피라미드의 정점에서 부하직원을 통제하고 있으며 부하직원은 아랫부분을 따라 분포되어 그들의 다양한 직위에서 복종하고 있다(그림 5-1 참조).

중간에 피라미드의 하부를 향하여 내리받이가 되는 것처럼 보다 폭이 넓게 확장되는 경우도 있다. 조직의 피라미드 높이는 직위 및 계급제도에 따라 아래로 향한 권한에 따른 책임의 산물이다. 다른 한편 피라미드 바닥의 넓이는 조직에 엇갈리게 배열된 통솔 범위의 산물이다.

1) 통솔범위의 개념

통솔범위(span of control)란 한 사람의 상관 또는 감독자가 효과적으로 감독할 수 있는 최대한의 부하의 수를 말한다.

고전이론(원리주의)에서는 조직구조에 있어서 통솔의 범위를 하나의 원리로 생각하고 통솔의 범위가 너무 크거나 너무 작아도 좋지 않다고 하며 대체로 상위층(정책 · 기획담당자)의 경우 효과적으로 통솔할 수 있는 범위는 5～6명, 하위층은 20명 정도로 보고 있다. 이와 같은 통솔범위는 직무와 관련하여 인간이 가지고 있는 주의력의 한계에 근거한 것이다.

사실 통솔의 범위가 너무 커서 부하의 수가 지나치게 많으면 통솔은 약화되며 반대로 통솔의 범위가 너무 작으면 계층수(階層數)가 늘어나 업무수행이 비능률적이 되고 만다. 그렇다고 통솔의 범위를 고전이론에서처럼 수적으로 고정시키는 것은 어떠한 모든 경우에도 적용될 수 있는 원리라고는 보지 못한다. 따라서 통솔의 범위는 ① 직무가 단순하고 동질적인 것이냐 아니냐 하는 업무의 성질 ② 새로 설치된 조직이냐 기존의 조직이냐 하는 시간적 요인 ③ 부하들이 지역적으로 어느 정도 분산되어 있느냐 하는 공간적 요인 ④ 통솔자 및 부하의 능력과 성격 등을 고려하여 정해야 할 것이다.

2) 통솔범위의 결정

조직의 효과적인 기능은 단지 어떤 주어진 시간에 한 사람에 의하여 지배할 수 있는 부하의 수를 감독하는 것이 요구된다. 물론 이 수는 모든 조직뿐만 아니라(효과적인 감독에 대한 조직의 정의에 근거하여) 각 조직 내에서도(관련된 과업과 직업에 근거하여) 다양하다.

(1) 관련된 요인

조직이론에 따라 소방조직 내에서 적당한 통솔범위를 결정하는 데 있어서 마술적인 수는 존재하지 않는다. 이는 다음과 같이 감독직을 위한 통솔범위에 영향을 주는 수많은 변수들에 따라 결정될 수 있다.[19]

① 운용의 자연적인 짜임새　② 과업의 복잡성
③ 업무조건(정상, 위기 등)　④ 관련된 직원의 교육과 기술
⑤ 감독자의 리더십의 질　⑥ 직원간의 의사전달의 질
⑦ 더 많은 감독자를 고용할 수 있는 기관의 재정능력
⑧ 당해 기관의 역사와 전통

(2) 통솔의 적정범위

위와 같은 변수에도 불구하고 경험에 의하면 통솔범위는 3~7명 이내이어야 한다고 지적하고 있다.[20] 또한 우리나라의 119안전센터장은 대부분 10~30여명의 직원을 배정받고 있다.

---

19) O. W. Wilson and Roy C. Mclaren, op. cit., pp.81~82.
20) Gerald H. Graham, Management(1975) : The Individual, The Organization, The Process(Belmont, California: Wadsworth Publishing Co.), p.125.

제8절 권한의 위임

권한의 위임(delegation of authority)은 상급기관이 자기에게 주어져 있는 권한의 일부를 하급기관에게 위임하는 것으로써 권한이 위임되면 수임자(受任者)는 자기의 명의와 책임으로 권한을 행사할 수 있으며, 또 자기보다 하급기관에 권한의 일부를 다시 위임할 수 있다.[21)]

권한의 계층제는 가장 상위에 있는 소방서장으로부터 가장 하위에 있는 소방사에 이르기까지 조직의 피라미드 전체에 걸쳐 수직선으로 위임되어 있는 권한이 요구된다. 따라서 소방기관 내의 많은 권한의 위임은 높이가 큰 조직의 피라미드에서 나타나고 반면에 제한되어 있는 위임은 권한이 보다 적은 수준에 있는, 높이가 낮은 피라미드에서 나온다.

1) 위임의 정의

위임(delegation)이란 상위직에 있는 사람이 하위직에 있는 사람에게 어떤 특정한 권한을 주는 것이다. 위임된 권한을 가지고 있는 사람은 할당된 직무를 행하는 데 있어서 상당한 책임을 지게 된다. 또 위임자는 일반적인 운용지침과 기관의 질적 표준 내에서 직무의 달성을 위한 책임을 지게 된다.

2) 위임의 필요성

개인이나 대단히 작은 조직은 사실상 위임할 필요가 없다. 예를 들면 어떤 119안전센터장은 보통 누구에든 위임을 하지 않을 것이다. 그러나 어떤 조직이 감독을 행함에 있어 업무량이 많으면 소방업무의 권한의 약간을 필연적으로 위임하여야 한다. 보다 큰 조직은 더욱 많은 권한의 위임 또는 부분위임이 요구되고 있다.

3) 책임과의 비교

권한의 위임이 책임(accountability)의 위임을 뜻하는 것은 아니다. 직무를 수행함으로써

21) 유종해(1988), 현대행정학, 박영사, p.156.

얻어지는 책임(궁극적으로 소방행정기관의 감독관 또는 관리자에 대한)은 위임자에게 있기 때문에 후자는 위임할 수가 없다. 바꾸어 말하면 소방서장은 그의 소방기관의 활동에 대하여 충분한 책임을 져야 한다. 소방기관장이 부분적으로 책임을 부하들에게 지우는 것은 행정책임의 이러한 기본적인 관념에 위배되는 것이다.

제9절 명령의 통일

조직의 전통적 이론은 한결같이 각 직원들이 오직 한 사람의 감독자 또는 우두머리를 가지고 있어야 하고 또한 어떠한 조직구조 속에서도 이러한 명령의 통일(unity of command) 원리를 고려해야 한다고 주장한다.

예컨대 소방사는 항상 같은 부서의 소방교·소방장으로부터 명령을 받아야 하고, 항상 그 상급자에게 보고해야 한다. 만일 소방사가 다른 부서의 반장 또는 어떤 다른 감독자에 의하여 지시를 받거나 또는 충고를 받는다면 그 소방사는 어떤 행동을 취하기도 전에 그의 반장에게 제지를 받을 것이다. 소방관이 몇 명의 감독자들로부터 명령을 받는다면 그는 혼란에 빠질 것이며 비능률적이 될 것이고 책임을 지려하지도 않을 것이다.

1) 명령의 통일 원리에 대한 합리성

지도원리로서의 명령통일은 다음과 같은 근거로 정당화되고 있다.

① 기관내의 권한과 통제를 강화한다.
② 행동에 대한 -특히 어떤 것이 잘못 되었을 때- 책임을 결정하는 데 도움이 된다.
③ 의사전달을 촉진시키고 모순된 명령을 제거함으로써 기관내의 갈등을 감소시킨다.
④ 직원의 효과적인 감독을 강화시킨다.

2) 명령의 통일 원리의 비판

명령통일의 원리는 수많은 입장에서 비판되고 있다. 이러한 접근방법에 대한 기본적인 이유는 다음과 같은 것이 있다.

① 그들을 직접 감독하지 않는 참모 및 계선 직원으로부터 부하들에게 유익한 자문을 허용치 않는다.

② 그들의 감독자가 듣고 싶어 하지 않는 경우에는 부하들의 사기를 꺾을 수 있다.

③ 부하는 비상사태 또는 그들의 직접적인 감독자가 감독을 할 수 없을 때에는 필요한 자문을 받지 못하게 된다.

④ 한 사람의 상관보다 더 많은 상관으로부터 합리적으로 받아들일 명령 또는 요청을 못한다고 가정하므로 부하의 지위가 떨어진다.

⑤ 재량권이 그 상황에 보다 도움이 된다 할지라도 절차의 불변성이 지지되고 있다.

⑥ 상관의 계층제를 통하여 의사전달과정이 길어지고 있다. 예컨대 대규모 소방기관에서 소방사로부터의 요청이 소방서장에게 도달하는 데에는 오랜 시간이 걸린다.

3) 명령의 통일 원리에 대한 불만

특히 행태주의[22] 이론가들에 의하여 주장되고 있는 현대 조직이론은 명령의 통일이 현대 소방조직에서 필요하다는 것을 부정하고 있다. 대신에 이론은 부하가 지시를 받아보고 그의 직접적인 감독자보다 다른 부서로부터 자문을 받는 것을 허락하는 명령의 관대한 체제를 강조한다. 이러한 접근방법은 다음과 같은 주장에 입각하고 있다.

① 현대의 소방관은 그들의 선임자보다 많은 교육을 받았고 더욱 높은 동기부여가 되어 있다. 따라서 그들은 다양하고 모순된 지시에도 보다 잘 이행할 수 있다.

② 계선 감독자와 참모들로부터의 광범위한 지시의 범위는 효과적인 소방업무에 필수적이며 자유롭게 이용할 것이다.

③ 모순되는 명령의 경우에 부하는 모순을 해결하기 위하여 보다 높은 계급에 있는 어떤 사람에게 조언을 구할 것이다.

④ 관대한 명령은 문제해결을 위하여 현명한 자유재량권을 행사할 수 있게 함으로써 - 특히 소방검사 수준에 있는 - 사기를 증대시킬 것이다.

⑤ 이러한 명령은 또한 유익한 의사전달의 시간을 절약하고 상관이 많은 사소한 정책결정을 하지 않도록 해준다.

---

22) Sam S. Souryal(1977), op. cit., pp.19~20.

제10절 공식적인 의사전달

앞에서 설명한 몇 개의 요소는 어떠한 소방조직에도 아주 중요한 것인 반면에 이것들은 전체로 응집되어 통합시키는 어떤 방법도 없이 미완의 부분으로 남아 있다. 그 수단은 소방행정조직의 결정적 요소인 의사전달이다.

의사전달을 통하여 직원은 조직의 목적, 그것을 달성하기 위해 선택된 수단 그리고 소방행정기관의 계속되는 운영에 관한 필요한 정보를 알게 된다. 효과적인 의사전달은 소방기관의 목표, 정책 그리고 절차의 공통된 이해를 확실하게 하도록 하며 기관들을 서로 결속시키는 데 도움을 준다.

1) 의사전달의 정의

기본적으로 의사전달(communication)은 공통된 목적에 대한 이해와 정보를 분배받는 과정이다. 좀 더 정확히 말하면 지식, 사실, 관념 또는 의견의 교환을 목적으로 대화, 문자, E-mail, 전화, 또는 메시지의 방법에 의한 두 사람 이상 사이에서의 의사소통이다. 따라서 의사전달이란 조직 내에 있어서 개인 사이 혹은 집단 사이에 사실과 의견을 전달하고 교류시키는 것을 의미한다.

2) 관료제에서의 의사전달

목표를 달성하기 위하여 그리고 어려운 과업을 성취하기 위하여 노력하고 있는 관료들은 비공식적이며 마구잡이식의 방법에 의한 정보교환에 의지할 수는 없다. 이러한 대규모 조직 내에서는 절차, 경로 그리고 표준화된 언어가 효과적인 의사전달을 위하여 필수적이다.

(1) 특징

전형적으로 관료적 의사전달은 다음과 같은 특징을 가지고 있다.

① 공식적 : 모든 비공식적인 의사전달을 허용치 않고 엄격하게 공식적이다.

② 수직적 : 주로 상하의 의사전달로 이루어져 있다. 즉 참모회합(參謀會合) 또는 회의와 같은 수평적 또는 원형적 의사 전달을 배제한다.

③ 특정한 과제에 대한 제한 : 반드시 조직상의 과제・지표 그리고 명령과 관계가 있다.

④ 문서화 : 의사전달은 보통 수많은 문서로 기록되어 있다.

(2) 전문화된 체계

대단히 규모가 큰 조직에서 의사전달은 전문화된 의사전달체계를 유지하는 비교적 복잡한 운영을 하고 있다. 이러한 체계는 뒤에서 다시 자세하게 논의하기로 하고 체계의 주요한 요소를 간략히 설명하면 다음과 같다.

① 의사전달자 : 발신자, 말하는 사람, 발행인 또는 의사 전달의 제안 자
② 전달절차 : 무선통신발송자, 내부전산망(PC) 또는 우편
③ 형식 : 명령, 편람, 편지, 보고서 또는 메모
④ 수취인 : 사무실 또는 사람
⑤ 원하는 대응 : 대답, 공식적 설명, 보고 또는 요청한 정보

(3) 의미 있는 의사전달을 위한 필요조건

만일 공식적인 관료적 의사전달이 의미 있고 효과적인 것이 되려면 그것은 공개된 경로를 통하여 순환되어야 하며, 이러한 의사전달은 다음과 같은 요구조건을 만족시켜야 한다.

① 희미하거나 또는 우연한 것이 아니고 명백하여야 한다.
② 확실한 언어로 표현되고 모두 관계있는 것에 대하여 공통된 말로 나타내야 한다.
③ 특정한 사람 또는 사무실로부터 다른 사람 또는 사무실까지 직접적이어야 한다.
④ 문서, 녹음테이프 또는 PC 등 어떤 다른 형식으로 기록되어야 한다.
⑤ 공적인 주제 또는 요청과 관계가 있어야 한다.
⑥ 규정되어 있는 경로를 통하여 전달되어야 한다.
⑦ 지시하거나 또는 알려주기 위하여 계획되어야 한다.
⑧ 특히 비상사테에 편리하여야 한다.
⑨ 알 필요가 있는 피전달인이 제한되어야 한다.
⑩ 대응 또는 환류(還流)를 용이하게 허락해야 한다.

제11절 한국 소방조직의 구조

1. 신분법 변천

우리나라 소방공무원의 신분제도는 소방공무원법이 1977. 12. 31 제정된 이후 20차 개정되었고 소방공무원 임용령은 1978. 4. 24 제정 이후 27차 개정되었다. 1969년 1월 7일(법률 제2077호) 경찰공무원법이 제정됨으로써 일반직공무원에서 분리되어 별정직인 경찰공무원의 소방직으로 신분이 변경되었는데 연도별로 변천된 소방공무원의 신분을 살펴보면 표 5-3과 같다.

2014. 1. 1 현재 소방관서는 18개 소방본부, 9개 소방학교, 197개 소방서, 953개 119안전센터, 219개 구조대, 15개 항공대, 6개 소방정대이며, 소방공무원은 총 39,519명으로 이 중 국가직 322명, 지방직 39,197명으로 구성되어 있다. (2014 소방행정자료 및 통계)

표 5-3과 같이 소방공무원의 신분은 여러 차례 변화가 있었는데 이를 요약하면 일반직 공무원시기, 경찰공무원시기, 지방소방공무원법의 제정과 신분2원화시기, 소방공무원법 제정이후의 4단계로 나누어 볼 수 있다(그림 5-2 참조).

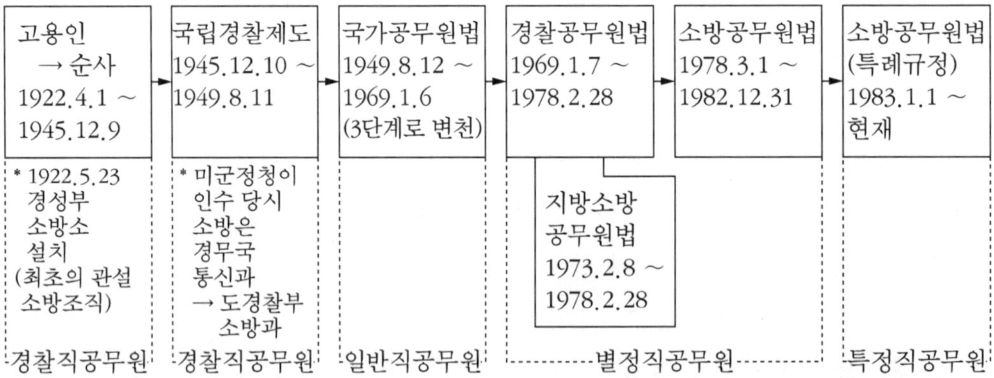

* 자료 : 2014년 소방행정자료 및 통계, 소방방재청, p.66 및 한국소방행정사(1999년), pp.145~147을 본저자가 재구성하여 도표화 한 것임.

그림 5-2 소방공무원의 신분변천

표 5-3 소방공무원의 신분변천과정

변천과정	법률	내 용
49. 8.12	제44호	• 일반직공무원(국가공무원법)
69. 1. 7	제2077호	• 경찰공무원법(별정직공무원)
73. 2. 8	제2502호	• 서울 · 부산의 소방업무가 지방자치단체사무로 이양 • 지방공무원법 제정 · 공무원신분이 국가직과 지방직으로 이원화 (국가직은 경찰공무원 소방직, 지방직은 지방공무원의 신분)
77.12.31	제3042호	• 소방공무원법 개정 : 지방소방공무원으로 통합된 단일신분법으로 규율계급구조를 9단계로 조정, 계급명칭 일원화
78. 3. 1		• 독자적인 소방공무원으로 신분이 단일화 • 국가직과 지방직 공무원으로 신분의 이원화 계속
78. 4.24	제8967호 제8969호	• 소방공무원임용령 및 소방공무원승진임용규정 제정 • 소방공무원징계령 및 소방공무원교육훈련규정 제정
78. 5.26	제9031호	• 소방공무원복무규정제정
81. 4.20	제3447호	• 별정직에서 특정직 공무원으로 분류 : 법관 · 검사 · 경찰 · 교육 공무원 · 소방
82.12.31	제3593호	• 소방공무원법 제2차 개정 • 국가 및 지방공무원법이 중복되는 부분 삭제 • 소방공무원에게만 적용할 특례규정 정함 • 임용, 복무, 신분보장 등 특별규정에 있어서도 국가 · 지방소방 공무원과의 균형을 이룸
83. 1. 1	제3593호	• 소방공무원법 개정(특정직공무원)
85.12.28	제3800호	• 소방공무원법 제3차 개정 • 의용소방대원 특채신설(시군의 지방소방사계급) • 연령정년연장(소방경, 소방위는 55세에서 58세로, 소방장이 하는 50세에서 55세로 상향조정)
88. 2.24		• 소방공무원기장령 제정
91.12.14	제4420호	• 소방공무원법 제4차 개정 • 소방업무의 소관이 특별시 · 직할시, 시 · 군에서 시 · 도로 변경 • 임용권자도 특별시장 · 직할시장, 시장 · 군수에서 시 · 도지사로 변경

변천과정	법률	내 용
92. 4. 8		• 9개 도에 소방본부 발족 • 시 · 도 광역소방체제로 전환 • 소방공무원신분이 시 · 도 지방소방공무원으로 바뀌기 시작
95. 4.20	대통령령 제4630호	• 16개 시 · 도 본부장, 5개 지방소방학교장은 국비 • 소방정이하 모두 지방소방공무원
95.12. 6	제4992호	• 소방공무원법 제5차 개정 • 소방총감계급신설(일반직 1급에 해당) • 보훈혜택신설(순직군경, 공상군경과 동일)
98. 9.19	제5570호	• 소방공무원법 제6차 개정 · 소방위 심사 승진제 도입 • 연령정년단축(소방령이상 61세에서 60세로 소방경이하 58세에서 57세) • 연령정년 연장제도 폐지
01. 1.29		• 소방공무원 채용후보자 장학규정(구성 : 17조)
01. 5.24	제6485호	• 소방공무원법 제7차 개정 • 화재진압, 구조 · 구급수행 중 사망 또는 상이를 입은 소방공무원을 국가유공자(순직 · 공상군경)로 지정
01.12.29	제6552호	• 소방공무원법 제8차 개정 • 소방정 · 소방령의 계급정년을 1~2년 연장하고 소방경의 계급정년을 폐지함
04. 5.24		• 소방공무원 복무규정 제3차 개정(구성 : 7조) • 소방공무원 교육훈련규정 제9차 개정(구성 : 4장 35조)
04. 6. 1		• 소방방재청체제로서 행정자치부 외청으로 설치함
05. 1.27		• 소방공무원법 제13차 개정(구성 : 29조)
05. 3.31		• 소방공무원 임용령 제20차 개정(구성 : 8장 59조) • 소방공무원 승진임용규정 제15차 개정(구성 : 6장 42조) • 소방공무원 징계령 제9차 개정(구성 : 21조) • 소방공무원 기장령 제2차 개정(구성 : 6조) • 소방공무원 임용령 시행규칙 제15차 개정(구성 : 6장 45조) • 소방공무원 승진임용규정 시행규칙 제9차 개정(구성 : 6장 35조) • 소방공무원 복제규칙 제10차 개정(구성 : 4장 17조)

* 자료 : 한국소방행정사(1999), pp.153~164와 소방행정자료 및 통계(2009.1.1), p.9 및 소방대응행정자료 및 통계(2006), p.9를 본 저자가 요약, 도표화 한 것임.

2. 소방공무원 신분관련 법규

소방공무원 신분관련 법령의 제정연도와 제정내용을 살펴보면 표 5-4와 같다.

표 5-4 소방공무원 신분관련 법령

제정년월일	근거법령	제정내용	최종개정	구성
77.12.31	법 률	소방공무원법	20차 개정('12.10.22)	29조
78. 4.24	대통령령	소방공무원임용령	27차 개정('12.9.28)	6장62조
78. 4.24	대통령령	소방공무원승진임용규정	17차 개정('12.12.28)	6장43조
78. 4.24	대통령령	소방공무원징계령	10차 개정('09.3.31)	21조
78. 4.24	대통령령	소방공무원교육훈련규정	11차 개정('12.12.28)	4장35조
78. 5.26	대통령령	소방공무원복무규정	3차 개정('04.5.24)	7조
78. 7.12	부 령	소방공무원임용령시행규칙	12차 개정('11.1.3)	7장39조
78. 7.12	부 령	소방공무원승진임용규정시행규칙	12차 개정('11.12.21)	7장39조
83. 4.15	부 령	소방공무원복제규칙	10차 개정('09.5.26)	4장17조

*사료 : 2014년 소방행정자료및통계 p.66

3. 소방행정기관

1) 소방방재청

화재 예방 및 진압 그리고 구조·구급업무에 관한 사무를 관장하기 위하여 안전행정부장관 산하에 소방방재청을 두고 있다. 소방방재청장(별정직)은 우리나라 소방의 총수이며 소방방재청 차장은 소방총감으로 보하며 1급 소방공무원에 해당된다. 소방방재청장은 각 시·도 소방본부장을 지휘·감독하는 권한을 가지고 있으며 소방방재청 내에는 소방행정과, 방호과, 예방과, 구조·구급과 등이 있다.

2) 시·도 소방본부

소방방재청의 사무를 지역적으로 분담하여 수행하기 위해 시·도지사 소속 하에 시·도 소방본부를 두고 있다. 시·도 소방본부장은 소방정감·소방감 또는 소방준감으로 보한다. 소방본부장은 시·도지사 소속 하에서 당해 시·도지사의 지휘·감독을 받으며 소방사무를 처리한다. 소방본부를 시・도지사의 소속 하에 둔 것은 지방소방사무가 행정사무의 일환으로써 시・도지사의 통할(統轄) 아래 지방행정과 협의・조정을 거쳐 처리되어야 함을 의미하는 것이기도 하다.

3) 소방서

시・도 소방본부장 소속 하에 소방서를 두고 있으며, 소방서장은 소방정(消防正)으로 보한다. 소방서장은 소방본부장의 지휘・감독을 받아 관할구역 안의 소관사무(所管事務)를 관장하고 소속 공무원을 지휘・감독한다. 소방서장 소속 하에 출장소 및 119안전센터를 둔다.

4) 의용소방대[23)]

조선시대 초기까지 자연부락 단위의 자위 소방활동이 자생적으로 실시되어 오다가 세종 19년(1437년) 1월 경상 감사의 주청(奏請)으로 주민 자위활동(무기소지 및 사용)이 허락되면서 지방 의용금화조직이 공인되어 각 동리에 재난이 있을 때에 청장년들이 자력으로 방재활동을 하기 시작한 것이 오늘날 의용소방대의 시작이라 할 수 있다.

그 후 일제하에서는 일본 국내의 민간조직체인 소방조제도를 모방하여 제정된 총독부령 소방대규정에 의하여 향토 자치제적인 사회 안정의 의용소방정신을 진작한다고 각 지방 청년을 중심으로 의용소방대를 처음으로 조직하였다. 그러나 1939년 7월 3일 조선총독부령 제104호로 경방단 규칙을 제정 공포함에 따라 종래의 의용소방대가 경방단으로 개편되고 전시체제 확립으로 소방 또는 경찰의 보조단체로서 소방과 치안유지에 종사하였다.

의용소방대의 변천과정(발전)은 표 5-5에 나타난 바와 같이 일제시대인 1939년 부락단위 소방조를 통합하여 도지사의 감독하에 경찰서장이 지휘하는 경방단을 설치하면서 조직되었다. 그 후 제2차 세계대전에서의 패배로 일본의 통치가 종결되자 자동으로 경방단이 해체되어 소방조가 조직되었다. 그러나 전후(戰後)의 혼란 속에서 화재가 빈번해지자 의용소방대의 필요성이 재인식되어 1954년 전국적으로 의용소방대를 재조직하기에 이르렀으며 1958년 소방법제정시 의용소방대 설치근거를 마련한 것을 계기로 계속 발전되어 오늘에 이르고 있다. 이와 같이 의용소방대가 수차례의 제도적 변천 속에서도 계속 존재하게 된 것은 의용봉공(義勇奉公)의 자위정신이라 하겠다.

---

23) 내무부 소방국(1978), 한국소방행정사, pp.270~280.

표 5-5 의용소방대 발전과정

시행년월일 (제정일)	주 요 내 용	비 고
1437.1.	• 지방 의용금화조직이 공인됨. 재난발생시 방재활동. 오늘날 의용소방대의 효시.	세종 19년 경상 감사의 주청으로 허락
1939.7.3	• 일본인들이 부락단위소방조를 통합하여 경방단을 설치하면서 조직됨	조선총독부령 제104호
1945	• 제2차 세계대전에서 일본의 패배로 경방단이 해체되고 다시 소방조가 조직	
1954.1.	• 전후(戰後)의 혼란속에서 화재가 빈번해져 전국적으로 재조직	
1958.3.11	• 소방법제정시 의용소방대의 설치근거를 마련함	법률 제485호
1967.4.14	• 비상근, 소집시 출동하여 소방서장의 업무보조	법률 제1955호 (소방법 제2차 개정시)
1973.2.8	• 의용소방대를 시 · 읍에 설치하였던 것을 시 · 읍 · 면에 설치하도록 함 • 명칭은 소재지 구 · 읍 · 면의 명칭을 붙이고 2개대 이상 있을 경우 제1, 2 등 순위를 붙이도록 함 • 대원자격은 군인, 군속, 공무원, 학생 및 직징 방공단 기입자 등은 제외 • 대장은 소방서장(경찰서장)의 추천에 의하며 도지사가 임명 • 대의 정원은 인구 3만 명까지는 60명, 1만 명 초과 시마다 5명을 가산하고 면(面)에는 30명을 기준으로 함	법률 제2503호 (소방법 제4차 개정시)
1975	• 의용소방대원 중 2002명의 유급상비대원을 두었다가 1976년 유급상비대원을 정규직화 함	
1976	• 의용소방대설치등에관한 시 · 군 · 조례 개정 – 구 · 시 · 읍 · 면에 1~2개대 설치하던 것을 1개대로 하고 필요시 지대를 설치하도록 함 – 대의 하부조직인 총무부, 소방부, 구호부, 훈련부 내에 8개 반을 총무부, 방호부, 지도부 내에 6개 반으로 정비함 – 대의 편성은 시읍면별로 30~50명으로 하고 시내는 20명으로 함 – 대장은 도지사가 부대장 이하 대원은 임면을 도지사 · 소방서장(경찰서장)이 하던 것을 대장은 시장 · 군수, 대원은 소방서장 또는 읍 · 면장이 임면하도록 함	
1981.10.29	• 시군의용소방대설치준칙 개정, 시단위 의용소방대에 부녀의용소방대 설치근거 규정	
1984. 5.19	• 부녀의용소방대를 의용소방대에서 분리, 부녀의용소방대로 독립	

시행년월일(제정일)	주 요 내 용	비 고
1985. 6.13	• 부녀의용소방대를 읍지역까지 확대근거 마련	
1985.10.31	• 시 · 군 부녀의용소방대 부대장제 신설	
1986.12.26	• 의용소방대원의 임명권을 소방서장 및 읍 · 면장에서 시장 · 군수로 격상	사기진작을 위함
1991.12.14	• 소방업무의 보조를 위해 설치됐던 유급상비대원규정을 삭제하고 비상근 의용소방대만 존속키로 함	법률 제4419호 (소방법 제12차 개정시)
1991.12.17	• 특별시 · 직할시 · 소방서 미설치 지역 및 시 · 군의용소방대 설치조례를 시 · 도의용소방대설치조례로 통일함(광역체제) • 시 · 도, 시 · 군 · 구연합회조직설치조례준칙 시달. 읍지역 1개대에 60명(지역대 20명), 면지역 1개대 30명(지역대 20명)으로 하고 부녀의용소방대는 소방서 · 읍 · 면지역 1개대에 20～50명으로 개정	
1992.12.24	• 의용소방대상규정을 지침으로 제정 · 시행	방호 02413-298호 (13개 조문)
1994.2.3	• 대원신분증명서를 도지사가 발급하던 것을 시장 · 군수가 발급하도록 함 • 복제 지급시기 신설, 즉 기존대원은 매 2년마다, 신규대원은 임용즉시 지급 • 복제는 소방공무원 복제규칙을 준용하여 정복과 작업복으로 구분하여 착용	시 · 군 의용소방대 설치조례 준칙 개정시
2001.1.7	• 시지역 의용소방대 명칭을 "○○소방서 의용소방대"를 "○○시 의용소방대"로 명칭 변경	복무근거를 화재에서 구조 · 구급으로 확대함
2002.5.8	• 여성의용소방대 명칭 변경 • 정년 규정(대원 58세, 대장 · 부대장 · 지역대장 60세)	

의용소방대원이 되고자 하는 사람은 지역주민 중 건강하고 협동정신이 강한 사람으로서 소방대에 지원하는 주민으로 구성하였고, 무보수의 지역 자율봉사조직으로 발전되어 왔다. 그러한 의용소방대원은 소방공무원의 소방활동업무를 보조함에 있으므로 대(隊)의 명의를 사용하여 기부금을 모금하거나 영리를 목적으로 하는 행위, 정치활동에 관여하는 행위, 소송 · 분쟁 기타 단체의 쟁의에 참여하는 행위를 할 수 없도록 하였다[24].

2014년 현재 기준으로 전국의 의용소방대 수는 3,467개대, 대원수는 94,216명으로 그 현황은 표 5-6과 같다.

24) http://yongin119.or.kr

표 5-6 전국의용소방대 현황 (단위 : 대, 명)

구분		대수							대원수						
		계	본대 남성대	본대 여성대	남성 지역대	여성 지역대	전담 의소대	전문 의소대	계	본대 남성대	본대 여성대	남성 지역대	여성 지역대	전담 의소대	전문 의소대
총계	계	3,467	1,331	1,036	663	152	220	65	94,216	43,446	28,151	13,419	2,745	5,112	1,343
	시	912	164	156	438	123	2	29	24,745	7,000	6,057	8,806	2,279	61	542
	읍	509	213	211	48	9	6	22	18,873	9,285	7,823	946	206	146	467
	면	2,046	954	669	177	20	212	14	50,598	27,161	14,271	3,667	260	4,905	334
시지역	계	1,916	634	491	534	138	85	34	52,808	21,777	14,872	10,658	2,588	2,190	723
	시	912	164	156	438	123	2	29	24,745	7,000	6,057	8,806	2,279	61	542
	읍	225	96	96	20	5	4	4	8,343	4,022	3,550	410	132	99	130
	면	779	374	239	76	10	79	1	19,720	10,755	5,265	1,442	177	2,030	51
군지역	계	1,551	697	545	129	14	135	31	41,408	21,669	13,279	2,761	157	2,922	620
	읍	284	117	115	28	4	2	18	10,530	5,263	4,273	536	74	47	337
	면	1,267	580	430	101	10	133	13	30,878	16,406	9,006	2,225	83	2,875	283

※설치근거 : 소방기본법 제37조, 시·도 의용소방대 설치조례
* 자료 : 2014년 소방행정자료 및 통계, p.119.
* 설치기준
  시·읍지역 : 1개대 60명(여성대 50명)
  면 지 역 : 1개대 30명(여성대 30명)
  지 역 대 : 시·읍·면 지역 1개대 20명

행정이론의 계보

6

CHAPTER

제1절 서 설

모든 공식적 조직은 사회의 욕구를 충족시켜 주기 위하여 설립되어 유지되고 있다 할지라도 그 조직을 효과적으로 운영할 수 있는 능력적인 측면과 조직에서 생산한 서비스의 질적인 면 그리고 직원들이 누리고 있는 안정성과 화합의 정도에 있어서 상당히 다양하다. 예컨대 어떤 소방기관은 분명히 다른 소방기관보다 더욱 효율적으로 유지되고 있다.

위에서 논의한 기본적인 조직상의 변인(variability)들과 각 변인들에서 지적한 강조점은 틀림없이 소방기관에 다른 효과성을 주었다고 생각된다. 즉 쇄신과 기획이라는 관점에 입각한 관리는 소방기관의 운영에 강력한 영향을 미쳤을 것이다.

현대행정의 기능이 확대되면서 행정이론의 유용성도 점차 커지고 있다. 여기에서는 최근에 소방기관에서 이용되고 있는 특정한 행정이론들에 대해서 논의하고자 한다. 실제로 가장 훌륭한 단일 이론은 없지만 모두가 잘 기억해 두어야 할 것이다. 특히 이번 장 뒷부분에서 행정의 불확정이론을 수록한 것은 소방의 관리자들이 일반적으로 그들의 특정한 소방기관, 직원, 예산 그리고 정치적 환경의 필요성에 적합한 서로 다른 이론들의 다양한 입장들을 결합시키는 것이 보다 바람직할 것이라고 생각되기 때문이다.

제2절 행정이론의 목적

모든 관료조직은 그 조직의 목표설정 · 인원 · 구조 그리고 환경과 독특하게 결합되어 있는 것처럼 보이고 있음에 틀림없으나 모든 조직들은 효과적으로 기능을 분담할 필요가 있다. 이러한 이유 때문에 공공기관을 조직화하고 관리하기 위한 가장 훌륭한 방법에 관한 수많은 이론이 제안되었다.

1. 행정의 기초이론

현대행정학의 접근법에 있어서 종래의 제도이론 접근법이나 과학적 관리론을 대신할 구체적인 새로운 접근방법의 제시는 없지만 전통적인 접근방법을 그대로 존속하면서 새로운 방법론들이 새로운 행정 및 사회적인 요구에 부응하기 위해 부가되는 현상을 볼 수 있다.

여기에서는 1900년 이래 행정학 분야를 지배하여 왔다고 할 수 있는 네 가지 중요한 이론을 설명하고자 한다. 이러한 이론들은 개별적인 접근방법이지만 특정한 행정문제의 해결을 위해서는 상호보완적인 관계에 있으므로 문제해결을 위해서는 하나 이상의 접근방법을 사용하게 된다.

① 베버(Max Weber)의 관료조직이론(theory of bureaucratic organization)

② 테일러(Frederick Taylor)의 과학적 관리론(theory of scientific management)

③ 행태주의자들의 체계이론(systems theory)

④ 로쉬(Jay W. Lorsch)와 로렌스(Paul R. Lawrence)의 불확정이론(contingency theory)

2. 행정의 효과성을 결정

행정에 대한 접근방법을 공식화함에 있어서 이론가와 관리자들은 세 가지 주요문제에 초점을 두고 있다.

① 무엇이 조직과 결합되어 있는가?
이것은 두려움에서부터 친절, 과학적 방법론에서부터 일반상식에 이르기까지 모두 결합되어 있다.

② 왜 어떤 조직이 다른 조직보다 더욱 효과적인가?
이것은 조직 내에 강제적인 방법・인간관계・과학적 방법 그리고 팀웍(team work)과 같은 반응을 포함하고 있기 때문이다.

③ 어떻게 조직의 효과성을 증대시킬 수 있을 것인가?
이것은 보다 엄격한 권위・어셈블리 라인(assembly line)식의 적용, 동기부여 및 직무만족의 증대 그리고 소집단의 생산성 분석 등을 통하여 이루어질 수 있다.

제3절 관료조직이론

베버(Max Weber)는 독일의 사회학자로서 독일 각지의 4개 대학에서 법률, 경제, 철학, 역사 등을 공부하였고 1920년 뮌헨대학 교수직을 끝으로 57세의 나이로 일생을 마치기까지 사회 과학자로서 활동하여 법학, 정치학, 경제학, 사회학, 윤리학, 역사학 등 여러 분야에서 빛나는 업적을 남겼다. 그는 '(사무용)서랍 달린 큰 책상'을 의미하는 bureau와 '통치'를 뜻하는 희랍어 cracy로 결합된 합성어로 관방의 지배(power of the office)라는 의미의 관료제(bureaucracy)라는 말을 새로 만들어 냈으며 조직에 대한 관료적 접근방법의 시조가 되었다. 그의 관료이론의 핵심은 소방조직관리론을 지배하고 있다고 할 수 있다.

1. 관료이론의 정의

행정의 전통적(traditional) 또는 고전적(classic) 접근방법으로 부르고 있는 베버의 관료조직이론은 상관에 의한 통제의 정당성과 부하에 의한 복종의 의무에 근거하고 있는 체계를 가정한다. 이것은 본질에 있어서는 형식주의적이지만 실제에 있어서는 강압적이며 제재와 보상의 체계를 강하게 주장하고 있다.

2. 이론적 근거

베버의 이론은 인간이란 법칙에 대하여 전지전능한 지혜를 부여받지 않았기 때문에 정부에 의하여 제정된 법률들은 업무의 표준에 따라 자격이 있는 관리자들에 의하여 집행되어야 한다는 것이다. 이러한 관리자들의 공헌을 가장 효과적으로 활용하기 위하여 관료들은 권위・직위 그리고 계급에 근거를 둔 계층제의 명령에 따라 조직되어야 하고 규칙과 규정의 엄격한 설정에 의하여 지배를 받아야 한다는 것이다.

3. 기초적인 이론의 가정

베버에 의하여 주장된 조직의 형식적이고 강압적인 모형은 그가 인간의 결합은 보통 있을 수 있는 것이라고 생각하는 데에서 파생된 것이다. 그의 이론은 인간을 만족시키거나 또는 중화시키기 위하여 설계되었다.

① 지휘를 받고 통제를 받는 인간의 욕구
② 이기적으로 행동하는 인간의 성향
③ 인간의 자제심의 결핍과 책임성의 부족
④ 작업에 대한 가장 중요한 보상으로서 인간의 경제적 이득에 대한 추구
⑤ 경쟁에 대한 －주로 불공정한 태도로서－ 인간의 본능
⑥ 권한과 복종에 대한 인간의 불쾌감
⑦ 그 자신만의 독특한 방법으로 일을 하려는 인간의 성향

4. 관료적 모형의 기본적 특징

베버는 조직에 있어서 관료적 모형의 기본적 특징을 다음과 같이 지적하고 있다.[1)]

(1) 직무의 분할(job partition)

소방기관의 목표를 달성하는 데 필요한 모든 직무는 체계적으로 가능한 한 가장 규모가 작은 단위로 분류되어 있다. 예컨대 소방행정업무는 과・팀・119안전센터구조대・구급대 등으로 나눠져 있다.

(2) 분업(specialization)

직무할당은 훈련받은 직원들이 가장 많이 경험한 직무들을 배분하기 위하여 할당된 것이다. 예를 들면 화재조사 교육을 받은 직원은 방호과 화재조사반에 구급교육을 받은 직원은 구급대에 편성되어 근무를 하는 것이다.

(3) 규칙화(rulification)(regulations)

각 직무는 균일성과 통일성을 확실하게 하기 위하여 설정된 규칙에 따라 수행되고 있다. 각 직원들 간의 차이가 있는 근무성적의 질적인 면에 있어서의 편차는 이론적으로 명시한 금지규정에 의하여 제거되었다.

---

1) H. H. Gerth and C. Wright Mills, From Max Weber(1958), Essays in Sociology(New York: Oxford University Press), pp.196～198; Peter M. Blau(1956), Bureaucracy in Modern Society(New York: Random House), pp.28～33 참조.

(4) 권한의 계층제(hierarchy of authority)

소방 조직에서의 직위는 조직의 리더로부터 가장 낮은 직위에 이르기까지 뻗어 있는 권위를 통하여 각기 다른 책임이 부여되어 있다. 그러므로 수직적 계층제에 있어서 계급과 직위의 설정은 기관의 가장 중요한 책임인 것이다. 계층제는 조직의 보다 높은 수준에서 중요한 결정을 하도록 하기 때문에 행정적 책임에 대한 중요한 안전장치로서 이것을 인정하고 있다.[2)]

(5) 책임성(responsibility)

소방 조직의 각 구성원은 그들 자신이 내린 결정이나 그들의 부하가 행한 결정에 대하여 상관이 책임을 지게 된다.

(6) 형식주의(formalism)

소방 조직의 피라미드에 있는 각 직원은 비인간적이고 공식적인 태도로 그의 업무를 수행하도록 기대되고 있다. 이것은 직원들이 그들 자신간에 그리고 조직의 고객들(clients)간에 사회적 차이를 유지할 것을 요구하고 있는 것이다.

이러한 분리의 목적은 구성원들이 소방의 목표를 능률적으로 달성하는데 지장을 주지 않도록 확실하게 하는 데 있다.

(7) 생애직(生涯職)에 대한 적응

관료조직에 있어서 임용은 전문적인 자격에 의거하고 있으며, 직원들은 조직이 자의적으로 면직을 시키려는 데 대하여 보호를 받고 있다. 승진은 선임순위와 업적에 근거하고 있다. 생애직으로서 관료적인 직업을 보려하고 무계획적이고 일시적인 기분에 의한 면직을 제거하려는 목적은 기관의 인사에 있어서 조직에 대하여 높은 충성심을 일으키려는 것이다.

(8) 시보임명(試補任命)

소방공무원 임용시험에 최종 합격된 자를 정식 소방관으로 임용하기 전에 일정기간 동안 실지로 그 직무에 종사하게 하여 실무를 익히게 하는 것으로서 시보기간에 근무하는 소방관

---

2) Frederick C. Moshe(1982), Democracy and the Public Service(New York: Oxford University Press), p.232.

은 아직 정식으로 임용된 것이 아니기 때문에 이 기간 중에는 공무원법 상의 신분보장을 받지 못한다. 그러므로 모든 임명된 소방관들은 시보기간 동안 참고 견뎌야 하며 시보기간의 성공적 달성은 퇴직할 때까지 소방기관과 같이 생애의 직업을 부여받을 권리가 있는 것이다.

시보임용기간은 소방장(지방소방장) 이하는 6월, 소방위(지방소방위) 이상은 1년 동안 시보로 임용하고 해당기간이 만료된 다음날에 정규 소방공무원으로 임용한다.

(9) 교육훈련

소방공무원의 능력은 계속되는 교육훈련을 통하여 유지되고 있다.

(10) 문서주의

소방조직의 관리는 관련문서들이 원형으로 보존되고 있는 서류 또는 철에 근거하여야 한다.

(11) 징계

소방기관 내에서의 질서는 보상과 처벌의 체계(당근과 채찍)에 의하여 시행되고 있는 징계규칙을 통하여 유지되고 있다.

5. 이론의 적용

오늘날 대부분의 소방기관은 기본적으로 관료적 계선에 따라 조직되어 있다. 일반적인 조직도표는 조직의 피라미드의 상부에 한 사람의 소방책임자가 있다.

우리나라 소방조직의 경우 중앙의 상부관리는 안전행정부장관과 소방방재청장이 하는 것을 의미하며, 중간관리는 국·과장급이 하는 것으로 볼 수 있으나 여기에서는 소방서를 모델로 살펴보면 그림 6-1과 같이 세 가지 집단이 연속으로 소방서장의 밑에서 종사하고 있다.

(1) 상부관리

법적으로 소방기관의 모든 행정권한을 가지고 있는 소방서장 아래 과장급인 소방령 또는 소방경이 전형적으로 소방기관의 주요기능 – 예컨대 소방행정·장비·방호·예방 그리고 구조구급 등 – 을 담당하고 있다.

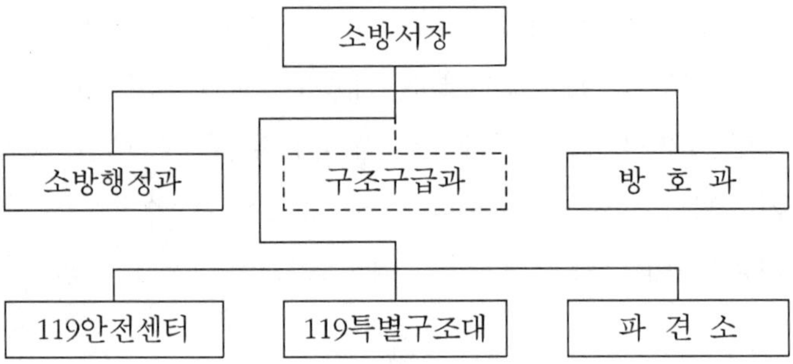

그림 6-1 소방서 직제

(2) 중간관리

각 과장 아래 피라미드 안의 주요 소방기능은 예컨대 지리적(수평적)으로 119안전센터(파견소) 또는 구조대로 나누어져 있으며 기능적(수직적)으로 소방행정 · 장비 · 방호 · 예방 등의 부서로 나누어져 있다. 이런 다양한 부서는 보통 소방경(消防警)에 의하여 지휘되고 있다.

(3) 하위관리

소방기관의 피라미드의 하위수준에 다수의 소방교 · 소방사 · 의무소방원 등이 있다. 이러한 하위수준의 직원은 보통 소방위에 의하여 감독되고 있다.

(4) 표준조직도표

전체적으로 소방관료조직은 계급과 직위의 공식적인 계층제, 조직 피라미드의 꼭대기에서 밑 부분까지 권위의 흐름, 명령의 통일, 통솔의 범위 그리고 징계와 내부질서를 유지하기 위한 공식적 체계에 의하여 서로 연결되어 있다. 소방 관료제의 표준도표는 이러한 구조로 되어 있는바 그림 6-2는 안전행정부(전국)의 조직을, 그림 6-3은 경기도소방재난본부의 조직을 나타내고 있다.

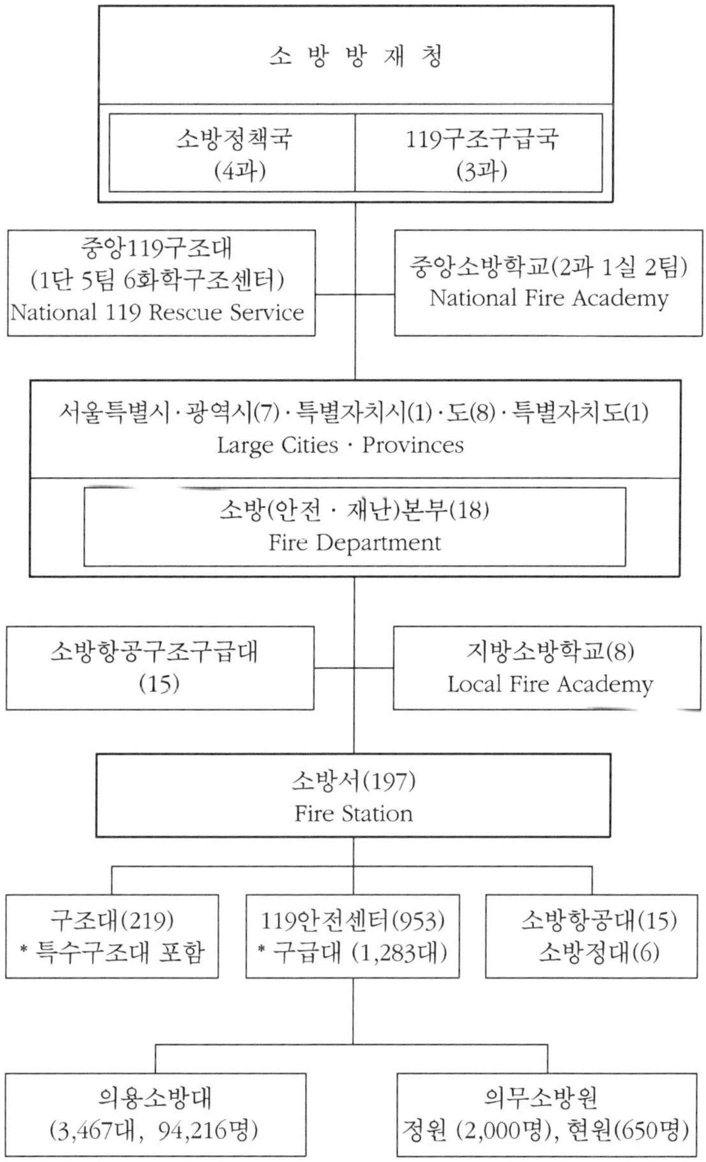

그림 6-2 안전행정부(전국)의 조직체계도

* 소방방재청, 소방행정자료 및 통계(2010.1.1), p.6 및 p.9의 표를 본 저자가 재구성함.

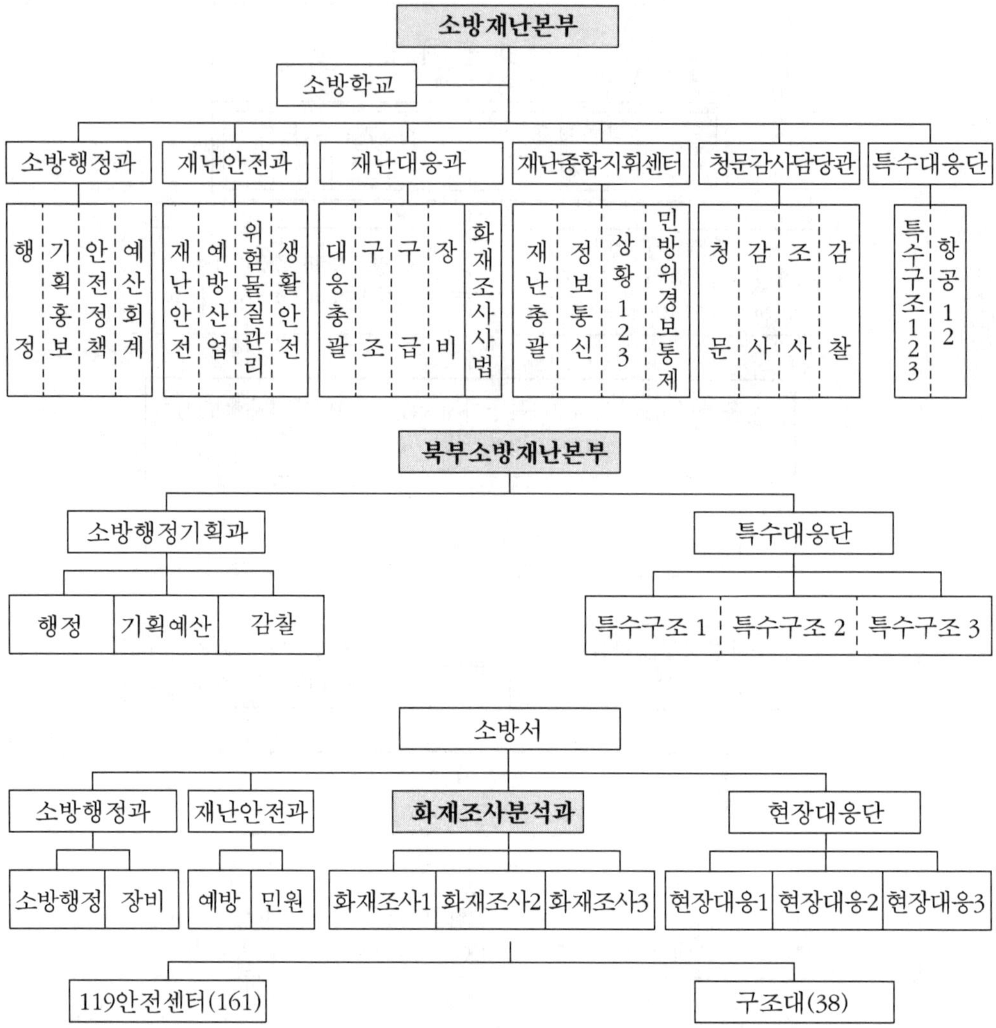

※ 3과 2단 소방관서 : 수원(소방행정과, 재난안전과, 화재조사분석과, 북부/남부 현장대응단)
※ 3과 1단 소방관서 : 부천, 용인, 의정부(소방행정과, 재난안전과, 화재조사분석과, 현장대응단)
※ 2과 1단 소방관서 :(소방행정과, 재난안전과, 현장대응단)
- 안양, 안산, 시흥, 화성, 광주, 남양주, 파주, 포천, 광명, 김포, 안성, 성남, 분당, 평택, 송탄, 군포, 이천, 고양, 일산, 구리, 양주

※ 1과 1단 소방관서(소방행정과, 현장대응단)
- 하남, 의왕, 오산, 여주, 양평, 과천, 동두천, 가평, 연천

그림 6-3 경기도 소방재난본부의 조직

* 소방방재청, 소방행정자료 및 통계(2013.1.1 현재), p.283.

6. 관료적 이론의 장점

막스 베버는 조직의 관료적 형태를 정확성 · 안정성 · 규율성 그리고 신뢰성에 있어서 다른 어떤 형태보다 우위에 있다고 극구 칭찬했다.

(1) 소방기관을 위하여

오늘날 소방 및 경찰 · 군대 조직에 있어서 조직의 관료적 형태는 널리 보급되어 있고 이러한 존재는 효과적인 행정을 위하여 최선의 형태가 되도록 많은 사람에 의하여 고려되고 있다. 이러한 조직에 의하여 수행되고 있는 직업은 매우 위험하고 중요하며 큰 노력을 요구하는 것으로 간주되고 있어서 관료적 모형은 조금은 덜 엄격한 형태의 조직보다 우수한 모형이라고 생각하고 있다. 따라서 소방조직은 합리성, 계층제, 전문화와 지위상 권위의 개념들을 존중하고 있다.

(2) 다른 조직을 위하여

조직의 관료적 형태는 공공기관에 있어서나 사기업의 경영에 있어서도 마찬가지로 우수하다고 생각된다.

7. 이론의 비판

베버의 모형이 대부분의 소방조직을 위한 패턴으로 계속해서 정착되어 있고 가까운 장래에 대신할 것이 나타나지 않을 것이라는 생각에도 불구하고 이 접근방법은 광범위한 비판을 받고 있다. 대부분의 비판은 관료적 모형에 있어서 다음과 같이 알려진 결점에 초점이 맞추어지고 있다.

(1) 인위성

엄격한 통제는 민수사회에 있어서 모든 사람들이 동등하게 자유스럽고 독창적인 인간의 본성으로 처신한다고 생각하고 있다는 점이다.

(2) 비현실성

조직의 직원은 처벌의 위협 아래에서 보다 더 열심히 또 보다 효과적으로 일할 것으로 생각되고 있다. 그러나 대부분의 직원들은 이득 없이 게으름을 부리는 방법을 발견할 수도 있고 이것은 실제적으로 조직을 멍들게 할 수도 있다.

(3) 사기저하

관료적 구조의 꼭대기에 있는 기관장들에 의한 권력의 독점은 직원의 독창력이나 동기부여를 억압하기 때문에 계급에 권한이 없다는 감정을 불러일으키는 것처럼 보이고 있다.

(4) 억압성

부수적으로 관료적 권한의 명령과 엄격한 형식주의는 직원들에 대하여 그들의 의견을 제시하는 것으로부터 어떻게 일을 수행할 것인가에 이르기까지도 막을 수도 있고, 업무분위기를 지루하게 만들 수도 있고, 번문욕례(繁文縟禮)를 조장할 수도 있으며 어쩌면 부패를 촉진시킬 수도 있다.

(5) 낭비성

어떻게 해서든지 협력을 하려는 직원들에게 조정과 협력을 보장하기 위하여 감독자와 관리자가 광범위하게 억압을 계속하는 것은 공공자금의 불필요한 소비로 간주된다.

(6) 고립성

관료적 조직이 너무 빠르게 성장해서 그들이 봉사하고 있는 국민들로부터 고립되어 가는 경향이 있다고 알려져 있다. 차갑고 냉담하고 비인간적이고 무관심한 조직과 같은 관료제의 이미지는 그들의 유지를 위하여 지불하지 않을 수 없는 국민들에게 부담을 주는 경향이 있다.

제4절 과학적 관리론

과학적 관리론(scientific management approach)은 최소의 노동과 비용으로 최대의 능률을 올릴 수 있는 표준적 작업(업무) 절차를 정하고 이에 따라 예정된 작업량을 달성하기 위한 가장 좋은 방법을 발견하려는 합리적인 관리기술의 접근방법이다.

과학적 관리론은 미국의 경영학자 테일러(F. Taylor)에 의하여 개발된 것이므로 일명 '테일러 시스템'이라고도 부른다. 그의 이론이 기업경영의 발전에 많은 영향을 주었음은 말할 나위도 없고 오늘날의 행정학을 성립시킨 초석으로 행정학 연구에 결정적인 영향을 미쳤다. 이러한 의미에서도 테일러가 1911년에 쓴 「과학적 관리법의 원리(The principles of Scientific Management)」는 행정학 연구나 이론사(理論史)에 있어 영원히 빛날 금자탑이라 할 수 있다.

그러나 테일러가 생각했던 인간관에서의 인간은 경제적 욕구와 생리적 조건에 의하여 지배되는 존재였다. 그래서 근로자는 급료만 많이 주면 체력이 다 할 때까지 열심히 일하는 기계적인 인간으로 가정되었기 때문에 뒷날 그의 이론은 인간적 요소가 소홀히 취급되었다 하여 비판을 면치 못하였다.

1. 과학적 관리의 정의

과학적 관리란 과학과 과학적 방법의 이용을 그 특징으로 하는 관리라고 할 수 있다. 과학적 관리론 연구에 공헌한 대표적인 학자는 Taylor이다. 그는 사실상 과학적 관리론의 선구자이며 그 이론의 기초를 확립하는데 가장 많은 공헌을 하였다. 그런 점에서 과학적 관리론을 일명 Taylor시스템이라 칭하고 있다.

과학적 관리론은 처음에 산업경영의 합리화와 능률화를 위하여 발전해 왔던 것이나 조직관리상의 합리화와 능률화를 위해서도 많은 기여를 해 왔다. 18세기 이후 급격한 산업혁명의 진행과 더불어 보다 기계의 활용, 생산활동의 집중화, 새로운 노사관계의 수립, 생산자와 소비자의 구분, 소유와 관리의 분리가 요구되었다. 이러한 새로운 조건의 형성으로 인하여 종래의 생산과 관리방식에 대한 비판이 제기되고 그 개선의 필요성이 고조되었다.

Taylor는 위와 같은 필요성을 인식하고 관리상에 과학의 이용과 과학적 관리의 발전을 위해서 많은 연구와 업적을 남겼다. 그의 연구는 주로 공장의 제조과정에 대한 연구로서 분명치 않은 이념대신에 명확히 규정된 원리에 따라 조직성원을 관리할 것을 주장하였다.

과학적 관리법은 최대의 생산효과를 확보할 수 있도록 최선의 방법과 최선의 도구를 발견하기 위하여 생산공정을 최소단위로 분해하여 개개의 작업을 가장 간단한 요소동작까지 분해하고 각 요소, 동작의 형태, 순서 및 소요시간을 시간연구와 동작연구에 의하여 표준화하고 정밀하게 연구함으로써 최선의 일일작업량을 책정하였으며 이것을 기준으로 하는 관리의 과학화를 제창한 것이다.

2. 이론적 근거

과학적 관리는 관리의 네 가지 기본적 원리인 순수과학의 발전, 노동자의 과학적 선발, 노동자의 과학적인 교육과 발전, 경영자와 노동자 사이의 친밀한 협조를 결합시키는 철학적 근거를 지니고 있다. 반복적이고 고도로 전문화된 작업단위에 있는 각 노동자의 공헌은 감소되기 때문에 조직은 능률적으로 생산품을 생산하는 데 있어서 어떤 불확실성을 제거할 수 있다. 그러나 노동자의 능률성을 보증하는 방법은 노동자들과 경영자 양자에 대한 재정적 보상을 증대시키는 것이다.

3. 기초적인 이론의 가정

테일러는 인간의 선천적인 게으름과 물질주의에 관한 몇 가지 공통된 견해를 막스 베버와 함께 하고 있었다. 그렇지만 테일러는 이러한 경향을 보완하기 위한 수단으로써 강제적인 권위보다는 오히려 과학에 의존하였다. 작업 습관에 관한 테일러의 가정은 다음과 같은 것을 포함한다.[3)]

① 노동자들은 꾀를 부리거나 태만히 하는 본질적인 경향이 있다. 테일러는 특정한 노동자들의 일부의 개인적 태업(private soldiering)과 같은 이러한 경향에 주목했다.

② 노동자들은 성실하고 높은 수준의 능률로 일하기보다는 좀 더 낮은 수준의 능률로 작업을 함으로써 경영자를 교묘히 속이려고 한다. 이러한 경향을 테일러는 체계적인 태업(systematic soldiering)으로 불렀다.

③ 노동자들은 직무에 계속 종사하기 위하여 보다 천천히 일하려 하며 보다 적게 상품을 생산하려고 한다.

④ 고정된 보수는 한층 더 노동자를 꾀부리게 하고 보다 근면하고 혁신적으로 일하는 것에 대해 어떤 자극을 주지 않는다.

⑤ 만약 과업이 미리 계획이 되어 있지 않으면 귀중한 시간과 비용이 매일의 작업을 준비하는 데 소모될 것이다.

⑥ 만약 경영자 측이 노동자에게 훈련을 시키거나 작업에 자극을 주는 데 관심을 가지지 않는다면 노동자는 경영자 측에 협조할 수 없게 될 것이다.

---

3) Daniel A. Wren, The Evolution of Management Thought(New York: Ronald Press, 1972), pp.114~115.

⑦ 노동자에 대한 엄격하고 기능적인 감독이 최상의 능률성을 확보하는 데 가장 필요하다.

4. 과학적 관리의 기본 원칙

시대를 앞서는 새로운 패러다임으로 생산성 이라는 측면에서 보면 많은 성과를 거두었고 행정학이라는 학문의 시조라고 여겨질 만큼 매우 혁신적인 이론으로서 테일러의 과학적 관리의 기본 원칙은 다음과 같다.

① 참된 과학을 발전시키고 과학적 사고(思考)로 관리의 지표를 삼을 것
② 근로자를 과학적으로 선발하고 과학적인 교육을 통해 능력개발을 도모할 것
③ 낭비적인 노력이 없도록 할 것
④ 노사간에는 긴밀하고 친숙한 개인적 협동을 확보하도록 할 것
⑤ 특수한 업무에는 그것에 적임자로 보이는 근로자를 배치하는데 보다 힘 쓸 것
⑥ 업무 활동을 보다 전문화 할 것
⑦ 업무 수행을 위한 표준을 설정할 것
⑧ 근로자의 담당업무에 대하여 과거의 주먹구구식 방법을 대신할 과학을 개발할 것
⑨ 모든 업무가 앞서 개발된 과학의 원리들에 입각해서 행해질 수 있도록 근로자들과 진심으로 협력할 것

5. 과학적 관리론의 비판

테일러의 과학적 관리론에는 여러 가지 비판이 있었으나 이 비판의 주(主)는 인간의 노동, 생산활동을 기계와 별반 차이없이 다룬 것이다. 그는 노동자들을 경제적 동물로 보며 작업장에서 가장 효율적으로 업무를 수행할 수 있는 과학적 분석을 제공하려 했다. 과학적 관리론에 따르면 관리자들은 향상된 직무 분절을 통해 최대한도로 기술적인 노동 분업을 달성하기 위해 직무를 설계해야 하는데 이 때 직무설계는 숙련전문화와 최소한의 숙련요건과 훈련시간, 극단적인 반복을 통해 이루어지는 것으로 이해되었다.

인간관계에 대한 보다 큰 관심을 나타내고 있는 행정이론의 지지자들은 노동자들을 교묘하게 다루고, 위협하고 그리고 착취하는 접근방법으로서 과학적 관리론(혹은 관료조직)을 비판하고 있다. 이러한 비판은 테일러(혹은 베버)이론이 '우리가 바라는 조건에 협조하라. 그

렇지 않으면'이라고 노동자에게 말할 것이라고 주장한다. 그들은 보다 더 이론이 인간행태에 관하여 다음과 같은 잘못되게 처신하는 가정처럼 인간을 개성화한다 – 모든 조직에 있어서 가장 가치 있는 요소 – 고 주장한다.

① 인간은 모든 작업이 고된 일이라고 믿는다.
② 인간은 단지 돈을 벌기 위하여 일한다.
③ 노동자는 끊임없이 감독을 받아야 한다.
④ 노동자는 각자(적어도 테일러의 과학적 관리론 아래) 경쟁하여야 한다.
⑤ 조직은 인간관계를 강조함으로써 단결을 시킬 수 없다.

제5절 체계이론

체계이론(systems theory)이란 하나의 체계와 그 주변의 체계와의 상호관계, 즉 하나의 체계에 있어서 투입과 산출의 계속적인 과정을 설명해 주는 이론이다. 체계이론이라 하면 그 범위가 대단히 넓다. 그것은 오스트리아의 이론 생물학자 베르탈란피(L. von Bertalanffy)가 1947년에 '일반체계이론'을 발표한 이래 여러 학문분야에서 논의되고 적용되어 왔기 때문이다. 그러나 정치학이나 행정학에서 논의되고 있는 체계이론은 체계론적 접근법(systems approach)에 의해 설명한 이론을 두고 말하는 경우가 일반적이다.

1. 체계이론의 유래

체계를 한편으로는 체제(體制)라고 부르기도 한다. 체계를 영어로는 'system'이라고 하는데, 이는 원래 라틴어인 'systema'에서 유래된 것이다. 즉 sy(함께)와 stema(두다)의 복합어가 오늘날 '유기체 또는 조직된 전체'라는 뜻의 system으로 된 것이다.

2. 체계이론의 기본구조

체계이론에서는 한 체계는 다른 체계와의 투입(input) · 산출(output)의 관계에서 존속한다고 파악하고 있다. 예컨대 행정체계의 경우 행정 밖의 환경(사회체계 · 경제체계 등)에서 오는 국민의 요구나 정치적 압력이 투입되면 전환과정(conversion process) 〈행정기관에서의 심사 · 조정 등〉을 거쳐 구체적인 정책으로 산출된다. 그 정책이 실시된 결과 그 영향이 다시 투입으로 작용하는데 이를 환류(feedback)라 하며 그 환류가 계속 반복하여 이루어질 때 그 체계는 존속성을 유지할 수 있다(그림 6-4 참조).

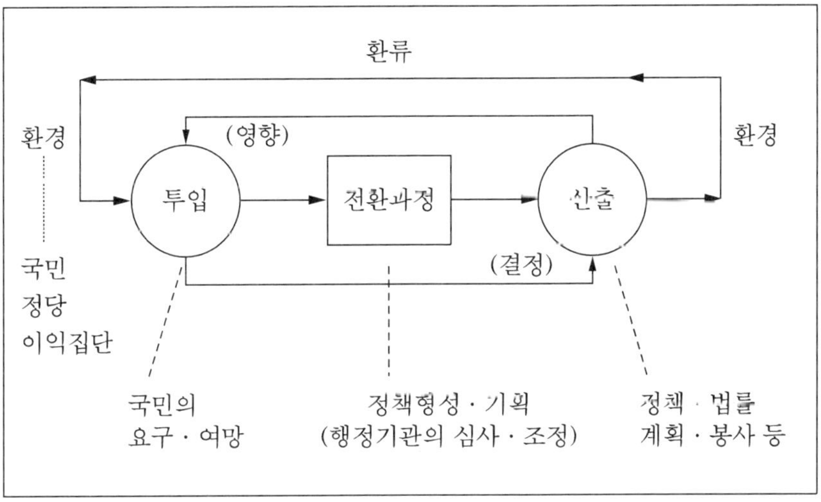

그림 6-4 체계이론의 기본 구조

요컨대 체계이론은 어떤 체계가 가지는 투입과 산출의 계속적인 과정을 설명해주는 이론으로서 산출은 투입에 의하여 결정되고 투입은 산출에 의하여 영향을 받는다는 것이 그 핵심을 이루는 것이다.

3. 체계이론의 이론적 근거

체계의 기본적 기능은 능률적으로 그리고 예정대로 업무를 수행하는 것이다. 체계이론은 항상 변화하는 사회적, 법률적 그리고 경제적 환경 속에서 행동하고 반응하여야 하며 그 기관의 생산품을 생산하는 데 위험에 빠짐없이 종업원과 조직의 욕구 사이의 갈등을 감소시켜야 하는 것을 고려하면서 조직의 실질적인 관점을 채택하고 있다.

4. 체계이론의 가정

사이먼(H. A. Simon)과 아지리스(C. Argyris)는 그들의 조직이론을 다음의 가정에 입각하고 있다.4)

① 사람은 조직에 있어서 가치 있는 요소이지만 기관목표의 성취는 한층 더 중요하다.
② 조직에 있어서 개인적인 종업원들의 욕구와 문제들에 대한 관심은 실질적으로 불가능하고 그렇게 하려는 어떠한 시도도 대단히 비용이 많이 든다. 대신 종업원들은 집단 및 하위집단의 성원으로 보여야만 한다.
③ 조직은 그들의 환경에 의하여 영향을 받고 있으며 영향을 미치고 있다. 따라서 그들은 적응성과 융통성이 있어야 한다.

5. 체계이론의 기본적 특징과 소방조직에 대한 적용

체계분석은 개념적 모형을 창조하기 위한 도구로서 바람직한 목표를 명확히 밝히고 목표를 실현하기 위한 대안적 방법을 개발하고 각 대안에 요구되는 자원들을 개발하고 각 대안의 산출을 결정하기 위한 모형을 계획하고 평가된 대안들에 대한 효과성을 측정하는 것이다. 이러한 단계는 소방조직의 관점에서 포괄적인 절차를 제공한다. 그 동안 소방의 관리자들은 소방을 본질적으로 폐쇄적인 체계로 보았다. 물론 체계관리가 소방관리자들을 위한 만병통치약은 아니지만 소방조직의 복잡성이라는 관점에서는 준거기준(frame of reference)이 된다. 다음은 행태주의자의 체계, 특히 소방체계의 기본적인 특징이다.

(1) 체계로서의 기관

소방조직은 공통목표를 달성하기 위하여 조화(융통성 있는 균형) 속에서 함께 일하고 있는 구성요소(집단 및 하위집단)를 형성하고 있는 체계이다. 그러므로 소방기관은 소방법 집행 · 국민의 생명과 재산보호 · 갈등의 해결과 같은 공통목표들을 달성하기 위하여 함께 일하고 있는 구성요소들(건축허가 등의 동의 · 소방검사 · 화재예방순찰 · 각종민원처리 · 구조구급 · 소방훈련 · 소방법위반자 입건 등)로 이루어져 있다.

---

4) Hebert A. Simon(1957), Administrative Behavior, 2nd ed.(New York: Macmillan), Chris Argyris (1962), Interpersonal Competence and Organizational Effectiveness(New York: Harper), p.247; Sam S. Souryal(1981), Police Organization and Administration(New York: Harcourt Brace Jovanovich, Inc.), p.35.

(2) 목적으로서의 전환

소방체계의 궁극적인 목적은 국민의 요청들을 유형의 결과 또는 업무들로 전환시키는 것이다. 체계이론가들은 소방기관을 국민의 요청을 받아서(투입) 그것을 사회봉사로 전환시키도록(산출) 위임한 역동적인 체계로 보고 있다.

(3) 팀의 구조

소방조직의 체계는 직위의 계층제에 의하여 업무를 분류하지 않지만, 사람들의 집단 또는 팀에 의하여 분류한다. 예컨대 소방행정체계는 소방행정팀 · 장비관리팀 · 방호팀 · 예방팀 · 구조구급팀 등을 가지고 있다.

(4) 비공식의 세한

소방체계에 있어서 비공식적 관계가 각 팀 내에 존재하고 있을지도 모르지만 팀 사이의 기능적이고 아주 공식적인 관계 역시 적당한 통제를 유지하기 위하여 필요하다.

(5) 표준회와 평가

생산성의 정확한 표준은 그 체계 내에 있는 직원들과 관계들을 통제하여야 한다. 조직의 생산성에 관한 모든 일반화는 경험적으로 인증되어야 하고 과학적으로 실험되어야 한다. 마찬가지로 소방체계 내에서는 팀들에 대한 계속적인 측정과 평가가 있어야 한다.

(6) 단일성

소방체계 내에서의 책임의 중복은 제거되어야 한다.

(7) 적응성

소방체계는 변화하는 지역사회의 요구와 압력에 대하여 적응할 수 있어야 한다.

(8) 경제성

소방체계의 운영은 비용 · 편익분석에 의하여 경제적으로 견실해야 한다.

(9) 갈등해결에 대한 능력

소방체계는 조직의 갈등을 해소하기 위하여 내부의 메커니즘(internal mechanism)을 갖추어야 한다.

제6절 불확정이론

1. 불확정이론의 일반적 원리

행정에 있어서의 불확정이론(contingency theory)은 1950년대 말부터 1960년대 초에 영국에서 수행된 일련의 연구에서 처음으로 개발된 것이다.

로쉬(Jay W. Lorsch)와 로렌스(Paul R. Lawrence)에 의하면 이 장에서 논의했던 행정에 대한 세 가지 접근방법 즉 관료적 모형 · 과학적 관리모형 · 체계모형들은 제각기 장단점을 가지고 있다고 지적한다.

불확정이론은 조직화 · 관리 · 지도력 · 동기부여 그리고 다른 변수들에 관해서 그것을 실행에 옮기는 데는 하나의 최선의 방법은 없다고 간주한다.[5] 이 이론은 또한 그 기관을 위한 적당한 모형(또는 모형들의 혼합)을 선택하기 위한 필수조건으로 해당기관의 직무와 직원을 평가할 것을 강조하고 있다. 따라서 예를 들면 다음과 같다.

① 소방기관의 과업은 개방적인 문제를 해결하는 것이고 그 참모는 이지적인 직원으로 구성되어 있으며 인간관계론에 근거를 둔 접근방법을 필요로 할 것이다. 이러한 접근방법은 소방기관의 형태에 가장 도움을 줄 것이다. 왜냐하면 동기부여가 되어 있는 직원들이 그들의 과업을 잘 수행하도록 영향을 미칠 것이기 때문이다.

② 반면에 권위주의적 구조와 직원의 철저한 감독에 근거를 두고 있는 이론은 평범한 직원들(대개의 소방기관)에 의하여 수행되고 있는 일상적인 운영에 있어서는 조직에서 더욱 적절하게 적용될 것이다.

2. 소방기관에 대한 적용

불확정이론의 기본적 전제는 특정한 단일 행정모형이 모든 조직을 위하여 가장 좋은 것은 아니며, 언제나 그리고 어떠한 환경 아래에서도 특정한 조직을 위한 최선의 모형은 아니라는

5) Jay W. Lorsch and Paul R. Lawrence(ed.) (1970), Studies in Organization Design(Homewood, Ill.: Irwin and Dorsey Press), p.1.

데 있다.[6)]

대부분의 소방기관은 아직도 엄격한 조직상의 피라미드를 고수하고 있고 대폭적인 변화에 영향을 미칠 수 있는 새로운 관리기법을 도입하기를 꺼리고 있다. 그러나 이상적으로 말하자면 앞에서 지적한 세 가지 모형의 부분들을 조화시킬 수 있어야 하고, 변화하고 있는 정세와 외부압력에 따라 변화시켜야 하고, 모든 접근방법을 솔직하게 제안할 수 있어야 하는데 확고한 결단력의 부족은 심히 유감스러운 일이다.

구조・구급요원들은 만일 그들이 효과적으로 함께 일을 하려면 인간관계 접근방법을 신뢰하여야 한다. 그래서 119구조대원들은 서로 신뢰하는 관계를 맺고 있다는 것이 중요하다. 왜냐하면 그들은 자주 극단적인 위험상황에서 서로에게 자신들의 생명을 안심하고 맡겨야 하기 때문이다. 반면에 소방기관의 장은 정부예산이 여유가 없을 때 그리고 그들이 소방의 능률성과 특정한 비용(예를 들면 대형재난사고를 수습하거나 시장통로 확보 시 물건을 파손시킨 데 드는 비용)에 관한 질문들에 답변하여야만 할 때 행태적(체계) 접근방법을 고려하는 것이 현명할 것이다.

다음의 지침들은 그들 소방기관의 행정을 발전시키기 위하여 행정이론들을 조화시키려 노력하고 있는 소방기관의 장에 대하여 도움이 될지도 모른다.

① 소방조직구조는 기관의 목표를 달성하는 데 분명히 공헌할 것이다.
② 구조는 가급적이면 그것에 관한 잡다한 정보보다는 기관목표의 완전한 형태를 관리자와 직원들에게 제공하여야 한다.
③ 조직구조는 또한 소방기관의 목표 운영에 의하여 －양・질・신속성・경제성의 의미에서－ 영향을 받을 것이다.
④ 소방조직은 직원들을 실망시키기보다는 인간의 욕구를 충족시키기 위하여 조직되어야 할 것이다.
⑤ 권한은 조직에 있어서 고정된 것이 아니며 또 기관의 우두머리에 의하여 독점되어서도 안 될 것이다.
⑥ 선택된 구조는 모든 관리자들의 감독능력(통솔의 범위)에 대한 한계가 있다는 사실을 인정해야 할 것이다.

---

6) Alfred R. Stone and Stuart M. Deluca(1983), Police Administration(New York: John Wiley & Sons), p.51; Charles R. Swanson and Leonard Territo(1985), Police Administration(New York: Macmillan Publishing Co.), p.84.

⑦ 기관 내의 의사 결정 통로는 한정되어야 하지만 다양한 방면으로부터 새로운 아이디어와 비판적 평가를 수용하기 위하여 충분히 공개되어야 할 것이다.

⑧ 구조는 책임의 중복된 범위를 없애야 하고 기관의 노력을 조정하는 데 공헌해야 할 것이다.

⑨ 행정의 접근방법은 조직에서 나뉘어져 있는 계선, 참모 그리고 보조기능들이 - 한편 어떤 갈등을 일으킬지도 모르지만 - 운영의 경제성에 대하여 공헌할 수도 있고 관리상의 통제를 증진시킬 수도 있으며 기획을 발전시킬 수도 있다는 것을 인정해야 할 것이다.

⑩ 소방기관의 구조와 외부환경의 적절한 조화가 이루어져야 할 것이다.

인간관계론

7

CHAPTER

제1절 서 설

인간관계론(human relations theory)이란 조직 구성원들의 심리적 측면이 행정능률을 향상시키는 데 중요하다는 이론이다. 보다 구체적으로 표현하자면 조직의 생산성을 높이기 위하여 조직 구성원들을 기계적이고 경제적인 존재로만 볼 것이 아니라 인간의 정서와 감정적 요인, 그리고 비합리적인 요인도 능률성을 향상시키는 중요한 요인이 된다는 것을 인정해야 한다는 이론이다.

과거의 고전적 조직이론에서는 인간을 조직의 단순히 기계적 구조로 보고 오직 구조의 합리화에 의해서 조직의 능률성을 추구하려 하였다. 그러나 1920년대 후반에 들어와서는 전혀 새로운 관점에서 조직의 연구가 시작되었다. 즉, 조직을 실제로 움직이는 것은 인간임을 인식하여 조직 속의 사람들은 서로 간에 어떠한 유대관계를 맺고 있으며 그러한 관계가 조직에 어떠한 작용을 하는가를 파악하려 하였던 것이다. 그리하여 등장한 것이 인간관계론이다.

인간관계론이 등장하게 된 데에는 그만한 이유가 있었다. 당시 미국의 상황은 보다 새로운 조직이론이 요청되고 있었다. 1930년을 전후하여 미국은 경제 대공황을 맞이하게 된 데다 기업들이 노조측의 강력한 저항에 부딪혔고 한편으로 과학적 관리에 의한 생산성 향상이 한계에 도달하였으나 기업들은 이러한 극한 상황을 극복하기 위해 노동자들의 환심을 사면서라도 계속 생산 능률을 올려야만 했다. 이러한 필요성에서 개발된 것이 바로 인간관계론이다.

인간관계론은 과학적 관리론의 경우처럼 처음에는 기업 경영의 합리화를 위해 연구되었던 것인데, 그 계기를 이룬 것은 1928년 하버드대학교의 메이요(E. Mayo) 교수를 중심으로 시작되어 약 5년간 계속된 이른바 '호손연구(Hawthorne Studies ; 호손실험이라고도 함)'였다.

메이요 교수는 그 실험을 통해 한 조직에는 공식조직 이외에 자발적으로 이루어지는 비공식집단이 있다는 것과 조직체에 있어서 인간은 경제적·타산적 동기에 의해서만이 아니라 감정의 논리에 의해서도 움직인다는 것 등을 실증하였던 것이다.

인간관계론은 쉽게 말하면 한 조직 내에 있는 사람들의 태도·가치관·감정 등 인간의 사회심리적 측면에다 초점을 맞추어 조직 내의 사람들이 어떻게 서로 교호작용(交互作用)을 하며 또 어떻게 조직에 영향을 미치는가 하는 것을 이론화한 것이다.

이 이론에 의하면 사람은 경제적인 욕구보다는 심리적인 만족을 더 추구하는 심리적 존재

(心理的存在)이며, 합리적으로 행동하기보다는 감정의 논리에 의해 비합리적으로 행동하려는 경우가 더 많다는 것이다. 따라서 조직이 바라는 행동의 유인(誘因)은 경제적 요소가 아니라 사회심리적 요소임을 강조하고 있다. 그러나 조직 속의 사람들은 개인으로서가 아니라 집단의 구성원으로서 행동하고 반응한다는 것이다.

제2절 조직과 인간

1. 조직의 정의

인간은 조직에서 태어나 조직에서 살다가 결국 조직 속에서 죽게 된다. 그러므로 현대사회는 조직사회이다.[1)] 따라서 현대인은 거의 다 조직인이라 할 수 있다.

설령 그가 일정한 지각을 갖지 않은 사람이라 할지라도 그를 둘러싸고 있는 수많은 조직, 예컨대 시청(군청)·경찰서·소방서·군대·학교·교회·농업협동조합·각종단체·협회 등과 전혀 연고가 없이 생활하는 사람은 얼마 없을 것이다. 즉, 현대사회의 한 가지 특징은 조직화의 영향이라고 말할 수 있으며 사람은 좋거나 싫거나 이들 조직 가운데에서 생활을 영위하고 있는 것이며 바로 여기에 조직을 중심으로 하는 인간간계가 성립되는 것이다. 조직이 본래의 목적을 효율적으로 달성하기 위해서는 조직 내에서 우수한 인간관계를 조성하는 것이 필요하다.

2. 조직의 유형

어떤 개념의 뜻하는 바를 분명하게 하기 위하여 사람들은 그것을 한정(限定)하기도 하고 분류(分類)하기도 한다. 조직개념의 보다 분명한 이해를 위해서는 그것을 분류하는 유형론(typology)이 또한 필요한 것이다.

조직의 유형론은 매우 실천적인 목적을 가지고 있다. 실재하는 조직을 더 잘 다루고 연구

1) Amitai Etzioni(1964), Modern Organizations, Prentice-Hall, Inc., Englewood Cliffs, New Jersey, p.1; Robert Presthus(1962), The Organizational Society, Knopf, New York.

할 수 있도록 길잡이를 제공하려는 것이 조직 유형론의 근본적인 목적이라 할 수 있다. 조직 유형론의 대강을 이해할 수 있도록 조직의 속성 또는 변수들을 알아보고 이어서 중요한 조직 유형론의 예를 몇 가지 소개하려 한다.

조직 유형론들은 두 가지의 가장 일반적인 범주 또는 유형론으로 우선 나누어 볼 수 있다.

그 첫째는 이론적 · 연역적 유형론이다. 조직 유형론의 주종을 이루는 이 유형론은 이론적인 근거에 따라 중요하다고 생각되는 조직의 국면 또는 변수를 골라 그것을 기준으로 삼는 것이다.

둘째는 경험적 · 귀납적 유형론이다. 이 유형론은 분류기준이 될 중요변수에 대한 선험적 가정을 하지 않는다. 그 대신 표본으로 선정된 조직들로부터 많은 자료를 수집하여 분석함으로써 상호연관성이 매우 높은 변수의 무리(群)를 파악하려 한다. 이러한 귀납적 유형론은 아직까지는 예외적인 것에 해당한다.

(1) 목표를 기준으로 한 유형론

조직의 목표는 조직에 불가결하고 또 매우 중요한 속성이다. 조직의 목표는 조직에 대한 평가기준으로 그리고 비교기준으로 널리 쓰여 왔다. 조직목표를 기준으로 한 유형론은 오래전부터 시도되었으나 그 세련도가 높아진 것은 조직목표의 유형을 여러 가지라고 보는 관념을 조직학이 의식적으로 확인하면서부터이다.

T. Parsons(1960)는 조직의 목표를 사회적 기능으로 파악하고, D. Katz와 R. Kahn(1966)은 조직 전체의 기본적 기능을 기준으로, Blau와 Scott(1962)는 조직활동의 주된 수혜자에 조직목표를 연관 짓고 그에 따라 각각 4가지의 조직 유형을 분류하였다.

(2) 구조와 과정에 관한 특성을 기준으로 한 유형론

조직의 구조와 과정에 관한 주요 변수들은 여러 가지 조직 유형론의 기준이 되어 왔다. 구조와 과정에 관한 조직 유형론 가운데서 아주 오래전부터 인용되어온 것은 구조의 관료적 특성에 의한 관료제 유형의 분류이다. 대표적으로 M. Weber(1947)는 권한의 종류를 세 가지로 나누고 세 가지 권한 유형에 상응하는 관료적 구조를 분류하였다.

(3) 기술을 기준으로 한 유형론

조직이 사용하는 기술은 근래 많은 연구자들의 관심을 모으고 있다. 그들은 기술이 조직의 구조와 활동에 심대한 영향을 미친다는 사실을 밝혀내고 조직이 활용하는 기술이 다르면 조직의 다른 성격도 달라진다는 점에 착안하여 조직 유형론을 발전시키고 있다. 기술을 구조적 특성을 좌우하는 하나의 요소로 보아 조직의 구조라는 기준에 포함시킬 수도 있다. 그러나 기술은 지금까지 조직 유형론의 기준으로 매우 중요한 위치를 유지해 왔기 때문에 독자적인 기준의 범주로 삼는 것이다.

이러한 세 가지 유형론 외에도 구성원 또는 참여자의 성격을 기준으로 한 유형론과 환경적 특성 또는 환경과 조직의 관계를 기준으로 한 유형론이 있다.

3. 조직과 환경

조직은 경계를 가지고 있으며 경계 밖의 환경과 교호작용을 한다. 조직에는 경계가 있기 때문에 조직과 그 환경이 구별될 수 있다. 그러나 경계가 환경으로부터 조직을 단절시키고 고립시키는 것은 아니다. 조직과 환경은 조직의 경계를 넘나드는 거래를 한다. 조직은 조직 내외의 불확실한 영향에 노출된 개방체제인 것이다. 조직과 그 환경은 끊임없이 교호작용하며 양자는 서로 영향을 미치는 것이므로 조직현상을 온전하게 이해하려면 조직과 환경의 상호적인 관계를 규명하여야 한다. 현대 조직학의 지배적 접근방법인 개방체제론은 환경관계 규명의 필요를 매우 강조한다.

4. 조직 내의 인간

조직은 인간이 모여 구성하는 사회적 유기체이다. 조직 속에는 사람이 있고 사람들은 상호교호작용하면서 조직의 일을 엮어나간다. 그러므로 조직을 연구하는 사람들은 조직에서 활동하는 인간에 주의를 기울이고 그 본질을 이해하는데 힘쓰지 않으면 안 된다. 조직 내의 인간이 지니는 속성을 어떻게 이해하느냐에 따라 조직을 구성하는 다른 모든 요인에 대한 우리의 판단과 실천적인 처방이 좌우되는 것이기 때문에 조직 내의 인간에 대한 이론은 전반적인 조직행동을 설명하는데 일종의 근가정(根假定)을 제공하는 전체적 이론의 의미도 갖는다.

조직 내의 인간에 대한 조직학의 관심은 주로 인간의 직무동기를 유발하는 문제에 집중되고 있다. 조직학의 인간관이론은 거의가 동기이론이라고 보아도 큰 무리가 없을 듯하다.

제3절 인간관계론의 연구 발전

행정에 있어서 인간관계 철학은 대단히 자연스럽고 실질적인 접근방향인 것처럼 보인다. 그럼에도 불구하고 이론가들은 그 정확성을 증명하기 위한 실험이 행하여졌을 때까지는 활용할 수 있는 모형으로 그것을 받아들이기를 꺼려했다. 인간관계론이 독자적인 학파로 인정을 받게 된 것은 1920년대 이후의 일이다. 그래서 행정에 있어서 최근의 인간관계론은 다음과 같은 연구와 발전의 성과물이라고 할 수 있다.

① 메이요의 호손실험
② 매슬로우의 욕구단계 이론
③ 아지리스의 성숙 / 미성숙 이론
④ 허즈버그의 동기 / 위생 이론
⑤ 윌리암스의 피라미드 충돌 이론
⑥ 맥그리거의 X · Y 이론

1. 호손실험

작업조건에 있어서 인간의 재발견은 메이요 교수가 이끄는 하버드(Harvard) 대학의 연구팀이 서부전기회사(western electric company)의 호손(hawthorne, 시카고)공장에서 행해진 실험적 연구가 처음이었다.

근본적으로 이 연구는 아주 복잡했지만 기초적인 실험은 상대적으로 단순했다. 전화계전기를 조립하기 위하여 고용된 6명의 여공이 정규조립공장에서 선발되어 격리된 계전기 조립실험실(relay assembly test room)에 배치되었다. 그들에게는 작업실의 조명, 휴식시간의 횟수와 길이, 하루의 노동 및 주 노동시간의 길이 그리고 여자를 위한 다른 작업조건들이 통제된 조건 아래서 변화가 주어졌다. 작업조건이 바뀔 때마다 관찰자는 신중하게 실험집단의 생산성 변화를 기록하였다.

1) 발견

관찰팀을 놀라게 한 것은 6명의 여공의 생산성이 작업조건 변화의 내용 또는 기간에 관계없이(소수의 무의미한 예외가 있었지만) 일관작업열(assembly line)에 배치되어 있는 통제 집단과 비교하여 증가되었다는 점이다.

① 따라서 물리적인 작업여건과 작업시간은 6명의 여공의 생산성향상에 중추적인 역할을 하지 않는다는 것이 분명해졌다.

② 오히려 개성이 없는 일관작업열의 노동자가 아닌 개체로서 여공의 자아발견과 상부로부터의 인정, 소규모의 최초집단에서 그들에게 기능을 부여했던 기회, 끊임없는 주목의 대상으로 느꼈던 심리적인 보상들은 모두 그들에게 보다 좋은 직무태도를 갖도록 더욱 동기를 부여하고 생산적인 노동자로 바꾸는 데 이바지했다.[2)]

2) 기본적 결론

인간은 단순한 경제인이 아니라 심리적 존재이며 사회적 존재라는 기본적 결론과 함께 호손실험을 행한 연구자들은 다음과 같이 결론지었다.[3)]

① 노동자들이 그들과 가장 가까운 제1차 집단으로 구성되어 있는 자연스러운 장소에서 일을 할 때 보다 성취도가 높다.

② 노동자들은 관리에 의하여 인정받기를 원하고 있다.

③ 사회문제들을 해결하는 것이 생산성을 증가시킨다.

④ 격려와 동기부여는 인간을 위한 기본이다.

⑤ 사람은 빵만으로는 살 수 없다고 하는 심리적 욕구 또한 충족시켜야 한다.

2. 매슬로우의 욕구단계 이론

인간의 욕구문제는 여러 가지 시각에서 여러 가지 종류로 논의될 수 있으나, 여기서는 매슬로우(Abraham H. Maslow)의 이론을 중심으로 설명하기로 한다. 인간의 욕구와 조직의 목표간의 갈등가능성은 매슬로우의 이론을 중심으로 논의되고 있기 때문에 매슬로우의 욕구이론은 이 문제를 다루는 데 가장 안성맞춤이라고 할 수 있겠다. 즉 인간의 욕구에는 5단계의 욕구가 있고, 아래 단계의 욕구가 만족되면 차츰 다음 단계의 욕구가 생긴다. 욕구에는

2) Henry L. Tossi and Stephen J. Carroll(1974), Management : Contingencies, Structure, and Process (Chicago: St. Clair Press), p.102.

3) Amitai Etzioni(1964), Modern Organization(Englewood Cliffs, New Jersey: Prentice-Hall), pp.34~37.

단계가 있다. 인간은 끊임없이 어떤 목표에 도달하려고 하는 동기를 부여받는다. 배가 고프면 배를 채우려 하고 동료들에게서 멀어지면 어떻게든 한 패가 되려는 욕구에 사로잡힌다. 그러나 배가 고플 때는 먹을 것을 찾는 것이 최우선이지 동료에게서 따돌림을 받는 것은 문제가 아니다. 배고픔을 해결해야 비로소 동료들과의 문제가 절실하게 다가온다. 상기 내용을 요약하면 다음과 같이 정리할 수 있다.

① 욕구불만이 행동에 영향을 미칠 수 있는데, 욕구가 만족되면 그것은 더 이상 동기를 유발하지 않는다.
② 인간의 욕구는 중요한 순서대로 배열되는데 욕구 단계는 가장 기본적인 것으로부터 복잡한 것으로 되어 있다.
③ 다음 단계의 욕구를 충족시키기 전에 그 전 단계의 욕구를 충족시켜야 한다.
④ 만약 충족의 욕구가 유지되지 않는다면 그 욕구는 다시 우선 순위가 된다.

매슬로우는 인간의 욕구체계를 다음과 같이 다섯 단계로 나누어 설명하고 있다.[4)]

1) 인간욕구의 5단계

(1) **생리적 욕구**(physiological needs)

이 욕구는 모든 욕구 중 가장 원초적인 욕구로서 욕구체계의 출발점이라고 할 수 있다. 또 원초적인 욕구이기 때문에 가장 강력한 욕구라고 할 수 있다. 식욕·수면욕·성적욕구 등이 여기에 해당한다. 이러한 욕구들은 인간의 생존과 직결되는 욕구들로서 이러한 욕구들의 충족 이전에는 다른 욕구가 일어나지 않는다. 경영자가 종업원들에게 임금을 지급함으로써 그들의 생리적 욕구를 충족시킬 수 있도록 해주는 것이 그 한 예이다.

(2) **안전욕구**(safety needs)

생리적 욕구가 충족되면 다음으로 일어나는 욕구가 안전욕구이다. 이러한 욕구는 자기의 생명과 소유물을 안전하게 보호하고 싶어하는 욕구로서 화재의 위험·폭발·적의 공격이나 공포의 위협 등으로부터 벗어나려는 욕구이다. 질서 있고 안정되고 예측할 수 있는 생활을 추구하는 것도 안전욕구에 해당된다. 한편 경영자는 안전한 작업조건, 직업보장 등을 통해서

4) Abraham H. Maslow(1970), Motivation and Personality, 2nd ed.(New York: harper & Row Publisher, Inc.), pp.35～46.

이러한 욕구를 충족시킬 수 있다.

(3) **사회적 욕구**(social or love needs)

사회적 욕구는 3단계의 욕구로서 사랑, 따뜻한 정, 소속감을 추구하는 욕구이다. 다시 말해서 자기 아닌 이웃과 따뜻한 인간관계를 추구하는 욕구이다. 실례로 회사에서는 야유회나 체육대회 같은 친목을 도모하는 행사를 통해 이러한 욕구를 충족시킬 수 있다. 일반적으로 인간은 애정적 욕구가 충족되지 못할 때에 주위환경에 잘 적응하지 못한다고 지적되고 있다.

(4) **존경의 욕구**(esteem needs)

존경의 욕구는 다른 사람으로부터 높이 평가받고 싶어하는 욕구뿐만 아니라 자존심과 다른 사람을 존경하고 싶어하는 욕구도 포함한다. 즉 다른 사람들과 존경을 나누어 갖고 싶어하는 욕구이다. 성취욕구・안정감・위신・명예욕이 모두 여기에 포함된다. 존경에 대한 욕구가 충족되지 못하면 사람들은 열등감과 무력감에 빠지기도 한다. 직장에서 자신의 업무를 성공적으로 완수한다든가 동료들로부터 인정을 받음으로써, 또는 승진을 통해 자신감과 자부심을 갖게 되는 것 등이 존경의 욕구를 충족시키는 데 도움이 된다.

(5) **자아실현의 욕구**(the need for self-actualization)

욕구단계 중 최종의 욕구가 자아실현의 욕구이다. 이상의 4가지 욕구가 다 충족되어도 인간은 자기가 하고 싶은 일을 하지 못하면 불만을 느낀다는 것이다. 여기서 자아실현의 욕구는 자기의 뜻을 펴고, 하고 싶은 일을 하고, 되고 싶은 인물이 되는 것이다. 음악가가 좋은 작곡을 하고, 화가가 훌륭한 작품을 만들어 내는 것이 자아실현의 욕구이다. 권력을 잡고 이것을 마음대로 휘두르는 것만이 자아실현의 욕구라고 이해하면 잘못이다. 자아실현의 욕구는 한마디로 자기의 잠재력을 발현하고 꾸준히 성장시킴으로써 자기가 되고자 하는 인물이

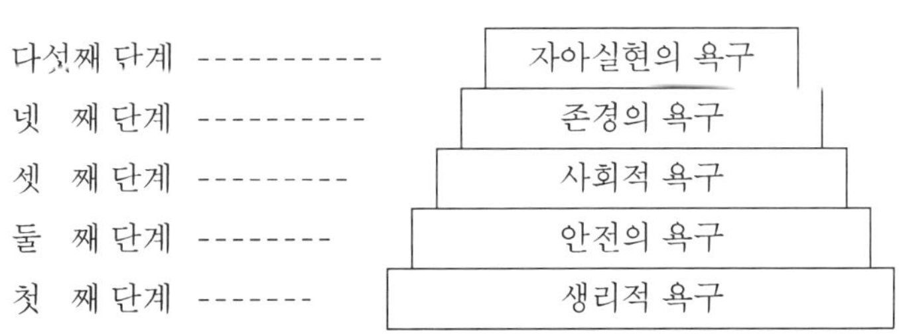

그림 7-1 매슬로우의 욕구5단계 이론

되는 것이다. 최근에는 기초적인 단계의 욕구보다는 자기 개발이나 자아실현의 욕구가 점차 중요해지고 있는 추세이니 만큼 소방행정에서도 이런 점에 비중을 두어야 할 것이다. 매슬로우의 욕구 단계이론은 그림 7-1과 같다.

2) 기본적 결론

매슬로우의 인간동기부여이론은 다음을 주장하고 있다.

① 인간의 욕구는 가장 낮은 수준에 있는 생리적 욕구와 꼭대기에 있는 자아실현의 욕구로 계층 또는 범위가 분포되어 있다.
② 두 개의 낮은 욕구(생리적 욕구와 안전의 욕구)는 사람에게 가장 필요한 것이다.
③ 각 욕구가 비교적 만족되어졌을 때까지(위로 올라가는 순서에 있어서) 사람들은 마음의 보다 높은 욕구를 충족시키려고 노력하지 않을 것이다.
④ 다섯 가지 욕구의 서열은 항상 순서를 나타낸 것은 아니지만 일반적으로 예외가 있다고 하기는 어렵다.
⑤ 인간의 기본적 욕구의 불만은 보상운동을 일으키도록 기대 될 것이다.
⑥ 정상적인 사람의 궁극적인 목표는 자기실현을 이루는 것이다.
⑦ 인간관계 접근방법을 채택한 관리자는 직원들을 자아실현에 이르도록 도와주기 위하여 노력하여야 한다.
⑧ 자아실현이 된 인간은 더욱 자신만만하고 원숙하고 그리고 생산적인 직원이다.

3) 인간의 욕구

(1) 욕구의 정의

욕구란 인간이 경험하는 결핍(deficiency)에서 비롯된 필요 또는 갈망이다. 인간이 경험하는 결핍에는 자존의 욕구에서 보는 바와 같은 심리적 결핍, 식욕에서 보는 바와 같은 생리적 결핍, 그리고 우정이나 애정에 대한 욕구에서 보는 바와 같은 사회적 결핍이 포함된다.[5]

욕구는 힘을 주는 요인이다. 결핍은 인간의 내면적 긴장을 조성한다. 사람은 그러한 긴장

---

5) Don Hellriegel, John W. Slocum, and Richard W. Woodman, *Organizational Behavior*, 4th ed. (West Publishing Co., 1986), p.172; Henry Murray, *Explorations in Personality* (Oxford University Press, 1938), pp.123~124; Pinder, *op. cit.*, pp.44~45.

때문에 빚어진 바람직하지 못한 상황을 해소시키기를 원한다. 그러한 바람은 원치 않는 상황을 일정한 방향으로 전환시킬 수 있도록 지각·사고·의욕·행동을 조직화하는 데 작용하는 힘을 생성시킨다. 이와 같이 정의되는 욕구의 속성은 다음과 같다.

첫째, 욕구는 직접 관찰·측정할 수 없는 관념적 구성으로서 그 행태적 증상으로부터 추론할 수밖에 없다.

둘째, 욕구는 생리적·심리적·사회적 결핍에 바탕을 둔 것이다.

셋째, 욕구는 결핍에서 비롯되는 힘을 지칭한다. 욕구는 그러한 힘의 수준과 양태에 관한 개념이다. 욕구의 강도와 지속시간 등은 매우 다양하다.

넷째, 욕구는 인간의 어떤 내적 과정에 의하여 발로(發露)되기도 하며 환경적 자극에 의하여 발로되기도 한다.

다섯째, 욕구는 바람직한 것을 취하려는 접근행태뿐만 아니라 싫은 것을 피하려는 회피행태에도 작용한다.

여섯째, 욕구는 어떤 목표를 추구하려는 행동으로 발로되는데 그러한 행동의 목표는 달성되기도 하고 좌절되기도 한다.

(2) 욕구의 충족과 좌절

욕구충족(need satisfaction)은 욕구로 인한 긴장을 해소시키는 과정에서 또는 그 결과에서 얻는 만족을 말한다. 대개의 사람들은 욕구로 인한 긴장이 해소된 뒤에 느끼는 정신적 상태를 욕구충족으로 보는 경향이 있다. 그러나 욕구의 종류에 따라서는 긴장을 해소시키는 과정에서 만족감이 느껴질 수도 있다는 점에 주의할 필요가 있다. 욕구의 충족은 대체로 당장의 만족뿐만 아니라 인간의 성장과 건전한 성격형성에 기여한다고 보는 것이 현대욕구이론가들의 지배적인 견해이다. 그런가 하면 하급욕구의 충족이 예외적으로 초래할 수 있는 병리적 반응에 대한 이해도 물론 충분히 이루어져 있다.

욕구좌절(need frustration)이란 욕구로 인한 행동이 욕구충족목표의 달성에 실패한 상황을 말한다. 이러한 좌절은 인간의 욕구에 부응하려는 목표의 달성을 못하도록 행동을 억압할 때에 빚어지는 상태라고도 말할 수 있다. 그러한 억압요인(좌절의 원인)은 외재적인 것도 있고 행동자의 개인적 특성에서 비롯된 것도 있다.[6]

---

6) Norman Maier, *Psychology in Industrial Organizations*, 4th ed.(Houghton Mifflin, 1973); Pinder, pp.70~76.

욕구좌절의 결과 나타날 수 있는 인간의 반응행태는 여러 가지가 있을 수 있다.[7)]

첫째, 문제를 분석하고 해결하려고 할 수 있다. 이것은 좌절의 원인을 진단하고, 이를 해소시키려는 건설적인 반응이다.

둘째, 목표를 바꾸어 추구할 수 있다. 욕구는 같더라도 목표를 대체하여 추구할 수 있다.

셋째, 공격(aggression)이라는 반응을 보일 수 있다. 이 반응은 분노를 수반하는 것이며 어떤 대상을 해치려는 것이다. 공격의 대상은 욕구좌절의 원인뿐만 아니고 그에 대치된 다른 대상일 수도 있다.

넷째, 퇴행(regression)의 반응을 보일 수 있다. 이것은 반응자에 걸맞지 않은 유치하고 미성숙한 행동을 하는 것이다.

다섯째, 병적인 집착(fixation)을 보일 수 있다. 즉 목적성취에 실패한 행동을 계속 되풀이하는 것이다.

여섯째, 체념(resignation)할 수 있다. 어떤 의미에서 이것은 좌절에 대한 무반응이라고도 할 수 있다.

지금까지 설명한 것으로 보아 욕구간의 계층성이 엄격하다는 인상을 받기가 쉽다. 즉 밑바탕의 하위욕구가 충족되어야만 상위의 욕구가 추구된다고 함으로써 욕구간의 계층성이 엄격하다는 인상을 받을 수 있다. 그러나 여기서 명백히 밝혀 둘 것은 여러 가지 욕구가 반드시 계층성을 밟으면서 순서적으로 나타나는 것은 아니라는 것이다.

사람에 따라서는 안전욕구보다 명예욕이 먼저 추구되는 경우도 있다. 위에서 설명한 욕구단계는 일반적인 현상일 뿐 모든 사람들이 다 이러한 욕구단계를 가지고 있다는 뜻은 아니다. 그리고 욕구가 충족된다고 해서 그 욕구가 완전히 100% 충족된다는 뜻은 아니다. 분명한 것은 원초적이고 밑바탕을 이루는 하위욕구일수록 보다 많이 충족되고, 높이 올라갈수록 덜 충족된다는 것이다.

예컨대 생리적 욕구가 75% 충족되고 안전욕구가 50% 충족될 때에 자아실현의 욕구는 10%밖에 충족되지 못한다는 것이다. 밑바탕을 이루는 원초적인 욕구일수록 생존과 직결되어 있어 보다 높은 충족률은 당연한 현상이라고 할 수 있다.

---

7) 가능한 여러 반응행태 가운데서 어떤 것을 선택하느냐 하는 것은 ① 좌절된 욕구의 수와 중요성 ② 좌절의 수준과 기간 ③ 행동봉쇄의 완벽성 ④ 좌절원인이 어떤 동기에서 비롯되었는가에 대한 지각 ⑤ 좌절에 대한 여러 반응의 성공경험 또는 실패경험 ⑥ 각 반응에 결부될 것으로 지각되는 위험과 비용 등 많은 요인에 달려 있다.

3. 아지리스의 성숙 / 미성숙이론

인간의 퍼스낼리티(personality)는 형성 이후 환경과 상호작용 및 적응을 통해 변해나간다. 아지리스(Chris Argyris)의 이론은 인간의 퍼스낼리티가 미성숙한 상태에서 성숙한 상태로 발전함에 따라 조직이 그에 맞는 경영환경을 제시해 주어야 한다는 이론이다. 아지리스는 제품조립을 하는 여공들을 통해 작업집단에 책임과 권한부여와 생산성의 연관관계를 연구하고, 조직이 성숙한 인간에게 그에 맞는 비전을 제시해 주어야 함을 강조하였다.

아지리스가 발전시킨 이 이론에 의하면 인간의 생산성은 그의 성숙 혹은 미성숙의 결과이다. 만일 개인이 미성숙으로부터 성숙으로 발전하고자 한다면 그의 인간성에는 일곱 가지 변화가 일어나야 하며 관리도구로서 인간관계론은 이러한 변화를 도와줄 수 있어야 한다는 것이다.

1) 요구되는 개성변화

아지리스의 이론에 의하면 인간성에 있어서 미성숙한 인간이 성숙한 인간으로 발전할 경우 개인퍼스낼리티에 다음의 변화가 일어난다고 주장하고 있다.[8)]

① 수동 상태에서 능동 상태로 변화한다.

② 타인에 대한 의존 상태로부터 독립 상태로 변화한다.

③ 단순한 행동양식에서 다양한 행동양식으로 변화한다.

④ 피상적인 관심에서 보다 깊고 강한 관심으로 변화한다.

⑤ 단기적이고 근시안적인 전망에서 장기적이고 거시적인 전망으로 변화한다.

⑥ 복종의 상태로부터 평등 또는 우월의 상태로 변화한다.

⑦ 자기인식의 결여(결핍) 상태로부터 자각과 자제의 상태로 변화한다.

2) 중요성

이 이론은 인간의 퍼스낼리티가 성숙함에도 불구하고 조직은 어디까지나 인간을 미숙하게 보고 그에 맞는 대접을 하지 못한다는 점을 지적, 바람직한 경영의 방침을 시사하는 바 그 의의가 크다고 하였다.

---

8) Chris Argyris(1960), Understanding Organizational Behavior(Homewood, Ill.: The Dorsey Press, Inc.), pp.8∼9.

3) 기본적 결론

결론적으로 조직과 개인의 목표달성을 위해서는 개인의 퍼스낼리티를 성숙, 실현시킬 수 있는 방향에서 조직구조와 관리방법이 확립되어야 한다는 것이다.

아지리스에 의하면 미성숙/성숙의 연속은 다음과 같은 특징을 나타내고 있다.[9)]

① 대부분의 노동자들은 게으르지 않으나 명백히 미성숙하다.

② 그러므로 관리에 관한 인간관계 접근방법은 노동자들의 인간성을 변화시킨다.

③ 전통적 조직은 고용자들이 성숙돼 가는 과정을 지연시킬지도 모른다.

④ 직무의 증대는 책임감을 일으킨다.

⑤ 반대로 책임감은 극기와 자제를 증대시키고 감독에 대한 필요성을 감소시킨다.

⑥ 고용원의 성숙은 생산성을 증대시킨다.

일반적으로 공공행정 이론가들은 최근의 전형적인 법 집행의 관리형태는 조직의 욕구에는 무관심하면서 개인적인 욕구를 위해서는 지나친 관심을 기울이고 있다는 데 동의한다. 그래서 성숙지향적인 고용자의 성장을 제한하고 있다고 한다.[10)]

4. 허즈버그의 동기/위생이론

피츠버그 대학의 심리학부에서 허즈버그(Frederick Herzberg)와 그의 동료들은 작업조건과 환경에 관한 직무만족과 불만족의 원인을 발견하기 위하여 피츠버그지역에 있는 11개의 기업에서 약 200명의 기사와 회계사를 면접했다.

1) 발견

직무태도에 관한 이러한 면접으로부터 허즈버그는 노동자들은 그들의 직무가 불만족스러웠을 때 그들은 작업환경도 불만족스러웠다는 것을 발견했다. 대신에 노동자들은 그들의 직무가 만족스러웠을 때 그들은 스스로 그 작업의 성격에 만족스러워 했다. 따라서 허즈버그는 「노동자들은 본래 서로 독자적이지만 작업행동에 영향을 미치는 두 가지 욕구의 범주를

9) Chris Argyris(1957), Personality and Organization(New York: Harper & Row), pp.76~122.
10) V. A. Leonard and Harry W. More 1978, Police Organization and Management, 5th ed.(Mineola, New York: The Foundation Press, Inc.), p.107.

가지고 있다」고 결론지었다. 첫째의 범주는 동기부여 요인으로 성장하고자 하는 욕구이고, 둘째는 위생요인으로 고통을 회피하고자 하는 욕구이다.[11)]

(1) 동기부여요인(만족 요인)

이것은 직무 자체의 만족스러운 측면이며 여기에는 작업의 특질·인정과 성취감·직업적 성장·작업에의 도전·목표의 달성·책임감 그리고 재량이 포함되어 있다.

① 동기요인은 심리적 성장을 추구하는 요인이다.
② 동기요인은 직무내용 즉, 성취, 인정 그리고 일 자체와 관련되어 있다.
③ 이 요인들은 조직구성원들에게 만족을 주기 때문에 만족요인이라 한다.
④ 이 요인이 만족될 때 조직구성원들은 만족을 경험하게 되므로 조직구성원을 동기화시킬 수 있다고 주장한다.
⑤ 허즈버그는 동기요인이 성과를 향상시키고 이 성과는 만족을 이끌어 낸다고 믿었다.

(2) 위생요인(불만족 요인)

이것은 종업원을 직무불만족에 이르게 하는 좋지 않은 작업조건과 환경적 영향이다. 이러한 부정적인 조건은 특히 엄격한 기관의 정책·낮은 봉급·낮은 신분·긴장을 주는 인간관계 그리고 경직된 감독의 방식 등이 포함되어 있다고 볼 수 있으며 요약하면 다음과 같다.

① 고통을 피하려고 하는 욕구이며 일 자체보다는 직무환경요소 즉, 급여, 작업조건, 감독 그리고 안정 등 직접 관련되어 있어 불만족요인이라고 부르기도 한다. 그 이유는 주로 직무불만족에 영향을 미치기 때문이다.
② 위생요인은 충족되더라도 만족이 생기지는 않으며 다만 불만족만 없게 된다.
③ 따라서 허즈버그는 이들 욕구는 만족을 일으키지 못하므로 조직구성원들을 동기화시키지 못한다고 주장하고 있다.

동기요인		위생요인	
·성취감	·인정(칭찬)	·감독	·근무조건
·일자체	·책임	·상호인간관계	·임금 및 안정적 고용
·승진 및 성장		·회사정책과 경영방식	

11) Frederick Herzberg, Bernard Mausner and Barbara Snyderman 1959, The Motivation to Work, 2nd ed.(New York: John Wiley & Sons, Inc.), p.114.

2) 기본적 결론

이와 같이 허즈버그는 위생요인을 아무리 개선해도 조직구성원의 욕구는 충족되지 못하므로 장기적으로 동기를 유지하여 생산성을 높이기 위해서는 동기요인의 충족에 관심을 가져야 하며 이에 한 걸음 더 나아가 직무까지도 재설계할 것을 강조하고 있다. 이런 관점에서 허즈버그의 이론은 매슬로우의 이론을 한 단계 발전시킨 이론이라고 할 수 있으며 오늘날에는 동기요인에 대한 관심이 증가하였다.

허즈버그는 그의 연구의 초점을 동기부여요인에 두었고 불만족보다는 만족을 강조하는 작업환경을 만들어주는 관리를 장려했다.[12] 위와 같은 발견과 가정이 주어져서 위생 - 동기이론은 다음과 같이 결론을 맺을 수 있다.

① 노동자들은 그들을 강요하는 조건과 제한 같은 싫어하는 것을 제외하고는 직무를 좋아하고 있다.

② 관리는 위생요인의 폐단을 감소시켜야 하고 대신에 동기부여를 증진시켜야 한다.

③ 인간관계 접근방법은 작업조건과 작업환경의 부정적인 영향을 경감시킬 수 있고, 그 때문에 직무에 있어서 고유의 동기부여를 발견하기 위하여 고용원들을 자유롭게 한다.

5. 윌리암스의 피라미드 충돌이론

윌리암스(J. D. Williams)의 피라미드 충돌이론은 새로운 것은 아니지만 관료적 체제에 알맞은 사회적 인간의 어려움을 가장 잘 나타내고 있다.[13]

1) 조직상의 피라미드

윌리암스의 이론을 가정하면 관료적 기관(bureaucratic agencies)으로서의 조직은 전통적인 피라미드의 형태를 가지고 있다는 것을 제일 먼저 인정하고 있다. 명령과 권위는 꼭대기에 있고 복종은 직원들의 아래 수준에 있다. 이러한 두 가지 수준 사이에 놓여 있는 조직의 기능과 과업은 권위 · 통제 · 감독 그리고 징계에 의하여 강요되고 있는 기준에 의거하여 수

12) Paul Hersy and Kenneth H. Blanchard(1972), Management of Organizational Behavior, 2nd ed. (Englewood Cliffs, New Jersey: Prentice-hall, Inc.), p.58.

13) J. D. Williams(1980), Public Administration : The People's Business(Boston: Little Brown), p.104.

행되고 있다. 그림 7-2는 이러한 조직상의 피라미드를 나타낸다.

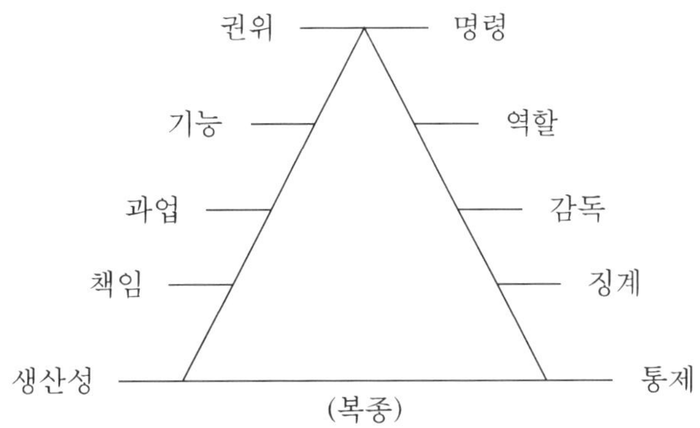

그림 7-2 공공기관의 조직적 피라미드

2) 사회적 피라미드

반면에 윌리암스는 사회적 기관(social agencies)으로서의 조직은 개인적 욕구가 또 다른 피라미드와 같은 구조를 만들어내는 사람들로 구성되어 있다는 주장을 제시했다. 이 피라미드의 밑은 뾰족한 끝으로 되어 있고 꼭대기는 열려 있는 거꾸로 된 형태이다. 중간에는 노동자의 상승하는 욕구와 야망, 즉 생리적 욕구, 안전 또는 방어, 애정, 자존 그리고 자아실현이 있다. 이 피라미드에 있어서 노동자의 기본적인 목적은 그들의 개인적 욕구를 만족시키는 것이다. 그림 7-3은 이러한 사회적 파라미드를 나타낸다.

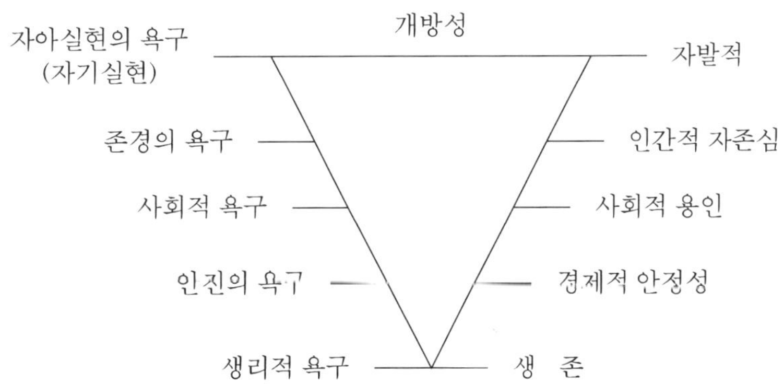

그림 7-3 조직노동자들의 사회적 피라미드

3) 피라미드의 충돌

조직적 피라미드의 제한은 직원들의 욕구를 좌절시키는 경향이 있으며 반면에 사회적 피라미드에 있어서 노동자들의 기본적 목적은 이러한 욕구를 만족시키는 경향에 있기 때문에 기관의 관리와 고용원들은 두 피라미드 사이의 충돌에 직면하고 있는 것이다. 이러한 충돌은 여러 가지 점에서 나타나고 있다.

① 강압 대 해방 : 조직적 피라미드는 직원들이 일을 함에 있어 강압적인데 초점을 두고 있는 반면에 사회적 피라미드는 고용원들을 보다 잘 일하도록 해방시키는 데 초점을 두고 있다.

② 기관목표 대 개인야망 : 조직적 피라미드의 목적은 주로 기관의 목표를 달성하는 데 있는 반면에 사회적 피라미드는 노동자들의 개인적 야망을 만족시키는 데서 찾는다.

③ 억제 대 성장 : 조직적 피라미드는 직원들을 억제하려 하고 그들을 기계로 바꾸려고 하는 반면에 사회적 피라미드는 그들을 자유스럽게 하고 성숙하게 한다.

④ 영속성 대 융통성 : 조직적 피라미드는 공식적이고 분명히 영구적인데 반하여 사회적 피라미드는 언제나 변화를 경험하는 융통성이 있고 임시변통의 관계로 이루어져 있다.

⑤ 규칙성 대 사교성 : 조직적 피라미드는 많은 규칙과 규정에 근거를 두고 있는 반면에 사회적 피라미드는 교제, 화합, 동정 그리고 사회적 이해의 산물이다.

⑥ 충돌의 표시 : 그림 7-4는 공공기관에 있어서 조직적 피라미드와 사회적 피라미드의 충돌을 나타내고 있다.

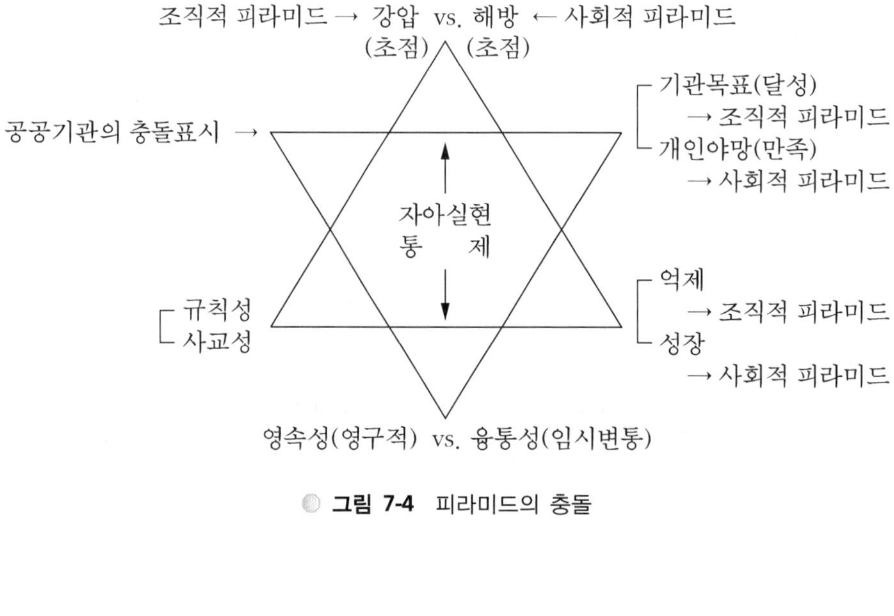

그림 7-4 피라미드의 충돌

4) 기본적 결론

윌리암스의 피라미드 충돌이론은 다음을 가정하고 있다.

① 피라미드의 충돌은 모든 조직에 있어서 당연하고 끊임이 없다. 비록 그것을 완전히 제거할 수 없을지라도 조직이 효과적으로 가능하려면 그것은 감소되어야 한다.

② 만약 그것이 해결되지 않는다면 조직적 및 사회적 충돌은 많은 직원(고용원)들을 실망시키고, 소외시키고, 불충실하게 하고, 지루하게 하고, 적개심을 나타내도록 하며 아마도 직원(고용원)들이 사보타주(sabotage)[14]를 일으키도록 유도할 것이다.

③ 노동자들이 그들의 직업과 작업조건에 덜 만족스럽게 될수록 사기는 떨어지고 생산성은 감소될 것이다.

④ 완전히 복종 또는 희생을 시킨다면 피라미드는 어느 쪽이든 비합리적일 것이고 그래서 역기능적일 것이다.

⑤ 충돌의 해결은 두 피라미드에서 주어지고 있는 동등한 배려와 함께 두 피라미드 사이의 조화의 확립을 통해서만 일어난다.

⑥ 인간관계 모형은 두 피라미드와 정당한 관리의 결합사이에서 산출되고 있는 조화적인 공존(harmonic coexistence)에 의해서만 가능할 뿐이다.

6. 맥그리거의 X·Y 이론

1) X이론(theory X)

맥그리거(D. McGregor)가 제시한 권위주의적 인간관리모형으로서 Y이론과 상반되는 이론을 말한다. 맥그리거는 매슬로우(A. Maslow)의 욕구단계이론을 바탕으로 연구하여 인간모형을 크게 X형과 Y형의 두 가지로 분류하고 그 각각에 따른 인간관리의 전략을 제시하였는데, 그 중 전통적 관리 체계를 정당화시켜 주는 인간관 이론을 X이론이라 한다. 즉 X이론은 한마디로 성악설에 입각한 인간관의 이론으로서 그 관리 방식은 과학적 관리론 및 원리주의적 행정관리론을 근거한 관리전략이라 말할 수 있다.

X이론에 의한 인간 해설을 보면, 인간이란

14) 사보타주(sabotage) : 쟁의 중인 노동자의 생산방해 행위.

① 천성적으로 게으르고 일하기를 싫어하며
② 책임지는 것을 좋아하지 않고
③ 변화와 개혁에 대해서는 저항적이며 오로지 안정만을 추구하려 한다.
④ 이기적이고 자기중심적이며
⑤ 경제적 욕구를 추구하는 데는 철저히 타산적이고 합리적이라서 경제적 동물이라 표현할 수 있다는 것이다.

따라서 X이론에 의하여 조직 구성원들을 관리하려면 다음과 같은 관리전략이어야 한다.
① 조직 구성원들은 어떠한 욕구보다도 경제적 욕구를 가장 중요시하므로 이를 충족시킬 수 있는 보상체계를 확립하여야 한다.
② 조직 구성원들은 자발적으로 일하는 것을 싫어하고 책임을 지려하지 않으므로 엄격한 감독과 강력한 통제 제도를 마련하여야 한다.
③ 조직 구성원들은 상황 변화에 대한 대응능력이 없기 때문에 관리자에게는 권위주의적인 리더십이 필요하다.
④ 조직 구성원들은 마지못해 피동적으로 일하려 하기 때문에 명령과 통제가 체계적으로 잘 전달될 수 있는 계층제 조직구조를 갖추어야 한다.

2) Y이론(theory Y)

맥그리거가 제시한 참여적(민주적) 인간관리 모형을 말한다. 맥그리거는 매슬로우의 욕구단계이론을 더욱 발전시켜 인간관리의 전략을 제시하였는데, 그중 인간의 성장적 측면을 강조한 관리체계를 뒷받침해 주는 인간관을 Y이론이라 한다. 즉 Y이론은 성선설에 입각한 인간관 이론이라 하겠으며, 조직 이론에서는 인간관계론 · 조직발전 · 자아실현에 대한 이론 등이 이 범주에 속한다고 볼 수 있다.
① 인간은 매사에 능동적이고 자율적이며, 적절한 조건만 갖추어 지면 책임지고 업무를 수행하려 한다.
② 또 인간은 자기 이익만을 추구하는 이기적 존재가 아니라 다른 사람과 더불어 잘 살려 하는 사회적 존재이며
③ 일하려는 동기는 사회적 욕구 · 존경의 욕구 · 자아실현의 욕구 등 상위욕구에 의하여 유발된다는 것이다.

따라서 Y이론에 의하여 조직 구성원들을 관리하려면 다음과 같은 관리전략이어야 한다.

① 조직의 모든 구성원들이 조직 운영에 자발적으로 참여하게끔 목표에 의한 관리(management by objective : MBO)이어야 한다.

② 조직의 중요한 결정은 상부층이 일방적으로 결정할 것이 아니라 조직구성원들의 참여 속에 집단토의 등을 통해서 이루어져야 하며, 이를 위해 관리자는 민주적 리더십형이어야 한다.

③ 권한은 몇몇 관리자만이 독점할 것이 아니라 가능한 한 여러 사람에게 분산시킴으로써 조직 구성원들의 자율성과 창의성을 갖게 한다. 다시 말해서 분권화 권한의 위임이 이루어져야 한다는 것이다. (전결권)

④ 조직 구조에 있어서는 가능한 한 계층수를 적게 하여 평면적 구조를 갖추도록 한다. 그래야만 상급자와 하급자 간에 의사소통이 잘 이루어질 뿐 아니라 상하계급의 거리감에서 오는 심리적 불안감도 적어지게 된다. (팀제)

(1) Y이론의 기초적인 가정

기초적인 Y이론의 가정은 다음과 같이 요약할 수 있다.[15)]

① 보통 사람은 일을 싫어하지 않는다.

② 기관의 생산욕구에 앞서서 만족시켜야 하는 인간의 욕구는 능률적으로 시간을 초과하여 만족시킬 수 있다.

③ 심리적 욕구는 경제적 욕구만큼 노동자의 성취를 위하여 중요한 것이다.

④ 사람은 사교적이다. 그러므로 집단관계는 억제시키는 것보다 오히려 장려해야 한다.

⑤ 본래 사람들은 위대한 일을 할 수 있다.

⑥ 조직의 문제를 해결하는 데 있어서 상상력과 재능 그리고 창조성을 발휘하기 위한 능력은 모든 사람에게 한정되어 있지 않고 넓게 배분되어 있다.

(2) 기본적 결론

맥그리거의 이론은 다음을 인정하고 있다.[16)]

① 조직 내에서의 직무(작업)는 보람이 있도록 하여야 한다.

---

15) Douglas Mcgregor(1960), The Human Side of Enterprise(New York: Mcgraw-Hill), pp.33～57.
16) Ibid., pp.6～7.

② 조직은 신뢰, 공개 그리고 헌신을 촉진시켜야 한다.
③ 관리의 목표는 자아실현 된 노동자들의 끊임없는 생산이어야 한다.
④ 인간주의적인 조직 속의 명령은 평등해야만 한다.

제4절 현대 인간관계론과 그 특징

인간관계 접근방법에 의한 현대행정은 본질적으로 Y이론의 개념이며 또한 참여적 관리(participatory management) 또는 새로운 관리(new management)로서 간주되고 있다.

1. 기본적 원리

소방기관에 있어서 혹은 어떤 공공기관에 있어서도 인간관계모형에 의한 행정은 다음과 같은 원리들을 신뢰해야만 한다.[17)]

(1) 비공식적 조직

비공식적 조직은 그 복잡성에 관계없이 인간의 결합을 널리 퍼지게 하는 인간적 관계 및 교제의 총체이다.

① 비공식적 조직은 노동자들 사이의 융통성 있는 결합으로 이루어져 있으며 그들의 자발적인 우정·호오(好惡) 그리고 거기서부터 생겨난 행동양식에 근거를 두고 있다.
② 공식적 관료제에 있어서 비공식적 조직은 아직도 눈에 띠고 있으며 평소 가입하고 있는 단체, 예컨대 등산팀·테니스팀·볼링팀·낚시클럽 등에서 입증되고 있다.

(2) 관리의 조화적 의미

관리의 조화적 의미란 그 조직의 철학·목표·기능·중요한 특징 그리고 고용원의 구성에 가장 꼭 맞게 어울리는 관리전략이다. 그것은 기관의 과업욕구와 고용원의 인간적 욕구

17) Sam S. Souryal 1981, Police Organization and Administration(New York: Harcourt Brace Jovanovich, Inc.), pp.46~48.

를 어떤 의미로든 극대화시켜서 일하도록 하는 '주문에 따라 만든(tailor-made)'공식이다. 조화적 의미는 그들이 특정한 시간 동안에 특정한 환경아래에서 특정한 기관에 적합하도록 만들어진 것이기 때문에 좀처럼 중복되지 않는다.

(3) 의미 있는 직무할당

직무할당은 비록 자극적인 관계가 직위 및 그 점유자 사이에서 나타난다 할지라도 의미 있는 것이다. 이러한 관계는 지적 능력과 관심에서 보면 고용원들에게 크게 요구되고 있는 점이다. 결과적으로 고용원의 창의력, 조직을 위해 희생하는 마음 그리고 부수적으로 작업향상을 위한 헌신이 증대되며, 동시에 매력적인 직무할당은 노동자의 위신을 강화시키고 자아실현을 촉진시키기 때문에 사회적 욕구를 만족시킨다.

(4) 넓은 통솔의 범위

넓은 통솔의 범위는 권한의 위임을 많이 하면 할수록 감독을 덜하게 하는 쪽으로 유도하는 관리에 의한 수단이 포함되고 있다.

① 기관 내에서 확대되고 있는 통솔범위는 그늘 내부에서 나타나고 있는 보다 큰 신뢰에 의하여 동기부여 되어 있는 직원들의 자존을 견고하게 강화시킬 수 있다.

② 이러한 관리에 의한 위임은 특별한 감독직위에 관련되어 있는 운영상의 비용을 절감하도록 할 수 있고 불필요한 행정계층을 제거하여 기관 내에서 의사전달을 촉진시킬 수 있다.

(5) 자연적인 작업집단의 장려

소방 조직에 있어서 각 개인이 하나 또는 그 이상의 활력 있는 작업집단 또는 팀의 일원이 될 때 생산성은 증가되어 가는 경향이 있다. 이러한 구성원은 하위직원 속에서 집단에 대한 그리고 조직에 대한 충성심을 야기시키는 반면에 소속에 대한 욕구를 만족하면서 사회에 적응하고 있나.

그러므로 인간관계 접근방법에 의한 관리는 그러한 집단을 형성하는 데 호의적인 분위기를 유지하여야 한다. 소방홍보위원회와 방화대책협의회 및 의용소방대원들의 체육행사에 소방기관이 사교적인 회합시간과 행사에 필요한 유・무형의 지원대상 물품들을 직・간접적으로 지원하여야 하는 것 등은 일종의 우호집단의 주요한 예라고 할 수 있다.

(6) 운영에 있어서 중요한 직원의 의견

맡은 업무에 전념하도록 참여시키는 원칙은 민주주의의 기본적인 원리에 있어서 그 핵심이다. 언제라도 직원이 그들의 업무에 중요한 영향을 주는 결정을 하는 데 참여시키고 소방기관의 정책에 관하여 그들의 견해를 제시하도록 요청된다고 하면 기관의 실적은 증대될 것이다.

의견 제시는 헌신을 하게하고 헌신은 계획적인 결근, 이직 그리고 직원간의 태업 비율을 감소시킬 것이며 한편에서는 기관에서 생산해 낸 업무의 질을 향상시킬 것이다.

(7) 민주적인 리더십

소방 기관내의 민주적 리더십은 상관이 그들의 부하에게 정책결정과정에 공동으로 참여하는 것을 의미한다. 그것은 수학적 계산에 의한 것이라기보다 직원을 최고로 만드는 것을 보다 더 강조하는 것이다. 그러나 생산성은 동기를 부여받은 직원들의 관계와 참여 때문에 증대되는 경향이 있다.

민주적인 리더는 균등성·공평성 그리고 공익의 표준에 관한 결정에 의거한다. 그들은 개방성·합리성 그리고 동정을 표시하면서 반면에 권위주의와 군국주의 또는 무관심을 회피하고 있다.

(8) 인간성장의 자극

기본적인 인간의 욕구는 출생과 성장 이전에 충족시켜져야 한다는 매슬로우의 이론이 발달되어 행정가들은 그들의 부하들에게 친절하게 의사소통 할 수 있는 행동에 보다 커다란 관심을 가지게 되었다.

축하의 표시 혹은 칭찬을 위해 등을 톡톡 두드리는 것과 같은 훌륭한 업무의 인정은 고용원의 불평불만을 경청하고 일을 잘못했을 때 격려하는 인간적 성장의 가치 있는 방법으로서 동정심을 표시하는 것이다.

(9) 적정한 보수와 작업안전

한편 훌륭한 업무의 인정과 소방행정기관 운용에 있어서의 직원의 참여증대는 행정에 대한 인간관계 접근방법의 주요한 원리이며 직원의 경제적 동기부여를 무시해서는 안 된다. 금전상의 보상은 일반적으로(특히 소방업무에 있어) 관료주의적 직업에 있어서는 아마도 선천적 불만을 상쇄시키는데 도움을 줄 수 있을 것이다.

이러한 관점에서 봉급의 적정체계·급료의 증액·각종수당 그리고 특별상여금은 인간관계모형에 있어서 관리를 하는 데 필수적인 것이다. 이러한 제도는 작업안전을 유지하고 향상시키는 데 도움을 줄 수 있고 직원들의 소방에 대한 영구적인 생애의 천직으로서의 인식을 강화시킬 것이다.

2. 인간관계 접근방법의 장점

인간관계 접근방법의 장점은 아래의 원리와 관련하여 주장되어 왔다.[18)]

(1) 요령 터득(learning the ropes)

비공식적 조직 – 인간관계의 중추 – 은 직원에게 왜 실제로 소방에 들어와 일을 하는가를 발견하도록 도와준다. 다른 직원과 집단의 경험을 통하여 직원은 조직의 하위문화를 배운다. 그들은 그 조직의 전통에 익숙하게 되고, 조직도표에는 나타나지 않을 수도 있는 중요한 다른 사람들을 발견하게 되어 그들의 경력발전에 대하여 중요한 영향을 미칠 수 있다.

(2) 불화의 해소

비공식적 조직에 있어서 인간관계에 의한 관리는 경쟁집단·경쟁파벌·관리자와 직원 사이에 발생하는 불화 또는 오해를 가장 잘 해소할 수 있다.

공식적 조직에 있어서 인간관계기법의 이용은 또한 행정가에게 직원 사이의 불만, 이간(離間) 그리고 노여움의 원인들을 발견하고 이러한 원인들을 중화시키고 기관의 효과성에 손해를 끼칠 중대한 갈등의 발전을 예방하도록 도와 줄 수 있다.

(3) 의사소통의 증진

인간관계이론은 공식적인 조직 내의 비공식적인 의사소통의 이용을 인정하고 권고한다. 따라서 인간관계 접근방법의 주요한 이점의 하나는 공식적인 경로(흔히 지나치게 복잡하거나 또는 긴장상태에 있는)를 보충하기 위한 예비적인 비공식적 의사소통망이 존재한다는 점이다.

18) Ibid., p.48.

① 이러한 비공식적 경로는 평직원들이 받아들일 수 있도록 더욱 마음에 들게 함으로써 공식적인 지시를 완화시킬 수 있다. 동시에 그것은 지도자가 그들의 부하의 열망과 태도를 알아차리게 함으로써 하위계급에서 상위계급으로의 의사소통을 쉽게 할 수 있다.

② 많은 경우에 비공식적 의사소통망은 정책발표를 공식화하기 전에 걱정하는 행정가가 새로운 정책을 실험할 수 있도록 하는 유일한 방법일 수도 있다. 낌새를 실험할 수 있는 이 방법은 공식적인 정책을 철회시켜서 그 후의 고민을 행정가에게 덜어줄 수 있다.

(4) 응집력의 유지

인간관계 접근방법과 비공식적 조직을 통하여 집단의 지도자들은 기관에 연결되어 있는 핀(pin)과 같이 힘과 역할을 다할 수 있다. 이러한 위치의 지도자들은 밑에 있는 직원들의 단결과 소속욕구를 만족시키는 데 도움을 줄 수 있고 이로써 기관 전체의 응집력을 강화시킨다. 그러므로 이러한 지도자들은 실제로 관리에 영향을 미칠 수 있으며 그래서 기관의 목표를 성취하고 노사관계를 능률적으로 하며 작업집단 사이의 분쟁을 해결하는 데 주요한 역할을 할 수 있다.

(5) 자존심의 촉진

인간관계모형에 있어서의 관리는 직원의 안정감과 인간적 위신을 강화시킨다. 비공식적 의사소통과 상호작용(예를 들면 점심을 하면서 또는 야외 회식을 통한 회합)을 통하여 직원들은 각자의 자존심, 참여 그리고 협력의 감정을 강화시킬 수 있다. 이어서 이러한 분위기는 직원을 만족시키고 그들 조직의 자부심을 증가시킨다.

3. 인간관계 접근방법의 단점

이러한 많은 장점에도 불구하고 인간관계론이 모든 행정적 잘못을 치유하기 위한 최선의 방법일 수는 없다. 어떤 직원들은 민주적인 지도력에 의해 동기부여가 되지 않고 근무부서에서의 친절함에 감동되지도 않는다. 이러한 직원들 혹은 다른 직원들은 기관을 속이거나 또는 그 목적을 방해함으로써 그 접근방법의 장점을 취할 수도 있다. 또한 자발적인 참여에 의존하고 있는 많은 운영－특히 군대 혹은 소방에서－은 필요한 성과를 생산하는데 실패할 수도 있다.

인간관계 접근방법의 다음과 같은 단점은 특정한 기관에서 행정을 위한 적당한 모델을 만들 때 명심해야 한다.[19]

(1) 지나친 민주주의

인간관계 접근방법의 열렬(熱烈)한 옹호자는 지나친 민주주의가 극단적인 독재주의와 같은 역기능이 될 수 있다고 믿고 있다. 인간관계론은 느슨한 조직의 인상을 줄 수 있고 아마도 조직의 권위를 침해할 수 있다는 부단한 압력 밑에서 관리를 한다고 생각하며 압력단체와 같은 행동을 하는 직원들을 고무시킬지도 모른다.

(2) 개성의 억제

인간관계론이 모든 수준에 있는 작업집단에 창조를 촉진한 이래 직원들은 집단의 모토와 상투적인 문구에 희생되어 그들의 개인적 주체성을 상실하는 위험에 무관심했다. 아이러니컬(ironical)하게도 그때 인간관계접근방법은 만일 개인이 집단의 규범에 순응할 것으로 느껴진다면 그의 창소석 사고를 억세시키게 힐 깃이다.

(3) 직원의 행복에 대한 지나친 강조

인간관계론의 기본적 비판은 작업을 희생시키면서 직원들을 제멋대로 내버려두는 데에 있다. 예를 들면 관료적 조직이론가들은 직원들을 단순히 생산성이라는 목적을 위한 수단으로 보았고 인간관계모델에서 직원의 복지에 대한 관심을 행정적 우선순위의 오해로 보았다. 더구나 행복한 직원이 생산적인 직원이라는 관념은 적어도 전통적인 관료적 조직에서는 아직도 커다란 의문점으로 생각되고 있다.

(4) 친절과 자제

인간관계론은 직원들이 만일 적절하게 동기부여가 되어 있고 친절한 대우를 받는다면 창조적일 수 있고 업무에 스스로 충실하게 될 수 있다는 것을 가정하며, 그것은 더 나아가 창조가 노동자들 사이에 널리 공헌하게 된다고 가정한다. 이러한 가정은 업무가 선천적으로 싫증나는 것이고 대부분의 직원들은 그들이 의사결정을 감히 하지 못하지만 무엇을 할 것인

19) Ibid., p.49.

가 말하기를 오히려 더 좋아한다고 주장하는 전통적인 이론가들에 의하여 강하게 이의를 제기 받고 있다. 이러한 이론가들은 선택을 하도록 하는 압력으로부터 직원들을 해방시키도록 지시하고 자동적으로 그들을 공식적인 청사진에 따르도록 놓아두어야 한다고 주장한다.

(5) 신화로서의 조직의 명령

인간관계 접근방법은 또한 조직의 명령을 지지한다. 그러나 열심히 일을 하면서 기관 내부에서 승진하려고 몇 년을 기다리고 있는 관리자들은 그들의 부하에게 많은 이익이 되는 권한을 분배하지는 않으리라는 것을 확실히 입증할 수 있다.

(6) 계층제구조의 부당한 비난

인간관계론의 비판가들은 계층적 권한이 이러한 이론이 제시하고 있는 커다란 결함은 아니라고 주장한다. 재능이 있고 열심히 일하는 직원들은 증대되는 책임과 권한을 획득할 수 있어서 상승적 이동의 규칙적인 단계에 대비한다.

(7) 몽상가

비판가들은 인간관계론이 요란스러운 유토피아(utopia)라고 주장한다. 그것은 전통주의자에 의하여 모든 종류의 날씨 속에서 띄우려는 연(鳶)에 비유되고 있다. 반면에 인간관계는 이상적인 날씨에 연을 띄우려고 할지도 모르며 그것은 폭풍우 치는 날씨의 가능성을 허락하지 않는다. 즉 그것은 작업기술과 개성, 수행한 직무의 형태 그리고 거기에 사용되어진 독특한 과학기술에서의 모순을 고려하지 않는 것과 같다.

제5절 소방행정과 인간관계 접근

소방행정학자들은 예외 없이 대부분의 소방기관들이 아직도 전통적인 관료적 조직이론들을 따르고 있다는 데 동의한다.

인간관계 접근방법은 대부분의 소방관리자들간에 잘 알려져 있지 않고 있으며 또한 적어도 진지하게 생각하고 있지 않은 것처럼 보인다. 동시에 이러한 접근에 대한 무관심으로 오늘날 소방행정에 있어서 제기되는 약간의 결함에 대하여 소방관리자들은 일단의 책임을 져야 한다. 이러한 단점의 몇 가지는 – 그리고 그들이 발생시킨 반응은– 다음과 같다.[20]

1) 직원의 욕구불만

소방행정기관에 있어서 인간관계방법 중 결점의 한 가지 결과는 진부(陳腐)한 기관의 정책, 업무습관 그리고 국민에 대한 태도 등이 직원들 사이의 욕구불만이라는 점이다.

반응 – 직원의 불안 : 그들의 조직에 의해 채택된 표준들과 조직상의 피라미드 최상부와 최하부에 있는 직원간의 의사소통 결핍에 의하여 혼란에 빠져 있는 소방관들(특히 신규 채용자들) 사이에 불안과 불만이 증가되고 있다.

2) 권위주의

소방행정기관들에 있어서 또 다른 상황은 권위주의적이며 반지성적인 환경으로 맹목적인 복종의 요구, 절대적 충성, 연구의 경시(輕視) 그리고 최근까지도 직원 가운데서 소방의 장래를 위해 석・박사과정을 공부하거나 석・박사학위를 취득한 직원에 대한 은근한 경멸이 가끔 나타나고 있다.

반응 – 사적인 태만 : 극단적인 권위주의의 결과로서 젊고 보다 많은 교육을 받은 소방관들 가운데 태만의 비율이 증가하고 있으며 그들 대부분이 중요하고 힘든 업무보다 사사로운 업무를 수행하는 부서에 더욱 만족하려고 한다.

3) 의기소침

소방기관에 있어서 만연하고 있는 상황은 명령의 통일, 제한되어 있는 과업, 방황하는 감독, 변화에의 거부 그리고 관료적 형식주의가 어디에나 존재하고 있는 관료적 조직의 답답하고 한심스러운 점이다

반응 – 직원의 친목회 : 이러한 상황에 대한 반응은 관료적 구조에 앙갚음하기 위한 도구로서 직업에서 분파적으로 생겨나는 친목회를 형성하게 된다. 친목회의 결성은 공공관계의 소망, 동향관계에 있는 상하직원, 학연관계의 선후배 그리고 동년배와 감독자와의 친밀한 관

20) Ibid., pp.50～51.

계로서 인간관계 접근방법의 결핍을 보충하려고 한다.

4) 윤리의식의 부족

소방기관들은 부패, 불공정, 잔인성 그리고 지방정치세력들에게 비위맞춤과 같은 현안문제들을 해결하기 위한 그들의 지도력 부족에 직면하고 있다고 할 수 있다. 이것은 소방관(消防觀)과 소방운영에 대한 시민의 무관심 혹은 솔직한 적대감의 실질적인 감정을 결부시켜 표현한 것이다.

반응 – 시민의 비판 : 이러한 상황에 대한 반응은 언론매체와 일부 시민의 진술을 통하여 소방활동에 대한 비판이 증대되어 왔다. 다행스럽게도 이러한 비판은 변화에 대한 필요성과 소방서비스현장의 표준과 훈련에 근거하고 있는 소방전문화의 추구를 인식하게 되었다.

소방행정에 있어서의 의사전달

8

CHAPTER

제1절 서 설

관료제, 과학적 관리, 인간관계, 행태주의 혹은 불확정이론이 잇따라 제기되고 있는 행정적 접근방법에도 불구하고 다른 공공기관과 마찬가지로 소방기관은 본질적으로 공통목표를 향하여 일하고 있는 역동적(力動的)인 집단이다.

인간은 다른 사람의 마음을 읽을 수 없기 때문에 그들은 서로 이해관계를 공유할 어떤 인정된 방법, 즉 의사전달(communication)을 발전시키고 이용하여야만 한다. 의사전달이 없이는 정책이나 과정이 정확하게 수행될 수 없기 때문에 소방기관의 내부에서 효과적인 의사전달 통로를 유지하는 것이 절대로 필요한 행정적 기능인 것이다.

실제로 기관의 내부에서 중요한 의사전달이 결핍되면 구성원들 사이에 이해의 혼란을 일으키게 되고 결과적으로 모든 조직의 활동은 효율성을 발휘할 수 없게 된다. 따라서 하급직원들은 관리자가 그들에게 무엇을 하기를 원하고 또 기대하고 있는가를 어쩔 수 없이 추측하려고 하며 지도자들은 그들의 부하의 욕구와 욕망에 대하여 똑같이 모르게 된다. 더구나 소방활동의 효율성은 국민의 이해와 협조에 달려 있다고 해도 과언이 아니기 때문에 소방기관과 국민간의 의사전달은 필수 불가결한 것이라고 할 수 있다.

오늘날 의사전달은 특히 정책결정을 포함한 모든 의사결정에 있어서 그 결정의 내용과 방법에 중요한 영향을 미치는 요인으로 파악되고 있다. 따라서 효과적인 의사전달은 효과적인 결정을 의미한다.[1)]

1. 의사전달의 개념

의사전달(communication)은 일상생활에서 개인간에 나누는 대화 같은 단순한 의사교환을 뜻하는 것이 아니고, 전달자가 그의 의견이나 정보를 수신자에게 전달하여 그 내용을 정확히 이해시킴으로써 의도했던 성과를 얻는 것까지 포함된 개념이다.

따라서 커뮤니케이션이라 말할 수 있으려면 ① 누가(전달자), ② 무엇을(전달내용), ③ 어떤 방법으로(통로), ④ 누구에게(수신자), ⑤ 무엇을 기대하고(전달목적) 의사를 전달하려

1) Paul M. Whisenand and Fred Ferguson(1989), The Managing of Police Organizations, 3rd. ed. (Englewood Cliffs, New Jersey: Prentice-Hall), p.49.

는가 하는 5가지의 요소가 구비되어야 한다.

여기서 전달자(transmitter)란 커뮤니케이션을 먼저 시작한 사람(개인) 또는 집단을 말하고, 전달내용(message)이란 전달자가 다른 사람에게 전달하고자 하는 사건, 의견, 지시 등을 말한다. 그리고 통로(avenue)는 전달자(발신자)와 피전달자(수신자)사이에 메시지가 오고 갈 수 있게 연결시켜 주는 길이라 할 수 있다.

2. 의사전달의 중요성(기능)

커뮤니케이션은 마치 인체의 신경계와 같아서 조직 활동을 가능하게 하는 역할을 담당하고 있으므로 소방조직에 있어서 없어서는 안 될 중요한 요소이다. 만일 커뮤니케이션이 원활하지 못하면 소방조직이 바라는 조직발전이나 혁신, 협동이나 조정, 직원들의 행동변화 등을 기대할 수 없는 일이다.

특히 소방조직에 있어서는 의사결정이 소방조직의 핵심을 이룬다고 볼 때, 합리적인 의사결정은 사실 효과적인 커뮤니케이션이 없이는 불가능하다. 또한 커뮤니케이션은 소방조직의 직원들로 하여금 자기의 의사나 감정을 서로 교환함으로써 심리적 욕구의 충족과 소외현상, 아노미(anomie)[2)]현상을 해소시켜 주기도 한다.

3. 의사전달의 유형

커뮤니케이션은 그 경로(經路)가 공식조직의 계층제를 통한 것인가 아니면 비공식 집단을 통한 것인가에 따라 공식적 커뮤니케이션과 비공식적 커뮤니케이션으로 분류해 볼 수 있다. 또 정보나 의사(意思)가 전달되는 방향을 기준으로 분류할 경우, 하향적 커뮤니케이션・상향적 커뮤니케이션・수평적 커뮤니케이션으로 나누어 볼 수도 있다.

4. 의사전달의 원칙

커뮤니케이션은 정확한 내용이 적시(適時)에 전달되어야 하므로 이를 위해서는 어떤 원

---

2) 아노미[프, anomie] ① 행위를 규제하는 공통의 가치나 도덕기준을 잃은 혼돈상태.
② [심] 불안, 자기상실감, 무력감 등에서 볼 수 있는 부적응 현상.

칙이 있어야 할 것이다. 커뮤니케이션의 일반적 원칙으로는 레드필드(C. F. Redfield)가 지적한 바에 따라 명료성·일관성·적정성·적시성·분포성·적응성과 통일성·관심과 수용성의 7가지를 드는 것이 일반적이다.

(1) **명료성**(clarity)

수신자(피전달자)가 전달내용을 정확하게 이해할 수 있도록 쉬운 용어를 사용해야 하며, 간결하고 명확한 표현이어야 한다는 것이다. 만일 전달내용이 애매모호하여 수신자가 잘못 이해하게 되면 의도한 효과와는 거리가 먼 행동을 하게 된다.

(2) **일관성**(consistency)

커뮤니케이션에 있어서 전달 내용이 앞에서 말한 내용과 뒤에 말하는 내용이 상이해서는 안 된다는 뜻이다. 만일 명령이나 지시를 하달함에 있어서 앞과 뒤의 말이 일치하지 않을 경우 이를 접수한 직원은 어느 것에 따라야 할지 어리둥절하여 올바른 행동을 취하지 못하게 된다.

(3) **적정성**(adequacy)

커뮤니케이션은 그 전달내용이 적정한 분량이어야 한다는 뜻이다. 그 양이 너무 많으면 시간적 낭비를 하게 되고 너무 적으면 충분한 의사전달이 어렵게 된다.

(4) **적시성**(timing and timeliness)

커뮤니케이션은 요구되는 시기에 맞추어 이루어져야 한다는 뜻이다. 즉, 조직에 쓰여질 정보는 그것을 필요로 할 때 전달되어야 하며 그 시기를 놓쳐서는 안 된다는 것이다. 예컨대 대형화재가 발생했을 경우 전 직원에 대해 비상소집을 통보할 때 한 두 시간만이라도 늦게 되면 미리 비상소집에 임하지 못함으로써 큰 피해를 입게 됨으로 즉시 통보해야 하는 것과 같다.

(5) **분포성**(distribution)

전달자가 지시나 정보를 전달함에 있어서 그것을 받아 보아야 할 피전달자(수신자)에게 정확히 전달되어야 한다는 뜻이다. 한편 분포성의 원칙에는 전달내용이 비밀사항이 아닌 이상 관련된 모든 사람들에게 전달되어야 한다는 뜻도 포함된다.

(6) 적응성과 통일성(adaptability and uniformity)

커뮤니케이션의 원칙으로서 적응성(adaptability)이란 커뮤니케이션이 너무 경직되어 있어서는 안 되고 융통성과 신축성이 있어야 한다는 뜻이다. 즉, 정보의 전달이 공식적 통로에만 의존하면 급격한 환경의 변화에 적응할 수 없다는 것이다. 그리고 통일성(uniformity)이란 각 커뮤니케이션이 전체로서 통일된 의사(意思) 표현이 되게 하여야 한다는 뜻이다.

(7) 관심과 수용성(interest and acceptance)

커뮤니케이션은 궁극적으로 피전달자의 관심과 수용이 있어야 이루어진다. 따라서 효과적인 커뮤니케이션이 되기 위해서는 마지막 단계로 피전달자(수신자)가 전달된 내용에 대하여 관심(關心)을 가져야 함은 물론 그것을 수용(受容)하여야 할 것이다.

5. 의사전달의 장애

커뮤니케이션의 생명은 정보의 내용을 정확하게 전달하는 데 있다. 그러나 커뮤니케이션은 별개의 개인 또는 집단 사이에 이루어지는 것이므로 정보가 전달되는 과정에서 여러 가지 장애요인으로 인하여 그 정확성의 확보가 어려워지는 수가 있다.

커뮤니케이션을 저해하는 요인에는 언어상(言語上)의 장애, 외국어 사용, 전달경로의 거리와 복잡성, 지각의 착오, 준거기준의 차이, 지위상(地位上)의 차이, 정보의 의식적 제한, 정보의 고의적 독점 등이 있다.

(1) 언어상의 장애

언어는 커뮤니케이션에 있어서 가장 중요한 수단이 된다. 그러나 언어로서 어떤 사실이나 의견·감정 등을 표현하는 데는 사람마다 다를 수 있고, 또 잘못 표현하면 수신자는 전달자의 의도와 전혀 다르게 이해할 수도 있다. 따라서 언어를 부정확하게 사용하거나 일반인이 잘 모르는 전문용어나 외래어 등을 사용하는 것은 의사전달의 정확성을 저해(沮害)하게 된다.

(2) 전달경로의 거리와 복잡성

전달자와 수신자(피전달자)가 먼 거리에 떨어져 있을 경우에는 비록 통신 수단이 발달된 오늘날에 있어서도 의사전달에 정확성을 기하기가 어렵다. 또 가까운 거리에 있다 할지라도 의사전달의 경로가 여러 단계를 거치는 등 복잡하면 중개자의 고의 또는 과실로 인해 전달의 내용이 왜곡될 수가 있어 커뮤니케이션의 정확성에 장애가 된다.

(3) 지각의 착오

동일한 대상에 대해서도 그것을 인식하는 지각(perception)은 사람마다 차이가 있을 수 있다. 더욱이 지각 과정에 어떤 조건이 개입되면 일시적이나마 지각에 이상이 생겨 착각을 일으킬 수 있는데, 이런 경우를 지각의 착오(perception error)라 한다. 이러한 지각의 착오는 커뮤니케이션의 정확성을 저해하게 된다.

(4) 준거기준의 차이

인간은 제각기 성장해 온 사회적・문화적 환경이 다르기 때문에 객관적으로 동일한 사물에 대해서도 그것을 해석하고 판단하는 것이 저마다 다를 수 있다. 이러한 현상은 사람들이 자기 경험의 세계에서 벗어나지 못하는데다 경험하지 못한 세계에 대해서도 선입견(先入見)을 가지기 때문인데, 그것은 준거기준(frame of reference)을 달리하고 있는 데서 비롯된다. 즉 인간은 아는 만큼 느낄 뿐이며 느낀 만큼 보인다. 쉽게 말하면 모르는 것은 보이지 않는다.

커뮤니케이션에 관련된 모든 사람들의 준거기준이 비슷할 경우에는 커뮤니케이션은 정확성을 기할 수 있겠으나 서로 다를 경우에는 전달 내용을 자기 나름대로 인식하고 판단하기 때문에 정확성을 기할 수 없다. 따라서 준거기준의 차이는 커뮤니케이션의 저해 요인이 된다.

(5) 지위상의 차이

계층적 구조에 있어서는 고위층과 하위층이 그 계급의 차이가 심할수록 생활문화나 가치관 등의 차이가 커진다. 이러한 지위(地位)상의 차이는 준거기준을 달리 하게 되고, 또 자기방어의 현상을 낳기도 한다. 즉, 자신의 신분을 보호하기 위하여 하급자는 상급자에게 듣기 좋은 것만 보고하려 하고 상급자는 자기에게 불리한 정보는 하급자에게 전달하지 않으려 하게 된다. 따라서 지위상의 차이는 커뮤니케이션의 원활화를 저해하는 요인이 된다.

(6) 의식적 제한과 고의적 통제

조직의 비밀을 유지하기 위한 정보의 의식적 제한(意識的制限)과, 정보를 권력 유지의 수단으로 생각하여 혼자서 소유하려는 고의적 통제(故意的統制)는 필요한 정보의 흐름을 막기 때문에 커뮤니케이션의 저해 요인이 된다.

제2절 소방의사전달의 역할

소방기관에 있어서 의사전달은 직원들 간의 상호작용을 극대화 시키고 기관의 목표, 정책, 절차들을 그들이 함께 이해하도록 증진시킨다.

의사전달은 관리기획을 위한 전달수단이며, 소방관리자는 부하, 동료, 감독자 그리고 소방대상물의 관계자들과 상호작용을 하는 것과 같이 효과적인 조직의 의사전달을 발전시키고 유지시키는 데 열쇠를 쥐고 있는 사람이다. 성공적인 의사전달체계는 다음의 다섯 가지 일을 하는 데 달려 있다.[3)]

① 할당된 업무를 달성하는 데 충분한 정보가 제공되어야 한다(이러한 의사전달기능은 주기적인 훈련, 전문적인 참고편람의 자문, 일상적인 지도, 그리고 명령과 같은 다양한 형태를 통하여 만족을 주어야 한다).

② 책임성에 대한 분명한 인식과 기대가 전달되어야 한다(조직도표, 직무기술, 작업계획, 예정표, 관할구역, 근무성적평정, 명령, 그리고 다른 방안들이 이러한 기능을 수행할 수 있다).

③ 특정한 목적을 달성하기 위하여 인적・물적인 작용의 조정을 용이하게 하여야 한다.

④ 조직의 문제를 해결하고 갈등을 해결하는 것을 용이하게 하여야 한다.

⑤ 무엇을 달성해야 하느냐 하는 것뿐만 아니라 그것을 어떻게 달성해야 하는가에 대한 일반적인 방향을 제시하여야 한다.

그러므로 효과적인 소방의사전달은 다음과 같은 것이 시도되어야만 한다.

① 소방공무원은 평가를 위한 소방행정절차와 표준의 제시를 포함하여 소방부서의 목표, 소방정책의 형성, 그리고 그들의 직무집행에 관해서 교육을 받아야 한다.

② 소방업무와 관련 있는 논쟁의 여지가 있는 문제나 오해들을 해결해야 하고 현대사회에 있어서의 소방의 역할을 명백히 해야 한다.

③ 개인적인 의사전달을 통하여 그리고 사람과 대면하여 참신한 아이디어를 제시하도록 권유해야 한다.

④ 소방관계자들에게 기관의 목표, 기관의 발전상황, 그리고 기관의 이미지를 계속 알려

3) Paul M. Whisenand and Fred Ferguson, op. cit., p.51.

서 소방관에게 동기를 부여해야 한다.

⑤ 소방관서 지도자들의 배후에서 일반직원들을 결속시켜야 한다.

⑥ 소방관에게 의견제시를 자극시켜야 하고 그 조직의 성공과 실패에 대하여 그들의 평가를 구해야 한다.

⑦ 소외된 소방관들이 불평을 용이하게 토로하도록 해야 하고 그러한 불평의 제거를 촉진시켜야 한다.

제3절 소방의사전달의 체계와 과정

행정의 수많은 영역으로서 소방의사전달은 체계 또는 과정으로 간주될 수 있다.

1. 체계로서의 소방의사전달

체계로서의 소방의사전달은 언어(문자) · 신호 또는 동작 등을 통하여 조직 내의 개인 또는 조직 단위 상호간에 어떤 사실(정보)이나 의견 · 감정 등을 전달하고 교류하는 과정으로서, 한 방향으로의 흐름이 아니라 상호 교류하는 과정(two-way process)이라는 뜻이 내포되어 있는 것이라 하겠다.

많은 소방부서는 다른 기관보다 어느 정도는 더욱 포괄적인 의사전달의 체계를 가지고 있다. 규모가 작은 소방서에서의 의사전달의 체계는 보통 소방서장의 사무실에 집중되어 있다. 규모가 큰 소방서에서의 의사전달의 구성요소는 소방서장의 사무실, 소방행정과, 방호과, 상황실 등이 포함될 수도 있다. 그러나 이러한 규모에도 불구하고 소방의사전달의 체계는 다음과 같은 요소들로 나누어져 있다.

(1) 의사전달자(Communicator)

의사전달자란 용어는 의사전달자가 소방서장, 과장, 담당이던지 혹은 상황을 전파하는 근무자이든지에 관계없이 메시지의 발신자를 말한다. 의사전달자는 의사전달의 의도 및 내용에 대해서 알고 있지만 경우에 따라서는 전달자는 의사전달의 목적, 내용을 제한된 일부밖에 모르고 있는 때도 있다. 이와 같이 전달자 중에는 여러 계층이 있어서 그들 간의 명령계통

내지 연락이 불충분한 경우에는 전달자 측에서 이미 의사전달의 의도 또는 내용에 차이가 생기게 된다.

(2) 의사전달 형태

소방의사전달의 형태는 메시지의 목적에 달려있다. 의사전달은 한 사람 혹은 그 이상의 소방관에게 알리기 위한 문서, 신임소방공무원을 교육시키기 위한 매뉴얼 또는 모든 소방관 중 일부분에게 어떤 행동을 허가하거나 금지하기 위한 지령의 형태를 취할 수도 있다. 의사전달의 다른 형태는 전자문서, 모바일, 메모, 편람, 보고서 혹은 회의(화상회의) 등이 있다. 소방기관에서 의사전달의 욕구를 충족시키기 위하여 사용되고 있는 중요한 수단은 전화(핸드폰), 팩시밀리(fax), 컴퓨터(핸디) 등이 있다.

(3) 의사전달 절차

의사전달 절차는 전달된 문서 또는 메시지의 배포와 배달의 의미를 뜻한다. 소방서에서는 이러한 기능은 흔히 소방행정팀에서 접수와 분류를 한다. 그러나 모든 소방관이 읽으면서 서명하도록 지시되어진 소방서장의 지시내용을 공람하는 것에 의하여 난순하세 수행될 수도 있다.

(4) 피전달자

피전달자는 의사전달의 목적지로 지정된 자이다. 이것은 특정한 개인, 집단 혹은 부서의 참모 전체일 수도 있다. 피전달자는 전달내용을 전달된 그대로 수동적으로 듣고 보는 것이지만 또 그 내용을 자기의 것으로 소화하고 다시 자신이 전달자가 되어 그것을 타인에게 전달하는 역할을 한다.

소방서에서는 어떠한 문서를 수령할 직원을 미리 정해 놓은 직무상의 규칙을 마련해야만 한다. 이러한 결정은 항상 부서의 비밀과의 관련성과 중요성에 따라 이루어지고 있다.

(5) 반 응

반응이란 전달된 문서나 메시지를 받았음을 확인하는 것이다. 그러한 반응은 보고서, 수령문서 혹은 단순한 서명(署名)의 형태일 수 있다.

의사전달의 효과는 의사가 전달되는 동안 피전달자에 대하여 일정한 영향을 미치고 반응을 일으키는 동시에 의사전달이 종료된 후까지 일정한 영향을 남기게 된다.

2. 과정으로서의 소방의사전달

과정으로서의 소방의사전달은 이해 또는 합의에 도달할 목적으로 참여자들 간에 견해를 분담 또는 교환하는 것이라고 할 수 있다. 효과적인 소방의사전달의 과정에서 명료성(clarity)을 강조하려면 적절한 언어를 사용하여야 하고 이해를 강조하려면 의미 있는 문장을 사용하여야 한다. 관료적인 특수용어(jargon)는 저항을 받게 되며 애매하거나 감추려는 지령은 용기를 잃게 한다.

① 규모가 큰 소방부서에서 의사전달의 과정은 일반적으로 공식적인(가끔 복잡한) 통로를 통하여 이루어진다(방송 또는 메일).

② 반면에 규모가 작은 소방기관에서의 의사전달과정은 보통 얼굴을 마주대하거나, 또는 비공식적인 논의로 이루어진다.

제4절 공식적 의사전달과 비공식적 의사전달

전통적 관료제의 일반적인 특징은 공식적인 의사전달에 있다. 반면에 진취적인 조직은 비공식적인 의사전달을 강조한다.

소방부서는 일반적으로 관료적인 모형을 따르기 때문에 공식적인 의사전달을 신뢰하는 경향이 있으며 비공식적인 의사전달의 이용을 꺼리고 있다. 그럼에도 불구하고 공식적인 의사전달만을 사용하고 있는 관료조직은 없다. 또한 엄밀히 말해서 진취적인 기관에서도 비공식적인 의사전달에만 의존할 수는 없다.

사회집단과 마찬가지로 전통적인 조직은 불가피하게 그들의 계층 속에서 어느 정도 비공식적이고 개인적인 의사전달을 하게 된다. 그러므로 의사 전달의 열쇠는 공식적이고 비공식적인 의사전달의 균형 있는 혼합을 추구하고 촉진시키는 것이다.

1. 공식적 의사전달(formal communication)

공식적 의사전달은 주로 언제, 어디서, 어떻게, 그리고 누구에 의해서 행해져야 하는 것을 조직도표나 조직규정에 정해 놓고 있는 권위주의적인 정책과 절차의 전달을 통하여 기관의 활동과 직원을 통제하기 위한 수단을 의미한다. 공식적 의사전달은 언제나 조직 내에서 규칙적인 체계 혹은 통로(channels)에 의해서 의사가 전달되는 것이다. 이것은 비인간적이고 사무적이며 그래서 대부분의 경우 문서로 전달한다.

1) 목적

공식적 의사전달의 목적은 규정을 적용하여 사건을 지휘하고 설명하며 마무리 짓는 것이다.

2) 공식적 의사전달의 장점

공식적 커뮤니케이션은 의사나 정보가 정확하고 전달통로가 체계적이며 편리하다. 또 전달자와 피전달자가 분명하기 때문에 책임소재가 명확한 것이 장점이다. 그러므로 공식적 의사전달의 지지자는 다음 사항을 주장한다.

① 공식적 의사전달은 사무적이기 때문에 보다 더 구속력이 있고 그래서 보다 더 복종하게 된다.

② 공식적 의사전달은 문서로 되어 있기 때문에 보다 더 정확하고 그래서 보다 오해를 덜 받는다.

③ 공식적 의사전달은 문서로 되어 있기 때문에 항상 증거가 드러나 있고(배포를 할 수 있는 수많은 사본으로) 장기간 보존할 수 있다.

④ 공식적 의사전달은 사무적이기 때문에 공식적 의사전달은 보낸 자와 받은 자의 책임을 확실하게 한다(감사(監査)).

⑤ 공식적 의사전달은 비공식적인 대화, 토의 또는 논쟁에 소비하게 될 시간과 노력을 절약한다.

⑥ 공식적 의사전달은 의사전달의 주제가 민감하거나 괴로울 때 당사자사이에서 생기는 접촉의 난처함을 피하게 된다.

3) 공식적 의사전달의 단점

공식적 커뮤니케이션은 주로 상부의 지시나 명령, 또는 보고 등과 같은 지극히 사무적인 것이므로, 조직 내에서 일어나고 있는 모든 사건이 전달내용이 될 수 없고, 인간의 감정이 전혀 전달되지 않으며, 여러 계층을 차례대로 밟아야 하므로 그 전달 속도가 느린 것 등의 단점이 있다. 그러므로 공식적 의사전달은 다음 사항들을 비판받고 있다.

① 소방관서장이나 감독자에게 재가를 받도록 하여 부서 내부의 정보가 제한되어 있어서 너무 엄격하다.

② 일반적으로 신중한 문체인 '관료적인 특수용어'라고 불리는 고전적 형태를 따르고 있어서 정확하게 이해하는 데 도움이 되지 않고 의사전달의 진정한 의미를 자주 흐리게 한다.

③ 대부분의 경우 메시지에 담겨져 있는 이유를 확인할 수 없어서 이와 같은 설명의 부족은 피전달자에게 커다란 불만이 될 수 있다.

④ 직원의 노력, 사본의 비용, 그리고 배달의 시간으로 말미암아 비용이 많이 든다.

⑤ 대부분의 명령이 보고보다 적고 환류는 리더십의 지위에 따라 많아지기 때문에 권위적인 면이 있다.

⑥ 항상 비인간적이고 결정적이기 때문에 피전달자에게 동기부여(動機附輿)를 하지 못한다.

⑦ 간단하거나 또는 사소한 일에 초점을 맞추므로 자주 피전달자의 정보를 과소평가 한다.

⑧ 수령자와 비수령자로 직원을 분리하므로 불화가 생길 수 있다.

2. 비공식적 의사전달(informal communication)

비공식적 커뮤니케이션이란 조직의 공식적 통로를 거치지 않는 의사전달을 말한다. 즉, 조직의 구성원들 간에 평소의 대면접촉을 통한 잡담, 풍문(rumor), 밀담 등 여러 형태로 나타나는 의사소통이다. 이러한 비공식적 커뮤니케이션의 예로는 휴게실에서의 잡담, 식사시간이나 회식장소에서 많이 일어난다.

1) 목적

비공식적 의사전달의 목적은 정보의 공유를 통하여 교육하는 것이고, 인간적인 접촉을 통하여 동기를 부여하는 것이며, 참여와 우정을 통하여 갈등을 해결하는 것이다. 이것은 직원들의 열성, 충성심, 그리고 헌신을 위한 수단으로서 조직의 일에 직원들을 참여하도록 한다.

2) 비공식적 의사전달의 장점

비공식적 커뮤니케이션은 우정, 상호신뢰, 존경심 등 주로 인간관계를 바탕으로 한 자연스러운 의사소통이므로 인간의 내적 욕구, 즉 심리적 만족감을 충족시켜 주며, 공식적 커뮤니케이션의 불충분한 면을 보충시켜주는 역할을 한다. 뿐만 아니라 정보의 내용이 보다 상세하고, 여러 계층을 밟지 않기 때문에 전달이 신속하며, 의사소통의 과정에 융통성과 신축성이 있다. 그러므로 비공식적 의사전달의 지지자는 다음과 같은 이유를 들면서 그 효용성을 주장한다.

① 비공식적 의사전달은 보다 덜 사무적이고 보다 덜 두려워하게 한다. 그러므로 비웃음이나 처벌의 공포에서 벗어나 새로운 아이디어와 계획의 흐름을 증대시킬 수 있다.

② 비공식적 의사전달은 메마르고 관료적인 논리보다는 참여자의 열성과 열의를 고취시키므로 인간적이다.

③ 항상 대화로 표현함으로써 비공식적 의사전달은 의사전달의 형태로서 조직의 문제에 숨겨져 있는 중요성을 토의하고 탐색하는 것을 당사자에게 허락하고 있다.

④ 비공식적 의사전달은 부서에서 왜 그것을 하고 있는가를 근무자에게 설명하는 데 편리한 방법이 될 수 있다. 이것은 자유스럽고 한층 신중한 토론의 분위기를 통하여 기초가 되는 동기와 압력을 밝히는 것을 촉진시킨다.

⑤ 비공식적 의사전달은 풍문을 밝힐 수 있고 답변할 수 없는 질문을 충족시킴으로써 공식적 환경에서 다른 방법으로 싹이 돋아날 수 있는 뜬소문의 핵심을 설명할 수 있다.

⑥ 비공식적 의사전달은 직원과 공유하고 있는 관심과 흥미를 발견함으로써 근무자를 결합시킬 수 있고 우정의 마음을 길러줄 수 있다.

⑦ 비공식적 의사전달은 직원과 상관 사이에 부드러운 관계를 촉진시킬 수 있고 그래서 상호이해와 관심에 바탕을 둔 협력을 증진시킬 수 있다.

3) 비공식적 의사전달의 단점

비공식적 의사전달은 전혀 통제를 받지 않기 때문에 허위정보나 왜곡된 정보가 전달되는 수가 많으며, 조직의 권위체계, 즉 위계질서를 흐트러뜨릴 수가 있으며, 조직 내의 갈등을 더욱 악화시킬 위험성도 없지 않다. 그러므로 비공식적 의사전달은 모든 조직의 문제점을 해결하기 위한 만병통치약은 아니다. 비공식적 의사전달을 반대하는 학자는 다음과 같은 단

점이 있다고 주장을 한다.[4)]

① 너무 막연해서 체계적으로 정의하거나 적용하기가 어렵다.

② 부정확한 정보와 중요한 부분이 빠져 있는 것이 퍼뜨려질 수 있다. 만일 극단적인 결과에 이르면 본래적, 사실적, 그리고 신뢰할 수 있었던 정보가 왜곡된 정보로 될 수밖에 없다.

③ 비밀로 분류된 정보를 무분별하게 폭로시킬 수 있다.

④ 너무 자주 감동하기 쉽거나 또는 그 의미를 왜곡시키거나 변경시킬 수 있는 감정으로 가득 차 있다.

⑤ 말로써 하기 때문에 질문이 필요하게 되었을 때 밝혀내기 어렵다.

⑥ 참여자만이 그것을 인정하기 때문에 그것의 사회적 장점은 의심스럽다.

3. 적절한 혼합

의사전달에서 대부분 사용되는 방법은 공식적 의사전달과 비공식적 의사전달이 적절히 혼합되어 있게 된다. 한편 이러한 혼합에 이르기 위해서는 마법과 같은 공식이 있는 것은 아니지만 적당한 혼합은 조직의 환경에 익숙한 지성적인 지도자와 그 직원의 욕구에 의하여 이루어질 수 있다. 예를 들면 공식적 의사전달은 공식적 업무에 한정될 수 있으며 의미 있고 신뢰할 수 있는 언어로 나타날 수 있다. 비공식적 의사전달은 직원들에게 용기를 북돋우게 하고 흥미를 계속 지니게 하고 태도를 개선시키고 부서에 대한 헌신을 깊게 하기 때문에 공식적 의사전달을 보완하는 것으로 사용되고 있다.

제5절 의사전달의 지향체계

대규모 조직은 오히려 의사전달을 가로막거나 방해하는 것보다는 공통의 이해를 증진시킬 수 있는 세련된 의사전달의 방법이 있어야만 한다. 그래서 의사전달의 지향통로는 공식적으

4) Herbert A. Simon, Donald W. Smithburg and Victor A. Thompson, op. cit., pp.218~259.

로 표시되고 계속 유지되어야 하며, 그래서 의사전달체계를 위반한 사람은 재교육시키거나 징계를 하여야 한다. 소방의 의사전달체계는 다음과 같은 방식으로 공식적 혹은 비공식적인 의사전달을 실행할 수 있다.

① 수직적(vertical) 의사전달
② 수평적(horizontal) 의사전달
③ 대각적(diagonal) 의사전달
④ 원형적(circular) 의사전달

1. 수직적 의사전달

수직적 의사전달은 하부로부터 꼭대기까지 뿐만 아니라(하의상달적 의사전달) 조직피라미드의 꼭대기로부터 하부까지(상의하달적 의사전달) 흐른다. 상의하달적 의사전달의 경우에는 소방서장으로부터 소방령, 소방경, 소방위, 소방장 그리고 마지막으로 소방사 수준에 이르기까지 권한이 몇 개의 수준으로 내려간다. 하의상달적 의사전달의 경우에는 반대 방향으로 올라간다. 소방기관에서의 수직적 의사전달의 모형은 그림 8-1과 같다.

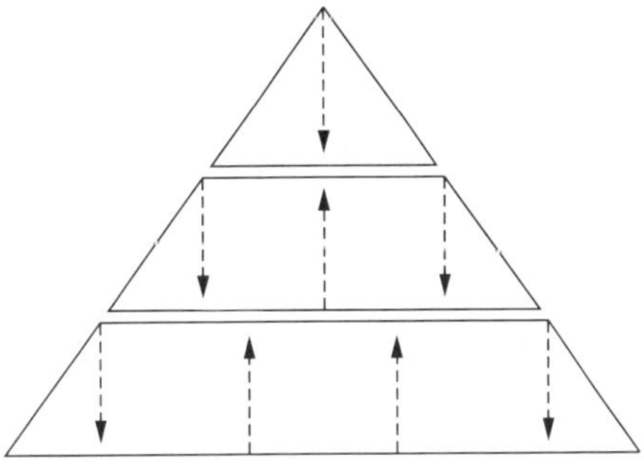

그림 8-1 수직적 의사전달 모형

(1) 수직적 의사전달의 내용

수직적 의사전달은 주로 공식적이고 그래서 항상 문서의 형태이다. 이것은 정책과 절차에 관한 명령의 하강적(下降的) 흐름과 보고와 제안의 상승적 흐름을 포함하고 있다.

(2) 수직적 의사전달의 장점

수직적 의사전달의 장점은 주로 다음과 같다.

① 권위주의적이고 사무적이다.
② 모든 관계자에게 구속력이 있다.
③ 의사전달의 대부분이 합법적인 형태를 띠고 있다.

(3) 수직적 의사전달의 단점

수직적 의사전달의 주요한 단점은 다음과 같다.

① 공식적이며 비인간적이다.

② 권한이 몇 개의 단계를 통하여 전달되므로 항상 움직임이 느리다.

③ 그것을 실행해 옮기는 공식적인 메시지 속에는 진실한 동기가 숨겨져 있을 수도 있다.

2. 수평적 의사전달

수평적 의사전달은 한 직원으로부터 다른 직원에 이르기까지 권한이 동일한 수준에서 조직의 피라미드를 가로지른다. 이것은 다른 부서에서 근무하는 국장, 과장, 팀장, 주임, 소장, 반장 등 직원 사이의 의사전달을 포함하고 있다. 수평적 의사전달의 모형은 그림 8-2와 같다.

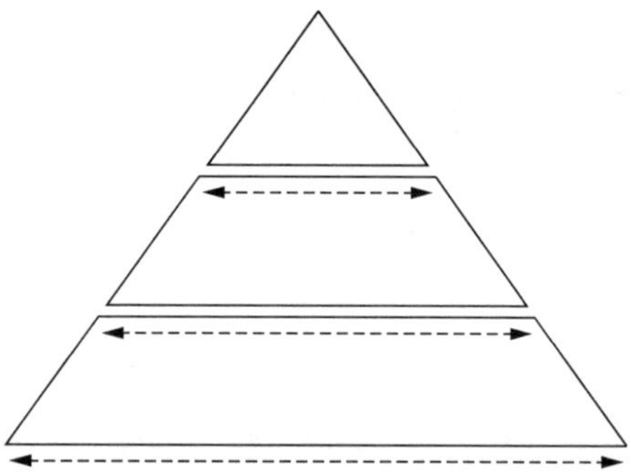

그림 8-2 수평적 의사전달 모형

(1) 수평적 의사전달의 내용

이러한 의사전달의 형태는 본래 반은 공식적이고 반은 비공식적이다. 그래서 문서 혹은 언어로써 전달하고 있다. 이는 항상 중간관리자 사이에서 일어나고 있으며 어떻게 효과적으로 수많은 소방공무원이 부서의 정책을 수행하는가 하는 점이 직원들의 관심사이다.

(2) 수평적 의사전달의 장점

수평적 의사전달은 다음과 같은 장점을 가지고 있다.[5)]

① 본질적으로 협조적이다.

② 종종 비공식적이며 그래서 수직적 의사전달보다 단순하다.

③ 서로 의논하고 의견을 교환할 수 있는 기회가 제공되므로 부서의 정책을 수행하는 데 책임이 있는 사람을 안심시킨다.

④ 의사전달의 시각에서 보면 편리하다.

---

5) R. K. Allen 1977, Organizational Management Through Communication(New York: Harper & Row), pp.78～79.

(3) 수평적 의사전달의 단점

수평적 의사전달의 주요한 단점은 자주 비공식적이며 소방관들을 어떤 범주에 제한시키고 있다. 부서장은 단위장이 생각하고 있는 것에 대하여 모르는 상태에 있을 수도 있다.

① 권한이 같은 수준에 있는 직원들 사이에 파벌을 형성하여 분열시킬 수 있다.

② 부서 정책의 목적을 왜곡시킬 수 있으며, 그것에 대하여 너무 많은 토의를 허용함으로써 그것을 실행하지 않을 수도 있다.

③ 실제적으로 공식적 의사전달을 비공식적인(말로 하는) 것으로 변경하도록 허락함으로써 단위장(單位長) 사이에 오해를 증가시킬 수 있다.

3. 대각적 의사전달

대각적 의사전달은 최근에 특히 효과적인 의사전달이 신속하게 요구되는 전술적인 상황에서 반복과 지연을 피하려고 갈망하는 진취적인 지도자에 의하여 소개되었다. 대각적 의사전달은 권한이 다른 수준에 있거나 다른 지휘관 아래에서 일하고 있는 소방관 사이에서 일어난다.

그래서 이것은 화재현장에 있는 소방사와 인명구조대를 담당하고 있는 소방위 혹은 방화사건을 담당하고 있는 화재조사 담당 반장 사이에서도 일어날 수 있고 또는 119안전센터에서 근무하고 있는 소방공무원과 본부의 내근부서 혹은 법률담당관 사이의 직접적인 의사전달도 포함된다. 대각적 의사전달 모형은 그림 8-3과 같다.

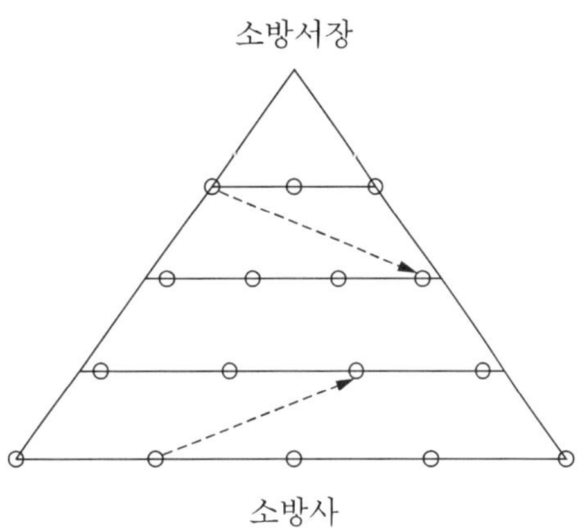

그림 8-3 대각적 의사전달 모형

(1) 대각적 의사전달의 내용

이러한 의사전달의 형태는 정보나 자문이 신속히 전달되기를 요구하는 전술적인 상황, 즉 인질상황 혹은 시민이 불안을 느끼는 사건에서 잘 일어나는 것으로 이것은 아마도 부득이한 것이다. 대각적 의사전달은 항상 대화하게 되며 그래서 TV나 라디오에 의해서 이루어진다.

(2) 대각적 의사전달의 장점

대각적 의사전달은 다음과 같은 장점을 가지고 있다.

① 의사전달이 대부분 직접적인 방법이다.

② 의사전달이 대부분 선택적인 방법이다.

③ 의사전달의 가장 빠른 방법의 하나이다.

④ 위기상황에서는 이러한 의사전달이 가장 필요하고 논리적인 형태로 여겨진다.

(3) 대각적 의사전달의 단점

대각적 의사전달의 주요한 단점은 다음과 같다.

① 권한의 계통과 공식적인 명령계통을 쓸모없게 할 수 있다.

② 직근(直近)감독자는 그들의 부하가 무엇을 하고 있는가를 모르는 상태에 있을 수 있다.

③ 모순되는 명령을 따를 수 있어서 더욱 혼란에 빠질 수 있다.

④ 항상 말(언어)로만 하므로 일이 잘못되면 찾아낼 수 없다.

4. 원형적 의사전달

원형적 의사전달 형태의 의사전달은 커뮤니케이션 중에서 가장 늦게 개발된 것이다. 이것은 '협의에 의한 의사전달'의 형태로서 특히 참모나 중간관리층에 있는 사람들 사이에서 실제로 일어나는 것이다.

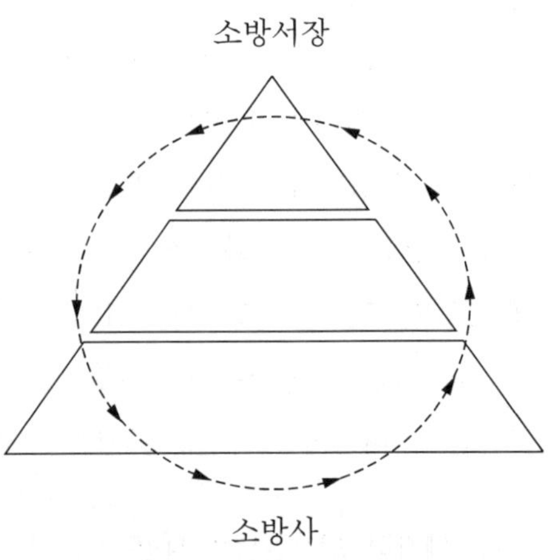

그림 8-4 원형적 의사전달 모형

원형적 의사전달에 있어서 선발된 소방관들은 최근의 방화 사건을 논의하기 위하여 또는 그러한 사건에 비추어 부서의 정책과 절차를 발전시키거나 혹은 변경시키기 위하여 소방책임자와 만나도록 소집된다.

이러한 형태의 의사전달에 있어서는 모든 계층으로부터 회의에 참석하는 사람에 이르기까지 대표자로서 초청되는 것이 보통이고 제안된

정책의 변경에 대해서 찬성 혹은 반대를 말할 수 있다.[6)]

원형적 혹은 협의적 의사전달 모형은 그림 8-4와 같다.

(1) 원형적 의사전달의 내용

원형적 의사전달은 회의탁자 둘레에서 얼굴을 맞대고 토의하는 것이며 항상 전략적이고, 논쟁적이며, 민감한 문제를 논의하는 것을 포함한다. 이러한 회합은 공식적으로는 정해진 규칙과 국회에서 제정된 절차에 따라 이루어질 수도 있고, 비공식적으로는 '그룹토론(rap session)'으로 일컬어질 수도 있다.

(2) 원형적 의사전달의 장점

원형적 의사전달의 장점은 다음과 같다.

① 본질적으로 가장 민주적인 방식이다.
② 즉각적인 환류(feedback)를 가져온다.
③ 문제를 빨리 해결한다.
④ 부서의 사기를 증진시킨다.
⑤ 의사전달의 방법 중 가장 직접적이고 비용이 안 드는 방법이다.

(3) 원형적 의사전달의 단점

원형적 의사전달의 주요한 단점은 다음과 같다.

① 너무 시간을 낭비하게 될 수도 있다. 그리고 그 때문에 간접적으로 비용이 든다.
② 협의자(協議者) 사이에 전문성과 지위의 차이점을 강조할 수도 있으며 그래서 부서 내에서 부가적인 마찰의 원인이 된다.
③ 이것의 성공은 주로 다른 사람을 설득시키는 능력과 기술이 말(언어)에 달려 있다는 점이다.
④ 이것은 정치적 연설이 될 수도 있으며 그래서 부가적으로 불화의 원인이 된다.
⑤ 정족수의 부족 혹은 의사진행 방해와 같은 문제들로 방해가 될 수도 있다.

6) Sam S. Souryal, op. cit., pp.60~61.

제6절 의사전달의 장애요인

소방의사전달이 공식적이든 비공식적이든 그리고 수직적, 수평적, 대각적 혹은 원형적이든 간에 그 의미가 왜곡될 수 있고 효과를 상실하게 하는 장애를 만날 수도 있다. 그래서 전달자, 즉 발신자 또는 발송자와 피전달자 양쪽이 의사전달 절차를 이해하고 그것을 효과적으로 할 수 있는 모든 가능한 노력을 기울일 책임이 있다.

효과적인 의사전달에 대한 장애는 네 가지 범주로 분류된다.

① 장애는 전달자에 의해 만들어진다.

② 장애는 피전달자에 의해 만들어진다.

③ 장애는 조직으로부터의 간섭에 의해 만들어진다.

④ 환류에 따른 장애가 생긴다.

1. 전달자에 의해 만들어진 장애

소방부서 내에서 어떤 계층에 있는 의사전달의 발신자는 자주 다음과 같은 의사전달의 잘못을 범하고 그렇게 함으로써 그들은 메시지를 효과적으로 전달하는 데 장애를 주게 된다.[7)]

(1) 언어상의 장애

언어상의 장애는 전달자만이 잘 알고 있는 어휘와 숙어를 사용하는 경향을 나타낸다. 다음절(節)의 단어나 고도의 전문적인 표현을 사용하는 것은 서투른 문법이나 문장구조와 마찬가지로 커다란 혼란을 일으킬 수 있다.

(2) 부적절한 암시

어떤 전달자가 감상적인 뜻을 암시하는 말을 사용하게 되면 피전달자가 오해를 일으킬 수도 있다. 예를 들면 화재(fire), 방화(防火; prevention)라는 단어가 함축하고 있는 것과는 달리 단지 방화(放火; incendiary)로 기술하여 아무렇게나 사용되고 있다.

---

7) Charles R. Swanson and Leonard Territo(1983), Police Administration(New York: Macmilan Publishing Co., Inc.), p.132; Nathan F. Iannone(1987), Supervision of Police Personnel, 4th ed.(Englewood Cliffs, New Jersey: Prentice-hall, Inc.), pp.107~114; Paul M. Whisenand and Fred Ferguson(1989), The Managing of Police Organizations, 3rd ed.(Englewood Cliffs, New Jersey: Prentice-hall), p.64.

(3) **서투른 발언**

말에 의한 의사전달에 있어서 서투른 대화의 습관은 커다란 장애를 가져올 수 있다. 분명하고 확실하게 말하는 것이 아니라 일부 전달자는 전혀 이해할 수 없도록 너무 서투르게 지령을 중얼거리거나 똑똑치 않게 빨리 발음을 한다. 피전달자는 지령의 반복이나 자세한 설명을 요청하는 것을 주저함으로써 이러한 장애를 영속화시키고 있다.

(4) **나쁜 태도**

말은 의미를 표현하는 것뿐만 아니라 메시지를 전달하는 사람이나 발신자의 태도를 반영하는 것이다. 그들이 메시지를 전달할 때 많은 전달자는 거만하거나 요령 없이 비치는 언어나 말투를 사용한다. 이것은 피전달자에게 영향을 주어 메시지가 못쓰게 되거나 메시지의 내용을 무시하게 된다.

2. 피전달자에 의해 만들어진 장애

소방의사 전달의 피전달자는 의사전달 절차를 방해할 수 있고 그것이 효과가 없도록 나타낼 수 있어서 많은 잘못을 저지른다.

(1) **인간적 비타협**

많은 피전달자(특히 부서의 가장 낮은 계층에 있는 사람)는 명령과 반대되는 암호를 가지고 있는 것 같이 보인다. 부서에서 보다 높은 사람으로부터 하달되는 의사전달은 특히 그 명령의 양이 많고 내용이 사소한 것이었을 때 피전달자에 의해 비웃음과 의심을 받는다.

(2) **청취의 실패**

피전달자가 청취하는 것을 실패하게 되면 보통 단순한 비타협적인 태도가 생겨나고 발신자와의 개인적인 문제나 또는 원만하지 못한 관계가 증가될 수도 있다. 어떤 소방관은 감독자로부터 '너무나 주의를 하지 않는다.'고 생각되면 효과적인 의사전달이 되기 어렵다.

(3) **적당한 훈련의 부족**

소방관은 비전문가와 의사전달을 하거나 서로 간에 의사전달을 할 때 서투른 소방용어를 사용하는 경향이 있다. 예컨대 신임소방관은 제조소 등의 설치허가를 받지 아니하고 제조소 등을 설치하거나, 허가 받은 사항의 변경허가를 받지 아니하고 변경한 관계자를 입건하기를 원하는 사법업무 담당 고참직원을 이해하기 어려울 수도 있다.

(4) 심리적 대비

의사전달을 받은 소방관은 다른 사람들과 마찬가지로 그들의 과거의 경험, 현재의 필요성, 그리고 미래의 기대감에 비추어 전달받은 메시지를 해석하는 경향이 있다. 다시 말하면 각 소방관은 그들이 받은 의사전달이 전달자에 의하여 의도된 것이거나 혹은 그렇지 않은 것일 수도 있지만 그들 자신의 견해에 빠질 수도 있어서 왜곡될 수도 있다.

3. 조직으로부터의 간섭에 의한 장애

전달자와 피전달자에 의하여 형성된 장애에 추가해서 효과적인 의사전달은 조직 스스로의 다양한 특성에 의해서 장애를 받을 수도 있다. 그러한 장애는 다음과 같다.

(1) 소방환경

일반적으로 소방행정체제란 '소방환경을 하나의 유기체로 보고, 소방조직의 외적작용 및 내적 관리의 모양과 격식'이라고 말할 수 있으므로 소방행정환경이 어떠하며 소방행정 형태가 어떠한가에 따라 체제가 결정된다고 할 수 있다. 항상 제복근무와 계급이 외부로 표시되는 마치 군사관료적 풍토로 간주되는 소방조직의 환경은 효과적인 소방의사전달에 대하여 주요한 장애가 되는 것 같다. 대부분의 부서는 공식적인 의사전달을 지나치게 강조하고 있다. 이것은 확실히 순종하도록 강제적인 접근방법을 결부시킴으로써 이것은 피전달자 사이에 불쾌감의 원인이 되고 또 다음과 같은 이중의 결과를 낳게 한다.

① 상의하달적 의사전달 계통의 범람(氾濫)
② 환류를 억제하기 위한 피전달자 측의 강력한 경향

(2) 조직규모

당해 소방조직의 규모가 크면 클수록 직원 사이에 효과적인 의사전달을 유지하기가 더욱 어렵다. 대단히 많은 계층적 조직에 의하여 직접적인 의사전달 계통의 복잡성이 증대될 때 의사전달 흐름의 신속성과 정확성은 심각하게 방해를 받게 될 것이다.

(3) 여과장치

여과장치는 한 조직계층이 다른 조직계층으로 변화하는 것과 같이 의사전달내용이 왜곡 또는 희석되는 것이다. 이것은 피전달자의 성향이 그들의 상황에 대부분 관련 있는 의사전달의 일부분에 대하여 초점을 맞추고 그 밖의 것은 무시하거나 왜곡시키는 데서 생겨난다.

(4) 계통의 과중(過重)

한 부서에서 너무 많은 업무를 동시에 교차시키면 의사전달의 계통이 방해를 받게 될 수 있다. 이것은 소방관이 불필요한 업무를 과도하게 취급하게 되고 그 때 그들이 필요한 업무를 놓치게 됨으로써 거꾸로 중대한 지연과 방해의 원인이 된다.

(5) 효과적인 의사전달

효과적인 의사전달은 만일 과장(課長)이나 팀장이 그들 각자의 부서에서 의사전달의 역할을 오해한다면 중대하게 방해를 받을 수 있다.

어떤 사람은 적절한 정보를 억제하거나 혹은 불필요하게 '기밀(機密)' 혹은 '비밀'로 분류하기도 한다. 그러한 비밀이 널리 퍼져 있는 곳에서는 부서의 직원은 정보를 교환하거나 다양한 이익을 위해 그것을 팔아넘기려고 '암시장(暗市場)'조직에 드나들지도 모른다.

제7절 효과적인 의사전달 방안

소방부서에서 효과적인 의사전달을 강화하기 위한 방안으로서는 여러 가지가 있으나 특히 중요한 것은 다음과 같다[8].

(1) 환경의 고려

소방의사전달은 전적으로 가까이에 있는 상황과 그들이 알리려는 피전달자에 달려 있다.

(2) 요청 또는 암시의 강조

8) Arthur pell(1967), Police Leadership(Springfield, Ⅲ: Thomas).

가능한 한 소방의사전달은 뜻밖의 명령보다는 오히려 '요청' 또는 '암시'로 이루어진다. 소수의 소방관은 특히 부서의 장으로부터 공식적인 요청에 대하여 반응하는데 실패할 수도 있다. 그리고 암시는 책임이 있는 피전달자의 감각으로 나타낸다. 이러한 형태는 특히 지나치게 민감한 피전달자에게 도움이 된다.

(3) 이유를 제시

요청을 촉진시키는 것은 가능한 한 언제나 권장되고 있다. 만일 피전달자가 요청 혹은 암시 속에 담겨진 이유를 이해하게 된다면 그는 바람직한 태도로 더욱 그럴듯하게 반응한다.

(4) 위협의 회피

효과적인 의사전달은 피전달자를 위협하는 것을 피해야 한다. 위협은 피전달자를 혼매(昏昧)하게 하고, 혼란을 야기(惹起)시키며, 원망과 적대의 원인이 될 수도 있다.

(5) 존경의 표시

불경(不敬)스러운 언행은 효과적인 의사전달의 중요성을 위태롭게 하는 것이다.

(6) 과도한 걱정의 회피

비위를 맞추려는 낌새의 의사전달은 피해야 한다. 왜냐하면 그것은 전달자에 대한 동료들의 존경심이 떨어지기 때문이다.

(7) 명령사용의 제한

피전달자가 앞서의 명령을 수행하지 못하게 되어 그 사용이 긴급하거나 중대한 상황에 놓이게 되었을 때는 직접적인 명령이 가장 효과적이다. 명령이 주어졌을 때 피전달자가 듣기에 필요한 것보다는 천천히 그리고 신중한 태도와 목소리가 크지 않은 말투로 발음하여야 한다. 고함을 지르는 명령을 받고 있는 소방관들은 일반적으로 그들 자신의 불안정과 부적당한 점을 모조리 감추어 버리게 되는 것이다.

(8) 협력의 강조

협력은 효과적인 의사전달에 있어서 가장 중요한 점(name of the game)이다. 그래서 상관과 부하는 그들의 의사전달 체계에서 협력의 분위기를 만들도록 힘써야 한다.

CHAPTER 9

소방리더십

제1절 서 설

리더십(leadership)이란 지도자로서의 능력이나 통솔력을 일컫는데 우리말로 '지도력 또는 지도성'이라고 번역될 수 있으나 원어를 그대로 쓰는 것이 일반적이다. 리더십의 개념은 그것을 보는 입장에 따라 여러 가지로 정의될 수 있으나 그 공통점을 수렴하여 보면, 리더십이란 '조직 내에서 어떤 특정의 사람이 다른 사람들을 조직의 목적달성에 자발적으로 협력하도록 하는 능력 또는 기술'이라 정의 할 수 있다. 이와 같이 정의해 볼 때 리더십에 있어서 사람들을 움직(협력)이게 하는 힘(능력)은 강제적인 것이 아니라 자발적으로 움직이도록 유도된 것이다. 이러한 점에서 상급관리자가 직권(職權)의 힘에 의하여 조직내의 사람들을 강제로 움직이게 하는 헤드십(headship)과는 구별된다. 한마디로 정의하면 리더십은 대단한 것이 아니라 조직원들이 어떻게 하면 나를 믿고 따를까를 고민하며 실천하는 것이다. 따라서 소방조직에 있어서 리더십은 어디서나 그 필요성이 인정되고 있어 이의 중요성은 더욱 강조되지 않을 수 없다.

1. 주요문제

리더십과 동기부여에 대한 연구는 다음과 같은 주요 영역을 검토의 대상으로 하고 있다.

① 리더십과 동기부여
② 리더십의 필요성
③ 리더십의 기능
④ 리더십의 형태
⑤ 리더십의 특성 대 리더십의 과업
⑥ 효과적인 리더십의 방법

2. 용어와 정의

리더십과 동기부여를 고찰하기 전에 다음과 같은 주요 용어가 정의되고 이해되어야 한다.

(1) 행태(行態)

행태는 한 가지 이유 혹은 또 다른 이유 때문에 행동을 행하거나 삼가 하는 경향이다. 행태의 구성단위란 정해진 목표를 향하여 직접적으로 활동하는 것이다. 예컨대 화재진압, 인명구조, 구급 등을 의미한다.

(2) 목표(目標)

목표란 목적, 야망 혹은 보상에 대한 희망이다. 조직 내에서(소방기관을 포함하여) 목표란 달성해야 하거나 달성해서는 안 될 업무의 바람직한 상태이다. 목표의 달성은 종업원을 안심시키고 만족스럽게 하는 경향이 있는 반면에 목표달성의 실패는 욕구불만 혹은 불안을 낳을 수 있다.

(3) 동기(動機)

동기란 개인의 욕구 혹은 욕망이다. 이것은 특정한 목표를 향하여 특정한 형태의 행동을 '왜'하느냐 하는 것이다. 즉 행동에 대한 이유이다. 예컨대 사랑, 증오, 재정적 이득 등을 포함한다.

(4) 동기부여

동기부여란 동기를 활성화시키고 정해진 목표를 달성하기 위하여 명령하는 자극, 격려, 혹은 충동이다. 예컨대 혈족관계, 칭찬, 충성심, 그리고 자신의 직업에 대한 헌신이 포함된다.

(5) 사기(士氣)

사기란 그들의 조직, 정책과 절차, 관리하는 방법에 대하여 직원이 취하는 심리적인 태도이다. 긍정적인 사기는 목적을 위한 헌신임을 나타내고 조직에 있어서 자랑이며 훌륭한 조직의 정신 혹은 단결심의 기본이다.

(6) 욕구불만

욕구불만이란 현실적이거나 가상적인 장애 때문에 목표로 향한 행동을 봉쇄시키거나 좌절시키는 것이다. 예컨대 불만, 실망, 혹은 바람직한 목표에 이르는 데 실패한 것을 의미한다.

(7) 공격

공격이란 호전성(好戰性), 적개심, 혹은 파괴로 특징지어진 행동이다. 공격적인 행동은 흔히 욕구불만의 감정이라는 결과로 발생되며 욕구불만의 원인이 되는 것으로 인지된 목적 혹은 사람에 반대하여 향하게 된다. 공격적인 행동의 예는 소방관간의 싸움, 정부재산의 남용, 작업계획의 방해 등이 포함된다.

(8) 합리화

합리화는 사람의 행동에 대한 변명의 표시이다. 예를 들면 소방관이 주어진 목표를 달성하는 데 그들의 잘못을 중화(中和)시키기 위하여 국민, 제도, 법률, 정치 혹은 매스미디어(mass media)를 비난하는 것이다.

(9) 체념

체념은 연장된 욕구불만의 결과로서 포기하거나 취소하는 것을 의미한다. 이것은 아노미(anomie), 욕구불만의 원인으로부터 고립 혹은 냉소주의에 이끌릴 수 있다.

제2절 리더십과 동기부여

사람은 책을 읽거나 음악을 듣거나 혹은 경험을 함으로써 동기를 유발할 수 있는 반면에 리더십은 사람에 의해서 사람에게 영향을 주는 것이다.

리더십은 사람에게 복종과 순응을 강요하는 권위와 권력을 뜻할 수도 있다. 그러나 이 용어는 동기부여, 설득, 감화 혹은 모범을 암시하는 것으로 사용되고 있다. 따라서 동기부여는 리더십 활동의 산물은 아니지만 반면에 리더십은 동기부여의 적극적인 이용에 기초하고 있다고 해도 무방하다.

1. 리더십의 정의

리더십의 성질은 넓고 다양하기 때문에 단순하게 정의할 수는 없으므로 원어를 그대로 쓰는 것이 일반적이다.

리더십에 관한 정의는 크게 두 가지 범주로 분류할 수 있는데 하나는 리더를 위주로 하는 입장과, 다른 하나는 리더와 부하와의 관계에서 보려는 입장이다. 전자는 지휘기술성을 강조하는 것과 지배성을 강조하는 것으로 나누어지며, 후자는 부하에게 주는 영향력이라고 보는 것과 리더와 부하와의 상호관계라고 보는 입장이다.

다음은 리더십의 일반적인 정의이다.

① 리더십이란 추구하는 목표를 달성하기 위하여 개인 및 집단을 조정하며 동작하게 하는 기술이다.[1)]

② 리더십은 집단구성원으로 하여금 정해진 목적을 열성적으로 수행할 수 있도록 설득하는 능력 내지 영향력이다.[2)]

③ 리더십이란 개인적 혹은 조직의 목적을 달성하기 위하여 다른 사람을 지휘하는 과정이다.[3)]

④ 리더십이란 목적을 달성함에 있어서 그들의 자발적인 복종, 신뢰, 존경, 그리고 충성스러운 협력을 얻는 것과 같이 다른 사람들에게 영향을 미치고, 지시하고, 지도하고, 통제하는 예술로서 정의할 수 있다.[4)]

⑤ 리더십이란 소방기관의 목적을 용이하게 달성하기 위하여 그들이 자진해서 노력하도록 소방조직의 구성원에게 영향을 주는 과정이다.

⑥ 리더십이란 조직 내에서 어떤 특정의 사람이 다른 사람들을 조직의 목적 달성에 자발적으로 협력하도록 하는 능력 또는 기술이라고 할 수 있다.[5)]

2. 동기부여의 정의

동기부여(motivation)란 가장 만족스럽고 강한 흥미를 돋우는 충동을 자극시키기 위하여 경합하는 다양한 충동 가운데서 특정한 욕망이나 충동을 일으키거나 강화시키는 절차이다.

최근의 동기부여 이론은 세 가지 방향, 즉 만족(행위를 자극시키거나 또는 일으키는 요인), 과정(선택, 방향, 그리고 목표와 관련된), 그리고 강화(바람직한 행위를 반복시킬 수 있

---

1) J. M. Piffner and R. V. Presthus(1960), Public Administration(New York: Ronald), p.92.
2) Keith Davis(1972), Human Relations at Work, 4th ed.(New York: Mcgraw-Hill Book Co), p.100.
3) Jerry L. Gray and Frederick A. Starke 1980, Organizational Behavior, 2nd ed.(Columbus, Ohio: Charles E. Merrill Publishing Co.), p.112.
4) Nathan F. lannone(1987), Supervision of Police Personnel, 4th ed.(Englewood Cliffs, New Jersey: Prentice-Hall Inc.), p.34.
5) 행정학 용어 표준화 연구회(1999), 행정학 용어사전, 새정보미디어, p.263.

는 가능성을 증진시키고 또는 바람직스럽지 못한 행위를 중지시킬 수 있는 가능성을 증진시키는 요인)를 포함하고 있다.[6)]

3. 동기부여에 의한 리더십

소방조직에 있어서 유능한 지도자는 습관적으로 지배하거나 혹은 맹목적인 복종을 요구하는 사람은 아니다. 오히려 유능한 지도자는 부하에게 동기부여를 할 수 있고 단위체를 조화시키고 훌륭한 소방공무원을 육성하고 계획의 하나로 바꾸는 사람이다. 그러므로 유능한 소방의 지도자는 집단에 몰두할 뿐만 아니라 개인의 동기부여도 효과적으로 일으키며 부서의 목표를 달성하기 위하여 집단의 동기를 조작하는 사람이다.

제3절 리더십의 필요성

1. 공통목표의 전달

소방공무원들 가운데에는 소방의 비전을 제시할 수 있고 혹은 그들의 동료에게 공통목표를 전달할 수 있으며 건설적인 행동으로 옮기도록 그들에게 도움을 줄 수 있는 지도자가 필요하다. 모든 사람은 다양한 신분이나, 그러한 비전을 인지하고 전달할 수 있는 능력에서 차이가 있기 때문에 리더십의 필요성은 조직의 규모 즉, 소방기관에 직접적으로 비례하여 증가하고 있다.

2. 소방공무원간의 견해차이의 최소화

리더십은 목표를 통합시킬 수 있음은 물론 직원들간의 견해차이의 부정적인 효과를 최소

---

6) Paul M. Whisenand(1981), The Effective Police Manager(Englewood Cliffs, New Jersey: Prentice-Hall, Inc.), p.69.

화시키는 데 도움을 줄 수 있다. 각 직원들의 행태는 그들의 육체적, 정신적, 그리고 감정적인 특징의 상호작용뿐만 아니라 그들의 유전, 환경, 그리고 경험의 산물이다.

대부분의 다른 직업에서 일하고 있는 사람들과 마찬가지로 소방관도 사회적, 경제적 집단과 차이를 나타내며 부서에서는 업무에 대한 다양한 태도로서 적응을 하고 있는 것이다. 그러므로 그들의 지도자가 다루어야 할 소방관 사이의 대부분의 공통된 차이점은 다음과 같다.

(1) 육체적 정신적 역량

육체적 또는 정신적 소질은 소방관이 어떠한 과제를 다루는 방법에 영향을 미칠 수 있다. 예컨대 어떤 소방관들은 기계적인 능력이 요구되는 직업을 좋아하는 반면에 어떤 소방관들은 119구조업무 혹은 소방계획을 평가하는 것과 같은 복잡하고 분석적인 일을 수행하는 것을 더욱 좋아한다. 만일 활동적이고 이지적인 소방관에게 단순업무가 주어졌다면 그는 불만을 갖거나 분개할 수도 있으며 진취적인 리더십은 소방관간의 그러한 차이를 인정하고 그에 상응하여 과제를 처리해야 할 것이다.

(2) 교육적 배경

교육은 진취적인 소방관과 주로 그들의 유니폼과 계급장(badge) 그리고 고급장비에만 관심을 가지고 있는 편협하고 전통적인 소방관과의 구별을 할 수 있게 한다. 이와 같은 두 가지 형태의 소방관 사이의 격차를 줄이는 것은 직원들을 재교육시킬 필요성을 인정하고 일련의 직업적인 표준과 윤리를 그들에게 불어 넣어줄 통찰력이 날카로운 지도자에 의하여 성취될 수 있다.

(3) 민족적 또는 인종적 배경

현대사회는 다국적 사회이다. 우리나라에도 전 세계에서 많은 국적의 인종들이 국내 산업전선에 투입되어 있다. 특히 인종은 현대사회에 있어서 소방의 역할에 대한 그들의 태도뿐만 아니라 화재(실화 및 방화)와 피해자에 대한 소방관의 견해에 지대한 영향을 줄 수 있다. 부정적인 민족적 또는 인종적 태도는 소방의 행태에 대부분 해로운 영향을 주고 있다.

(4) 감정적 안정성

감정적 안정성이란 특히 대민행정 업무와 구급업무를 담당하는 소방공무원의 인간성의 중요한 측면이다. 예컨대 소방관이 대민행정 업무와 구급현장에서의 업무처리가 어떻게 반응할 것인가를 결정한다. 어떤 소방관들은 화가 나서 선입견을 가지고 맹렬히 반응할 수도 있고 반면에 다른 소방관들은 업무 자체를 태만히 취급할 수도 있다. 한편 적절한 감정적 통제 아래 있는 소방관들은 합리적으로 생각하고 차분하게 반응할 것이다. '자기의 직원들을 일일이 잘 알고 있는' 지도자는 후자의 조건을 달성하는 데 도움을 줄 것이다.

제4절 리더십의 기능

조직 속에서, 특히 소방기관에서 부하에게 그의 의지에 반해서 일을 강제적으로 시킬 사람은 없다. 만일 그러한 기관장이 존재한다면 직원은 항상 '나는 그만 둔다.'고 말하는 사람이 많을 것이다. 그래서 그러한 조직에서 리더십의 주요한 역할은 기관의 목표를 달성하기 위하여 직원들에게 동기를 부여하고, 조직의 목적을 그들에게 전달하고, 업무를 수행함에 있어서 어려움을 참아내도록 그들을 설득하고, 그들의 노력을 결집시키고 지휘하는 것이다. 만일 불만이 발생하면 그것을 완화시키는 것이 리더의 책임이다. 행정적 리더십의 주요한 기능은 다음과 같다.7)

1) 역할의 한정

적절한 규칙과 규정을 통하여 사회 속에서 자기조직의 역할과 영향력을 수립하고 발전시키는 것은 창조적인 과업이다. 그래서 역할의 정의는 국민, 정치형태, 그리고 그 자신의 직원들을 위해서 조직에서의 진실한 업무수행을 평가하는 것이며 효과적인 리더십은 모든 관심 있는 사람에게 그러한 역할을 수행하도록 하는 것이다.

2) 목적의 구체화

리더십의 과업은 정책을 형성하는 것뿐만 아니라 조직구조에 그것을 구체화시키는 것이

7) Alfred R. Stone and Stuart M. Deluca(1985), Police Administration(New York: John Wiley & Son), p.337; Roy R. Roberg(1979), Police Management and Organizational Behavior(St. Paul, Minn: West), pp.173~174.

다. 이것은 기관의 특성을 만들고, 사고의 전문화 방법을 발전시키고, 기관의 정책을 수행하는 데 있어서 개선시키도록 격려하는 것을 의미한다. 목적이 조직에서 구체화되었을 때 정책들을 이해하게 될 뿐만 아니라 깨닫게 된다. 그래서 단지 문서에 의한 것보다는 오히려 정신적으로 실행하려는 경향이 있다.

3) 직원을 대표

소방의 지도자는 법적으로 조직의 외부에 있는 사람들의 입장에서 볼 때 그들의 동료 혹은 부하에 의하여 인정된 대표자이다. 그래서 지도자는 집단을 결속시키는 핵심이 되고 상징이 되며 또한 조직에 대하여 강한 충성심과 일체감을 위해 진력(盡力)하는 역할을 한다.

4) 제도적 성실성의 옹호

만일 그들이 기관의 단순한 존속을 위해 노력을 집중한다면 소방서장은 효과적인 리더십을 행사하는 데 실패할 것이다. 유능한 리더십의 주요한 기능은 조직의 현재상황 이후를 생각하고 새로운 프로그램을 개발하고, 기관의 권한을 방어하고, 근무를 확대・증진시키는 것이다.

5) 직원의 결합

일정한 부서 내에서 과 혹은 팀들 간의 경쟁은 소방업무 만큼이나 오래되었다. 그런데 경쟁하고 있는 집단 내에서의 선의의 싸움은 결코 전적으로 중화되지도 않는다. 이러한 싸움을 포함하여 그리고 보다 나은 전문적 기술과 우수성을 위하여, 권력을 이기적으로 추구하는 사람으로부터 스포츠맨 같은 인물에 이르기까지 그들을 북돋우는 것이 소방리더십의 책임이다.

6) 내부 갈등 해결

소방리더십은 전반적으로 기관의 기능이 내적인 갈등 혹은 당파심에 의하여 방해가 되지 않도록 보여야만 한다. 갈등의 공평한 해결을 위해서는 적정절차, 대표제 그리고 중재의 민주적 원리들을 고려하여야 한다. 동시에 리더십은 부서들 간이나 개인간의 일상적인 갈등들을 평화적으로 해결하는 방법과 부서의 안정과 번영을 위협하는 분쟁의 야기자에게 필요한 제재를 뚜렷이 하도록 해야 한다.

제5절 리더십의 유형

리더십은 이를 연구한 학자에 따라 여러 가지 유형으로 분류되고 있다. 리피트(Ronald Lippitt)와 화이트(Ralph K. White)는 의사결정의 양태에 따라 민주적 리더십 · 권위적 리더십 · 자유방임적 리더십으로 분류하고 있고, 리커트(Rensis Likert)는 인간과 업무에 초점을 두고 직원중심적 리더십과 업무중심적 리더십으로 분류하고 있으며, 하우스(Robert J. House)는 그의 진로-목표이론에 입각하여 지시적 리더십 · 지원적 리더십 · 참여적 리더십 · 성취지향적 리더십으로 나누고 있다. 일반적으로 소방리더십에서도 세 가지 기본적인 형태, 즉 민주적 리더십, 권위적 리더십, 자유방임적 리더십이 고찰되고 있어 이 세 가지 리더십을 중심으로 고찰해 보고자 한다.

1. 권위적 리더십(權威型)

권위적 리더십(authoritarian leadership)은 지도자가 조직의 의사나 정책을 혼자서 결정하고 부하들로 하여금 이에 따르게만 하는 리더십의 유형이다. 이것은 리피트와 화이트가 분류한 리더십 유형 중 하나로서 가장 고전적인 유형이라 할 수 있다.

권위적 리더십을 갖는 지도자는 모든 업무를 자기 뜻대로 처리하려 하고, 자기의 의견과 다른 것은 전혀 받아들이려 하지 않는다. 이러한 리더십 상태에서는 조직 구성원들이 적극성과 창의성을 발휘할 수 없거니와 성실성을 인정받을 기회가 적어 지도자로부터 신임을 받으려면 지도자에게로 은밀한 접근을 할 수밖에 없기 때문에 조직 구성원들 간에 불신감과 적대감이 조장될 수 있다.

그러나 권위적 리더십은 어떠한 상황이나 사회에서나 적절하지 못한 것만은 아니다. 조직(국가)이 전쟁이나 경제 공황과 같은 일대 위기에 직면하게 된 상황이거나 아직 권위적 생활양식이 지배하고 있는 전통사회에 있어서는 민주적 리더십보다 오히려 권위적 리더십이 효율적일 수 있다.

권위주의적인 소방관서장이나 지휘관들은 그들이 지휘하는 부서 혹은 단위를 지배하려는 경향이 있다. 그들은 모든 정책을 결정하고 모든 절차, 작업일정, 그리고 그들 수준에 맞는 업무할당을 명령한다.

그들은 집단의 적극적인 참여로부터 멀리 떨어지려는 경향이 있는 반면에 '여기에서 우두머리는 누구인지'를 분명히 하려고 한다.

2. 민주적 리더십(民主型)

민주적 리더십(democratic leadership)은 지도자가 조직 구성원들(부하들)을 참여시켜 그들과의 합의에 의하여 의사결정을 하고 지도해 가는 리더십 유형으로 이는 리피트와 화이트가 분류한 리더십 유형(권위적 · 민주적 · 자유방임적) 중의 하나로서 권위적과 자유방임적의 중간적 형태이다.

민주적 리더십형은 자유민주주의 체제의 사회에서는 조직 구성원의 창의성과 소속감, 사기(士氣) 등을 높일 수 있어 오늘날 많은 조직에서 널리 채택하고 있다.

또한 민주적인 지도자는 실현가능하고 적당한 것이면 어디에서든지 집단성원들에게 조언을 구하고 참여시킨다. 그들은 로봇을 만드는 사람보다는 인간을 만드는 사람으로 그들 자신을 간주하며, 그들의 부하로부터 많은 것을 배우게 된다는 것을 믿고 있다.

민주적인 지도자는 경청하고 설득하지만 지휘할 필요성은 거의 느끼지 않는다. 그들은 작업집단의 일원이 되지만 전체조직을 위한 그들의 책임은 어느 한 사람 혹은 집단을 위한 그들의 충성심을 능가한다는 것을 분명히 한다. 한편 권위주의가 지배하는 사회에서 민주형은 오히려 비능률적인 결과를 초래하기 쉽다.

3. 자유방임적 리더십(自由放任型)

자유방임적 리더십(Laissez-Faire leadership)은 지도자가 조직의 의사결정을 자신이 하려하지 않고 조직 구성원들에게 모두 일임하고 완전한 자유를 주는 리더십 유형으로서 권위형 리더십과는 정반대되는 형태이다.

자유방임적 리더십의 유형은 구성원들의 능력이 골고루 우수하고 업무의 내용이 고도로 전문성과 창조성을 띠고 자율성이 있는 경우에는 효과를 발휘할 수 있다. 그러나 그렇지 못한 경우에는 조직 내부가 무질서해져 조직의 목표달성이 어렵게 된다.

자유방임(Laissez-Faire)은 '하는 대로 내버려두다(let do).' 혹은 '불간섭(hands off)'이라는 의미인 불어이다. 리더십의 이런 형태는 본질적으로 리더십이 아니고 '너 자신의 일을 하고 최선을 기대하라.'는 정신이다.

이러한 접근방법의 가장 공통된 적용은 많은 전문적인 집단과 상사협회와 같은 전형적인 '사교형'의 조직형태로 거기에서의 작업표준은 회원 스스로에게 맡기며 감독은 거의 없다.

4. 리더십 유형의 비교

앞에서 분명하게 지적한 바와 같이 세 가지 기본적인 리더십의 유형들은 지도자 또는 집단 자체의 영향력의 수준이라고 하는 관점에서 차이가 있다.

그림 9-1은 세 가지 형태 사이에 권력배분의 잔상(殘像)을 나타낸다.

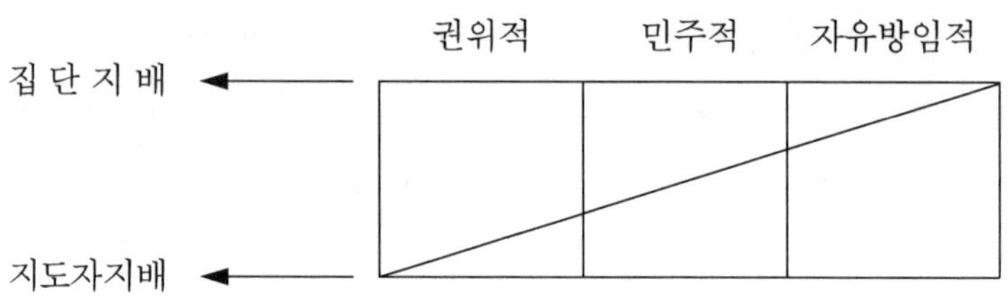

그림 9-1 리더십 유형의 비교 : 지도자 대 집단의 지배

5. 리더십 유형의 운용

대부분의 소방관서장과 감독자들은 민주적 리더십을 발휘하고 싶은 반면에 소방관료제의 현실은 이러한 요구를 반박한다. 권위적 리더십은 아직도 대부분의 소방부서를 지배하고 있으며 젊은 소방관들은 이러한 유형의 리더십에 대해 자주 분개하고 있다.

(1) 민주형의 권고

가장 최근의 연구들은 권위형 리더십을 독단적이고, 변덕스럽고, 비민주적인 것으로 보며 소방리더십에 있어서는 민주형의 채택을 보다 지지한다.

(2) 권위형의 제한된 사용

권위형 리더십을 완전히 버려야 한다는 것은 아니다. 위기의 상황에서 혹은 상황이 소방업무의 정상적인 흐름을 붕괴시킬 중대한 위협이 있을 때에는 권위형 리더십은 최선책이 될 수도 있다.

제6절 효과적인 리더십

여러 해 동안 리더십 연구를 위한 가장 공통된 접근방법은 '타고난 지도자(born leader)'의 이론을 고수하고 있다. 즉 자질 또는 특성을 부여받은 사람은 유능한 리더십을 위하여 필수적인 것으로 간주되고 있다. 지능, 성실, 용기, 그리고 정직과 같은 타고난 인간의 자질은 성공적인 리더십을 위해 결정적인 것이 되며 하나의 리더십 상황으로부터 다른 상황에까지 널리 적용될 수 있는 것이다.

그러나 다음의 경험적 연구들은 자질 또는 특성이 유능한 리더십을 위하여 중요한 것이 아닐 수도 있다고 암시하고 있다. 자질(traits)접근방법에 대한 이러한 도전은 효과적인 리더십이 하나의 상황으로부터 다른 상황에 이르기까지 변화시키는 동적인 과정이라고 주장하고, 그래서 어떠한 과업을 수행하고, 변화하는 상황에 적응하고, 환경적 압력에 대항하고, 그리고 일어날 문제들을 다루는 능력이라는 말로 평가되어야만 한다고 주장한다.

1. 자질접근방법

자질접근방법의 지지자들은 지휘기능수행의 초점을 지도자에 두고 지도자로서의 기능수행과 그 지위 획득 내지 유시는 지도자 개인의 인간성 또는 자질에 의한다고 주장하며 지도자의 인간성 특성을 분석・연구하려는 것이다. 이것은 지도자로서 필요한 심리적・신체적 제특징을 과학적으로 조사・기술하며 지도자로서의 적격여부를 판정하는 데 있어 성공적인 지도자의 자질을 근거로 하여 설명하려는 귀납적 방법을 사용한다.

1) 자질의 목록

다음은 필수적인 리더십 자질 또는 특성의 다양한 목록들이다.

(1) 이안온(N. F. Iannone)의 목록

이안온은 훌륭한 지도자의 자질로서 다음과 같은 특성을 지녀야 한다고 주장했다.[8)]

① 다른 사람들을 위한 친절성, 성실성, 애정과 인간적 따뜻함(friendliness, sincerity, affection for others, and personal warmth)
② 직무에 대한 열성(enthusiasm)
③ 야망(ambition)
④ 정력(vitality)
⑤ 고결성(integrity)
⑥ 지능(intelligence)
⑦ 기교(technical skill)
⑧ 신뢰성(faith)
⑨ 표현의 적절성(verbal aptitude)
⑩ 정중(courtesy)
⑪ 겸손(modesty)
⑫ 기타 자제력, 공감, 판단력, 독창력, 융통성, 적응성(self-control, empathy, judgement, originality, versatility, adaptability).

(2) 데이비스(K. Davis)의 목록

데이비스는 지도자의 자질을 다음과 같이 주장했다.[9)]

① 지능(intelligence)
② 사회적 성숙과 여유(social maturity and breadth)
③ 내적 동기와 성취의욕(inner motivation and achievement drives)
④ 인간관계태도(human relations attitudes)

---

8) Nathan F. Iannone(1987), Supervision of Police Personnel, 4th ed.(Englewood Cliffs, New jersey: Prentice-Hall Inc.), pp.44~46.
9) Keith Davis(1981), Human Behavior at Work, 6th ed.(New York: Mcgraw-Hill), pp.103~104.

(3) 군인의 목록

1971년 미국육군대학에서 행해진 연구에 의하면, 지도자의 자질은 다음과 같다.[10] 이러한 자질은 소방관에게도 기대되는 리더십으로 적용될 수 있다.[11]

① 당당한 태도(bearing)
② 용기(courage)
③ 결단력(decisiveness)
④ 신뢰성(dependability)
⑤ 인내심(endurance)
⑥ 열성(enthusiasm)
⑦ 창의력(initiative)
⑧ 성실성(integrity)
⑨ 판단력(judgement)
⑩ 정의감(justice)
⑪ 지식(knowledge)
⑫ 충성심(loyalty)
⑬ 민첩성(tact)
⑭ 헌신(unselfishness)

(4) 리커트(Rensis Likert)의 목록

리커트는 리더십 자질의 광범위한 목록을 다음과 같이 제시하고 있다.[12]

① 이타심(利他心), 동정심 그리고 협력(unselfishness, sympathy and cooperation)
② 직원의 성공에 대한 관심(interest in workers' success)
③ 열중(enthusiasm)
④ 지적 능력(intellectual ability)
⑤ 친절(friendliness)
⑥ 높은 도덕적 표준(high moral standard)

---

10) U. S. Department of the Army Headquarters, Military Leadership, FM 22-100, June 1961, p.17.
11) Donald F. Favreau and Joseph E. Gillespie(1978), Modern Police Administration(Englewood Cliffs, New Jersey: Prentice-Hall, Inc.), p.63.
12) Rensis Likert(1961), New Patterns of Government(New York: Mcgraw-Hill Book Co., Inc.), pp.6～20.

⑦ 기획능력(ability to plan)

2) 자질접근방법 비판

자질접근방법은 과업접근의 주장자는 다음과 같은 주장들에 대하여 가혹한 공격을 받았다.

① 자질목록이 넓고 모호하다. 누구든지 자질이론가들에 의하여 그렇게 제안된 것과 같이 논리적으로 생각되는 목록을 내놓는 데 실패했다.

② 지난 50년 이상의 경험적인 연구들은 지도자와 피지도자를 일반적으로 구별할 수 있는 어떤 개인적 자질 혹은 특성의 경향을 내놓는 데 실패했다.

③ 비록 자질목록이 하나의 활동현장에서 어떤 사람이 지도자로서 보여졌을지라도 이것은 그들이 다른 장소 혹은 다른 환경아래에서도 지도적 역할을 할 수 있다고 보증하는 것은 아니다.

④ 현대조직에 있어서 리더십의 진정한 실험은 타고난 지도자의 개인적 자질에 있는 것이 아니라 지도자가 처리해야 할 과업의 성공을 위한 잠재성, 그들이 실행할 수 있는 조직개혁, 그리고 그들이 달성할 수 있는 생산성의 증가에 있는 것이다.

2. 과업접근방법

과업접근방법(task approach)의 중심적인 초점은 어떤 가설적인 자질이나 혹은 특성(타고난 혹은 얻어진)에 관한 것보다는 오히려 일정한 조직 속에서의 지도자의 집행능력에 관한 것이다. 그러므로 이러한 접근방법 아래에서 보다 더 주의할 점은 부서의 조직, 다양한 과업, 지배를 받게 될 환경적 압력, 일반적으로 맞게 될 상황의 본질에 주어져야 한다.

따라서 이 이론은 주어진 상황에 의해서 오히려 지도자의 가치가 판단되고 지도자의 행동은 집단의 모든 상황에 따라 결정되는 것이라고 주장한다. 또한 과업접근방법의 지지자들은 리더십의 능력을 가지고 있든 혹은 가지고 있지 않던 간에 오히려 대부분의 사람들은 교육훈련과 그리고 자기개발을 통하여 리더십의 역할을 효과적으로 증진시킬 수 있다고 주장한다. 이러한 점에서 이 접근법은 관리의 이론과 실제에 커다란 의미를 부여해 주었다고 볼 수 있다.

위에서 설명한 과업접근방법의 전제를 구체화하고 있는 기본적인 모형들을 제시한다.

1) 오하이오(Ohio)주 모형

1955년 오하이오주립대학교에서 행하여진 일련의 연구는 지도자가 수행해야 할 두 집단의 과업에 초점이 맞추어졌다.

(1) 리더십 과업

① 창안구조 : 이 집단의 과업은 목표를 분명히 하고, 그것을 달성하는 방법과 수단을 선택하고, 작업절차를 계획하고 그리고 평가와 자질통제를 수행하는 것이 포함되었다.

② 종업원을 위한 고려 : 두 번째 집단은 사람과 사람 사이의 관계를 증진시키고, 갈등을 해결하고, 작업절차를 계획하고 그리고 고용자들간에 경력지도를 강화시키는 것과 같은 과업이 포함되었다.

(2) 오하이오주 리더십의 유형

이 두 집단의 과업과 관련된 리더십의 수행은 수직적인 척도와 수평적인 척도로 측정되었다.[13]

① 수직적 척도는 '창안구조'(리더와 종업원 사이의 관계를 명확하게 밝혀 주고 조직의 유형이나 의사전달의 통로 혹은 절차 등을 잘 정리하는)라는 리더십 행동의 형태로서 측정되었다. 척도의 윗자리의 끝쪽은 권위형 리더십을 암시하고 반면에 아래 자리의 끝쪽은 자유방임형 리더십을 의미한다.

② 측정되어진 리더십형태에 있어서 수평적 척도는 '종업원을 고려'(우호적인 분위기, 상호신뢰, 존경, 따듯한 정 등을 리더와 종업원 사이에 마련해주는)하는 것이다. 이 척도의 오른쪽 끝은 부하에 대하여 고려해야 할 친절성을 암시하고 중앙은 무관심이고 왼쪽 끝은 적개심을 나타낸다.

③ 리더십 유형의 도표 : 그림 9-2는 리더십 형태의 수직적이고 수평적 척도를 설명한다.

---

13) Jerry L. Gray and Frederick A. Starke(1980), Organizational Behavior, 2nd ed.(Columbus, Ohio: Charles E. Merrill Publishing Co.), p.120～122.

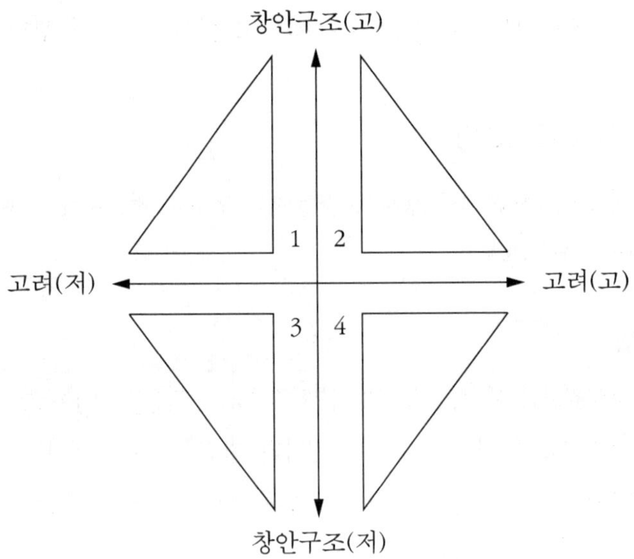

그림 9-2 Ohio주 리더십형태

(3) 연구의 결과

오하이오주 연구는 두 집단의 리더십 과업의 수행을 다음 네 가지 가능한 지도자의 형태로 만들고 그들 간의 상호작용을 보여주고 있다(그림 9-2 참조).

① 삼각형 1의 지도자는 종업원을 위한 최소한의 고려로서 부서를 관리하는 '가혹한 고용주'이다.

② 삼각형 2의 지도자는 종업원의 인간적 필요에 따라 부서작업의 수요와 균형을 맞춘다.

③ 삼각형 3의 지도자는 누구든지 사랑하나 한사람도 거느리지 못하는 '웃음거리가 되는 사람'이다.

④ 삼각형 4의 지도자는 모든 것을 참고 견디지만 성실성이 없는 부하를 계속하여 비난하기 때문에 한 사람도 좋아하지 않는다.

2) 바우어스(Bowers)와 씨쇼어(Seashore)의 모형

바우어스와 씨쇼어는 지도자가 능숙하게 해야 할 네 가지 작업영역을 제시했다.[14]

---

14) San S. Souryal(1981), Police Organization and Administration(New York: Harcourt Brace Jovanovich, Inc.), p.75.

(1) **지원활동**

지도자는 경제적, 심리적 그리고 사회적인 욕구와 종업원의 야망을 충족시키도록 보장할 수 있어야 한다.

(2) **작업노력의 촉진**

지도자는 작업절차, 의사전달 그리고 지휘계통을 능률화시킬 수 있는 능력을 가져야만 한다. 그리고 그들은 조직의 구성원을 위하여 적당한 권한과 책임을 배분할 수 있어야 한다.

(3) **목표의 설정**

지도자는 기관의 고유한 사명, 역할 그리고 범위를 이해하여야 하고, 그것의 우선순위(목표와 목적에 의하여)를 적절히 설정하여야 한다.

(4) **기관내의 적당한 상호작용의 촉진**

바우어스와 씨쇼어의 모형은 지도자는 종업원간의 관계를 촉진시킬 수 있어야 하고, 고용원들의 비공식적 집단들을 조장할 수 있어야 하고, 그리고 소식에 내한 충성심을 개발시키고 고용원간에 우애가 있도록 해야 한다고 주장한다.

3) 윌리암스(J. D. Williams)의 모형

윌리암스는 일련의 과업역할과 지원역할을 한 데 엮어 리더십 과업을 위한 세 번째 모형을 만들어냈다.[15)]

(1) **과업역할**

바우어스와 씨쇼어모형의 방향을 따라 윌리암스모형은 목표를 설정하는 것과 그리고 그것을 달성하기 위하여 적당한 방법을 선택하는 것으로 리더십의 과업역할을 특성화하였다. 전자의 영역은 공공정책을 결정하고 기관의 직원에게 그것을 전달함에 있어 리더십의 역할과 관련이 있다. 반면에 후자의 영역은 기관의 목표를 달성하기 위하여 행동의 양자택일의 과정 가운데 영리한(그리고 때때로 용기 있는) 선택을 할 수 있는 능력을 의미한다.

15) J. D. Williams(1980), Public Administration: The People's Business(Boston: Little, Brown), pp.139～141.

(2) **지원역할**

윌리암스는 종업원의 욕구를 위한 인간적 지원, 보다 높은 권위에 앞서서 종업원을 대표, 그리고 종업원간에 상호관계를 증진(갈등의 해결을 포함하여)시키기 위해서 지도자의 지원역할을 설명하고 있다.

① 종업원의 욕구에 대한 지원 : 첫째로 지원할 과업은 자질이 있는 직원으로 훈련시키고 그들이 성장하도록 도와주는 지도자의 관심에 대하여 언급했다.

② 대표성 : 둘째로 지원할 과업은 시 혹은 의회에 앞서서 부하를 지지하는 지도자의 책무를 언급했다.

③ 기관 내의 조화를 창출 : 셋째로 지원할 과업은 기관 내의 집단생활을 양질의 것으로 향상시키고 최고의 생산성과 효과성을 방해하는 기관의 갈등을 제거함에 있어서 지도자의 헌신을 언급했다.

④ 예컨대 어떤 소방서가 200명의 소방관으로 구성되어 있다고 가정하자. 지원역할을 수행하는 데 있어서 이 소방서의 서장은 매슬로우(A. H. Maslow)의 '욕구분석'을 하기 위하여 그들을 들추어내도록 최전선에 있는 감독자들을 위한 훈련과정을 설치하고 인간관계의 기법을 그들에게 가르칠 수도 있다. 그래서 감독자들은 부하들의 성장을 촉진시킬 수 있다.

소방서장은 또한 봉급인상과 소방서의 증대되고 있는 욕구들을 해결하기 위하여 보다 많은 예산 할당을 위하여 투쟁할 것이다. 소방서장은 참모에게 '방심하지 말고 지켜보라'고 지시하고 소방서의 영향력 있는 직원에게 결과를 보고하도록 잘 지시할 수도 있다. 후자의 영역에 관해서는 소방서장은 소방관 중 한 사람의 가족이 사망했을 때 조의를 표하고, 현저한 업적들에 대하여 축하편지를 보내고, 용기 있는 행동에 대하여 적당한 상을 확실히 줄 수도 있다. 마지막으로 소방서장은 배치전환과 예정된 정책들을 향상시키기 위하여 인간관계 관리기법들을 사용하고, 승진시험의 공정성을 보증하고, 소방서 내에서 서로 다투는 관할구역들 혹은 단위 사이에 화해하도록 하고, 그리고 사관학교, 해병대, 혹은 FBI의 것과 비슷한 소방의 정신을 창안하기를 기대할 수도 있다.

4) 하우스(Robert J. House)의 모형

하우스는 리더십의 상황적응적 이론으로 기대이론에 근거하여 경로 - 목표이론(path-goal

theory)을 제시하였는데 지도자의 노력 - 성과, 그리고 성과 - 보상에 대한 기대감과 유인성 관계를 중심으로 리더십과정을 설명하고 있다.[16)]

(1) 연구의 초점

이 이론은 지도자란 목표달성에 대한 경로를 명확히 하는 데 도움을 주기 때문에 종업원들의 행동에 도움을 줄 수 있다. 즉, 지도자의 행동은 지도자의 행동의 결과에서 기대되는 만족감에 따라서 결정된다는 전제하에 지도자의 기대감과 지도자의 행동에 작용하는 상황적 요소들을 연구하는 것이다.

따라서 부하들의 과업성과에 대한 유의성을 높이고 과업성과를 달성하는 데 필요한 모든 상황적 조건을 조성함으로써 과업달성에 대한 기대감을 높이는 것을 지도자가 수행해야 할 기능으로 본다.

(2) 리더십의 유형

네 가지 다른 리더십행태(行態)에서 효과적이라 할 수 있는 상황조건은 다음과 같다.[17)]

① 지시형 : 지시적 지도자는 구조주의적 측면을 강조하는 지도자로서 부하들의 과업을 기획하고 조직하여 적극적으로 지시 · 조정해 나가는 형태이다.

② 후원형 : 후원적 지도자는 고려측면을 강조하는 지도자로서 부하들의 욕구와 복지문제, 그리고 우호적이고 친밀감 있는 집단분위기에 많은 관심을 나타낸다.

③ 참여형 : 참여적 지도자는 부하들과 정보자료 등을 많이 활용하여 부하들의 의견을 의사결정에 많이 반영시키는 형태로 집단관리라고도 한다.

④ 성취지향형 : 성취지향적 지도자는 높은 수준의 목표설정과 의욕적인 목표달성을 강조하고 부하들이 최대한 능력을 발휘할 것을 기대하며 성과에 대한 책임을 질 수 있는 부하의 능력을 상당히 신뢰하는 형태이다.

(3) 상황적 요소와 효과적 리더십

경로 - 목표이론은 리더십 과정에서 작용하는 중요한 상황적 요소들을 부하들의 특성과 과업환경요소로 구분하고 있다.

---

16) Robert J. House(1971), 'A Path-Goal Theory of Leader Effectiveness', Administrative Science Quarterly, Vol.16(September), pp.321 ~ 338.

17) Paul M. Whisenand, op. cit., p.25.

① 부하들의 특성 : 부하들은 지도자의 행태가 자기들에게 어떠한 만족감을 주고 있는지 또는 앞으로 줄 것인지에 대한 지각이나 기대감에 따라서 자신들의 행동을 형성하게 된다.

② 과업환경요소 : 부하의 과업, 집단의 성격, 조직요소에 따라 이에 요구되는 효과적 지도자의 형태가 다르다. 따라서 지도자는 부하들의 특성 및 과업의 환경적 요소들과 상호 작용을 하면서 적절한 지도자의 행태를 통하여 부하들의 목표에 대한 유의성과 기대감에 영향을 줌으로써 이들의 동기수준과 노력, 그리고 성과와 만족감을 높일 수 있다.

(4) 연구의 결과

경로 - 목표이론은 어떤 지도자가 특정상황에서 보다 효과적인가 하는 것을 설명하고 있다는 점에서 다른 이론보다 발전된 이론이다. 특히 과업성격과 지도자의 형태에 있어서 일상적이고 구조적인 과업상황에서는 후원적 지도자가 효과적이고, 비구조적인 과업상황에서는 지시적 지도자가 효과적이라는 것이 입증되었다. 또한 지도자는 동기부여의 요소인 유의성, 수단성, 기대에 대한 부하들의 지각을 강력하게 해 줌으로써 부하들의 행동에 영향력을 행사할 수 있다는 것이다.

3. 과업과 자질기법의 조화

미시건대학(University of Michigan)의 연구에서는 리더십과 효과성과의 관련성에 관한 여러 가지 사실을 밝혀낸 바 있었는데 이 연구에서는 특히 리더십과 효과성에 관한 종업원 중심이라는 개념과 생산 중심이라는 개념을 창출해 내었다. 과업과 자질이론을 비교할 때 전자의 기본적인 강조점은 종업원 중심의 리더십에 관한 것이며 반면에 후자의 강조점은 생산 중심의 리더십에 관한 것이 분명하다.[18)]

1) 종업원 중심의 리더십

리더십의 이러한 형태는 기관의 생산성과 효과성을 증진시키기 위하여 종업원의 인간관계

---

18) Paul Hersey and Kenneth H. Blanchard(1977), Management of Organizational Behavior(Englewood Cliffs, New jersey: Prentice-Hall, Inc.), p.39.

와 동기부여의 필요성을 강조한다. 이들은 종업원들도 모두 다 중요한 인간이라는 점을 믿고 있으며 그들의 개성과 개인적인 욕구를 중시한다.

2) 생산 중심의 리더십

반면에 생산 중심의 리더십은 종업원 참여의 중요성을 경시하고 기관목표의 알맞은 선택, 통일된 절차의 시행 그리고 기관생산의 질적 제어를 통하여 생산성과 효과성을 증가시키는 것을 강조한다.

3) 조화된 접근방법 – 조화의 중용

만일 조직이 안정되고 진취적이려면 리더십에 대해 전술한 두 가지 접근방법이 필요하다. 그러므로 소방지도자는 그 소방조직의 특정한 조건하에서 가장 훌륭한 결과를 생산해 낼 능력이 있는 '조화의 중용'으로 두 가지 접근방법을 결합시킬 수 있어야만 한다.

그러나 기관의 상황이 내적 · 외적 압력에 따라 때때로 변화될 수 있기 때문에 조화의 중용의 배합은 정기적으로 재실험되어야 하고 재평가되어야만 한다.

4) 리더십 망

유능한 지도자가 변화하는 조직의 상황 속에서 그들의 리더십 형태를 어떻게 변화시키고 또 적응시킬 수 있는가의 사례는 블레이크(Robert R. Blake)와 모우턴(Jane S. Mouton)에 의하여 그림 9-3에 표시된 그들의 리더십 망(leadership grid)에 제시하였다.

(1) 모 형

그림 9-3에서 생산을 위한 관심은 수평적 축을 따라 표시되었다. 생산으로 진행하는 이러한 눈금에 관한 지도자의 평점은 그들에게 더욱 중요한 것이 된다(예를 들면 9의 평점에 있는 지도자는 생산을 위해 최대한의 관심을 가지고 있다). 비슷하게도 종업원을 위한 관심은 수직적 축에 표시되어 있으며 직원을 위한 관심 같이 수직적 축에 진행하고 있는 지도자의 평점은 그들에게 더욱 중요한 것이 된다. 9의 평점에 있는 지도자는 종업원을 위해 최대한의 관심을 나타내고 있다.

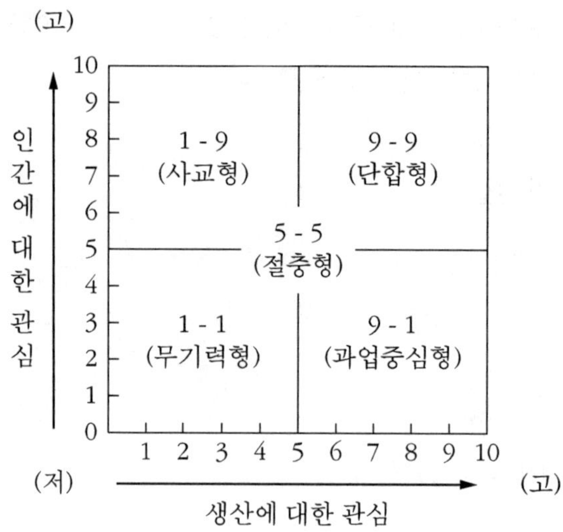

그림 9-3 Blake와 Mouton의 리더십 망

(2) 선택

블레이크-모우턴모형은 5개의 리더십 형태를 다음과 같이 분류하고 있다.[19]

① 무기력형(1-1) : 이러한 형태의 리더십은 생산을 증진시키고 종업원에게 동기부여를 위한 최소한의 노력을 한다. 그리고 생산성과 소방관의 사기는 이 형태에서 가장 낮은 것이 되고 불행하게도 그러한 리더십은 전통적인 관료적 소방조직에서도 흔히 볼 수 있다.

② 사교형(1-9) : 이 형태는 동기부여를 위하여 최대한의 노력을 발휘하는 데에서 생겨나고 통제와 훈련을 통하여 성과를 달성하기 위한 최소한의 노력을 결부시켜 종업원을 안락하게 한다. 이것은 인간관계의 접근방법과 우정과 희생적인 생산과 달성에 사로잡혀 있는 지도자의 형태이다.

③ 과업중심형(생산추진자; 9-1) : 이 평점은 최대한의 리더십 노력이 기관의 목표를 달성하는 데에서 생겨나지만 고용원의 복지와 사기에는 최소한의 주의를 기울이는 것을 의미한다. 이것은 작업의 결과에(그리고 아마도 부하를 이용하려는 그들의 힘에) 사로잡혀 있는 '생산추진자'로서 행동하는 지도자의 형태이다.

④ 단합형(9-9) : 이러한 리더십의 형태는 직원의 동기부여를 위한 최대한의 관심과 함께

19) Robert Blake and Jane Mouton 1964, The Managerial Grid(Houston: Gulf Publishing Co.), p.318.

기관의 목표를 달성하기 위한 최대한의 노력의 결과이다. 이것은 적당한 팀웍과 협력에 기초한 민주형 리더십을 달성하기 위하여 체제분석과 행태과학을 적용하는 개화된 지도자의 형태이다.

⑤ 절충형(5-5) : 마지막 형태는 생산과 직원 양쪽을 위하여 항상 상당한 관심을 결합하려는 좋은 예가 된다. 한편 이것은 단합형의 형태에서 나타난 관념적 형태의 리더십은 아니고 소방업무의 실제 상황에 주어진 소방조직을 위한 가장 좋은 형태일 수도 있다.

제7절 소방리더십을 위한 제안

선진국으로서의 국가발전을 목표로 하고 있는 우리나라에서 요청되는 리더십의 유형으로는 다음과 같은 것이 제시되고 있다.

① 민주적이며 쇄신적·창업가적 리더십일 것

② 정책지향적 리더십일 것

③ 환경변동에 대한 대응능력을 가진 리더십일 것

④ 발전목표를 창조하고 신념의 추진력을 가진 리더십일 것

⑤ 자원동원력과 상징조작력을 가진 리더십일 것

⑥ 정보분석능력과 집단력을 제고하고 책임을 지는 리더십일 것이 요구된다.[20)]

그러나 소방리더십의 효과성을 향상시키기 위하여 위에서 제시하고 있는 리더십의 유형은 물론이고 이외에도 구체적으로 제시되고 있는 많은 제안들을 내놓고 있다. 흔히 제시되고 있는 권고들은 다음과 같다.[21)]

20) 유종해(1990), 현대행정학, 박영사, pp.455～456.

21) Charles Saunders(1970), Upgrading the American Police(Washington, D. C.: The Brookings Institute); Sam S. Sourya(1977), Police Administration and Management(St. Paul, Mn.: West Publishing).

1. 기술적 숙련

유능한 소방서장이나 간부는 직무의 모든 국면에 정통한 숙련된 소방관이 되어야만 한다. 이것은 다음과 같은 것을 통하여 달성될 수 있다.

① 많은 학문분야 가운데서도 행태과학, 소방행정학, 소방공무원법, 소방행정법 집행 등에 관한 기본적인 교육과 끊임없는 연구

② 재직중의 연수과정과 세미나를 통한 끊임없는 교육과 훈련

③ 부서 내에서(혹은 다른 부서에서) 성공한 지도자들과의 경쟁의식

④ 최신 정기간행물과 소방에 관련된 문헌의 독서를 통한 학자다운 발전

⑤ 소방행정발전 및 소방기술을 위한 논문작성 및 발표

2. 전문가로서의 발전

유능한 소방지도자는 또한 전문적으로 그들 자신을 발전시키고 그들의 능력을 향상시키기 위하여 노력해야 한다. 이러한 전문가로서의 발전은 다음과 같은 것을 통하여 이룰 수 있다.

① 자기분석과 자기비판

② 자신의 직무, 동료 소방관, 그리고 소방부서의 향상에 관한 성실한 관심의 개발

③ 부하와 동료들의 정직한 의견을 수용

④ 효과적으로 쓰고 말하는 기술의 숙달

3. 동료직원의 이해

성공적인 지도자는 그들의 동료와 부하들의 욕구와 기대감을 이해하는 '큰 인물(big people)'이 되어야만 한다. 이러한 이해는 다음으로 이룩될 수 있다.

① 동료 소방관들은 인간적인 흠이 있고, 오류에 빠지기 쉽고, 끊임없는 정신적 원조의 필요성이 있다는 생각

② 소방관들은 일련의 양도할 수 없는 권리와 특권에 의하여 보호되어진 민주시민이라는 기억

③ 소방관들은 시간의 일부만을 소방조직을 위해 일하고 비번인 경우에 있어서 그들 가족

에 대한 관심과 의무는 또한 그들의 삶의 중요한 부분이라는 생각

④ 지도자의 한 사람으로서 각 소방관에 대한 가능한 한 많은 학습, 예컨대 직원에게 이름을 불러주는 것은 부하들의 동기부여에 있어서 대단한 자긍심을 가지게 될 것이다.

⑤ 승진시험을 준비하고 신분상의 지위를 달성하는데 협조함으로써 동료소방관의 개인적인 발전을 격려

⑥ 동료 소방관들이 사회적인 문제나 개인적인 문제들을 극복할 수 있도록 협조

⑦ 동료 소방관들이 직업적으로 그리고 사회적으로 소방조직 내에서 행동하고 있는 것에 대하여 정통

⑧ 단위 또는 그 구성원들의 업적에 관련이 있는 정보를 발표하고 개발하여 지도자의 한 사람으로서의 사기를 진작

⑨ 유머 감각과 상호신뢰, 단결력, 조화에 도움이 되는 일반적 태도의 유지

4. 솔선수범

유능한 지도자는 항상 그들이 평상시 사용하는 말이라도 반드시 실천해야 한다. 이것은 다음으로 이루어질 수 있다.

① 육체적 적합성, 정신적 경계심, 그리고 때때로 용모를 깨끗하게 하고 적당한 정장을 꾸밈

② 침착한 성질의 유지, 즉 기분의 동요와 비합리적인 노여움을 나타내는 것을 회피하는 것

③ 공적이고 사적인 일에 있어서 생활의 결백을 유지

- 일탈행위와 천한 행동은 항상 허약하고 위선적인 지도자의 표시이다.

④ 모든 직원에 대하여 공평한 태도로서 처신

- 공명정대는 전문직업의식이고 훌륭한 리더십의 표시이다. 반대로 그들의 부하들 가운데에서 인기 있는 태도를 취하는 지도자보다 더욱 불화를 일으키는 일은 없다.

⑤ 큰 소리로 불렀을 때 용기 있는 태도로 말하기

- 그들의 방침에 의하여 주장이 관철되지 못하거나 결정에 대하여 책임 회피를 시도하는 지도자는 직원들의 존경을 잃게 되고 그들로부터 훌륭한 반응을 기대할 수 없다.

⑥ 부하 소방관들에게 직면한 위험과 고난들을 함께 하기

- 이것은 부하들의 가장 효과적인 동기부여의 하나가 될 것이다.

⑦ 자신의 국가, 소방조직 그리고 감독자에 대한 충성스런 태도의 유지
- 소방조직에 대한 충성심과 그 가치는 본보기 보이기를 원하는 유능한 지도자를 위하여 중요한 것이다.

5. 건전한 의사결정

효과적인 리더십은 그 형태나 또는 표시가 무엇이든 간에 건전한 의사결정에 근거하여야 한다. 이것은 다음을 통해서 이루어질 수 있다.

① 결정은 작업조건의 실질적이고 객관적인 평가에 의하도록 논리적이고 정연한 사고절차의 개발
② 고려되고 또 확정된 각각의 결정을 위하여 어떤 시간의 계획을 세워 자신의 시간을 적당히 관리
③ 논리적, 합리적 그리고 과학적 분석의 법칙을 고수
④ '위기에 처한 리더십'(즉, 일어날 수밖에 없는 문제들을 취급)을 회피하기 위하여 미리 계획에 전념
⑤ 확정된 각각의 결정에 따르는 환류의 중대한 고려
⑥ 압력에 대한 예민한 인식은 기관 내외로부터의 의사결정 절차에 미치는 영향
⑦ 의사결정에 있어서의 유연성 - 경직되고 독단적인 사고의 회피

6. 책임의식의 주입

유능한 지도자는 소방조직 내에서 책임을 받아들일 진지하고도 준비성이 있는 분위기를 유지하여야 한다. 이것은 다음에 의하여 이루어질 수 있다.

① 명령의 통일을 통한 운영
② 부하에게 그들의 임무를 독자적으로 수행하도록 기회를 제공하고 그들의 결정에 대한 책임 부여
③ 지도자의 명령으로 요구되어졌을 때 자유스럽게 충고와 원조를 제공
④ 자기 자신의 결정과 부하에 의해 이루어진 결정에 대하여 기꺼이 책임질 수 있는 마음의 표시

⑤ 소방부서의 목표와 가장 능률적이고 효과적인 태도로서 그러한 목표를 달성하기 위하여 가차 없는 헌신을 지속

⑥ 소방관서 전체에 건설적인 훈련을 지속

제8절 소방조직의 3차원적 리더십

삼차원적 리더십(three-dimensional leadership)이란 소방조직에 요구되는 리더십의 행동유형은 조직 구성원들에 대한 인간관계지향, 과업지향, 효과성의 3가지 차원에서 모색하되 그때그때 변동되는 상황에 따라 그것에 적절히 대처할 수 있는 리더십이어야 한다는 이론이다.

다시 말해서 적절하고 바람직한 리더의 행동유형이란 어떠한 상황에서나 적격한 유일의 유형이 존재하고 있는 것이 아니라, 리더가 조직 구성원들을 인간적으로 대하거나 일을 시키는 정도는 조직이나 그 구성원들이 처해 있는 환경적 상황에 따라 그것에 적합한 행동이어야 한다는 이론이다.

3차원적 리더십이론은 원래 레딘(William J. Reddin)이 피들러의 리더십 상황모형과 블레이크와 모우턴의 관리망에 영향을 받아 개발한 것이다.[22)]

허시(Paul Hersey)와 블랑차드(K. Blanchard)도 그들의 라이프 사이클(life cycle)[23)] 이론을 보완하여 3차원적 리더십이론을 완성하였다. 즉 허시와 블랑차드는 리더십 유형을 인간관계 지향적 유형과 과업 지향적 유형으로 크게 둘로 구분하고 이를 단일선상이 아니라 차원을 달리한 별개의 축으로 나타낸 다음, 거기에 효과성(환경)이라는 또 하나의 차원을 추가하여 리더십 유형으로서 3차원모형을 전개하였다.

22) 박용치(1996), 「현대행정학 원론」, (주)고려원, p.614.

23) 인간의 일생에 나타나는 규칙적인 반복현상, 즉 인간의 생활주기. 그리고 이 생활주기에 착안하여 결혼으로 시작되는 가족의 형성 → 팽창(확대) → 축소 → 소멸이라는 과정을 주기적으로 파악하고 발상이 나왔다. 가족의 경제생활과 이상의 과정사이에는 밀접한 관계가 있으며, 각 단계에 따라 가족구조나 소비구조 등에 특색이 나타난다. 이런 생각은 그 후 가족사회학, 가정학, 주택학 등에 응용되어 가정의 장기적 생활설계와 복지계획을 위해 활용되었다. 즉 생애의 각 단계에서 경제적 · 사회적인 불안을 해소하기 위해 충분한 체계적 보장을 줌으로써 각자의 자조적 영위를 용이하게 하려는 생애설계가 그것이다.

그리고 인간관계의 높고 낮음, 과업의 높고 낮음을 효과성의 축에 따라 조합하여 나열하였던 것이다. 그 결과 어떠한 상황에서도 적절하고 이상적인 리더의 행동유형이 고정되어 있는 것이 아니라는 것을 알게 되었다. 즉 조직 구성원들에 대하여 인간관계가 높고(인간적으로 따뜻하게 대하고) 과업도 높은(일을 많이 시키는) 리더의 행동유형도 어떠한 상황에서나 모두 적합한 것이 아니고 특수한 상황에서만 적절하다는 뜻이다.

예컨대 소방서나 군대·경찰과 같은 조직(공공복리조직)은 비상시에는 과업이 높고 관계가 낮은 리더십 유형이 적합하다. 그러나 비상이 해제되고 나면 오히려 다른 유형이 더 적절할 수도 있는 것과 같다. 3차원적 리더십 모형을 도시하면 그림 9-4와 같다.

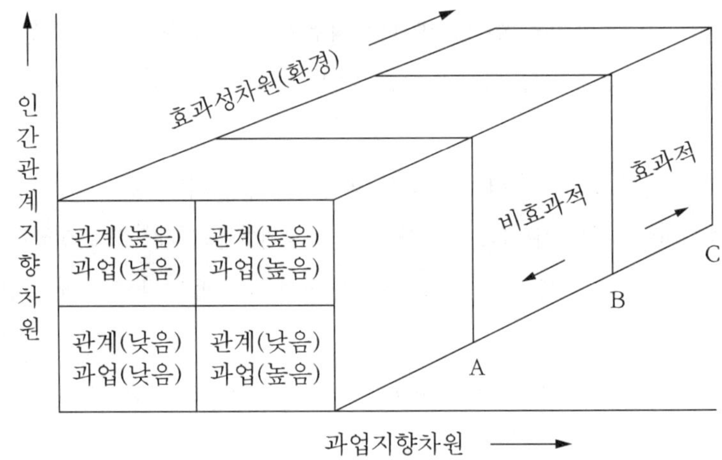

* B를 기본유형이라 한다면 A에서는 비효과적이지만 C에서는 효과적임을 나타낸다.

그림 9-4 3차원적 리더십 모형

소방인사행정

10

CHAPTER

제1절 서 설

가장 중요한 국가조직 중의 하나인 우리 소방은 사회변화에 적극적이며 능동적으로 대처할 수 있는 효과적인 조직운영체계를 갖추고 있다고 할 수 없다. 즉 급격한 국내외 정세와 사회의 각종 변화에 보다 적극적으로 대처하기 위해 필요한 자동화 및 컴퓨터화가 요구되고 있지만 국제적 감각을 지닌 소방관이나 첨단장비의 운영체계에 능숙한 소방관들이 부족한 실정이다. 그러므로 소방공무원이라는 인적 자원을 효율적으로 활용할 수 있게 하고 그들에게 만족스러운 직장생활을 보장하며 그들의 능력발전을 촉진시키지 않는다면 소방조직은 국제화, 정보기술(IT) 및 컴퓨터화의 시대적 흐름에 더더욱 소외되어질 것이며 조직의 궁극적인 목적을 충분히 달성할 수 없게 될 것이다.

1. 인사행정의 개념

인사 기능은 조직의 인적자원에 관련된 총체성으로 정의되고 있다.[1] 많은 사람들이 동원되고 활동해야 할 경우에는 조직을 필요로 하며, 조직은 이에 소속된 직원들에 의해 제 기능을 하게 된다. 그러므로 조직의 목표를 효율적으로 달성하기 위해서는 그것에 적합한 사람을 골라 그 조직의 활동에 부합되는 직무를 담당하게 하고 그들로 하여금 최대의 역량(힘)을 발휘할 수 있도록 관리해야 한다.

이와 같이 조직 안의 사람들을 관리하는 것을 인력관리 또는 인사관리라 하며, 특히 그 조직이 행정기관일 경우에는 인사행정이라 한다. 다시 말해서 인사행정이란, 행정목표를 효율적으로 달성하기 위하여 행정활동에 필요한 인적자원을 동원하고 관리하는 활동 또는 그 과정이라 정의할 수 있다. 즉, 소방인사행정은 ① 유능한 인재를 소방행정부서에 유치하며, ② 인간적 가치를 존중하면서 능력발전을 계속적으로 도모하고 높은 근무의욕을 유지시켜, ③ 개인의 목적과 소방조직의 목적의 균형・조화를 실현하여 소방조직의 활력을 최고도로 발휘시키는 것이라고 할 수 있다. 따라서 소방 인사행정의 개념에는 모든 소방공무원의 관리는 물론 새로운 소방공무원의 모집에서부터 선발, 교육훈련, 보수, 승진, 퇴직 소방공무원의 사후관리 그리고 복지까지 모두 포함된다.

---

1) O. Glenn Stahl(1971), Public Personnel Administration, 6th ed.(New York: Harper & Row), p.16.

2. 소방인사행정의 중요성

소방조직의 구성원은 생산공장에서 기계를 대상으로 물질을 다루는 인적 자원과는 달리 소방행정, 즉 화재현장진압, 인명구조 · 구급, 건축물 · 위험물 인허가 및 소방검사 등을 대상으로 한 공공서비스를 제공하는 일을 하는 인적 자원이다.

특히 국민의 생명과 재산에 직접 관련된 업무를 담당하는 소방조직의 인적 자원을 관리한다는 사실에 그 중요성은 더욱 강조되는 것이다. 따라서 고도로 향상된 양질의 소방서비스를 제공하기 위한 인적 자원의 효율적인 활용을 위해서는 인사 부서의 계속적인 관심과 발전적 노력이 필요하다.

소방기관 내에서 인사행정의 주요한 기능은 모든 부서에 걸쳐 유효적절하게 인적 자원을 관리함으로써 행정목표를 효율적으로 달성하는 것을 기대하고 있다. 따라서 인사행성은 오늘날 인사정책과 절차에 따라 더욱 효과적으로 직원을 관리하는 데 요구되는 봉사와 지원을 관리자에게 제공하는 것이므로 행정관리의 핵심적 부문으로 가장 중요시되고 있는 것이다.

제2절 소방인사행정의 발전

인사행정의 역사적 발전과정을 통해서 볼 때 현대의 소수 선진 몇 개국(미국, 일본, 유럽 국가들 등)을 제외한 대부분의 발전도상국이나 제3세계 국가들은 소방조직의 전문성이나 특수성을 충분히 고려한 인사관리 제도를 확립하거나 운영하지 못했다.

이러한 소방조직들은 단순히 이윤을 조직목표로 하는 사기업과 구분하여, 공공의 복리를 목적으로 하는 정부의 인사행정제도를 소방인사관리의 기준으로 삼아왔다. 물론 이들 저개발 또는 발전도상국가에서도 소방업무의 특수성과 전문성을 감안하여 세부적인 측면에서 인사행정 분야와 달리 운영 되어 온 부분도 있겠으나, 소방조직 목표의 효율성 달성을 위해 그 특수성이나 전문성을 충분히 반영하지 못했던 것이다.

따라서 소방인사행정의 발전 형태를 보다 총체적인 공조직(정부) 인사행정의 발전과정을 통해 살펴봄으로써 보다 넓고 깊은 이해를 할 수 있을 것이다. 국가나 정부조직, 특히 소방인사행정의 발전은 역사적으로 그 사회의 중요한 대형 사건들과 밀접하게 관련되어 있다.

즉, 대부분의 인사정책 변화는 국가의 정치적, 사회적, 경제적 변화나 환경의 변화 그리고 국가정책의 우선순위 변경과 같은 중요한 사건들이 인사관리에 많은 영향을 미쳤다고 할 수 있다. 특히 일본통치 시대에는 일본에 의해 그리고 미군정시대에는 미국에 의해 우리나라의 소방인사행정제도의 발전은 경찰행정의 일부분에 예속되어 있었으므로 소방공무원법 제정 전까지는 경찰 인사행정을 중심으로 살펴보아야 할 것이다.

1. 우리나라 소방인사행정제도의 발전

우리나라의 인사행정 역사는 일반적으로 고려시대, 조선시대, 일본 통치시대, 미군정시대, 대한민국정부수립 이후 그리고 민방위창설 이후로 크게 구분할 수 있다. 물론 고려시대 이전 삼국시대와 통일신라시대에도 제한적이나마 고시 또는 과거제와 같은 관리등용의 제도가 있었으나 단순한 채용제도 외에 특기할 사항이 없기 때문에 일반적으로 조선시대부터 구분하는 것이 대부분 학자들의 경향이나 본서에서는 고려시대부터 구분하고자 한다.

1) 고려시대

고려시대에는 통일신라시대보다 대형화재가 많이 발생하였는데 이는 인구와 밀집가옥이 증가하고 병란(兵亂)이 잦은 데 그 원인이 있는 것으로 보인다. 문종 20년 운흥창(양곡창고)화재 이후로 창름(倉廩; 쌀광), 부고(府庫; 창고)에 금화관리자를 배치하고 어사대가 수시 점검하였다. 특히 고려시대의 도읍지인 개성(開城)은 지역이 협소하고 건물들이 밀집되어 있는 관계로 한 번 화재가 발생하면 수백 가옥이 연소되는 경우가 많았으며 병란으로 각 궁전과 창고의 화재도 많았다.

이렇게 화재가 많이 발생했으나 별도의 금화관서(소방서)와 금화조직(소방조직)은 없었으며 군 조직에서 소방을 담당하였을 것으로 보인다. 각 관아(官衙)에서는 금화하는 일을 엄격히 하도록 하고 화재사고가 있을 때에는 이를 규찰하며, 대창(大倉)에는 금화를 담당하는 관리를 배치하는 인사행정을 단행했고, 화재를 방어케 하기 위하여 지하에 창고와 사요(私窯)를 설치하고 와옥(瓦屋)을 짓게 하는 등의 제도가 있었다.

2) 조선시대

조선시대에는 관리채용을 위한 시험제도뿐만 아니라 인사행정 전반에 걸친 제도들이 수립・시행되었다. 그 대표적인 예로서, 경국대전(이전, 예전, 병전, 공전, 호전, 형전)이나 대전회통[2](경국대전 이후 보완된 6권 5책으로서 조선최후의 법령집임)과 같은 인사행정의 기본법(이전)이 제정되었고 관직의 분류나 관리등용방법 또한 다양하게 운용되었다. 이 시대의 인사제도 중 과거제도는 학습에 대한 높은 가치를 부여했다는 긍정적인 평가도 할 수 있으나, 군주(왕)의 의사를 중심으로 한 제도, 즉 사람에 의한 지배(rule of man)로서 근대적 의미는 법의 지배(rule of law)에 상충되는 것으로서 안정성이나 예측성을 기대하기는 어려울 뿐만 아니라 공복성(公僕性)이 결여된 상태로 큰 발전이 없었다.

정종 2년(1400년) 12월에 한성부 문묘(文廟)에서 화재가 발생하였고 세종 8년(1426년) 2월 한성부내에서 화재가 계속 빈발하여 이를 계기로 우리 역사상 처음으로 금화관서를 설치하게 되었다. 이것은 오늘날과 같은 상비소방제도로서의 소방관서는 아니지만 화재를 방비(防備)하는 독자적 기구를 갖추었다는 데에서 우리나라 최초의 소방관서 설립이라고 할 수 있을 것이다.

이에 따라 설치된 금화도감은 병조(兵曹)에 속하는 소방기관으로

- 제조(提調)[3] 7명(당상관)
- 사(使)[4] 5명(정3품)
- 부사(副使)[5] 6명(5～6품)
- 판관(判官)[6] 6명(종5품)

으로 하며 제조(提調)는 병조판서와 의금부도제조(義禁府都提調)[7]가 삼군[8]의 우두머

2) 1965년(고종 2년)에 조두순(趙斗淳) 등이 왕명에 의해 편찬. 이조 500년을 통한 마지막 법령집으로 이조법전의 종합체이다.
3) 다른 직에 있는 당상관(堂上官)을 겸임시켰을 때 붙이는 이름으로 조선왕조 관료제도의 특징은 겸임제를 광범위하게 시행하였다는 점이다.
4) 정3품 관직에 대한 별칭.
5) 사(使) 다음가는 관직으로 대개 5～6품직.
6) 중앙 각 관사의 낭관(郎官)으로 종5품 관직.
7) 의금부는 왕명을 받들어 죄인을 추국(推鞫)하는 일을 관장하는 기관으로 당상관 4인은 다른 관원으로 겸임시켰는데 의금부도제조라 함은 의금부 최고 책임자인 겸직 당상관을 말한다.
8) 조선왕조 초기의 군제로 왕의 호위를 맡음. 이성계가 고려조의 5군을 줄여 3군으로 하였는데 세조 3년에 3군제가 5위제로 바뀌었다.

리가 되고, 도진무(都鎭撫; 정3품)[9)]와 군기감(軍器監; 정3품 이상)[10)]이 관리 제조가 되게 하며 한성부판사(漢城府判事; 정3품)[11)]가 실제사무를 맡고 그 밖의 2명은 때에 따라 임명하도록 하였다.

한편 사(使) 5명은 의금부가 관리하도록 하고, 진무(鎭撫)[12)], 군기판사(軍器判事)[13)], 선공판사(繕工判事)[14)], 사재판사(司宰判事)[15)]를 이에 임명하여 부사 6명은 삼군의 호군(護軍)과 사복(司僕)[16)]이 관리하게 되고 소윤(小尹)[17)]과 월차소(月差所)가 관리 호군이 되게 하며, 판관 6명은 병조 무비사(武備司)[18)]의 정랑(正郞)[19)]으로 하는데 공조가 관리정랑이 되게 하되, 한성부의 판관을 임명하도록 하였다.

이때의 기구는 특별대책기구의 성격을 가진 위원회와 같은 기구로 병조판서, 의금부 도제조삼군 진무소의 도진무, 군기감의 도제조와 한성부의 판사로 최고대책기구를 만들되 한성부판사가 실제사무를 맡으며 관련 관아의 상급 관리들로서 지휘부서를 만들었으며 병조, 공조, 한성부 중급 관리들로 실무부서를 편성하였다.

3) 일본 통치시대

일본은 구한말 한국을 합병하려는 야욕 하에 점차 내정간섭에 이르렀고 마침내 융희 4년(1910년) 강압으로 한일합방조약을 조인하고 발표함으로써 조선왕조는 끝을 맺었으며 이에 따라 소방행정도 일본통치하에 들어가고 말았다.

중앙소방행정의 경무총감부는 총독제 실시 후에도 총독부의 외청격으로 존속하여 일제무

---

9) 진무의 우두머리, 조선조 초기 진무소는 정3품 아문으로 3군을 지휘하여 병권을 장악하는 기관.
10) 군기사의 전신으로 병기, 기치등의 집물을 만드는 일을 보았다. 병조판서 또는 참판 중 관원 1명, 또 무장 중에서 1명을 선택하여 2명의 제조를 두고 그 밑으로 정3품 이하의 판관을 두었다.
11) 한성부의 우두머리를 정3품 관직, 후에 부윤, 판윤 등으로 바뀌었다.
12) 조선조 초기 정3품 아문(衙門)인 3군 진무소의 무장직.
13) 군기사의 우두머리를 말하는데 군기사는 병기제조의 사무를 관장하는 병조에 속하는 정3품 아문으로서 군기판사는 군기사의 정(正)과 같은 말이다.
14) 선공감의 우두머리를 말하는데, 선공감은 토목선공의 사무를 관장하는 공조에 속하는 정3품 아문으로서 선공감의 정과 같은 말이다.
15) 사재감의 우두머리를 말하는데, 사재감은 어장, 육류, 소금, 땔나무, 횃불 등의 사무를 관장(官匠)하는 호조에 속하는 정3품 아문으로서 사재감의 정과 같은 말이다.
16) 고려·조선시대에 궁중의 수레와 말 따위를 관리하던 관아.
17) 한성부, 개성부, 상서사(尙瑞司)에 두었던 정4품 관직.
18) 병조의 한 분장(分掌)으로 병조는 무변사, 승홍사, 무비사로 구성되는데 무비사에서 금화사(禁火事)를 관장하였다.
19) 정5품의 관직으로 6조에 각 3인(병조, 형조에는 4인)을 두었는데 각사(各司)의 우두머리이다.

단 통치의 중추적인 역할을 담당하였고 지방소방행정은 1919년 경무총감부가 총독부 경무국으로 개편됨으로써 일대 변혁을 맞게 되었으며 그 후에도 경무국 기구 개편에 따라 일부 조정이 이루어졌다.

소방인사관리는 경찰의 일부분(과 또는 계 단위)에 해당되었으므로 경찰행정을 중심으로 살펴보아야 할 것이다. 즉 1910년 일본은 한국의 경찰사무를 전담하는 것을 기점으로 하여 합병조약체결 후 '조선총독부 관제'가 공포됨과 동시 우리나라 정치, 경제, 사회전반에 걸친 통치권을 장악하여 총독하에 집권적 관료계급제를 확립시켰다.

따라서 경찰권도 완전히 상실했고 대륙법계의 관료제를 기초로 한 관료적 통치방법을 사용했으므로 행정관리의 능률화에는 소홀했다고 할 수 있다. 또한 고시를 통한 관리의 등용제도가 있었으나 대부분의 관리들은 일본인들로 채워졌으므로 한국인들은 행정능력의 향상이나 이에 대한 훈련과 경험을 쌓을 기회가 거의 없었다.

예컨대 소방조의 조두(組頭), 부조두 및 소두(小頭)를 경찰서장 또는 소방서장의 구신(具申)에 의하여 도 경무부장(후에 도지사)이 임면하고 소방수는 경찰서장 또는 소방서장이 임면하도록 하였다. 그러나 이들의 신분은 고용인 정도로서 불평이 있던 것을 1922년 3월 31일 조선총독부 지방관제를 개정하면서 경기도에 판임관[20] 대우 소방수를 두게 되어(동년 4월 1일부) 그 신분이 순사와 같아졌다.

또한 소방서 또는 소방힐소(消防詰所)를 설치 운영함에 있어 소방수 직급을 분화하여 상위직급을 설치할 필요성이 생겨 '경기도 소방수부장에 관한 건'을 제정하여 소방수 부장제의 근거를 두었는데 소방수 부장은 소방수의 윗 계급으로서 소방사무에 관하여 경부(警部) 및 경부보(警部補)의 직무를 보조하였다. 소방수, 소방수부장은 오늘날 소방사, 소방장에 해당하며 그 위에 감독자로서 소방위, 소방경에 해당하는 경부보, 경부가 경찰관 신분으로 있었다. 소방조원은 해당 소방조 지역내에 거주하는 18세 이상의 남자로서 신체가 강장(强壯)하고 소행이 선량한 자로 임명하도록 하였으며 소방조의 정원은 일률적으로 정하지 않고 지역별로 설치시에 고치도록 하였다.

4) 미군정시대

해방 후 미군정부는 아놀드소장을 군정장관으로 하여 통치행위를 시작하였으며 포고령과

20) 당시 순사(오늘날 순경)가 판임관으로서 현재의 9급 공무원에 해당.

성명서, 그리고 군정법령들이 인사관리의 기준이 되었다.

1946년 4월 10일 군정법 제66호로 소방부 및 소방위원회를 창설하고 소방행정을 경찰에서 분리하여 자치화 하였다.

또 동년 8월 7일에는 상무부 토목국에 중앙소방위원회를 설치하고 위원회는 7인으로 구성하도록 하였으며 그 중 1인은 서기장으로 하였다. 또한 상무장관은 소방위원회의 기술보조역급 직원의 임면, 보수, 인사이동의 권한이 주어졌으며, 1947년 남조선과도정부로 개칭된 후에는 동 위원회 집행기구로 소방청을 설치하였고 소방청에는 청장, 서기관, 군정고문 각 1명씩 배치하였다. 한편 소방공무원의 신분은 미군정 실시 직후에는 일제시대의 것을 답습하여 오다가 1945년 12월 10일 '경찰관명과 사무분장' 제정으로 국립경찰제도가 탄생하면서 그림 10-1과 같은 계급구조가 되었다.

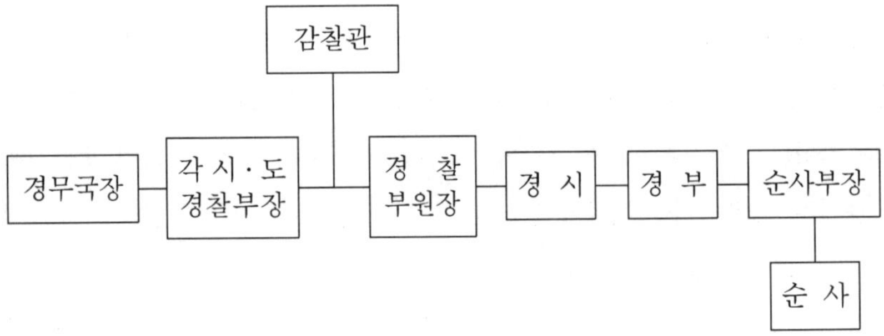

그림 10-1 경찰관 계급구조(1945년도)

이어 1946년 1월에 '경무국 경무부에 관한 건'을 공포하여 그림 10-2와 같이 9단계의 계급구조가 되었다.

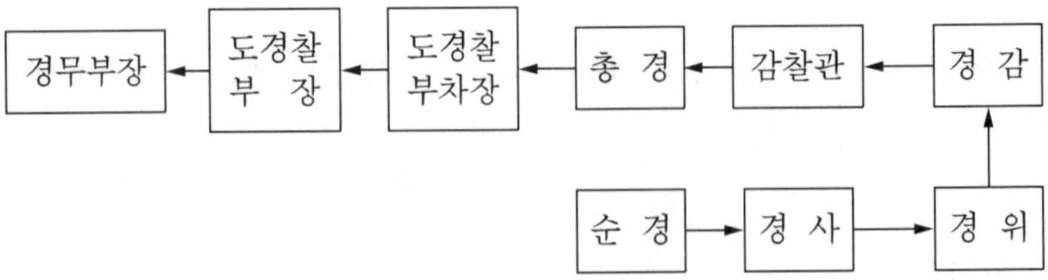

그림 10-2 경찰관 계급구조(1946년도)

이에 따라 소방서에 근무하던 소방서장 이하의 간부도 새로운 관명을 사용하게 되어 소방서장은 감찰관 또는 경감으로 칭하였고 하위직원은 소방수부장과 소방수를 그대로 두어 1948년 11월 17일 '공무원 인사 사무처리 규칙'이 제정될 때까지 계속 유지되었다.

5) 대한민국 정부수립 이후

1948년 8월 15일 대한민국정부가 수립되자 미군정시대의 경무부, 소방위원회를 인수한 내무부는 1948년 11월 4일 내무부 직제에 의하여 기구를 확장하였는데 자치소방기구는 경찰기구에 편입되어 소방행정은 다시 경찰행정체제 속에 예속되었다. 그러므로 경무부는 당연히 내무부 치안국으로 축소되었으며 1949년 8월 12일 실적주의를 표방한 국가공무원법(법률 제44호)을 제정, 인사행정의 기본법으로 운영하였으나 실적주의 취지의 실효성을 거두지 못했다.

소방행정이 경찰의 한 분야로서 계속 자리를 보전하지 못하고 정치・경제 논리로 부침이 심하여 소방인사행정 역시 일제시대나 미군정시대와 마찬가지로 독자적인 행정을 할 수 없었으며 경찰행정의 종속관계를 면할 수 없었다. 그러나 국가공무원 제도는

① 계급제를 바탕으로 하고
② 임용방법에 있어 고시와 전형을 양대 주축으로 하며
③ 공무원의 정치적 중립성을 보장하기 위하여 고시위원회를 별도로 설치하고 있다는 점이 가장 큰 특징이다.

또한 5・16혁명 직후인 1961년 9월 18일 국가공무원법을 제정하여 공무원제도에 대한 제도적 보완이 이루어졌는데 그 주요 내용은

① 공무원의 등급은 1급에 5급으로 하고 2급에서 5급까지 갑・을로 분류함
② 봉급이라는 명칭을 보수로 바꿈
③ 징계의 종류를 면직, 정직, 감봉, 견책, 중근신, 경근신 등 6종으로 하고 징계절차를 개선함
④ 1963년 5월 29일 공무원 임용령을 개정하여 직위분류표를 작성함으로써 직위분류제 시행의 기초를 다짐

그리고 1963년 4월 17일 국가공무원제도의 확립을 위한 인사행정제도의 개혁을 위하여 새로운 국가공무원법을 제정하였으며, 이를 계기로 공무원제도에 변혁을 가져왔다. 그 주요 내용을 보면

① 직위분류제의 채택
② 공개경쟁시험에 의한 임용의 원칙
③ 결원보충은 신규채용, 승진임용, 강임, 전직 또는 전보의 방법에 의하도록 하여 인사제도의 합리화를 기하였으며
④ 교육훈련의 강화
⑤ 능률제도의 도입(제안제도 및 상훈(賞勳)제도 실시)
⑥ 정년제 실시
- 공안직 : 5급 – 50세, 4급 – 55세, 3급 이상 – 61세
- 기능직 : 4급 – 61세
- 일반직 : 4·5급 – 55세, 3급 이상 – 61세

⑦ 당초 파면, 정직, 감봉, 근신, 견책의 5종의 종류를 1965년 10월 20일 법 개정으로 정직과 근신을 삭제하여 3종으로 조정하였다.

그러나 사회적·정치적 환경요인인 한국동란과 자유당정권의 소방사병화로 소방인사행정의 전문화와 능률화는 기대할 수 없었다. 특히 자유당 말기와 민주당 집권 후 경찰중립화를 위한 경찰법안이 마련되었으나 좌절되고 말았다. 민주당 말기의 경찰인사행정은 실로 무질서와 정실인사(情實人事)에 얽혀 있었다.

6) 민방위체제의 소방행정

1975년 인도 지나사태[21])로 우리나라에서도 민방위제도를 실시하기로 결정함에 따라 그동안 경찰공무원 신분을 유지하던 소방이 내무부 민방위본부 내 소방국이 창설되면서 경찰로부터 분리되었지만 민방위 체제에서도 국장 및 과장 보직은 모두 일반행정직이 차지하였으며 소방공무원에게는 한 자리도 할애해 주지 않았다.

소방공무원의 숙원사업이었던 독자적인 소방교육기관을 마련하기 위한 노력 끝에 1978년 9월 4일 경기도 수원시 파장동 소재 내무부 지방행정연수원 부지 내에 교사를 건축하여 개

21) 일반적으로 옛 프랑스령 식민지인 베트남, 라오스, 캄보디아 3개국을 가리키는 이들 3나라는 예전에는 모두 독립왕국을 건설하고 있었으나 19세기후반 이래 프랑스의 식민지로 있다가 제2차 대전 후 독립을 되찾았다. 베트남전쟁의 종식과 함께 베트남전역을 1975년에 적화통일한 호치민 정부는 라오스와 1977년 우호 및 상호협력조약을 체결하고 베트남의 세력권 아래에 두었다. 또한 하노이 정부는 캄보디아를 해방시킨다는 명목 하에 1979년 초에 군사적으로 점령하였고 베트남의 반식민지로 만들었다. Oskar Weggle(1994), 인도차이나, p.13.

교함으로써 그 동안 경찰에 의존해야만 했던 소방교육이 제자리를 잡게 되어 진일보한 교육을 하게 되었다.

내무부에 소방학교가 설치되기 전에는 소방공무원에 대한 교육은 경찰교육기관에서 맡아 왔다. 즉 1949년 9월 19일에는 내무부장관 소속 하에 경찰전문학교를, 서울특별시장과 각 도지사 소속 하에 경찰학교를 설치하였다.

소방공무원에 대한 교육은 경찰전문학교에서 전담하였는데 1963년 4월부터는 경찰전문학교 내에 소방학과를 설치하였다. 1972년 2월 22일에는 경찰전문학교를 경찰대학으로 승격시켰고 동시에 경찰대학부설 소방학교가 처음 설치되었다.

소방학교는 민방위본부가 발족되어 소방업무를 인수하면서 폐지되었으나 소방교육기관이 마련되지 않았기 때문에 경찰대학에서 소방공무원 위탁교육을 실시하였다.

그 후 1991년 4월 23일 소방연구실이 처음 설치되었고, 학교 명칭이 소방학교에서 중앙소방학교로 변경되었으며, 1995년 6월 29일 발생한 삼풍백화점 붕괴사고의 영향으로 1995년 12월 27일 6팀, 68명 중앙119구조대가 탄생되었다.

1995년 12월 6일 소방공무원법을 개정하여 소방총감 직위를 신설하였고, 1996년 2월 21일 소방국장 직급을 소방정감에서 소방총감 또는 소방정감으로 조정하였으며 1998년 2월 28일 대통령령 제15715호 및 1998년 3월 3일 행정자치부령 제1호로 작지만 경쟁력 있는 정부 구현을 위해 중앙과 지방정부에 대한 관리·조정기능을 통합하였다.

그 후 민방위제도의 연구·개선, 각종 재난관리 및 지방행정기능을 수행하기 위하여 민방위재난통제본부를 설치하고 민방위국과 재난관리국을 통합한 민방위재난관리국, 방재국, 소방국을 두었으며 1998년 7월 22일 소방국은 장비통신과를 해체하여 장비계는 소방행정과로 통신기술계와 전산정보계는 방호과로, 긴급구조상황실은 구조구급과로 조정하였는데 이 과정에서 소방과장을 소방직으로 하였다.

2. 미국 소방인사행정제도

미국정부의 소방행정체제와 인사행정제도를 연구하려면 구체적인 일반행정체제와 인사행정제도를 우선 이해해야하고 의용소방제도를 알아보려면 먼저 소방행정체제와 제도를 심도 있게 파헤쳐 보지 않으면 안 된다.

미국은 연방정부와 주 정부 및 지방자치단체로 구분된 데다가 지방자치단체도 지역마다 다른 복잡한 체제로 구성·운영되고 있다. 주정부마다 법이 다르기 때문에 그 산물인 보통지방자치단체와 특별지방자치단체로 구분되고 그 형태도 매우 다양하기 때문에 소방행정체제나 인사제도 역시 한 마디로 설명하기는 어렵다.

1) 소방관서의 인사행정제도

(1) 개 요

미국 소방관서의 인사행정관리는 신규모집(recruitment) 및 선발(selection)과 조직에의 다양한 직위를 채우는 승진인사(promotion of Personnel)가 포함된다.

다수의 대규모 소방조직은 신규모집과를 가지고 있으며, 모든 소방관서의 인사행정관리제도는 비슷하나 신규모집 시에는 다음과 같은 3가지 사항을 점검하거나 실행하여야 한다.[22)]

① 적절한 채용기준을 개발하는 것

② 배당된 임무를 적당히 수행할 수 있는지를 알아보는 신규채용에 대하여 필요한 기초훈련을 제공하는 것

③ 기초훈련 실시 후 신규직원을 정식 소방공무원으로 임명하는 것에 대한 준비, 혹은 개인이 만족스럽게 실행할 수 없는 곳에서 정식 임용 이전에 자기들의 업무가 종결되도록 권장하는 등을 검정하는 것

- 다수의 시정부가 미국국가방화협회(NFPA)준칙에 의거 자체적으로 마련한 최소한의 소방공무원 자격기준을 채택하는 과정에 있는데 소방공무원의 채용 신청서는 대부분의 관할구역 내 지자체의 인사과 또는 시민봉사기관으로부터 얻는다.
- 미국에서는 개인, 요구되는 직위, 그리고 소방관서의 정치적 관계를 고려한 소방공무원의 승진체제를 제정하는 것은 일의 종류에 상응한 직위부여, 공무원 표준(criteria)제정, 선발과정 제정 등 3가지 방법이 있다.
- 의용소방대원과 유급상비대원이 소방공무원의 직위를 갖도록 하기 위해서 조직운영의 효율적인 측면과 의용소방대원에 대한 동기부여적인 측면에서 필요한 경우에 선거, 임명, 공개경쟁시험 등의 방법을 선택할 수 있다.
- 소방관서장에 의한 소방공무원의 임명은 정실(favoritism)에 치우칠 수도 있으나 소

22) 행정자치부(1999), 외국의 소방행정체제, 삼진기획, p.50.

방관서장 입장에서는 자기 팀의 발전을 더 좋게 할 수도 있다.

※ 공개경쟁시험은 보통 가장 공정한 것이기는 하지만 너무 간단한 것으로 추론(推論)되지 않도록 항상 인적 요인이 고려되게 하고 있다.

(2) **소방인적자원의 효율적 배분**

① 하나의 소방관서에 중요한 자원은 고도로 훈련된 소방인력인데 전체인력의 대다수는 화재진압부서(fire-fighting division)에 배치되고, 가능한 한 2~3% 정도의 인력은 화재예방부서(fire prevention bureau)의 상근(full-time)요원으로 배치된다.

그러므로 가장 효과적인 자원배분(resource allocation)을 위해서는 시설장비의 유지관리나 소방훈련, 예정된 소방검사 등에 적절한 작업시간을 배당하는 등 신중한 시간이용계획(time-utilization schedules)을 통하여 소방대원을 최대한 활용하도록 하여야 한다. 이런 프로그램은 화재진압의 수요, 훈련, 화재예방 사이에 면밀한 조정(close coordination)을 요구한다.

② 소방관서의 인사수준과 방법은 상당히 까다롭고 다양하며 그것은 인구보호정책, 인구밀도, 소방대원의 주당 근무시간, 대응거리, 그리고 소방대원의 안전 등과 같은 요인들에 의하여 영향이 미쳐진다.

소방관서는 일반적으로 주당 각각 42~56시간의 근무에 편의를 도모하는 3~4명의 조 체제(platoon system)를 이용한다. 4조 체제는 3조 체제보다 25% 이상의 인력을 필요로 한다. 25만 명 이상의 인구를 가진 시에 대한 인력관리 수준은 인구 1천 명당 0.5~2.7명의 소방대원에서 1.0~1.5명의 소방대원으로 범위를 정하고 있다.

③ 미국의 북동쪽에 위치한 도시들은 서쪽에 있는 도시들보다 더 높은 수준의 인력관리 비율을 갖기 위해 변해 가는 추세에 있는 - 중북과 남쪽에 있는 도시들에 비하여 - 일반적으로 더 높은 수준의 인력 관리 비율을 차지하고 있다.

지역공동체들(communities)은 그들의 필요조건을 충족시킬 인력관리 수준을 결정하기 위하여 그들의 요구를 평가(사정)해야만 한다. 그러나 소방대원이 화재진압 전술단위 1개대 당 4명 이하로 떨어지는 인력관리를 할 때는 화재현장 대응효과에 위협을 받을 것이라는 사항이 이미 드러나 있다.

미국 텍사스(Texas)주 북동부에 위치한 댈러스(Dallas)시 소방서를 대상으로 실시한 시험은 1개대의 화재진압 대원규모가 4명 이하인 인력관리는 화재진압 대원에게 과중한 일을 시키는 격이 되고 오히려 더 많은 손실을 자초할 것이라는 결과를 얻어냈다.

④ 응급의료 이송업무를 수행하는 소방관서들은 기초 소방력(basic fire company strength)을 유지하기 위한 추가 인력을 필요로 한다.

어떤 더 작은 지역공동체들에 있어서의 보호받는 인구 당 소방인력 비율은 효과적인 초기진압과 구조작업을 위하여 충분한 근무요원을 필요로 하기 때문에 비교적 높게 책정될 수도 있다. 이는 사람들이 자기가 일하는 동안에 소방관서를 신속하게 이용할 수 없는 통근자 주거지역(bedroom communities) 내의 사실로 특별한 경우이다. 게다가 수많은 중심도시(core cities) 내에 위치한 소방관서들은 반영된 인구규모보다 오히려 더 많은 인명과 재산을 보호하고 있다.

⑤ 8만 명의 인구를 가진 하나의 도시가 20만 명의 인구와 높은 비율을 차지한 저소득층을 위한 번화가(business centers)가 될 수도 있다. 고층건물(high-rise) 및 광범위한 지역의 건조물이 보호되도록 하고 화재경보와 비상의 빈도는 근무인력을 결정함에 있어 고려되어야만 한다.

2) 기타 소방인사행정(계급, 채용, 교육)

(1) 계급구조

소방공무원의 NFPA 계급기준은 10등급(직위 또는 기능중심 기준 : 6등급)으로 분류되어 있다(그림 10-3 참조).

소방관서장(Fire chief) — 부 소방관서장(Deputy, Assistant chief) — 국부·과장 (Divisional Chief) — 방면본부 지대 장(District or Battalion chief) — 119안전센터장 (Company Officers) — 소방사(Fire fighter)

또한 NFPA 기준은 직업소방간부의 자격을 정하고 있으며 특수한 기술보유자가 아니면 순환보직을 인정한다. 18세 이상 남녀로서 소정의 자격을 갖추면 소방공무원으로 채용될 수 있으며, 근무연수에 따른 경력평정을 하지 않지만 교육훈련평가와 근무성적평정에 의한 승진제를 시행하고 있는데 소방간부로 승진되고자 하는 자는 적어도 예방, 훈련, 장비관리, 통신부서 중 어느 한 참모 부서에 적어도 2~4년간 근무해야 한다.[23)]

---

23) Ibid., p.37.

Fire Commis-sioner	Deputy Fire Commis-sioner	Chief Fire Marshal	Fire Marshal	Battalion Fire Chief	Fire Caption	Fire Lieu-tenant	Master Fire Sergeant	Fire Sergeant	Fire Man (Fighter)
총감	정감	감	정	령	경	위	장	교	사
	VI	V	IV	III	II	I	III	II	I

Officer(간부) Fire Fighter(비간부)

그림 10-3 계급 – 10등급(주에 따라 다름)

(2) **채용방법(NFPA의 기준)**

① 연령 : 18세 이상 남녀

② 학력

- 최소학력 : 고등학교 졸업 또는 주정부가 인정하는 동등학력 소지자(영어발표(public speaking), 물리, 화학, 대수학, 기하학, 삼각함수를 이해해야 하므로 고교 이하 불가)

③ 제출서류 : 이력서, 자기소개서, 사진, 지문채취

- 전력조회(부적격자 사전 배제)
- 적성검사, 지능검사

④ 신체조건 : 신장체중 흉위 등 일반조건은 없음

- 힘, 조절력, 기민성, 솜씨, 인내력
- 각 신체부위(팔, 다리, 머리, 목 등)별 기능시험과 질병보유자 배제

⑤ 체력검사방법 : 신체검사 후

- 달리기 등 테스트 : 다음 중 하나를 합격해야 한다.
  - 1.5 mile을 13분 내에 주파
  - 3 mile을 38분 내에 걷기
  - 4 mile을 12분 내에 자전거로 달리기
  - 500 yd를 8분 20초 내에 수영하기
  - 15분간을 1분에 75번씩 제자리 뛰기
  - 시속 10 mile의 속도로 6분간 자전거 바퀴 돌리기
  - 10개의 돌음 계단을 1분당 9바퀴씩 9분을 돌기

• 앉았다 일어서기(bent-knee sit up) : 2분에 35회
• 팔 힘 테스트 : 다음 중 하나를 선택한다.
  – 철봉 매달리기(팔 구부리고) : 8초 이상
  – 턱걸이 : 7회 이상
  – 팔굽혀펴기 : 분당 25회 이상
• 균형감각 테스트 : 6 m의 철제빔(폭 7.6~10.2 cm)을 호스(9 kg)를 메고 떨어지거나 헛딛지 않고 건너기
• 운반능력 테스트 : 57 kg을 메고 30.5 m를 쉬지 않고 옮기기
• 기타 : 어깨넓이로 발을 벌리고 똑바로 선 자세에서 7 kg을 들고 35초 이내에 왼쪽 발 및 오른발 쪽으로 허리높이에서 14번 굽히기

(3) **교육훈련**

① NFPA에서 정한 비간부 3등급, 간부 6등급, 교관 4등급, 화재조사요원 3등급을 결정함으로써 그에 따른 교육평가로 승진 실시
• 근무성적 평정 및 승진
  근무연수에 따른 경력평정은 하지 않으며 NFPA에서도 철저히 반대 입장임
• 승진심사 기준
② 승진심사 대상자 명단작성(본인이 승진을 자원하는 경우도 있음)
③ 경험한 직책평정
④ 감독자의 근무성적 평정
⑤ 직장교육, 학교교육성적 평정
⑥ 적격자 선정

3. 일본 소방인사행정제도

1) 계층구조

소방리원(吏員)의 계급준칙은 다음과 같다.

① 소방장 : 인구 또는 소방리원 수에 따라 결정됨
• 특별 구 : 소방총감

- 인구 50만 이상 : 소방사감
- 소방리원 200명 이상 또는 인구 30만 이상 : 소방정감
- 소방리원 100명 이상 또는 인구 10만 이상 : 소방감
- 기타 : 소방 사령장(司令長)

② 9계급(10계급) : 총감, 사감, 정감, 감, 사령장, 사령, 사령보, 사장(부사장), 사

2) 채용방법

① 소방장, 소방서장 : 임명자격을 정령(政令)으로 정함

② 신규채용 : 당해 시 정 촌에서 공채(소방본부 위임)

3) 임용(동경소방청 직원임용규정)

① 임용 : 채용(採用), 승임(昇任), 강임(降任), 전임(轉任)

② 채용 및 승임

- 경쟁시험 : 신체검사, 실과시험, 경력평정, 기타
- 경쟁시험에 의하지 않고 선고(選考)에 의한 채용 및 승임이 가능한 경우 : 경력평가, 필기고사, 면접, 기타
  - 소방사령장 이상의 승임, 일반직원의 채용 및 승임
  - 소방리원으로 총괄계장 및 이에 상당하는 직에의 승임
  - 소방리원으로서 국장급으로의 승임
  - 대학졸업자 채용의 소방리원으로서 부사장, 사장, 사령보에의 승임
- 채용기준 및 방법(소방리원)
  - 고졸 : 18~30세, 단대졸 및 대졸 : 30세 미만

  ※ 학력에 따른 급료에 차등, 여직원은 단대졸 이상

③ 전임 : 정기적으로 연 3회(4, 8, 11월)

4) 교육훈련(동경소방청 교양규정)

① 학교교양 : 소방학교에서 초임 직원에게 하는 교육훈련 등

- 초임교육 : 신규직원 교육 6개월

- 보직교육 : 비임용후보자 2주～2개월
- 전과(專科)연수 : 현재 직원에 대한 전문적 지식 및 기능교육(기관, 구급, 특별구조, 사찰, 기타)
- 특별연수 : 현임 직원에 대한 특정사항 교육(지도실무 및 현임 연수)

② 본부교양 일부의 현임 직원

- 집행사무지도 : 직무 집행요령(3일 이내)
- 관리사무지도 : 소방사령 이상 간부(3일 이내)

③ 소속교양 : 소속직원 교육

- 집행, 관리감독, 배치, 일반교양

④ 위탁교양 : 청 외 교육기관 위탁

4. 영국의 소방조직구조 및 인사행정제도

1) 소방조직구조

1974년의 지방제도에 따라서 행정은 county나 region과 같은 지방정부(우리나라 도 정도 수준)에서 일괄적으로 처리하고 있으며 각 지방정부는 상근의 소방직원과 비상근의 소방직원을 확보하고 화재 등의 위험성에 대응하고 있는데 화재위험도가 높은 지역에는 상근 직원이 근무할 소방서가 설치되고 작은 읍・면에는 상근 직원을 중심으로 비상근 소방직원이 보조하는 형식으로 운영되고 있다.

또한 국가는 소방행정 전반에 관한 규칙・기준의 제정, 소방본부장 임면의 확인, 소방대 상호간의 협력체제의 확립 등에 대한 권한을 갖고 있다. 특히 비상근 직원은 계급이 있으며, 한 주에 2시간 정도 훈련 및 직무를 위하여 소방서에 출동하거나 화재발생시 응소(應召) 출동하게 되어 있다. 비상근 소방직원에 대하여는 계급에 상응한 연보수가 지급되는 외에도 출동수당, 훈련수당 등이 지급되고 있다.

그 외에도 자원봉사 활동자가 소화활동에 협력하거나 출동한 경우에는 시간제수당이 지급되며 다른 보수 등은 지급되지 않는다. 공무재해보상제도도 제정되어 있다. 특히 영국 소방제도는 1666년 9월 2일 일요일 심야에 발생, 목요일 아침에 간신히 진화되어 약 194 ha(교회 87동, 가옥 13,200동)을 소실한 런던대화재를 계기로 발전하게 되었다.

(1) 소방주체

영국에는 전국에 공공소방기관이 설치되어 있는데 이러한 기관은 일반적으로 county나 region과 같은 지방정부에서 관장하고 있다.[24]

① 중앙정부 : 내무부 소방비상계획국(FEPD) / 소방대학 / 비상계획대학 / 중앙소방학교(스코틀랜드)

② 지방소방청 및 소방본부 : 1청 63본부(런던은 소방 및 민방위청(LFCDA : London Fire and Civil Defence Authority))

- 잉글랜드 및 웨일즈 : 1청 50본부(런던 : 1청 3본부, county : 47)
- 스코틀랜드 지방 : 12본부(region : 9, 특례섬 : 3)
- 북아일랜드 : 1본부(북아일랜드 소방국)

  북아일랜드는 1973년 지방제도개혁 전에는 6주가 존재하였는데 개혁에 따라 지방제도가 단일화되어 현재는 주(州)제도가 존재하지 않는다.

※ 1974년 지방제도 개혁 전에는 시(런던)도의 소방본부는 146본부였다.

(2) 국가소방

소방행정기관은 일상의 소방행정에 대해서 상당한 자유재량권을 주고 있는 반면, 부분적으로 중앙의 통제를 내무부장관(스코틀랜드는 내무보건부장관)이 실시하고 있다. 내무부에는 소방비상계획국이 설치되어 있으며 국가소방이 실시하는 주 업무는 다음과 같다.

① 소방행정의 기준, 징계규칙, 임용의 자격, 훈련기준 등의 작성에 관한 사항

② 소방공무원의 연금계획 작성업무

③ 소방본부장(소방국장) 임명 승인

④ 소방대의 소방력, 소방서 설치기준 수, 기구, 소방서 인원 등의 소멸제안에 따른 검토실시, 적절할 경우의 승인(소방력을 증강하는 경우에는 승인이 필요 없다) 및 충분한 계획이 실시되지 않는 지역의 계획 책정

⑤ 중앙훈련기관의 설치 및 지방훈련기관의 설치업무

(3) 소방공무원의 계급(직위)

① 소방본부장

24) Ibid., p.85.

② 소방차장

③ 수석 방면본부장

④ 방면본부장 : 1급, 2급, 3급

⑤ 방면본부장 보좌관

⑥ 소방서장

⑦ 부서장

⑧ 소방장(※ 119안전센터장 계급)

⑨ 소방사

※ 한국 소방계급제도와 같이 「소방총감, 소방정감, 소방감, 소방정, 소방령, 소방경, 소방위, 소방장, 소방교, 소방사 등 10등급」계급이 아니고 직위와 같은 것이다.

(4) 소방조직

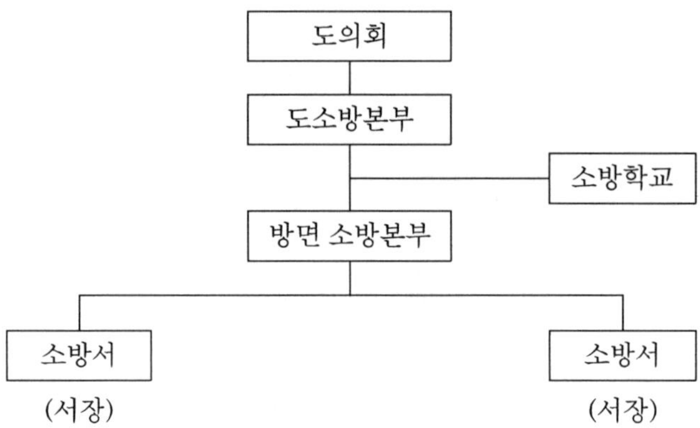

그림 10-4 소방 조직도

(5) 소방직원

① 상근 직원 : 37,600여명

- 소방대원(소방공무원) : 정규직원 및 임시직원
- 기능소방직원
- 사무원(행정관리)
- 연소(年少) 소방직원

② 비상근 직원 : 13,400여명

- 소방대원
- 사설소방대원

- 지방자치소방대원
- 자원소방대원
- 기능소방대원
- 사무원 등
- 연소(年少) 소방직원

2) 소방인사행정제도

(1) 초임자(상근 직원)

① 신규채용 : 공채

② 자격요건

- 연령 : 18~30세(단, 군 경력자 34세까지)
- 학력 : 제한 없음
- 신장 : 168~193 cm
- 흉위 : 90 cm 이상
- 체중 : 적도(適度)의 체중
- 시력 : 교정시력 불허
- 기타 : 여성도 남성과 동일

③ 시험

- 필기 : 읽기 시험(학력제한 없음)
- 신체검사 : 건장한 체격(장년(長年)자 등에 업고 100 yd 달리기)

④ 교육 : 14주

- 기초교육 : 5주
- 각종 기계기구 조작교육 : 3주
- 전문교육 : 3주
- 구급기술 : 2주
- 기타교육 : 1주

(2) 승진임용

소방본부장 등의 임용후보자 명단을 내무부 소방비상계획국에서 전국 도(county 또는 region 등)별 임용후보자 순위를 작성, 결원시 임명 승인하는 제도로 그 지역에 적합한 자가 해당 도에 적응할 수 있는지의 여부를 사전에 후보자 명단에 작성하여 대도시 출신자 또는 소도시 출신자로서의 소방실전 경험이 풍부한 자가 되어야 한다.

(3) 인사관리

① 영국의 소방은 지방정부(county 또는 region)의 책임으로 되어 있고 중앙정부의 통제가 상당히 강하게 이루어지고 있으며 읍・면에는 소방의 책임이 없다. 지방정부가 운영하는 소방대 인사관리는 지방정부의 국에 의해서 행하고 있다.

② 지방공무원 중에서도 감독하는 입장의 사람을 채용할 때에는 내무부가 행하는 지방공무원 간부임용시험 합격자에 국한하고 있으며 이 임용시험의 합격자는 본인이 희망하는 자치단체의 채용시험을 치러야 한다.

③ 이것은 소방대의 소방위 채용시험에 있어서도 마찬가지로 국가시험합격자는 그가 희망하는 지방정부 소방대의 채용시험을 치르게 된다. 그러나 소방사의 채용은 내무부가 실시하는 국가시험을 치르지 않아도 된다.

5. 독일의 소방행정제도

독일의 정식명칭은 독일연방공화국(die Bundesrepublik Deutschland)이고 16개 주(Land)로 구성되어 있다(구 서독일 10주, 구 동독일 5주 및 구 동서베를린시가 통합된 베를린 시). 즉 독일 연방공화국은 집합국가(Gesamtstaat)로서의 연방과 구성국가(Mitgliederstaat)로서 16개의 각 주(州)로 구성되어 있다. 따라서 각 주(州)도 연방도 하나의 국가이고 독일의 기본법(정확하게는 「독일연방공화국기본법」[25]Grundgesetz fur die Bundes-repubilik Deuschland헌법에 해당한다)을 기본으로 입법, 사법, 행정의 권한을 보유하고 있다.

1) 소방조직

(1) 연방정부

소방행정에 대해서는 주(州)정부의 소관이고 연방정부는 직접소관을 하지 않는다. 연방정

---

25) 헌법에 상응하지만 점령 하에서 제정했기 때문에 헌법이라는 말을 사용하지 않았다고 전해진다(소방안전협회(2002), 소방정보기술, 통권 제13호, p.5).

부 내무성은 지방행정에 깊게 관여하고 있는 듯 보이지만 지방행정에 대한 감독권한은 각 주정부가 행사한다. 연방내무성은 그 연락조정자 이상의 역할을 하지 않는 것이 실태이다.

소방행정에 대해서도 일반적으로는 이하에 기술한 것과 같이 주(州)의 법률 등에 정한 것에 따라 주(州)나 군(郡), 시군구(市郡區) 등이 소관(所管)하도록 되어 있지만 사무에 대해서는 연방정부가 소관하고 있으며 내용과 역할은 다음과 같다.

- 영업법 등 소방에 관련하는 법령의 제정 등 제도의 입안
  전술한 대로 소방행정에 관해서는 기본적으로 주(州)의 권한이지만 영업법[26]이나 모범건축기준[27]은 모두 연방정부가 작성 또는 관리하고 있어 소방과 관련된다.
- 소방행정기관에 대한 재정원조
- 대규모 재해에 대한 교육훈련비용부담
- 대규모 재해시에는 연방이 일부소방차를 이용하기로 되어 있다. 또 평소에도 공동 이용하는 것이 허용되고 있다.

(2) 주정부(州政府)

독일에서는 소방행정을 담당하고 있는 성(省), 담당국・과, 담당사무 등은 표 10-1과 같다. 주에 따라서 각기 명칭은 다르지만 내무성 관계가 담당하고 있으며 그 내용과 역할은 다음과 같다.

- 소방에 관한 법령의 제정 등 제도의 입안
- 소방행정기관에 대한 재정원조
- 소방직원의 교육훈련(각 주(州)의 소방학교 등 설치현황은 뒤의 교육훈련기관항 참조)
- 소방활동의 실시
- 주(州)의 소방공무원에 의거하여 일부에 대해서는 세칙을 정하는 권한도 가지고 있다.

(3) 군(郡) 및 시군구(市郡區)

독일에서는 공공적인 소방담당기관은 시군구(市郡區)이지만 전술한 것처럼 일반적으로

26) 영업법은 노동자의 안정을 규정하고 있는 기본적인 법률이고 그 아래 노동장소에 관한 규칙이 있고 그 구체적인 운용방침을 나타낸 노동장소에 관한 방침이 있으며 소방설비 화재감지, 대피설비에 관한 규제를 실시하고 있다.

27) 모범건축기준은 각주가 작성하는 건축기준법의 준칙, 연방과 각주의 대표자가 조직하는 위원회에 따라 작성한다. 각주의 건축기준법은 제 각각 작성하지만 조문의 구성, 조문수 등 대부분이 바뀌지 않는 실정이다.

시군구의 규모가 작기 때문에 그 같은 곳에서는 연합 등 공동으로 소방사무를 담당하고 있으며 그 역할 및 내용은 다음과 같다.

- 소방행정기관에 대한 조언지도 및 재정원조
- 소방직원의 교육지도
- 소방활동의 실시
- 주의 소방공무원에 의해 일부에 대해서는 세칙을 정하는 권한도 가지고 있다.

표 10-1 각주의 소방 소관관청 및 담당사무

주명(州名)	성(省)	국(局), 과(課)	담당사무
베를린	내무성 Senatsverwaltung fur Inneres	제Ⅱ국 Ⅱ(IVB)과 작업반 Ⅱ(IVB) Ⅱ(IVB) Ⅱ(IVB)	헌법옹호, 방재, 소방 소방, 구조, 민간방위, 병역의무 재해방어의 관할내 업무 구조 소방, 기술적 구조 민간방위
브레멘	내무성 Der Senator fur Inneres	제3국 33과	공안 및 질서 구조, 소방, 방재, 민간 구호활동, 민간방위
함부르크	내무성 Behorde fur Inneres	A5국 A51과 A52과 A53과	방재, 민간방위, 소방 및 구조의 기간(基幹)사무 법령사무 소방 및 구조의 기간사무 방재 및 민간사무

* 자료 : 소방기술정보(한국소방안전협회), 통권 제13호, p.11에서 재인용

2) 소방기관의 종류

인구 규모가 일정 이상인 도시(州에 따라 다르지만, 예를 들면 인구 10만 명 이상 비상소방(Berufsfeuerwehr)을 설치하게 되어있다. 지방 자치제도에서 서술한 것처럼, 인구 10만 명 이상의 도시를 특별시라 하고 있는 주가 많기 때문에 특별시의 대부분은 비상소방을 설치하고 있지만, 비상소방이 없는 특별시도 있다(특별시 117, 상비소방설비단체 98). 이것은 인구 15만 명의 도시까지 상비소방설비를 유예하고 있는 주가 있다는 것이나 인구 10만 명 미만의 특별시가 있다는 것 등에 의한 것이라고 생각된다.

메클렌부르크 포어포메른 주나 부란덴부르크에서는 상비소방은 인구 8만 명 이상의 도시

에 의무화 되어있고, 인구 3만 명 이상의 시군구에서는 전임 소방직원이 있는 의용소방대 설치가 의무로 되어있다. 게다가 튀링겐주에서는 인구 10만 명 이상의 도시에 상비소방 설치가 의무화 되어있고, 인구 2만5천 명 이상의 시군구에서는 전임 소방대원이 있는 의용소방대의 설치가 의무화 되어있다. 인구 15만 명까지는 상비소방의 설치에 대해 유예시키고 있는 주도 있다. 비상소방은 소방을 직업으로 하고 있는 소방대원의 의미이다.

비상소방이 설치되어 있는 특별시에서도 비상근 소방직원이 되는 의용소방(freiwillige feuerwehr)도 설치되어 있다. 예를 들면, 대도시인 프랑크푸르트시에는 1985년 현재 28개의 의용소방대가 있고, 대규모 재해의 경우나 교외에서 중요한 역할을 완수하고 있다. 또 함부르크시는 도시 주(州)이지만, 상비소방대원 2,195명, 의용소방대원 2,363명으로 되어있다. 베를린시의 경우에는 별 항의 베를린 소방사정에서 상세하게 서술했지만, 상비소방대원 4,357명 의용소방대원 1,416명으로 의용소방대원의 비율은 낮지만 의용소방대를 가지고 있다.

특별시 이외에도 소방기관을 갖지만 보통의 경우 그것은 의용소방이다. 전술한 것처럼 인구가 일정규모 이상인 시군구 예를 들면 인구 3만 명 이상에서는 전임소방대원이 있는 의용소방대의 설치를 의무로 하는 주도 있다.

상비소방과 의용소방도 자치제에 의한 공설 소방이지만, 독일에서는 이외의 공장 사업소에 의한 사업소방이 있다. 또 실제 소방활동에는 직접 종사하고 있지는 않지만, 청소년소방이라고 하는 것이 있는데 이것은 아래에 기술했다.

자를란트주에서는 10만 명 이상의 도시에 상비소방의 설치가 의무적이지만 3만 명 이상의 도시는 상비소방 설치가 가능하다. 기업 등이 가지고 있는 소방 안에 주가 지정 또는 인정한 것을 공장소방(werkfeuerwerhr) 지정 또는 인정되지 않은 것을 기업소방(betriebsfeuerwehr)이라고 칭하고 있지만 여기서는 모두를 합쳐 사업소방이라고 한다.

각 소방의 종류별로 소방대수와 대원수(독일연방체제)는 표 10-2와 같다.

표 10-2 독일연방전체의 소방대 및 대원수

소방대 및 대원별	소방대수(대)	소방대원수(명)
계	42,379	1,383,733
상비소방대 및 대원	98	27,606
의용소방대 및 대원	26,594	1,098,981
사업소방대 및 대원	933	36,111
청소년소방대 및 대원	14,852	221,035

(1) 의용소방대

가. 의용소방대원

독일에서 의용소방대는 소방조직에서 중요한 위치를 차지하고 있다. 의용소방대는 전통적으로 소방활동의 원천이 되고, 또 재정적으로도 모든 상비소방으로 대처할 경우 그 인건비가 큰 재정부담이 되기 때문에 의용소방은 재정부담 경감에도 기여하고 있으며, 의용소방대원은 일반적으로 시민들로부터 존경을 받고 있다.

의용소방대원이 되기 위해서는 두 가지 방법이 있다. 그 하나는, 최소 12세의 견학소방대와 보이스카웃과의 중간 정도 청소년소방대에 입대해서 소방훈련, 캠프 및 각종 경기를 실시한다. 그 후 각 주(州)의 법률에 따라서 2년 이하 청소년 소방대에 부서한 후 의용소방대원이 되고, 16세부터 18세까지 호흡기 훈련을 받는다.

또 하나의 방법은 소방국 견학 의용소방대원이 되어 화재출동을 하지 않고 부서훈련을 받아야만 한다. 그리고 12개월 후에 정규 의용소방대원이 된다. 그 안에는 병역[28]대신으로 7년간 의용소방대원으로 근무하는 사람도 있다.

나. 의용소방대의 상황

독일연방체제에서 의용소방대는 26,594대(隊), 대원수는 1,098,981명, 그 중에 여성대원 54,348명(전체의 4.9%), 전업 의용소방대원 5,995명(전체의 0.5%)으로 되어있다.

또 의무소방대원을 상비소방대원과 비교해 보면 상비소방대원은 연방전체에서 27,606명이기 때문에 대원수 1,098,981명의 의용소방대가 39.6배나 되고 있다.

주(州)별로 봐도 상비소방대원이 의용소방대보다 많은 곳은 도시 주(州)인 베를린과 브레멘 뿐이다. 도시 주 이외 주의 평균에서는 의용소방대원수는 상비소방대원수의 54배나 되고 있다.

다. 의용소방대원의 공무재해 보상

의용소방대원(공무원을 제외)을 위한 소방대 상해보험운영체(feuerwehr unfallversicherungstrager)가 각 주에 있고, 의용소방대원은 호출이 와서 소방서를 향해 출동할 때부터 사업소(또는 자택)에 돌아갈 때까지 의용소방대원의 관계자치제의 예산에 의해 의용소방

28) 독일에서는 1957년부터 징병제도가 있어, 남자는 15개월간의 병역의무가 있다. 그러나 기본법에 의한 신념을 근간으로 병역거부가 인정되고 있고, 병역이외의 대체근무를 따르는 일이 생기고 있어, 대부분의 경우는 봉사활동으로 하고 있다.

대원 공무재해보상을 위해 강제보험에 가입하게 된다. 각 주의 보험운영체별 내역을 보면 연방전체의 의용소방대원 수는 1,098,981명이고, 보험가입자 총수는 121만 9,482명(1997년)으로 되어 있다(1988/99 독일소방연보).

(2) **직장소방대**

독일에서는 각 주의 사업소에 자위소방조직이 되는 소방대(직장소방대)가 있다. 독일 소방연보에 의하면 직장소방대의 대수는 연방천체가 933대나 된다. 그 대원수는 36,111명(1대 평균 38.7명), 그 중에 종사자가 8,407명(직장소방대원의 23.3%, 1대 평균 9.0명)이 된다. 직장소방대는 연방전체에서 소방차를 1,595대 가지고 있고 연방소방 평균 1대(隊)당 1.8대가 된다.

(3) **청소년소방대**

현재 독일의 청소년소방대는 1964년 베를린에서 전쟁 후 처음 설치되어 그것이 연방체제로 확산되었다고 알려져 있다. 그러나 그 이전에도 일부지방에서 소방대를 돕기 위한 청소년 부대가 존재한 적이 있었던 것으로 추정된다. 청소년소방대는 각 주에 있고 연방 전체에는 14,852대, 대원수는 221,035명이다.

(4) **예비역소방대**(Altersfeuerwehr)

예비역소방대는 의용소방대에 속하는 하나의 부서로 현역에서 은퇴한 의용소방관들로 구성된다. 이들 중 화재진압과 인명구조 업무를 수행할 수 있는 능력이 있는 소방관은 만 65세까지 훈련과 화재진압 및 인명구조에 투입되어질 수 있다.

(5) **직업소방대**(Berufsfeuerwehr)

직업소방대는 기초자치단체 소방대에 속하는 하나의 부서로, 1851년 베를린에서 최초로 설립된 이후 현재 101개가 있으며, 가장 최근에는 2005년 Cuxhaven에 설립되었다. 소방을 전업으로 하는 직업소방관의 수는 약 27,600이며 소방과 구조를 위한 총출동에서 직업소방대가 차지하는 비중은 약 62.8%에 이른다.

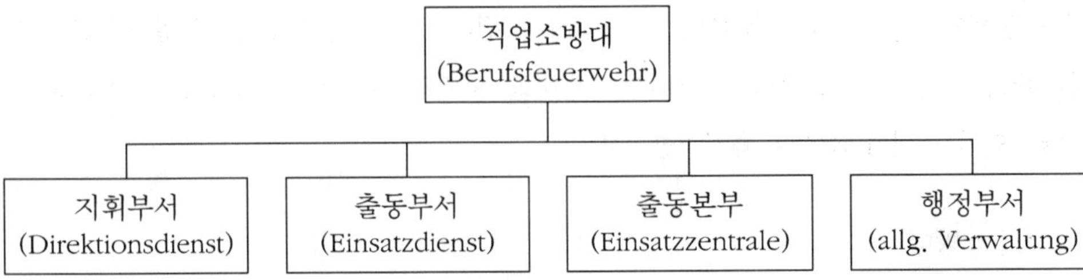

그림 10-5 독일 소방대 조직

3) 소방직원

(1) 소방직원의 종류

독일에서 소방행정은 주정부에 속하는 업무이기에 기초자치단체 소방대설치 기준도 각 주에서 정한 소방관련법에 따라 정하고 있다.29)

전술한 바와 같이, 독일에서는 직업소방대, 의용소방대, 직장소방대, 청소년소방대 및 예비역소방대 등이 있지만, 그 중에 직장소방대 및 청소년소방대원은 공무원이 아니다. 직업소방대원은 공무원이지만, 의용소방에 대해서는 대장 및 전문종사대원은 공무원으로 되어 있지만 일반대원은 공무원이 아니다.

독일에서 공무원은 행정사무에 종사하거나 공권력을 행사하는 사원(관공사 : beamte), 연방, 주, 자치체에서 행정사무 등에 직접 관계하지 않는 노무에 종사하는 공무노동자(arbeiter), 그 이외의 공무고원(angestellte)으로 분류되어 있다.

사원에 대한 공법상의 특별권력관계가 되어 있어, 공무고원, 공무노동자에 대해서는 사법상 관계되어 있다.

1975년 법률에 의하면 공공의 안녕에 관한 직무에 종사하는 직원은 모두 사원으로 했기 때문에 소방직원은 거의 모두 사원이며 이는 고급직(hoherer dienst), 상급직(gehobener dienst), 중급직(mittlere dienst) 및 초급직(einfacher dienst)으로 나누어진다.

29) Nordrhein - Westfalen의 경우 연합자치시에 속하는 도시 중 주민의 수가 2만5천 이상인 시의 경우에는 직업소방대원이 상주하는 의용소방대를 설치하여야 하며, 주민의 수가 많을수록 소방서에 상주하는 직업소방대원의 수는 많아야 한다. 의용소방대의 출동부서에 소속된 전업소방대원도 그 업무가 직업소방대원의 역할에 상응하는 것이라면 소방기술을 갖춘 공무원이어야 한다. 의용소방대에서 전업소방대원이면서 공무원이 아닌 자는 만 63세까지 출동임무를 수행할 수 있지만, 만 60세 이후부터는 매년 의사의 정신적, 육체적 건강테스트 결과를 제출하여야 한다.

고급직은 원칙적으로 (종합)대학교를 졸업한 사원이고, 상급직은 전문(단과)대학을 졸업한 사원, 중급직은 실과학교 이상을 나와서 행정학교를 졸업한 사원, 초급직은 9년간 취학(의무교육) 후 근무한 사람이다. 이들의 구분은 경험을 쌓아 시험을 치름에 따라서 상위 랭크로 승진하는 것이 가능하다.

독일 공무원은 지위에 따른 직무 등급이 명확히 정해져 있다. 소방직원의 간부직원은 대학교에서 전기, 기계, 화학 등을 전공하고 채용된 경우가 많고, 일반대원은 중급이나 초급 사원이 많지만 무엇인가 특별한 기술을 가지고 있는 경우가 많다고 한다.

(2) 소방직원의 계급제도

독일에서는 일반 직무 등급에 의한 계급이 있지만 우리나라의 소방이나 군대와 같은 계급제도는 아니다. 예를 들면, 본부에는 4개소의 소방서가 있지만, 계급은 다음과 같이 되어 있다.

- Oberste der Ferewehr(최상급 소방관리관을 의미. 소방장(4서 중 1서에 있다.))
- Oberbrand Rat(상급 소방관리관을 의미. 소방사령장)
- Brand Rat(소방관리관을 의미. 소방사령)
- Brandamann(소방관리관보. 소방사령보)
- Inspector(사찰관)
- Brandmeister(소방사장)
- Feuerwehrmann(소방대원 : 소방사) 전체의 약 반수

(3) 근무조건 등

가. 상비소방관

독일에서는 공무원 급여에 대해서는 연방급여법(Bundes Besordungs Gesetz)에 의해 연방, 주 및 자치체의 공무원 급여에 따라 규정하고 있다. 상비소방직원의 급여는 그가 소속한 시・군・구가 부담한다. 상근소방직원의 급여에 관한 것은 직무 등급에 의해 정해지지만, 소방직원에 대해서는 소방직원으로서의 수당이 가산된다. 근무시간은 주 56시간 근무 등으로 통일되어 있지만, 교체제 근무(3부제) 시간배당 등은 시・군・구에 따라 다르다.

나. 의용소방대원(Fieiwillige Feuerwehr)

독일에서 의용소방대원이 되기 위해서는 육체적으로나 정신적으로나 임무에 대한 적합성 검사를 통과해야만 한다. 법률과 지역적 특수성에 따라 건강검진을 요구받을 수 있고 부분적으로 노동의학적 측면에서의 사전검진을 받을 것을 요구받기도 한다.

심지어는 때에 따라서 지도자 자격증을 요구하는 곳도 있다. 소방방재는 한편으로는 효과적이고 전문적으로 업무를 수행해야 하며 다른 한편으로는 자기 방어 또한 소홀히 할 수 없기 때문에 교육의 중요성이 강조되고 있다.

의용소방대원의 교육의 대부분은 자체적인 조직 내부에서 이뤄지고 있으며 소방대원에 대한 기본 소양교육은 해당 소방방재업무 지침 규정에 따르도록 돼 있다. 대규모 소방방재단의 경우에는 재교육과 교육의 지속성은 항상 주기적으로 주의 소방학교에서 실시되고 있다. 의용소방대는 주로 명예직 회원들로 구성돼 있으며 그 가운데 소수의 일반 소방직공무원들(예를 들면 인명구조를 위해)이 함께 편성돼 있다. 이와는 반대로 직업소방방재직은 순수하게 일반공무원들로 구성돼 있다.

화재진화에 대한 업무가 대부분 의용소방대원이 담당하고 있는 이러한 조직은 무엇보다도 독일어권의 국가들에서는 보편화돼 있는 조직형태이며 유럽의 다른 국가들은 다른 조직형태를 우선시하고 있다. 어떤 국가들에게서는 독일의 의용시스템을 정착시키기 위한 노력을 기울이는 국가들도 존재하는바 그리스의 ESEPA는 그 가운데 대표적인 실례라 할 수 있다.

의용소방대원은 각 개인이 자신의 직업을 가지고 있어 보수는 없다. 다만, 기업에 근무하고 있는 사람에 대해서는 기업에 대한 보전 조치가 주어지고, 자유업인 사람에 대해서는 불법행위 등에 의한 불이익이 생길 때 그 이익이 보전된다. 보전은 시・군・구가 실시하며 제복도 시・군・구에서 지급된다. 또 규정된 근무시간은 없고 출동이 필요할 시에 출동하게 되지만 매 주말이나 평일 밤에 2～3시간 훈련을 하고 있다. 게다가, 리더격 대원은 2주간 정도 소방학교에서 훈련을 받아야만 한다. 의용소방에는 조합이 없고, 파업권도 없다.

4) 의용소방대원의 공무재해보상제도

의용소방대원에게는 공무재해보상에 대한 보험제도가 있다. 보험료는 의용소방대원이 소속한 시・군・구 등이 부담한다.

6. 프랑스의 소방행정제도

1) 소방의 소관기관

(1) 중앙정부

가. 내무성

프랑스 소방은 내무성[30]의 책임으로 실시되고 있고 내무성이 소방에 관한 권한을 각 현, 시군구에 위임하는 형태를 취하고 있다. 다만 다음에 기술한 바와 같이 파리나 마르세유의 경우에는 국방성도 관여하고 있다.

내무성의 소방·방재 담당부국은 시민안전국[31](Direction de la sécurité civil : DSC)의 구급소방부이다.

나. 국방성

① 파리 육군 소방대 : 파리 소방대는 파리 경시청의 지휘하에 있지만 내무성 시민안전국 및 국방성 일드프랑스 주(州) 군사령관(Commanement militaire de 1'Ile-de-France)에 속해 있다.

② 마르세유 해군 소방대(La Bataillon des Marins-pompiers de marseille) 마르세유 해군 소방대는 마르세유 시장의 지휘하에 있지만 국방성 해군에 속해있다.

---

30) 프랑스에서는 성(국무대신·행정 각 부 대신 부서)설치와 그 권한은 콘세유데타(Cdnseil d'Etat : 참사원 또는 국사원 등이라 해석되어 있지만 행정자문 기관으로서 기능과 행정소송에 관한 공소심 재판소로서의 기능을 갖고 있다) 의 의견을 모은 후 각의를 거쳐 대통령이 서명하고 수상이 연서하는 행정입법(데크레 : décret)에 의해 정하는 것이기 때문에 내각에 따라 성의 명칭이 변한다. 내무성 관계에 대해서 예를 들면,
크레송 내각(1991년 5월 성립) …………………… 내각대신
베레고보와 내각(1992년 4월 성립) ……………… 내무치안대신
바라듀르 내각(1993년 3월 성립) ………………… 내무·국토정비대신
이라고 되어 있다. 이 때문에 이 자료에서는 내무성관계의 호칭을 일반적으로는 내무성·내무대신 등으로 표현하고 있다.

31) 시민안전국 설치내력을 살펴보면 1951년 시민방위국가 업무가 창설되어 1959년 1월에 시민방위 전국조직화가 실시되었고, 1975년에 내무성에 시민안전국이 발족되었다. 그 후 1987년 7월에 시민안전 조직법이 공포되었다.
시민안전국의 임무는 모든 종류의 사고 또는 재해의 위험으로부터 인명과 재산 및 환경 안전을 확보하는 것, 위기·군사분쟁 발생 시 위험을 주는 요소에 대해 비전투원 확보를 도모하는 것이다.

(2) 현 및 시·군·구 소방

가. 현(縣)

현에는 현소방, 구조업무(le service de departementale d'incindie etsecours : SDIS)가 설치되어 있고 일부의 현에서는 소방대, 구조센터 등을 설치하여 시군구를 대신해 직접 소방업무를 실시하고 있다.

앞에 기술한 바와 같이 소방 · 구조업무는 1996년 5월 3일 법에 따라 소방업무의 광역화, 효율화를 위해 1996년부터 5개년 계획에 의해 시군구 소방을 현(縣)소방으로 재편 통합하고 있다.

SDIS는 현과 시군구의 대표가 되는 이사회에 의해 관리된다. 이사장은 호선(互選)으로 뽑히지만 대부분의 경우는 현(縣)의회 의장이 한다.

시군구의 소방대는 단계적으로 SDIS의 관리하에 있는 현(縣)소방으로 이관된다. 같은 시군구의 소방용재산은 SDIS로 이관되도록 되어있다.

나. 시·군·구

소방 및 인명구조업무는 원칙적으로 시군구가 실시하도록 되어있기 때문에 많은 시군구가 단독 또는 공동으로 소방대, 구조센터 등을 운영하고 있고 프랑스 본토에 소방대는 300개, 구조센터는 1,600곳을 넘고 초기출동센터는 약 4,000개로 구성되어 있다.

소방구조활동 책임자는 시군구의 장(長)이며 그 실 부대로서 구조센터나 초기 출동센터가 존재한다.

프랑스에는 약 36,000곳의 시군구가 있고 시군구의 규모가 작은 곳이 많기 때문에 공동으로 설치하고 있는 곳도 많다.

다. 중앙과 지방의 관계

소방의 책임은 중앙(내무성)에 있고 국가가 지방에 소방업무를 위임하는 형태를 취하고 있기 때문에 국가는 지방소방행정에 대하여 엄격히 통제한다.

국가는 현(縣)소방 및 구조업무 담당국장의 임명[32]과 국가에 의해 임명된 각 지방청의 소방조사관에게 시군구의 소방조사 감사권을 부여하며 구체적으로 업무에 관여한다.

32) 각 현의 소방 및 구조업무 담당국장은 지방장관의 추천에 의해 내무대신이 임명하고 이 지위의 취임에 대한 기준도 정해져 있다(1980년 12월 8일 정령에 의해서 현(縣)소방 및 구조업무 담당국장에 대한 규정이 정해져 있다).

(3) 상비소방 현황

전술한 바와 같이 프랑스 최대의 도시 파리에는 파리시 및 그 주변 3현(縣)을 관할구역으로 하는 육군소방대가 설치되어 있고 군항(軍港)이 있는 마르세유에는 해군소방대가 설치되어 있으며 이들은 상비소방대이다. 그 외 지역에 대해서는 원칙적으로 시군구가 소방책임을 맡고 있지만 프랑스에는 시군구가 많고 규모가 영세한곳이 많아 현이 소방사업을 담당하고 있는 곳이 44현(일부지역 현의 경우를 포함)에 이른다.

프랑스 전국에 구조센터가 여러 곳 있지만 군대에 속한 소방대원을 제외한 상근소방대원은 약 23,000명 정도인 것에 비해 의용소방대원이 약 20만 명이나 있기 때문에 이들 구조센터의 대부분은 수적으로 의용소방대원을 주체로 하였다고 볼 수 있다. 그리고 시군구 중 상비소방대원의 보유현황은 자세히 알려져 있지 않다.

구조센터 중 규모가 큰 곳이 500곳 정도이기 때문에 이곳에는 당연히 상근소방대가 있다고 생각되지만 전원이 상근소방대원이 아니고 숙련된 상근소방대원이 중심이 되어 의용소방대원과 함께 출동하는 것이 일반적 형태라고 본다[33].

인구 약 34민 명의 니스시의 경우 4개 소방서, 직업소방대원 360명, 의용소방대원 250명이 있다. 육군소방대가 있는 파리소방은 상근소방대원 뿐으로 의용소방대원은 없지만, 자치단체가 담당하고 있는 작은 시군구의 소방은 물론이고 상당히 큰 도시에서도 상근소방대원 외에 의용소방대원이 있다고 생각되며, 그 비율은 일반적으로 지방보다 높다고 볼 수 있다.

게다가 1996년 법률에서 시군구 소방이 현(縣)소방으로 순차적으로 이관되도록 명시되어 있으며 현 소방이 되면 현(縣)내 소방력의 효율적 배치가 실시되어 일반적으로 상비화 비율은 향상된다고 보여진다.

2) 소방직원

(1) 소방직원의 종류

프랑스 소방은 수도 파리와 그 주변 3현에 대해서는 육군이 담당하고 군항이 있는 마르세

33) '근대소방' 1972년 2월 호 '프랑스 정부 내무성 민간방위기구 차장(소방관계담당) 폴 래피씨에게 듣다.'의 기사 가운데 래피씨는 프랑스가 직업소방대원의 비중을 확대시켜 가는 경향이 있다고 했지만, 현재는 직업소방대원을 중점으로 이를 보조원으로서 의용소방대원이 있는 곳이 많다. 예를 들면 인구20,000명 정도의 시군구에는 대체로 10명 정도의 직업소방대원이 있고, 의용소방단원은 60명 정도가 있다. 이 10명의 소방대원은 상당히 훈련된 고도의 소방대원이라 했다.

유에는 해군이 담당하고 있다.

따라서 파리와 마르세유지방의 소방직원은 군인이며 파리에는 비상근 의용소방직원은 없다. 그 외 지역에는 자치단체 또는 그 연합조직 등이 소방을 담당하고 있으며 지역실정에 따른 상근소방직원과 비상근 의용소방직원으로 구성되어 있다.

소방직원의 총인원은 매년 약간씩 다르지만 본토 현에서만 추산해 보면 24만2천여 명이며 그 내역은 상근소방직원이 35,680명이고 이중 직업소방직원 26,000여 명 군인소방직원 8,984명 의사 · 간호사 · 수의사 · 약사 등 의료기관대원 8천여 명 비상근 소방직원(의용소방대원)이 19만7천여 명이라 되어 있다. 이처럼 소방업무에 종사하고 있는 직원 중에서도 그 소속에 따라 적용되는 제도가 다르며 군인인 소방직원 자치단체의 상근소방직원 자치단체의 비상근 소방직원이 각각 다른 제도로 되어있다.

(2) 계급제도

소방직원 계급제도에 대해서는 군(軍)조직인 파리소방은 육군의 계급제도를, 마르세유 소방은 해군의 소방제도를 취하고 있다.

파리소방의 계급제도는 다음과 같다.

- 사관(officier) : 대령(colonel), 중령(lieutenante-colonel), 소령(comman-dant), 대위(capitaie), 중위(lieutenante), 소위(sous-lieutenante)
- 부사관(sous-officier) : 준위(adjudant-chef), 특무상사(adjudant), 상사(sergent-chef), 부사관(sergent)
- 대원 : 군하사팀장(caporal-chef), 팀장(caporal), 일등소방사(saoeurs de ler classe), 이등소방사(sapeurs de 2e classe)

(3) 근무조건 등

급료표는 경제재정성 및 소방직원(消防職員) 국가동수위원회(國歌同數委員會)의 의견으로 내무성령으로 정하며, 근무시간은 관리협의회의견으로 시군구의 장이 규칙으로 정한다. 월 평균 급여는 일반국가공무원의 급여수준과 같은 정도이며, 근무체제는 연평균 24시간 근무를 120회 실시하도록 한다.

※ 파리 소방대

대외거주자는 월 14일 근무, 대내거주자는 월 18일 근무로 1일 근무시간은 24시간이다.

대개 1일 근무 2일 휴무의 로테이션 방식으로 되어 있기 때문에 1주간 평균 40시간 근무가 된다. 프랑스 근로기준법에서는 주 최저 노동시간은 39시간으로 되어 있지만 이 법은 군인에게는 적용되지 않는다(2000년부터 실업률 문제도 있고 일부 주 최저 노동시간 35시간이 도입된 곳도 있지만 그에 따른 영향에 대해서는 상세하지 않다).

※ 마르세유 소방대

연간 145일 근무로 하루 근무시간은 24시간, 공휴일은 30일이다.

출근일의 근무 사이클은 다음과 같다.

- 7 : 00 업무개시
- 7 : 00 ~ 8 : 00 자료점검
- 8 : 00 ~ 9 : 00 스포츠
- 9 : 00 ~ 9 : 30 조식
- 9 : 30 ~ 12 : 00 교육, 조작
- 12 : 00 ~ 14 : 00 점심시간(내부에서 점심식사)
- 14 : 00 ~ 17 : 00 정비, 관리(주로 자동차)
- 17 : 00 ~ 17 : 15 간식
- 17 : 15 ~ 19 : 00 스포츠
- 19 : 00 ~ 저녁식사 후 휴식

(4) 비상근소방대원

프랑스 전국의 의용소방대원은 20만 명을 넘고 그중 본토의 현에서만도 19만7천 여 명이 된다.

가. 의용소방대원의 배치상황

프랑스 내무성이 1997 ~ 1998년에 실시한 조사결과 의용소방대원은 소화활동이나 구조·구급활동을 실시하는 여러 기관에 배치되어 있다. 조사가 가능했던 55개 현에서 의용소방대원의 45%가 초기활동센터(CPI)에, 39%가 구조센터(CS)에, 14%가 특수구호센터(CSP)에, 2%가 직접 현(縣)소방구호 업무에 소속되어 있다. 이처럼 의용소방대원은 초기활동센터와 구조센터에 배치되는 경우가 굉장히 많다.

나. 의용소방대원의 연령구성

의용소방대원의 연령은 16 ~ 20세가 11%, 21 ~ 25세가 16%, 26 ~ 35세가 27%, 35세 이상이 46%로 구성되어 있다. 이것을 계급과 관련지어 살펴보면 일반대원의 평균연령은 32세, 부사관의 평균연령은 41세, 사관의 평균연령은 45세로 되어 있으며, 일반 대원의 평균 근속년수는 9년이다.

다. 여성의용소방대원

여성의용소방대원은 전체 5%를 차지하고 있지만 25세 이하의 의용소방대원은 12%이며 1993년 이후 지원대원 중 11%가 여성으로 계속 증가하고 있는 추세이다.

라. 의용소방대원의 직업상황

의용소방대원의 과반수(55.6%)가 회사원이거나 노동자이다(프랑스 인구의 39%가 회사원이거나 노동자 임). 그리고 고등학생이나 대학생, 소집병(召集兵)은 12.7%이다. 농업종사자는 4.9%이고 자영업자는 7.8%이다(프랑스 인구의 2.2%가 농업종사자 임).

3) 소방재정

파리소방은 육군에 소속되어 있고 마르세유 소방은 해군에 소속되어 있어 그 경비를 국가(파리소방은 내무성)가 부담하고 있지만, 그 외 일반 지방자치단체의 소방은 소방기관이 소속된 해당 지방자치단체가 경비를 부담하고 있다. 일부경비를 국가에서 보조하는 것도 있지만 상세히 알 수 없다.

소방직원의 급여는 해당소방기관이 소속된 지방자치단체가 부담하는 것으로 되어 있으나 일부는 정부가 부담하고 있다. 즉 파리소방에 대한 기본급여 등은 국가가 부담하고 있지만 기본급등 20%의 상승부분은 파리시에서 부담하고 있다

소방서 건축비와 소방용 기계・기구의 구입비는 해당 소방기관 소속 지방자치단체가 부담하는 것으로, 또 일부는 다른 지방자치단체 등이 부담하는 것으로 되어있지만 상세하지 않다.

소방업무에 대한 1996년 5월 3일 법은 1996년 5년간에 걸쳐 시군구 소방을 현(縣)소방에 재편 통합하도록 하고 있고 시군구 소방이 현(縣)소방으로 이관되면서 동시에 시군구 소방용 재산도 같이 이관되도록 되어있다. 또 현 소방 및 구조업무의 예산은 현 및 시군구가 분담하는 것으로 되어있다.

4) 교육훈련

(1) 국립소방대학교

국립소방대학교(1'Ecole nationale supérieure de sapeurs-pompiers)는 1987년에 설립되어 간부소방직원의 연수・훈련을 실시하고 있으며 교육기간은 1년이다.

소방사관을 위한 대학교로 파리소방으로 말하자면 계급이 소위가 되었을 때 입교한다. 프랑스 국내뿐만 아니라 예전에 프랑스령이었던 아프리카 등에서도 입교하고 있다.

(2) 소방학교

소방학교는 현(縣)차원에서 단독 또는 공동으로 설치하고 있다.

노르縣(리르), 지롱드縣(보르도), 오트가론縣(튀르즈), 이브르누縣(마르세유)등 11개의 현이 단독으로 소방학교를 설치하고 있다. 이외 공동으로 설치하거나 공동으로 설치된 소방학교가 30군데 있다.

파리소방대는 신입훈련센터와 간부연수센터를 설치하고 있다. 파리소방의 신규직원에 대한 양성은 4개월간 실시되지만 2개월씩 2기로 나누어 실시한다. 제1기의 기초훈련은 소방사로의 입문교육으로 이때 화재부로의 등용 제1차 시험이 실시된다.

제2기는 각지에 있는 구조센터의 어떤 분야에 배치되어도 실시되는 자격교육이다. 제2기 훈련을 끝내면 화재부로의 등용 제2차 시험(최종시험)이 실시된다. 이 4개월간에 걸친 교육훈련을 통해 소방대원으로서의 지식, 기술을 습득해 몇 개의 자격도 취득할 수 있다.

비상근 의용소방대도 교육훈련을 받는다. 그 구체적인 내용은 현과 지역에 따라 차이가 있지만, 가장 먼저 1주에서 10일 정도 기본적인 훈련을 받는다. 그 후로도 한 달에 한번정도 훈련을 받으며, 의용소방대에도 계급이 있어 시험 등으로 승진하게 되어있다.

5) 구조·구급서비스

프랑스소방은 소방 등 재해시의 구조는 물론이고 재해와 직접관련이 없는 각종 구조활동을 실시하고 있으며 소방기관 및 의료기관에 부속하여 설치된 구급의료서비스(Service d'Aid Medicale Uregente : SAMU)가 구급수송을 담당하고 있다.

의료적 조치가 필요한 경우는 SAMU, 그 이외의 경우에는 소방기관이 담당한다. 일본의 소방서나 출장소에 해당하는 기관은 구조센터(centre de secures : CS)라고 일반적으로 불리고 있고, 현의 소방담당부국도 소방 및 구조업무(Service Départmental d 'Incendie et Secures : SDIS)로 되어있으나 구조구급업무가 큰 비중을 차지하고 있는 경우를 엿볼 수 있지만 소방기관의 출동횟수도 구조구급기관의 출동보다 압도적으로 많다. 이브리누현의 예를 들어보면, 이브리누縣[34]의 구급건수는 연간 약 35,000건으로 50%가 공공장소, 10%가 교통사고에 의한 것으로, SAMU(구급의료서비스), SDIS(縣소방구조업무), 민간이 실시하는 구급으로 대처하고 있다.

(1) SAMU(구급의료서비스)

병원관리하에 있는 공무원으로 구성된 구급의료 전문가이다. 구급요청은 전화번호 15번이고 가정에서 발생한 사고나 병은 원칙적으로 SAMU가 대처하는 것 외에 SDIS나 민간구급, 경찰 등의 현장요청에 따라 출동하도록 되어있다. 백색구급차에 의사, 간호사 각 1명이 승차하지만 출동여부나 이송병원 등에 대한 결정은 SAMU의 24시간 교대로 근무하는 의사가 실시한다.

(2) SDIS(현(縣)의 소방구조업무) 〈Service Départmental d 'Incendie et Secours〉

원칙적으로 공공장소나 공공도로에서의 사고를 담당한다. 구급요청은 전화번호118이고 적색구급차에 3명의 구급대원이 승차한다.

현재 베르사유는 전임구급대원이 없어서 소방대원이 겸임하고 있고 앞으로 전임화를 추구하고 있다. 또 118에 구급요청이 있으면 즉시 SAMU에 정보를 전달하도록 되어있고 구급현장에서 구급의료가 필요하면 SAMU에 출동요청을 한다.

(3) 민간구급 등

적십자나 운송업자가 각각 구급업무를 실시하고 있다.

시민은 원칙적으로 의료활동이 필요할 경우에는 15번의 SAMU로 공공장소에서 갑자기 의료기관으로의 수송이 불가피하다고 판단되었을 경우는 18번에 구급요청을 하도록 되어있지만 대부분의 경우 판단이 어려워 안내(Information)를 제공하지만 시민들에게 혼란과 불만이 고조되고 있다.

또 시민은 납세자로서 구급서비스를 무료로 받을 권리가 있고 SAMU와 민간구급은 유료

---

34) 이브리누현은 파리근교이며, 궁전으로 유명한 베르사유 市는 이브리누縣의 縣청 소재지이다.

구급인 한편, SDIS는 무료라서 대부분의 경우 긴급대처하기 위해 SDIS를 요청하는 경우가 많다.

(4) 소방Doctor

이브리누현에는 약 10년 전부터 소방서에 의사를 배치하였다. 의사의 주된 임무는 소방구급이 담당하고 있는 공공장소, 도로 등에서 사고가 발생하였을 경우 소방Doctor가 출동하여 환자를 보살피는 것 외에 다음의 임무를 담당하고 있다.

- 소방·구급대원 등의 건강관리
- 구급차의 위생관리
- 구급대원에 대한 구급처치기술 지도

(5) 소방방재 헬리콥터 등

내무성 시민안전국에는 항공관계담당이 있고 소형헬리콥터를 보유하고 있다. 그 외에 비행기는 물을 운송하는 비행선이나 의사나 간호사가 동승한 보건용 비행기가 있다.

제3절 소방인사기관의 기능

소방인사관리의 중요한 기능들은 우리나라의 경우와 같이 중앙집권체제 하에서는 소방기관에 따라 별다른 구분이 없겠으나 미국 등과 같이 분권적 자치체제 중심의 국가들에 있어서는 지역 특성에 따라 인사단위별로 고유한 기능들이 강조되는 경우가 있다. 그러나 주요한 기본기능들은 대동소이하다. 우리나라 소방공무원법에 의하면 소방령 이상의 국가소방공무원은 안전행정부장관의 제청으로 국무총리를 거쳐 대통령이 임용하고 소방경 이하 국가소방공무원은 안전행정부장관이 임용한다. 지방직 소방공무원은 각 시·도 지사가 임용하는 것으로 되어있으며 국가직(소방감 이하)의 전보, 휴직, 직위해제, 정직, 복직은 안전행정부장관이 행하도록 되어있다.

그리고 소방조직에 있어서 전국적인 규모의 인사는 안전행정부의 소방행정과에서, 각 시·도의 인사는 시·도 소방본부, 서내 인사는 소방서 소방행정과에서 담당한다.

이 장에서는 소방인사에 있어서 중앙 및 각 단위조직들이 갖추고 있는 일반적이고 구체적인 기능들을 논의한다.

1) 인사정책의 수립

소방조직의 최상급 인사기관은 인적자원의 모든 영역에서(모집, 선발, 승진 기타) 정책의 입안과 집행평가의 책임이 있다. 우리나라의 경우 이러한 정책과정의 대부분이 안전행정부에서 일괄적으로 이루어지고 있으며, 각 시・도 본부에서는 이 내용을 이행하고 결과만 보고하는 형태에 불과한 실정이다. 그러나 미국의 경우 인사정책의 수립은 관련 규정들에 근거함은 물론 각 자치소방단위의 감독책임이 있는 시장 또는 주지사 등의 동의를 받게 된다.[35]

2) 인사기준의 설정

인사기관은 소방인사기준의 명료한 설정과 유지의 책임이 있다. 이것은 각 소방단위 전체에 걸쳐 모든 직위에 있는 기본 구성원을 위한 관리기준(자격, 훈련, 특별 및 과외 업무, 그리고 특별급여)뿐만 아니라 신규 채용자를 위한 선발기준(신체, 실력, 인성 등)을 포함한다.

3) 모집계획의 개발

모집기능의 목적은 직위에 채용할 수 있는 가장 적합한 지원자를 채용하는 것이다. 이것은 공고, 지원절차, 지원자의 배경조사, 그들의 능력평가 등의 절차를 거치고 특별채용을 위해서는 양질의 지원자에 대한 추천을 필요로 해야 할 경우도 있을 것이다. 그러나 오늘날 응급구조사, 구조대원, 통신, 항공조종사, 항해사 외에는 특별채용이 거의 이루어지지 않고 있는 실정이다. 따라서 자질 있는 지원자들의 효과적인 모집을 위한 프로그램을 개발하여야 한다.

4) 선발시험의 준비

인사기관은 선발시험을 준비하고 선발 후 배치절차를 사전에 수립해야 한다. 시험은 보편

35) W. Donald Heisel and Patrick V. Murphy(1974), op. cit. pp.8~11 참조.

적으로 선발과정의 가장 중요한 단계로서 선발의 가・부 결정에 큰 영향을 준다. 소방공무원의 시험종류는 신체검사, 필기시험, 면접시험, 실기시험, 서류전형 등에 따라 시행된다.

채용은 지원자들 중 자격이 있는 자들을 사전에 수립된 선발목록을 근거로 선택하는 것이다. 이러한 업무는 미국의 경우 시 또는 주 수준에 있는 중앙인사기관의 협력으로 이루어지고 있으며, 우리나라는 안전행정부장관의 위임을 받아 각급 시・도 소방본부에서 담당하고 있다.

5) 직위분류와 직무분석

직위(position)란 소방공무원 개개인에게 할당되어지는 직책의 내용을 말한다. 즉 한 사람의 소방공무원에게 부여할 수 있는 직무와 책임을 직위라 하며, 직위는 사람을 기준으로 한 개념이 아니고 '일'을 기준으로 한 개념이다. 직무(job 또는 duty)란 직업상 담당자에게 맡겨진 임무로서 행정학에서의 각 직위에 배당된 업무(일)를 말한다.

직위분류업무는 일반적으로 공무원법규나 소방공무원법규에 공적직위가 기술되어 있고 그들의 임무도 명확히 서술되어 있다. 그러나 인사기관은 항상 발전적인 직위분류절차를 검토・개발하여야 한다. 특히 소방인사담당관은 분류계획이 소방의 필요성을 정확히 반영하고 있는가에 관심을 기울여야 한다. 이러한 분류절차는 직무분석(job analysis)을 통하여 그 업무의 책임성, 업무의 질과 양의 정도에 따라 합당하고 공정한 보수가 보장된다. 따라서 직위분류는 관계법규의 보호를 받게 된다.

6) 교육훈련

소방인사기관은 모든 소방의 임용 전과 임용 후 교육훈련을 위한 직접적인 책임이 있다. 더구나 변화하는 상황에 적절히 대처하기 위해서는 끊임없는 최신의 기술과 지식이 요구된다. 그러므로 인사기관은 법규에 따른 공식적인 기준과 수립된 교육훈련계획을 알고 있어야 하고 모든 구성원들이 양질의 교육훈련을 받고 있는지에 대한 점검과 그 효과에 대한 평가를 해야 한다.

7) 승진기준의 개발

소방인사기관은 합리적이며 공정한 승진절차를 위한 제도를 수립하고, 이의 효율적 운영을 위한 지침을 개발하여야 한다. 이러한 기능은 보다 구체적인 승진기준과 각 직급 내지 계급에 적합한 소방공무원의 자격을 결정하는 세부내용의 명시를 필요로 한다.

일반적으로 승진의 기준은 공개경쟁시험에 의한 승진, 심사승진(근무성적 평점 등), 또는 특별승진(포상, 공로인정) 장기근속승진이 있으며, 국가나 소방조직 또는 계급의 특성에 따라 이 기준들을 병용하는 경우가 많다. 특히 이러한 승진기준은 공정하고 민주적이며 합리적인 평가기구(assessment center)에 의하여 운용되는 것이 바람직하다.

8) 보수체계의 수립

소방인사기관은 구성원들의 보수를 계급과 할당된 임무에 대하여 보다 공정한 배분을 할 수 있는 합리적 보수체계를 수립해야 한다. 이러한 보수체계는 객관적이며 기본적 생활안정을 보장할 수 있어야 하고 나아가 근무의욕을 향상시킬 수 있도록 만들어져야 한다.

특히 소방인사기관은 소방업무의 전문성과 특수성을 보수체계수립에 충분히 반영해야 할 것이다. 현재 우리나라 소방의 보수체계는 이상의 합리적 제 요건들을 충분히 갖추고 있지 못한 실정이다.

9) 징 계

징계(discipline)란 그릇된 행동을 하는 공무원들의 행태를 바로 잡기 위한 인사관리이다. 즉 공무원으로 하여금 직무를 보다 성실히 수행하도록 하고, 행위규범(code of conduct)을 준수하도록 하기 위한 통제 활동인 동시에 그것은 궁극적으로 공무원의 사기(士氣)와 협력 및 능력을 증진시키기 위한 관리인사 행정활동이다.[36)]

소방인사기관은 위법행위의 책임이 있는 조직구성원에 대하여 그 벌로써 징계를 결정하고 실행한다. 이러한 징계는 해당 제 법규들이나 조직의 정책을 근거로 한다. 징계는 단순히 처벌만을 목적으로 하는 적극적 의미도 있겠으나 발전적으로 볼 때 교정을 목적으로 하는 소극적인 의미도 함께 내포하고 있다. 따라서 징계는 모든 해당자에게 공정하게 집행되어야 한다는 보다 적극적인 의미의 징계목적에 부합하는 방향으로 실행해야 할 것이다. 즉, 실책을 한 직원이 잘못을 인정하고 깨달은 경우 교화적(教化的) 차원에서 징계권자의 재량권을 합법적으로 선용, 그 징계의 집행을 면제하는 예외적인 경우를 공식적으로 인정하는 것이 조

36) 유종해 외(1999), 행정학 대사전, p.821.

직과 구성원 개개인의 발전에 실질적으로 기여하는 합리적인 방법이라 하겠다.

10) 기록의 보존

소방인사기관은 소방구성원들에 관한 개인 및 직무상 관련자료를 보관, 관리한다. 이들은 대부분 각 개인별로 보존되며 자료의 성격상 또는 필요에 따라 보완, 갱신하게 된다. 여기에는 구체적인 개인신상에서부터 지위, 휴가, 병가, 급여, 포상, 교육훈련, 경력, 근무성적 및 자질 등 업무와 관련된 무수히 많은 내용들이 기록・보존되어 있다.

우리나라의 경우 행정관리가 전산화되어 가고 그 필요성이 급격히 증대되고 있으므로 소방인사기록과 관련자료는 데이터베이스 시스템을 이용한 관리 및 활용으로 업무의 효율화를 극대화시켜야 할 것이다.

11) 평가기준의 개발

소방인사기관은 조직과 그 구성원들의 활동을 발전시키고 모든 구성원들에 대하여 공정한 기회를 부여하기 위해 필요한 업무수행평가정보(자료)를 수립하여 객관적인 평가를 하고 그 내용은 필요한 기간 동안 보존해야 한다. 인사기관은 또한 합리적 평가기준을 만들고 구성원을 평가함에 있어 이 기준의 적용을 공정하게 할 수 있도록 인사권자에게 조언하는 책임을 가진다.

12) 면접결과의 활용

면접은 그 기관의 문제점이 무엇인가를 발견하기 위한 도구로서의 기능을 갖는다. 소방인사기관은 퇴직예정에 있는 소방공무원에게 퇴직면접을 행하여야 하며 부서 내에서의 불만족스러운 근무조건 또는 평가방법을 개선하기 위하여 면접에서 얻어진 정보를 활용하여야 한다.

13) 연구와 기획

소방인사기관은 근무조건, 새로운 인사관련 정책형성, 그리고 다른 인사문제 개선에 관한 연구를 행하여야 한다. 이러한 연구는 소방기관의 내부에서는 물론 외부기관의 협조를 얻어 이루어져야 할 것이다.

따라서 인사에 관한 정책개발 및 제반문제 해결을 위하여 업무의 명확한 목표를 설정하고 이의 실현을 위한 가장 합리적인 대안을 마련하여 소방책임자에게 제시되어 조직목표달성의 극대화를 하여야 한다.

14) 사기(士氣)의 제고(提高)

소방인사기관은 구성원들이 높은 수준의 사기를 유지할 수 있도록 하기 위해 사기앙양에 저해되거나 도움이 되는 제반요인을 연구・분석하여 사기 증대에 유익한 정책개발과 제도개선에 최선의 노력을 해야 한다.

소방공무원의 사기와 관련된 주된 요인들에는 일반적으로 보수, 근무여건(환경), 공정(불공정)한 인사제도나 처우, 상급자의 태도, 그리고 포상(징계) 등이 있다.

인사기관은 이러한 물리적, 사회심리적 제 환경 속에서의 구성원의 욕구를 최대한 충족시켜 주는 노력을 기울여야 한다. 그 노력의 결과는 구성원의 자발적인 근무의욕을 높이게 되고, 이것이 업무의 성과를 향상시켜 조직목표를 효과적으로 달성할 수 있게 한다.

15) 상 담

소방인사기관은 구성원들의 공적・사적 업무, 조직 내외에서 불평불만의 정당성 여부에 관계없이 모든 경우에 있어서 구성원 자신이 당면하고 있는 고충의 어려움들에 대한 적절한 상담을 해야 한다. 이러한 상담과정과 그 결과에 관한 모든 자료들은 추후 참고자료로 확보할 필요가 있다.

어떠한 경우이든 구성원 자신이 현실적으로 겪고 있는 욕구불만이나 불평과 같은 어려움들은 조직구성원으로서 정상적인 업무책임을 완수함에 부정적인 영향(사기저하 등)을 주게 되므로 고충의 해결노력은 본인, 직속상관들과 함께 인사기관의 중요한 책임인 것이다.

고충의 해결 방법으로 동료, 직속상관 또는 조직의 장 등과 상담하는 경우가 많다. 그러나 보다 효율적인 방법은 독립인사기관 같은 곳에 '고충처리위원회'를 상설, 이를 활성화하여 구성원들이 공・사를 불문하고 고충이 있을 때는 언제나 이 위원회를 찾아가 상담할 수 있도록 하는 것이다. 이 위원회가 적절하고 공정한 해결을 보장받는다는 확신을 줄 수 있도록 운영한다면 평소에도 보다 안정되고 편안한 직무수행을 할 수 있게 될 것이다. 특히 우리나라 소방의 경우는 이러한 제도의 실용화가 적극 요망된다.

제4절 모집과 선발

채용은 소방공무원이 될 수 있는 자격을 갖춘 사람에게 균등한 기회를 제공하여 동일한 조건하에서 공정한 선발과정을 거쳐 적재적소에 배치하는 것이다. 이러한 채용과정은 모집, 시험, 그리고 임용의 순서에 따라 이루어진다.

1. 모 집

모집(recruitment)이란 공무원으로 취임하기 위해 적합한 후보자들이 지원하도록 유도하는 활동을 뜻한다. 모집은 사람들이 공무원으로 일하는 데 관심을 갖고 모여들게 하려는 목적을 가진 활동이며, '이끄는 기능'(attracting function)과 '선별기능'(screening function)을 동시에 수행하는 활동이라 할 수 있다.

공직지망자들이 모여들게 권유한다고 해서 아무나 많이 모여들게만 하면 되는 것이 아니다. 정부조직에서 일하고 싶은 동기를 유발시켜 사람들을 모아들이는 '이끄는 기능' 내지 권유기능은 적격의 가능성이 있을 것으로 추정되는 사람들만 골라 모으는 선별기능과 결합될 때 비로소 그 소임을 다할 수 있는 것이다.

종래의 모집은 임용에 있어 정실(情實)을 없애기 위하여 또는 보다 유능한 사람을 채용하는 것보다는 부적격한 사람을 제거하는 것으로 생각해 왔으나 오늘날에는 적극적으로 많은 사람으로 하여금 공직에의 응시에 흥미를 끌게 하는 것을 뜻한다.

따라서 적극적 모집은 인력수요예측을 정확히 하여 선발 후에 임용이 지연되거나 근무조건이 달라지는 일이 없도록 해야 한다. 그런데 생애직으로서 소방직을 선택하는 데 있어서 중요한 영향을 미치는 요소로서는 다양성, 책임성이 있는 중요한 업무, 국민에 대한 봉사, 모험, 안전, 그리고 보수 등이 있다.

2. 응시자격 기준

우리나라 행정인에게 요구되는 일반적인 자격은 두 가지로서 하나는 종래에 요청되어 오던 지식・기술이며, 다른 하나는 새로 강조되는 태도・가치관이다.[37)]

소방공무원은 봉사와 희생정신을 갖고 높은 수준의 정직성, 정력(精力), 용기, 직무의 지식, 지혜, 자신감, 책임성 등을 지니고 있어야 할 것을 기대하고 있다. 소방공무원의 자격기준은 그 나라의 형편과 공무원제도의 성격에 따라 달라지는데 우리나라의 경우 연령, 신체검사에 관하여 일반적 기준을 정해 놓고 있다. 그러나 다른 나라에서는 국적, 거주지, 성별 등에 관한 기준을 정해 놓고 있는 경우도 있다.

(1) 연 령

소방공무원의 자격요건으로서 연령은 매우 중요한 의미를 갖는다. 사회생활에 대한 경험이 많으면 많을수록 사회생활의 가치를 이해하고 주민과 호흡을 같이 하게 된다고 하나 오늘날의 일반적인 경향은 연령조건을 관대하게 하고 있다.

우리나라 소방에서는 계급에 따라 연령제한을 엄격히 하여 소방공무원을 공개채용 하거나 특별채용 하는 경우의 응시연령은 표 10-3과 같다.

연령조건의 설정에 관련된 환경적 요인은 대단히 많지만 그 중에서도 국민전체의 연령구조, 노동시장의 상태, 직업구조의 분화, 교육제도의 성격, 인사제도의 유형 등이 있다.[38)]

표 10-3 소방공무원채용시험의 응시연령(제43조제1항 관련)

계급별	공개 경쟁 채용시험	특별 채용시험
소방령 · 지방소방령 이상	25세 이상 40세 이하	20세 이상 45세 이하
소방경 · 지방소방경 · 소방위 · 지방소방위	간부후보생 21세 이상 30세 이하 (99. 5. 10 이후 최초로 실시하는 소방간부 후보생 선발 시험에 한하여 35세로 한다)	23이상 40세 이하 (사업용 조종사는 23세 이상 45세 이하)
소방장 · 지방소방장 · 소방교 · 지방소방교		20세 이상 35세 이하 (항공정비사는 23세 이상 45세 이하)
소방사 · 지방소방사	21세 이상 30세 이하 (여자는 18세 이상 25세 이하)	20세 이상 30세 이하

37) 박동서(1989), 인사행정, 서울: 법문사, p.176.
38) 오석홍, 인사행정론(1989), 서울: 박영사, p.167.

(2) **신체조건**

소방업무는 불굴의 신체적 민첩성과 인내력이 요구되기 때문에 의학적 또는 신체적으로 적합한 자가 선발되어야 한다. 소방공무원의 신체적 적합성으로는 건강한 호흡기관, 낮은 비만도, 적절한 근력, 그리고 인내와 유연성과 같은 특성을 지녀야만 효과적인 소방업무를 수행할 수 있게 된다. 최근에는 소방선발과정에서 신체적 적합성 검사로 신장과 체중을 중시하였지만 기민성 검사도 신체적 소질과 능력을 평가하는데 유효한 변수가 되고 있다.

우리나라 소방공무원 채용의 신체조건은 소방공무원임용령 시행규칙 제23조제7항에서 규정하고 있다.

(3) **학 력**

사회구조의 도시화와 그에 따른 소방봉사행정의 실현화, 화재의 예방・진압 그리고 구조・구급의 확대요구는 보다 지성적이고 성숙된 소방인력을 필요로 한다.

우리나라 소방공무원의 임용에 있어서 특별채용의 경우에는 소정의 학력을 가진 자가 아니면 이에 응시할 수 없도록 되어 있지만 1973년부터 공무원채용시험에 학력조건을 철폐함에 따라 소방에서도 1976년부터 이를 폐지하였다.

그러나 종합응용사회과학이면서 사회과학인 소방업무를 원활히 수행하고 전체적인 소방의 질을 높여 소방의 세계화를 달성하기 위해서는 앞으로 최저실력을 전문대졸 학력수준으로 선발하는 것을 고려해야 한다.

3. 채용시험방법

소방공무원으로서 필요한 자격요건을 심사하기 위하여 지원자에게 여러 가지 시험을 실시하고 있다.

시험은 실적제도를 확립하는 기초가 됨은 물론 직업공무원제도의 확립에도 공헌한다. 따라서 시험이란 소방의 역할과 요구조건을 실현하는 데 필요한 높은 수준의 기술, 지식, 능력, 그리고 직업행태를 소유한 지원자를 선발하는 것이다.

우리나라에서는 ① 신체검사 ② 실기시험 ③ 필기시험(선택형, 논문형) ④ 면접시험 ⑤ 서류전형을 단계에 따라 순차적으로 실시하는데 이러한 방법을 채택하는 이유는 소방직무의 특수성 때문이라 할 수 있다.

소방공무원을 선발하는 과정에서 사용할 수 있는 시험의 종류는 매우 다양하며 이러한 시험들을 분류하여 범주화하는 데에는 여러 가지 기준이 있다.

여러 가지 형태의 시험들은 그 목표하는 바가 다르며 각기 장점과 단점을 가지고 있기 때문에 어느 한 가지 방법만으로 지원자의 능력요소들을 완전하게 판정해 내기가 용이하지 않으므로 여러 가지 시험들을 상호보완적으로 사용하게 된다. 그러나 어떤 방법을 사용하든 채용시험의 효용성을 높이는 일이 무엇보다 중요하다.

(1) 신체검사

직무수행에 필요한 건강 또는 체력을 검정하는 것이다. 소방공무원의 직무가 체력과 신체적 조건을 전제로 하고 있기 때문에 일정한 수준의 체력과 건강기준에 미달되는 지원자는 필기시험과 기타 시험의 성적 여하를 막론하고 채용할 수 없게 된다. 이와 같은 신체검사에는 의학적 검사(일반내과, X-Ray, 혈압 등), 형태적 검사(신장, 체중 등), 기능적 검사(시력, 청력 등), 그리고 체력검사(평형성, 근력, 지구력 등)가 포함되는데 이 경우 신체검사는 시험실시권자가 지정하는 국·공립종합병원에서 작성한 채용신체검사서에 의할 수 있다.

(2) 필기시험

필기시험은 공무원의 채용과정에서 가장 오래되고 널리 쓰이는 시험방법이다. 소방공무원의 채용을 위한 필기시험은 교양부문과 전문부문으로 구분하되 교양부문은 일반교양정도를, 전문부문은 직무수행에 필요한 지식과 그 응용능력을 검정하는 것으로 하고 있다. 또한 필기시험은 선택형, 기입형, 논문형의 형식에 따라 실시하되 그 출제수준은 소방위·지방소방위 이상에 있어서는 대학졸업정도로, 소방장·지방소방장 및 소방교·지방소방교에 있어서는 전문대학 졸업정도로, 소방사·지방소방사에 있어서는 고등학교 졸업 정도로 하고, 소방간부후보생 선발시험의 출제수준은 대학졸업 정도로 한다(소방공무원임용령 제45조).

(3) 면접시험

면접시험은 필기시험이나 배경조사를 통하여 평가할 수 없는 지원자의 직무수행에 필요한 능력, 발전성 및 적격성을 검정하는 것이다. 우리나라 소방에서 실시하고 있는 면접시험의 평정요소로는 ① 소방공무원으로서의 정신자세 ② 전문지식과 그 응용능력 ③ 의사발표의 정확성과 논리성 ④ 용모, 예의, 품행 및 성실성 ⑤ 창의력, 의지력, 기타 발전가능성 등이 있다.

이러한 면접시험은 최근에 약간의 개선이 있었지만 아직도 형식적인 절차로 취급하는 경향이 있으며 면접시험의 내용도 주로 그 날의 헤드라인 뉴스, 일반상식 등이며 지식이나 기술에 관하여 되풀이하여 물어보는 경향이 있다. 이와 같은 문제점을 개선하기 위하여 복수시험관제도를 채택하고 있지만 표준적 질문의 사전준비, 면접기법의 개발, 시험관의 훈련 등을 통하여 가능한 한 효용도를 높여야 할 것이다.

(4) 실기시험

실시시험은 직무수행에 필요한 지식·기술·체력 및 적성을 실습 또는 실기의 방법에 의하여 검사 또는 검정하는 것이다. 도구나 장비를 써서 일을 해보게 하거나 기계조립을 시켜보거나 또는 작업에 쓰는 설비의 모형을 놓고 일을 해보게 하는 방법 등이 여기에 해당한다.[39] 실기시험은 이와 같이 다른 어떤 시험보다 직무수행과 밀착되는 시험이므로 높은 타당성을 기대할 수 있으며 우리나라 소방공무원 실기시험에서는 구조·구급, 통신, 운전, 전산, 항공정비, 항해사 등의 분야에 종사할 사람들을 선발할 때 흔히 쓰인다.

(5) 서류전형

서류심사는 직무수행에 관련되는 자격 및 경력 등을 서면에 의하여 심사하는 것이다. 퇴직 소방공무원의 복직 또는 자격증소지자와 대학이나 전문대학 재학생 중 장학금을 지급 받은 자 등을 소방공무원으로 채용하는 경우의 시험방법은 대개 서류심사의 방법에 의하는 경우가 많다. 이것은 다른 시험방법에 비하여 비용이 덜 들고 응시자들에 관한 상세한 정보를 얻어 평가할 수 있으나 평정과정의 표준화가 곤란하므로 평정자의 편견이 개입될 염려가 있다.

---

39) 이것은 상황적 검사절차의 하나로서 임상적 성향을 지닌 시험 방법으로 모의연습식 시험(assessment center)에 속하는 것이다. 이는 의제된 직무상황에 대응하는 지원자의 능력을 현실감 있게 평가하는 데 사용되며 며칠간의 시험기간을 통해서 소속감검사(belongings test), 조립연습(construction exercise), 감정면접(stress interview), 사회자 없는 집단연습(leaderless group exercise) 등의 복수기법이 동원된다.

제5절 소방교육훈련

교육훈련은 조직구성원의 일반적 소양과 능력을 계발(啓發)하고 직무수행에 필요한 전문지식과 기술을 향상시키며, 가치관과 태도를 바람직한 방향으로 변화시키는 활동이다.

그러므로 안전행정부장관은 모든 소방공무원에게 균등한 교육훈련의 기회가 부여되도록 교육훈련에 관한 종합적인 기획 및 조정을 하여야 한다. 현대소방조직의 교육훈련은 인사관리에 있어서 필수기능이며, 그것은 지속적으로 행하여야 한다. 또한 이러한 교육훈련은 계급이나 직급의 구분 없이 모든 소방공무원을 대상으로 한다.

1. 소방교육훈련의 필요성

국가나 사회의 제(諸)구조가 단순하고 소규모 또는 비전문적인 상황이던 과거에는 조직구성원들의 업무 또한 특별한 교육훈련 없이도 일반적인 소양과 능력이 어느 정도 수준 이상일 경우에는 업무수행을 할 수 있다고 생각했다. 그러나 모든 사회구조상황이 대규모화, 다양화 또는 전문화되어 감에 따라 소방업무 역시 그러한 상황에 대처해야 할 필요성을 인지하게 되고 업무의 특수성과 전문성에 합당한 전문지식이나 기술습득을 위한 교육훈련활동을 요구받게 되었다.

이때부터 교육훈련은 조직구성원이 담당하고 있는 특정한 직무수행에 직접 필요한 지식과 기술의 향상을 위한 활동이라는 좁은 의미로만 해석하였다. 그러나 현대에 이르러서는 그러한 협의의 교육훈련과 병행하여 일반적인 소양과 능력의 개발도 교육훈련을 통하여 계속적으로 향상시켜 직무수행에 필요한 발전적 변화를 추구해야 함이 강조되고 있다.

소방발전과 변화에 관한 가장 중요한 시도(試圖)는 소방교육훈련의 중요성과 소방조직의 모든 구성원을 위한 부가적 교육훈련의 필요성을 강조하는 것이다.

인간은 그의 개인적인 자질에 관계없이 홀로 타고난 능력으로 소방업무를 수행할 수는 없다. 개인적 능력, 사전교육, 판단력, 그리고 감정적 적합성은 별도로 치고 소방공무원들은 소방업무를 이해하고 그것을 어떻게 수행하는가를 배우기 전에 포괄적인 직무상의 훈련을 받아야 한다. 우리나라 소방공무원들은 현재 계급별, 직무별 포괄적인 소방교육을 받고 있지만 교육내용은 다시 한번 검토할 필요가 있다.

2. 소방교육훈련의 형태

소방교육훈련은 기본교육과 전문교육 그리고 민간인 교육으로 대별하고 기본교육은 계급별로 소방사반, 소방장반, 초급간부반(소방위), 중견간부반(소방경), 고급간부반(소방령), 고급관리자반(소방정)으로 구분되며 그 외에, 직무교육, 직장훈련 등이 있다.

(1) 신규 채용자 교육훈련

이것은 신규로 채용된 소방간부 후보생들에게 실시하는 기초교육훈련이다. 소방간부후보생은 52주간 중앙소방학교에서 교육을 실시한다. 이 교육은 일반적으로 조직의 목적, 구조, 기능, 규칙 등을 포함하여 임용 후 맡아야 할 직책수행에 요구되는 기초적 전문지식과 능력을 갖추도록 하는 것이 목적이다. 즉 소방법을 공정하게 집행할 수 있는 능력, 기본적인 행정업무 처리능력 그리고 충실한 대민봉사자로서의 갖추어야 할 자질과 실행능력을 고루 겸비한 직업소방관을 탄생시키기 위한 제반 기초적 교육훈련이라 하겠다. 교육훈련과정이 끝나면 소방의 초급간부로서 화재예방과 진압은 물론 법을 집행하고 국민에 대한 선량한 봉사자로서 국민의 생명과 재산을 화재로부터 보호하고 민원을 해결할 수 있는 자질을 갖추어야 할 것이다.

(2) 감독자(중간관리자) 교육훈련

일선소방업무에 대한 구체적인 관리감독의 중요성이 증대됨에 따라 각 조직의 책임자급 관리자와 구분하여 과장이나 팀장(담당)과 같은 중간관리자들에 대한 교육훈련을 말한다. 이 과정은 고급간부반과 중견간부반, 초급간부반이 있으며 고급간부반은 소방령을, 중견간부반은 소방경을, 초급간부반은 소방위를 2주 또는 4주간 중앙소방학교에서 실시된다. 이들에 대한 교육훈련의 내용은 일선소방관들의 업무행태를 관리・감독할 수 있는 정도의 모든 지식, 즉 사기관리, 리더십, 의사전달, 인간관계, 인사행정 및 근무규율 등이 교육되어져야 할 것이다.

(3) 고급관리자 교육훈련

감독자보다 높은 계층의 고급관리자인 소방정(消防正)을 대상으로 중앙소방학교에서 2주간 실시하는 교육훈련을 말한다. 이러한 고급관리자급은 정책집행뿐만 아니라 정책결정능력이나 정치적 식견이 필요하므로 창의력, 통찰력, 직관력으로 조직내의 제반 문제 해결자로서의 능력을 갖출 것이 요구된다. 따라서 이들에게는 정책수립과정에 직접적으로 필요한 지식은 물론 정치·경제·사회 전반에 대한 폭넓은 이해를 도모할 수 있는 교육훈련이 필요하다.

(4) 직장훈련

소방기관의 장은 소속 소방관에게 새로운 전문지식과 직무수행에 필요한 학식·기술 및 정보들을 습득할 수 있도록 하기 위하여 정기 또는 수시로 체계적인 직장훈련을 실시하여야 한다. 이러한 직장훈련의 내용은 ① 시사성 있는 정부시책의 교육과 정신교육, ② 신규채용자에 대한 직장 및 실무에의 적응에 필요한 교육훈련, ③ 보직의 변경에 따른 새로운 직무수행에 필요한 교육훈련 등이다. 그리고 이런 형태의 직장훈련은 주로 현장훈련(on the job training)으로 충실한 소방업무의 중추가 되고 있다.

특히 현장훈련은 신임소방관에 대한 조언자(助言者), 후견인(後見人), 역할모형, 교정자, 평가자인 교관의 자질과 동기부여에 따라 그 성공이 좌우된다. 이상의 교육훈련형태 외에 참고할만한 형태로서 계층과는 상관없이 조직의 특수한 업무나 직책을 담당해야 하는 전문인을 필요로 할 때 적임자를 선발하여 특수한 교육훈련을 실시하는 것으로 국외로 파견하든지 국내에 위탁시키는 특수교육훈련이 있을 수 있다.

3. 교육훈련체제의 개선

우리나라 소방은 국립경찰에 종속되었던 시기부터 교육의 중요성이 꾸준히 논의되고 강조되어 왔으나 다른 기관의 경우와 마찬가지로 장기적이고도 종합적인 교육계획과 그 적절한 시행이 미흡한 실정이다.

소방공무원의 자질향상과 능력발전을 위해서는 교육훈련 여건을 개선하고 직무의 연계성을 증진할 수 있도록 교육내용과 교육기간·교육방법을 개선하고 전문인력 양성에 주력하여야 함에도 경제적 논리와 소방서 운영에 있어서의 인원부족현상이 소방교육현실을 어둡게 하고 있다.

(1) 교육훈련 수요의 파악

교육훈련의 수요와 공급을 잘 부합시켜 교육훈련의 실질적 효용을 높이도록 교육훈련수요조사를 철저히 해야 한다. 현재의 교육훈련수요조사는 훈련차출인원의 수를 사무적으로 파악하는 정도의 형식적인 것이다.

훈련수요를 파악하는 데 사용할 수 있는 자료수집의 방법으로 근무성적평정자료, 소방공무원의 훈련수요에 대한 자기평정자료, 그리고 여러 훈련과정의 과목일람표를 배포하여 소방공무원들에게 수강하기를 원하는 과목에 표시하도록 하는 메뉴에 의한 조사방법(menu survey) 등으로 얻은 자료는 훈련수요결정에서 대단히 중요한 것으로 다루어져야 피교육자와 그 감독자들이 훈련수요에 능동적으로 참가할 것이다.

(2) 교육훈련 프로그램에 대한 평가

교육훈련 프로그램에 대한 진단평가를 주기적으로 실시하여 교육훈련의 내실화를 기해야 한다. 교육훈련 프로그램은 직무와 연계되어야 하고 각 과정별 단계성이 유지되어야 한다.

교육훈련 프로그램의 개발과 공급에서는 사회환경과 IT(정보기술), 과학기술의 급속한 발전과 변화에 대응할 수 있는 새로운 지식과 기술을 습득시키도록 해야 한다. 각 과정마다 선택과목을 개방하여 훈련의 개별화라는 요청에 보다 접근시켜야 한다.

교육방법에 있어서도 현장실습, 분임토의 등이 확대되어야 하며 새로운 기법인 모의연습(simulation training), 역할실기(role playing) 등의 비중을 높여야 한다.

(3) 위탁교육의 확대

국내외 위탁교육의 범위를 확대하고 특히 박사학위, 석사학위, 또는 해외 파견교육 등의 프로그램으로 나누어 피훈련자를 선발하고 각 프로그램에 적합한 재정지원을 해야 한다.

또한 회계(경리), 구급·구조, 컴퓨터, 화재조사 등에 대한 교육은 관련 교육기관 및 단체에 위탁교육을 통하여 분야별 전문가를 양성해야 할 것이다.

(4) 교수요원의 확보

우수한 교수요원의 확보를 위해서는 특별한 정책이 추진되어야 한다. 소방공무원의 자격수준을 높여야 할 필요성이 높아지고 새로운 훈련방법과 기술이 발전됨에 따라 유능한 교수요원을 확보해야 할 필요성이 더욱 커지고 있다. 교수요원의 자격기준은 획일적으로 정할 수는 없지만 전문영역의 지식과 기술, 그리고 남을 가르치는 데 적합한 인품과 의욕을 가진 소방공무원이어야 한다. 우수한 교수요원에 대한 배려로 적정한 강의시간 설정, 연구비의 지급, 인사우대와 전문화, 전임교수제 등이 추진되어야 할 것이다. 또한 외래강사에 대한 조사

연구도 이루어져야 한다.

(5) **직장훈련의 강화**

직장훈련 또는 현장훈련(on the job training)의 중요성을 인식하여 소방활동 전반에 걸친 광범위한 교육훈련 계획을 수립하여 지속적으로 실시해야 한다. 본래 소방업무는 소방학교 교육만으로는 만족할 수 없는 일정한 한계성을 가지고 있기 때문에 현장실무와 직장훈련을 통해서 이를 보완하여야 한다.

제6절 근무성적평정

1. 근무성적평정의 의의

근무성적평정(performance evaluation)이란 소방공무원의 평소 직무수행능력 및 실적을 평가하여 이를 인사관리에 활용하는 것이다. 즉, 근무성적평정이란 소방공무원의 인사관리에 활용하기 위하여 소방공무원 개개인의 직무수행능력과 그 태도 및 행태를 일정한 기준에 따라 평가하고 기록하는 제도를 말한다.

근무성적평정은 service ratings, personnel evaluations, employee appraisals, merit-ratings, performance evaluations 등 무엇으로 부르든지 간에 이것은 조직과 구성원의 활동을 향상・발전시키고 구성원들에 대한 공정한 기회를 부여하기 위해 구성원들의 능력, 태도, 근무수행가치 등과 같은 필요한 정보를 수집하여 객관적인 평가를 통해 그 결과를 활용하는 인사행정활동이다.

이러한 근무성적평정제도는 1887년경부터 미국에서 최초로 시작되었으며 우리나라에는 공무원에 대하여 이 제도를 실시한 것은 그 역사가 꽤 오래된 것으로 보인다. 고려시대로부터 조선시대에 걸쳐 실시된 바 있는 도목정사(都目政事)[40]가 이 제도와 유사한 것이다. 그

40) 고려・조선시대에 이조와 병조에서 관원의 치적을 조사하여 출척(黜陟)과 이동(異動)을 행하던 인사제도로서 여기에는 1년에 한번 행하는 단도목(單都目: 12월), 두 번 행하는 양도목(兩都目: 6, 12월), 4번 행하는 4도목(1, 4, 7, 10월)이 있다.

러나 현대적 평정방법의 제도로는 정부수립직후부터이며 현재 실시되고 있는 것은 1981년에 새로 마련한 것이다. 즉 정부수립직후 각 부처에서 산발적으로 실시하고 있던 근무성적평정제도를 1961년 국가공무원법에 의거, 통일적인 규정이 제정되어 실시 해 왔다.

소방에서는 1969년 경찰공무원법이 제정됨에 따라 경찰신분하의 근무성적평정제도를 실시하였으나 객관적인 기준을 확립하지 못했다는 비판을 받았다. 그러던 중 소방업무가 국가사무에서 지방자치단체사무로 이양되는 추세에 따라 1973년 2월 8일 지방소방공무원법이 제정 공포됨으로써 그 동안 지방과 국가소방 소방공무원으로 이원화되었던 신분이 독자적인 신분법을 갖게 됨으로써 독자적인 근무성적평정을 하게 되었다.

초기에 이 제도는 생산성, 능률성이라는 단일 가치기준에 입각한 소방공무원의 직무수행능력을 측정하여 그 결과를 인사관리의 표준화와 직무수행의 통제에 사용하였으나 현대에 이르러서는 소방공무원과 소방행정조직의 공공발전에 기여하는 역할이 더욱 강조되고 있다.

2. 근무성적평정의 목적

소방공무원들에 대한 근무성적을 평가하는 과정에서 소방공무원 개개인에 대하여 직무수행을 잘 해나가고 있는지 못하는지, 또 장점이 무엇이고 단점이 무엇인지가 밝혀지고 이에 따라 스스로를 객관적으로 평가해 볼 수 있는 기회가 주어지므로 평가 대상자인 소방공무원이나 그 감독자가 개선할 점이 무엇인가를 알게 된다.

현대 인사행정학에서는 근무성적평정의 주된 목적이 조직과 그 구성원의 발전에 있음을 강조하면서 그밖에도 여러 가지 구체적인 목적을 들고 있다. 이러한 구체적인 목적들은 매우 다양한 것이지만 크게 세 가지 범주로 구분할 수 있다.

(1) 조직과 행정의 발전

근무성적평정은 조직구성원의 직무수행 내용을 객관적으로 평가할 수 있는 가치가 되며 이것을 통하여 구성원의 개개인의 자질과 특성에 가장 적절한 업무배치를 할 수 있게 되어 생산성을 보다 향상시킬 수 있다.

또한 각 개인의 구체적인 개선점을 파악하여 취약점을 보완할 수 있도록 도와주는 길잡이 역할을 함으로써 구성원 개개인의 능력발전을 도모하게 되며 이것이 곧 소방조직발전의 기초가 되는 것이다.

(2) 인사조치의 기준 확보

근무성적평정은 인사정책을 보다 공정하고 객관적으로 집행할 수 있도록 도움을 준다. 근무성적평정의 결과는 여러 가지 인사조치에 객관적인 기준을 제시한다. 따라서 이 기준은 구성원에 대하여 공정한 보상과 제재의 분배를 통제하는 목적으로 활용되기도 한다.

그러나 무엇보다도 이러한 기준들은 조직구성원들이 하는 업무의 양과 질을 측정할 수 있게 하며 각 직책에 필요한 가장 효과적인 업무배치기준을 명백하게 제공함으로써 승진, 배치전환, 감원, 보수, 징계 등의 결정에 대한 공정하고 객관적인 인사조치를 할 수 있게 한다.

(3) 인사기술의 평가기준 제시

이상에서 설명한 근무성적평정의 제반 결과들은 또한 여러 가지 인사행정기술의 타당성을 검증함에 필요한 자료나 증거로 활용된다. 다시 말하면 지원자격 결정, 시험입안, 보직결정, 훈련수요결정 등에 관한 각종 인사기술의 타당성 평가에 필요한 자료를 제공한다.[41]

3. 근무성적평정의 방법

근무성적평정의 방법에는 피평정자, 목적 등에 따른 기준에 의하여 여러 가지로 분류될 수 있으나 여기서는 그중 중요한 방법을 기준으로 한 평정방법을 간단히 소개한다.[42]

(1) 도표식 평정법(graphic rating scale)

이 방법은 직무수행 실적, 직무수행 능력, 직무수행 태도 등에 관한 평가요소마다 주어진 척도에 따라 피평정자의 특성과 평가내용을 표시하는 형태를 취한다. 척도는 일반적으로 3～5단계로 이루어지며 척도에 점수를 배정하여 결과를 수치로 표시할 수 있기 때문에 평정결과의 신뢰도와 정확도를 높일 수 있어 지금까지 널리 활용되어 오고 있는 방법이다.

(2) 강제 배분법(forced distribution)

이 방법은 분포제한법이라고도 하며, 근무성적평정상 흔히 발생하는 집중화 또는 관대화의 현상을 제한하기 위해 등급을 강제 배분, 즉 피평정자의 비율을 사전에 인위적으로 정하

41) William J. Bopp and Paul M. Whisenand, op. cit., pp.102～106; Calvin J. Swank and James A. Conser, op. cit., pp.257～258.
42) Ibid., pp.107～110.

고 근무실적에 따라 분포시키는 방법이다. 예컨대, 피평정자간의 서열이 결정되면 수 20%, 우 40%, 양 30%, 가 10%의 비율에 따라 평정등급을 결정하며 '가'에 해당하는 자가 없을 경우에는 이를 적용하지 아니하며 이 경우 '가'의 비율을 '양'의 비율에 가산한다.

(3) **산출 기록법**(production records)

조직구성원이 일정한 단위시간에 달성한 일의 양 또는 일정한 일을 달성하는 데 소요된 시간을 기준으로 평가하는 방법으로서 단순히 계량적인 측정만을 할 수 있어 작업의 질을 평가하기는 어렵다.

(4) **지도 기록법**(correction records)

이 평정방법의 목적은 단순히 피평정자의 장단점에 대한 평가보다는 근무상황을 지도·교정하는 데 있다. 표에는 피평정자의 장단점 기록에 근거하여 장점발전과 단점교정을 위한 지도내용과 그 효과를 기록한다. 이 방법은 근무성적을 계량화하는 것이 아니므로 지도감독 수단 또는 다른 평정방법의 보조수단으로 활용된다.

(5) **서열법**(rank method)

피평정자의 근무성적을 비교하여 서열을 정하는 평정방법이다. 여기에는 종합적 순위법(전체적인 근무상황을 포괄적으로 비교)과 분석적 순위법(평정요소를 선정, 요소별로 비교통합)이 있다. 한 집단의 포괄적 순위 제시는 가능하나 다른 집단과 비교할 수 있는 객관적 자료제공이 어렵다.

(6) **대인비교법**(man-to-man comparison)

대인비교법은 먼저 지도력, 기획력, 적극성, 지식, 태도 등의 평정요소를 선정한다. 다음은 각 요소별로 평정등급을 정한 후 각 등급별 표준인물을 선택하여 다른 피평정자들에 대한 평가기준으로 한다.

(7) **체크리스트법**(check list)

이 방법은 평정자가 직접 평정점수를 산출하지 않고 일상의 구체적인 업무수행상태 체크리스트를 작성하여 그 자료를 중앙인사기관에서 평가한다. 여기에는 가중치부여 체크리스트법과 강제선택식 체크리스트법이 있다.

(8) 서술식 보고법

평정자가 피평정자의 능력, 실적, 인품, 적성 등과 근무성적을 서술적인 문장으로 기록하는 방법이다.

이상에서 설명한 8가지 방법들 외에도 여러 가지 방법들이 있으며 계속적으로 개발되고 있다. 최근의 평정기술결정은 크게 두 가지로 구분할 수 있으며 하나는 평정센터(assesment center) 개념을 중요시하는 것이다. 이 방법은 전문교육훈련을 받은 다수의 관리자들이 피평정자를 여러 가지 상이한 상황들에서 관련된 자료들을 바탕으로 하여 다양한 기준으로 종합 평가하는 것이다. 또 하나의 경향은 평정기술과 목표에 의한 관리(MBO)의 조화에 대한 강조이다. 이 방법은 먼저 부하직원과 직근 상급감독자 사이의 부하직원에 대한 직무달성 목표를 설정하고 활동과정을 평가하는 방법으로 또한 두 사람이 함께 협의하여 결정한다. 그리고 두 사람은 정기적으로 만나 피평정자의 목표수행과정을 평가 또는 재평가한다. 필요한 경우에는 목표 또는 평가기준을 재조정할 수 있다. 감독자는 보조지원적이며 지도적 역할을 수행한다는 자세로 환류를 자주하여 원활한 상호작용을 유도해야 한다.

4. 소방공무원의 평정제도

우리나라 소방공무원의 평정대상은 소방정 이하의 소방공무원이다. 소방정의 평정방법은 주관적 평가만 하되 그 점수는 50점을 만점으로 하고 분포비율은 수 20%, 우 30%, 양 40%, 가 10%로 한다.

그리고 소방위(지방소방위) 이상은 객관적 평가로서 근무실적 6점, 직무수행능력 및 발전성 11점, 직무수행태도 6점, 청렴도 2점으로 50점 만점으로 평정하고, 소방장(지방소방장) 이하는 근무실적 10점, 직무수행능력 및 발전성 6점, 직무수행태도 7점, 청렴도 2점으로 평정하고 있다.

이러한 근무성적평정의 결과는 공개하지 아니하는 것을 원칙으로 한다. 소방공무원의 경우 근무성적평정의 결과는 승진, 전보, 표창 등에 크게 작용한다. 특히 근무성적 평가는 심사승진 대상자 명부작성에 있어서 50%의 비율을 차지하고 있으며 시험승진의 경우에는 20%의 비율을 차지하여 중요한 위치를 점하고 있다.

5. 근무성적평정의 문제점

근무성적평정제도는 실적주의 공무원제의 대두와 더불어 인사행정의 객관적인 기준을 찾자는 의도에 따라 고안된 가치 있는 제도임은 틀림없다. 그러나 이 제도에 관하여 다음과 같은 문제점도 지적되고 있다.[43)]

① 평정자의 주관적・자의적(恣意的) 평가를 완전히 배제할 수 없으므로 과연 공정한 평정을 기대할 수 있느냐 하는 점

② 정확하고 공정하게 평가할 수 있는 유능한 평가자를 확보하기란 쉬운 일이 아니라는 점

③ 공무원의 직무・연령・계급 등은 매우 다양하므로 표준적 기준에 따라 통일적으로 평가하기란 쉬운 일이 아니라는 점

④ 평정자가 평정할 때 집중화 경향이나 관대화 경향 또는 연쇄적 영향으로부터 벗어나기가 쉽지 않으므로 평정의 신뢰도와 타당성을 보장하기가 어렵다는 점

⑤ 근무성적평정은 지난 과거에 대해 평정한 것이지 장래의 능력까지 파악할 수 있는 것은 아니므로 그 평정 결과를 장래의 인사조치(승진 등)의 기준으로 삼기에는 적합하지 않다는 점

⑥ 근무성적평정은 제도적으로 마련된 것이므로 어쩔 수 없이 평정하는 형식적 행위, 즉 평정을 위한 평정이 되기 쉽다는 점도 없지 않다.

6. 근무성적평정에 대한 비판

공조직의 인사관리에 있어서 근무성적평정이 다양한 목적과 용도로 활용되고 있으나 논자에 따라서는 다음과 같은 이유들 때문에 회의적 또는 비판적 태도를 표시하기도 한다.[44)]

1) 평정자의 문제

(1) 연쇄적 영향(series effect)

이것은 평정자의 상냥함 때문에 평정표상의 첫째 평정요소에 대한 특정등급의 평정을 한

43) 행정학용어 표준화 연구회(1999), 『행정학 용어사전』, pp.170~171.
44) Ibid., pp.126~132; Nathan F. Iannone, op. cit., pp.264~269.

경우 그 후의 평정요소를 평정하는 경우에도 이의 영향을 받기 쉽다는 것이다. 이러한 것은 누구나 범하기 쉬운 것이며 또한 이에 따라 평정이 직원의 실제 능력상의 차이를 정확하게 표시하지 못한다는 것이다.

(2) **일관적 착오**(constant error)

이것은 다른 평정자들보다 항상 박한 점수를 주는 평정자나 항상 후한 점수를 주는 평정자들이 저지르는 것이다. 이것은 한 사람의 평정자가 가진 평정기준이 다른 사람보다 높거나 낮은 데서 비롯되며 비교적인 형평을 기할 수 없다.

(3) **최근의 착오**(recent error)

이것은 평정실시의 시점에 근접한 시기의 근무성적이 평정에 더 많은 영향을 미치는 데서 일어난다. 근무성적평정은 대개 1년 또는 6개월로 된 평정기간의 근무성적을 평가하도록 되어 있지만 그 기간 동안을 종합하여 평가하지 못하고 최근의 근무성적에 대한 인상을 가지고 평정하는 경향이 있다.

(4) **집중화 경향**(central tendency)

이것은 거의 모든 평정요소와 피평정자들을 평균 또는 평균에 가깝다고 평정하는 경향이다. 평정자가 평정기준에 자신이 없거나 피평정자들을 잘 모를 때 또는 무사안일에 빠질 때 우열의 차이가 없다고 평정하는 것이다.

(5) **편견**(bias)

아마도 평정자의 가장 중요하고 광범위한 착오는 편견일 것이다. 인종, 종교, 고향, 학교, 성별, 개성, 생활정도, 의복, 인간관계, 매너리즘(mannerism), 외모와 같은 영향이 평정자의 가치나 편견에 대한 고정관념의 결과로 평정을 하는 것이다.

(6) **그릇된 가정**(faulty assumptions)

효과적인 평정에 대한 장애는 과정에 관한 그릇된 가정의 결과로 자주 나타난다. 체계적으로 완전한 제도가 전문가에 의하여 계획되었을 때 그것은 기술적으로 잘못될 수가 없기 때문에 그 도구는 실제로 사용할 수 있다는 맹목적인 믿음이 항상 있다.

(7) 관대화(leniency)

이것은 평점이 관대한 쪽에 집중되는 것이다. 모든 평정요소와 피평정자에게 만점에 가까운 평점을 주는 경향이다. 직근상관인 평정자들은 부하들과의 비공식적 유대 때문에 우수한 평점을 주는 경향이 뚜렷하다.

2) 운영상의 문제

(1) 피평정자의 범위

동일한 평정표로 평정하게 되는 대상집단의 범위를 어떻게 결정해야 할 것인가의 문제이다. 평정의 정확성만을 생각한다면 피평정자 집단을 세분할수록 좋으나 평정결과의 비교가 어려워진다. 또한 감독자평정의 경우 한 사람의 평정자가 효과적으로 평정할 수 있는 피평정자의 수를 어느 정도로 할 것인가 하는 문제가 있다. 운영의 편의에 따라 인원수가 과다한 경우가 생겨난다.

(2) 평성시기

근무성적에 대한 결론적인 판단을 언제 할 것이며 그러한 판단을 얼마나 자주 할 것인가 하는 문제이다. 평정을 너무 자주 실시하면 너무 많은 시간이 소요되어 평정이 소홀해지기 쉽다.

(3) 평정자의 결정과 훈련

1차 평정자는 피평정자를 잘 알고 있으나 평정능력은 불충분할 때가 많다. 2차 평정자는 그들과 긴밀한 접촉이 없는 하급직원들의 근무성적을 평정하는 것은 무리한 일이다. 또한 평정의 정확성과 평정결과의 적정한 활용을 위해 평정자들의 태도와 기술을 개선하도록 평정자 훈련이 강화되어야 한다.

(4) 평정결과의 공개

평정결과를 공개하는 것은 평정의 공정성을 보장하고 피평정자의 발전을 위하여 평정과정에 피평정자를 참여시키는 하나의 방편이라고 볼 수 있다. 그러나 우리나라에서는 평정결과를 공개하지 않는다. 앞으로 평정결과를 피평정자의 발전을 위해 보다 적극적으로 활용하려면 공개는 불가피 할 것이다. 자기평정 또는 동료평정을 실시하거나 감독자평정에 피평정자들을 참여시키거나 평정결과를 놓고 피평정자와 상담을 하는 방법 등을 검토해야 할 것이다.

7. 근무평정결과의 공개에 대한 문제

1) 공개에 대한 찬·반 이론

근무평정결과의 공개여부와 공개의 정도를 결정할 때에는 먼저 일반적으로 생각할 수 있는 공개 또는 비공개의 필요를 검토하고 이를 구체적인 여건에 비추어 다시 판단해야 한다.

(1) 공개 찬성론

평정결과의 공개를 지지하는 일반적인 이유는 다음과 같다.[45)]

① 피평정자는 자기에 대한 평가가 어떤 것인지를 알고 반성하여 자기발전을 꾀할 수 있다. 평정결과를 공무원의 발전을 위해 보다 적극적으로 활용하는 방안은 평정결과의 공개를 전제로 한다.

② 평정결과가 공개되어 피평정자나 기타 관계자들이 이를 주시하고 비판할 수 있으면 평정의 공정성을 높일 수 있다. 그리고 부당한 평정을 받은 사람에게 구제의 길을 열어주려면 우선 평정결과를 공개해야 한다.

③ 근무성적평정은 인사행정의 공정한 기초자료를 얻으려는 것이므로 비밀주의를 버리는 것이 인사행정의 공정한 분위기를 조성하는 데 유리하다. 평정결과의 비공개는 평정제도에 대한 의혹을 크게 할 염려가 있을 뿐 아니라, 비공개의 방침이 철저히 지켜지지 못하고 평정내용이 비공식적인 통로를 거쳐 누설되면 더욱 해로운 부작용을 일으킬 우려가 있다.

(2) 비공개 찬성론

평정결과의 비공개를 지지하는 일반적인 이유를 보면 다음과 같다.

① 평정결과를 공개하면 평정자가 피평정자나 기타 관계자들의 영향을 받아 공정한 평정을 하지 못할 위험이 있다. 대개 평정의 관대화 경향 또는 집중화 경향을 부채질하게 된다.

---

45) 오석홍 1999, 『인사행정론』, 박영사, p.442.

② 평정결과를 공개하면 평정내용에 대한 비판과 이의제기가 있게 되는데, 이것은 평정자와 피평정자간의 불화를 조성할 염려가 있다.

③ 사람들은 자기 성적을 남에게 알리기 싫어하는 경향이 있다. 자기의 비밀이 남에게 알려지면 명예가 손상된다고 생각할 사람들이 있을 것이다. 특히 성적이 나쁜 직원에 대한 평정결과를 공개하면 그 사람을 절망적인 경지에 몰아넣을 수 있다.

④ 평정결과를 공개하는 것은 평정상담이나 소청의 길을 열기 위한 것인데, 그러한 방안이 실시되기 어렵거나 실효를 거두기 어려운 상황하에서는 평정결과 공개의 의미가 상실된다.

2) 한국정부의 입장

한국에서는 평정결과를 공개하지 않는다. 평정결과의 비공개원칙을 정한 이유로는 다음과 같은 것을 생각할 수 있다. 전통적인 관료문화 속에서 평정결과를 공개하면 평정의 공정성을 보장하기보다는 평정이 정실에 흐를 가능성이 크다. 선임순위(고참(古參)) 등 평성요소가 아닌 요인들이 평정에 많은 영향을 미치게 될 것이다.

공무원들이 평정결과를 알고 자기발전을 위해 노력하기보다는 나쁜 평정점을 준 상관을 원망하고 반발하는 일이 더 많을 것이다. 상관들의 권위적인 행태는 자기들의 평정이 부하의 비판을 받는 것을 용납하려 하지 않을 것이다. 그런데다가 평정방법이나 그 용도는 공무원의 발전보다 이익 또는 불이익이 돌아가는 인사조치의 기준을 발견하려는 데 편중되어왔다. 그리고 근무성적평정을 참여의 과정으로 만드는 데 필요한 기술적 준비가 되어 있지 않다.

앞으로 이러한 여건이 변동하는 데 따라 공개의 필요가 커지면 그에 적합한 공개의 방법을 강구해 가야 할 것이다. 이와 관련하여 부연해 둘 것은 공개의 방법에는 여러 가지 대안이 있다는 점이다. 완전 공개와 완전 비공개의 두 가지 대안만 있는 것은 아니다. 어느 정도나 그리고 어떻게 공개할 것인기에 관한 많은 대안 가운데서 구체적인 필요와 여건에 맞는 것을 골라 점진적인 개혁을 추진해 나가야 할 것이다.

제7절 소방공무원 승진제도

1. 승진의 의의

승진(promotion)이란 현재의 직위보다 상위계급의 직위로 이동하는 것을 의미하며 공무원이 지금까지 담당하고 있던 직위보다 상위계급의 직위, 즉 직무의 책임도와 곤란도가 한 단계 높은 상위계급으로 수직적 인사 이동하는 것을 말한다. 예컨대 소방사가 소방교로 소방교가 소방장으로 직급이 상승되는 것이 곧 승진이다. 승진은 인사행정상의 능력발전이나 사기앙양을 위한 방법이다.[46)]

소방공무원이면 누구나 다 승진을 원하고 있다. 승진으로 인해 더 큰 위신과 지위를 향유할 수 있고 보수도 더 많이 받을 수 있기 때문이다. 더 많은 보수에 의해 소방공무원의 지위가 향상되는 것에는 승진 외에도 승급(within-grade salary increases)이라는 것이 있다. 승급은 승진과 유사한 점도 있으나 동일한 계급 내에서 호봉만 올라가는 것이므로 결원보충의 방법이라 할 수 없으며 임용의 형태가 아니니다. 따라서 양자에 적용되는 기준과 절차는 서로 다르다. 어떻든 승진은 모든 소방공무원이 바라는 바이므로 이를 효율적으로 관리할 경우

① 소방공무원의 사기를 높일 수 있고
② 유능한 인재들의 확보·유치에 좋은 수단이 될 수 있으며
③ 소방공무원의 능력개발(능력발전)에 동기를 제공하며
④ 전체적인 인적자원을 효율적으로 활용할 수 있다.[47)]

따라서 각 직위마다 승진에 필요한 자격요건을 명확히 하고, 객관적이고도 공평한 승진기준을 마련하여 효율적으로 승진관리를 하여야 한다. 그러나 공정하고 공개되어야 할 승진절차들이 자주 불합리하게 운용되어 구성원의 욕구불만이 쌓이게 되고, 따라서 많은 유능한 소방공무원들이 상급자와의 친분정도, 정치적 배려, 또는 뇌물 등에 의해 불합리하게 승진되는 사람들로 인해 피해를 보게 되는 경우가 가끔 발생한다. 따라서 합리적이고 공정한 승진

46) 강길봉(1995), 「수험 행정학」, 육서당, p.353.
47) 박용치(1999), 「현대행정학 원론」, 고려원, p.684.

제도가 확립되지 않으면 실적주의 확립이나 직업공무원제도의 발전은 요원하게 된다.

2. 승진의 범위

1) 승진의 한계

공무원은 승진할 수 있는 한계가 있다. 일반적으로 승진의 한계가 높을 때는 조직구성원의 사기앙양, 행정능률 그리고 기술의 향상을 꾀하여 직업공무원제의 확립을 기할 수 있는 장점도 있으나 민주적 통제가 어려워지면서 관료주의화 할 우려가 있다.

2) 신규채용과의 관계

조직구성원을 충원하는 데는 주로 신규채용과 승진임용의 두 가지 방법이 활용된다. 일반적으로 폐쇄형 공무원제의 경우에는 승진임용의 비율이 높은 반면, 개방형 중심의 경우는 신규채용을 주로 하고 있다.

전자의 경우는 유능한 인재등용이 어려우며 따라서 행정의 질이 저하되거나 관료주의화할 우려가 있다. 후자의 경우는 승진기회의 감소로 인해 구성원의 사기가 저하되고 행정능률이 떨어지게 되어 직업공무원제를 확립하기 어려운 단점이 있다.

따라서 승진임용과 신규채용의 비율을 적절히 조정하여 구성원의 사기와 질은 물론 행정능률의 문제까지 골고루 고려하는 제도가 필요할 것이다.

3) 재직자간의 경쟁

승진임용의 난점 중 한 가지는 경쟁의 범위를 동일부서 내에 한정할 것인지 또는 다른 부서까지 확대할 것인지의 문제이다.

대부분의 국가들이 경쟁대상자의 범위를 동일부처에 한정하고 있는 것이 일반적인 경우이다. 특히 소방의 경우에는 그 조직기능과 특수성 때문에 경쟁범위가 전적으로 한정되어 있다. 즉, 소방공무원은 소방본부장과 소방학교장을 제외한 모든 소방서장 이하 전 직원이 지방직으로 되어 있기 때문에 승진은 시·도 내에서만 이루어지고 있다.

3. 승진의 기준

승진후보자를 선발하는 방법 또는 기준에는 근무성적, 선임순위 시험, 실적과 경력, 훈련성적, 승진예정직에서의 시험적인 근무, 상·벌의 기록 등이 있다.[48] 임용권자의 자의적인 재량을 승진기준의 하나로 꼽는 사람들도 있다.

1) 기준의 성격

승진기준의 성격은 여러 가지로 논의될 수 있으나 우리나라의 경우에는 먼저 승진기준의 성격을 주관적인 것과 객관적인 것으로 구별할 수 있다. 전자는 면접시험, 근무성적평정 등을 들 수 있으며 후자로서는 필기시험, 경력평정 등을 들 수 있다. 공정성만 보장된다면 주관적인 판단이 가장 좋겠으나 현실적으로 그것이 충분히 보장되지 않고 있기 때문에 객관적인 판단에 중점을 두는 것이 그나마 합리적 차선책이라 하겠다.

부가적으로 어떠한 방법이든 이미 결정된 후에는 약간의 불편은 감수하여 자주 변경하는 일이 없어야 구성원들에게 안정감을 주게 되고 불안감이나 사기저하와 같은 문제를 예방할 수 있다고 하겠다.

2) 기준의 내용(실적과 경력)

승진의 기준에는 실적과 경력(merit and seniority)이 있다. 일반적으로 선진국에서는 경력보다 실적이 중시되고 있고 후진국에서는 경력에 보다 큰 비중을 둔다. 정도의 차이는 있으나 대체로 승진을 결정함에 있어서는 단일한 기준을 사용하는 경우가 드물며 여러 가지 기준을 혼합하여 적용하는 것이 상례이다. 물론 이러한 경우 기준의 선택과 배합비율을 어떻게 할 것인가의 문제가 제기될 것이며 이 문제는 각 기준의 성격과 요소들을 충분히 검토하여 결정해야 할 것이다.

(1) 실적

실적 위주의 기준이란 주관적인 방법인 인사권자의 판단, 승진심사위원회의 결정, 근무성적평정 등의 방법과 객관적인 방법인 시험 등이 여기에 해당된다.

---

48) D. Glenn Stahl(1983), Public Personnel Administration, 8th ed.(Harper & Low), pp.148~152.

객관적인 방법인 시험을 제외하고는 일반적으로 인사권자의 주관적 판단에 따르게 되어 정실개입의 가능성이 강하므로 합리적인 운영이 요청되고 있으나, 침체성을 방지하고 적응력, 근면성, 협동성 그리고 충성심 등을 평가함에는 유용하다.

(2) **경력**

경력 위주의 기준이란 근무연한, 학력, 시험 등을 의미하며, 이것을 승진의 기준으로 할 경우에는 계급과 직책에 따라 비중을 달리할 필요가 있다.

경력을 평정함에 있어서는 우선 다음의 몇 가지 사항이 고려되어야 한다.

① 과거보다는 최근의 경력을 중요시한다.

② 승진예정직무와 관련성 또는 유사성이 있는 경력은 높은 가치를 부여한다.

③ 숙련도와 곤란성, 책임도가 높은 직무의 경력은 상대적으로 높은 가치를 부여하고 직무수행능력은 경험연수에 비례하여 증대됨을 고려한다.

④ 발전성이 있는 잠재능력을 평가할 수 있는 학력이나 교육훈련의 경력을 참작한다.

이러한 경력 위주의 기준은 고도의 객관성, 정실배제, 행정의 안정성을 유지한다는 장점도 있으나, 경력이 짧은 유능한 인재등용이 어렵고 행정이 침체되어 비능률적이며 유능한 인재의 이직률이 높다는 단점도 있다.

4. 소방공무원 승진제도

현행 우리나라 소방공무원의 승진제도는 바로 하위계급에 있는 소방공무원 중에서 근무성적 · 경력평정 · 시험 및 기타 능력의 실증에 의한다.

소방정(지방소방정)에의 승진은 심사승진에 의하고 소방령(지방소방령) 이하 계급에의 승진은 심사승진 및 시험승진에 의한다. 다만, 대통령이 정하는 비율에 따라 승진시험을 병행할 수 있다. 소방위의 승진은 승진시험에 의해서만 시행되어 왔으나 2000년도부터 30%는 심사승진으로 실시하고 있다.

한편 특별승진은 근무 중 인명구조 분야에 훌륭한 공적을 세웠거나 다른 사람들에게 칭송을 받을만한 행적을 남겼을 경우에 그 공로를 인정하여 정기승진과는 별도로 실시된다. 그리고 최근 소방사(지방소방사)는 6년간 근무하면 소방교(지방소방교)로 근속승진되고 소방교(지방소방교)는 7년간 근무하면 소방장(지방소방장)으로 근속승진하고 소방장은 8년간 근무하면 소방위로 자동승진하는 근속승진제도를 시행하고 있다.

승진임용에는 승진에 필요한 승진소요 최저근무수가 경과되어야만 하는데 소방감 · 지방소방감은 3년, 소방정 · 지방소방정은 4년, 소방령 · 지방소방령 이하는 3년, 소방장 · 지방소방장 이하는 2년이 지나야 한다.

소방정 · 지방소방정 이하의 소방공무원에 대하여는 대통령령에 의하여 계급별로 승진대상자를 근무성적 평정점 5할, 경력평정점 3할, 교육훈련성적 평정점 2할의 비율에 따라 명부를 작성하도록 되어 있다. 소방공무원의 승진은 크게 심사승진, 시험승진, 특별승진 · 근속승진으로 구별하여 실시하고 있다.

우리나라 소방공무원 승진제도는 소방령 · 지방소방령 이하의 소방공무원에게 시험 및 심사승진의 기회를 제공하고 있는데, 이러한 현행법 시험승진제도는 시험승진제도를 채택하고 있지 않은 다른 조직(경찰공무원 제외)에 비해 조직내부에 큰 활력소가 되고 있으며, 또한 혁혁한 공적을 세운 소방공무원에게 특진의 기회도 부여하고 있어 업적에 대한 보상이라는 관점에서 실직주의 논리에 충실한 편이라 하겠다. 그러나 시험제도가 반드시 순기능만 있는 것은 아니다. 여기에 몇 가지 보완되어야 할 문제점을 지적하고자 한다.

첫째, 시험과목이 최근까지만 해도 소방사 · 지방소방사로 공채 될 때부터 계급이나 직책에 관계없이 획일적으로 공통된 점이 많았다.

2000년도부터 시험과목이 조금 변경되기는 했지만 현대사회를 지식기반사회, IT사회라고 하는데 시대적인 변화에 능동적으로 대처하기 위해서는 거기에 맞는 과목들도 추가되어야 할 것이다.

그리고 소방공무원으로서 업무추진을 위하고 다양한 지적(知的) 향상을 꾀할 수 있는 과목들, 예컨대 소방행정학, 소방행정법, 정보통신, 컴퓨터공학 등은 필수과목으로 하고 사회심리학, 조직관리론, 정책학 등 다양한 과목으로 대체되어야 할 것이다.

둘째, 암기위주의 출제방식에서 탈피하여 이해력 위주의 출제방식을 채택해야 할 것이다.

셋째, 시험승진에 있어 최종합격자 결정은 제1차 시험성적 3할, 제2차 시험성적 3할, 제3차 시험성적 1할(제3차 시험을 과하지 아니하는 경우에는 제2차 실험성적을 4할의 비율로 합산) 및 당해 계급에서의 최근에 작성된 승진대상자명부의 총 평점 된 3할을 합산하여 성적의 고득점 순위에 의하여 결정하고 있는데, 심사승진에 근무성적을 위주로 평가되는 것을 고려하여 근무성적의 배점비율을 조정할 필요가 있다.

한편 특진의 기회도 보편적으로 정기적인 것보다는 보다 폭 넓은 기회를 주어 좀 더 많은 직원들이 혜택을 받도록 해야 승진적체로 인한 갈등이나 문제점들이 해소될 것으로 본다.

제8절 소방징계제도

1. 징계의 의미

1) 징계의 정의

징계의 의의는 앞 절에서(제3절)도 약간 언급했지만 좀 더 자세히 다루고자 한다. 징계(disciplining action)는 그릇된 행동을 하는 소방공무원들에게 제재를 가하여 그들의 잘못된 행동성향을 교정하고, 극단적인 경우에는 행동규범위반자를 조직으로부터 도태시킴으로써 소방조직을 보호하려는 인사행정활동이다. 징계가 동원하는 수단은 원칙적으로 사후적·강제적·소극적 유인(불이익 또는 제재)이다.[49] 이러한 징계처분은 그 자체가 목적이 되어서는 결코 본연의 의도를 다하는 것이라 할 수 없겠다.

징계는 조직구성원이 행동규범을 준수하도록 촉진하는 여러 가지 활동 중의 하나이며 이것은 최후에 의존해야 할 활동이다. 따라서 징계의 필요성이 있을 경우에는 항상 긍정적인 징계(positive discipline)로써 알려진 결함을 교정하는 방법으로 사용되어야 하고 부정적인 징계(negative discipline)로 알려진 처벌 또는 응징의 형태는 가능한 다른 방법이 없을 때 사용되어야 한다.[50]

그리고 징계처분의 효과가 다른 인사활동의 효과를 감소시키지 않도록 유념할 필요가 있다. 또한 징계가 요구되는 공무원은 신분보장의 필요성과 서로 상충되므로 양자의 문제를 적절하게 조정하는 문제가 제기된다. 이러한 문제는 징계와 신분보장의 요청을 적절하게 조정할 수 있는 엄격한 기준을 법제화하여 징계의 남용을 막아 양자의 목적을 효과적으로 달

49) 오석홍(1999), 인사행정론, 박영사, p.691.
50) Nathan F. Iannone(1987), Supervision of Police Personnel, 4th ed.(Englewood Chiffs, New Jersey: Prentice-Hall Inc.), pp.186~187.

성할 수 있게 하여야 할 것이다. 징계가 긍정적이고 적극적인 목적에 기여할 수 있게 만드는 것은 현재 인사행정의 이상이라고 할 수 있다.[51)]

군대나 경찰에서와 마찬가지로 소방공무원에게도 전통적으로 징계의 높은 표준이 요구되어 왔다. 우리나라 현행법 중에는 국가공무원법, 소방공무원법, 소방공무원 징계령, 소방공무원 복무규정, 소방공무원 징계위원회 운영요강, 그리고 소청절차규정이 징계의 사유, 종류, 결정기관과 절차, 소청절차 등에 관하여 규정하고 있다.

2) 징계이전의 예방적·교정적 노력

징계라는 처벌은 대상자뿐만 아니라 그 감독자, 그리고 조직 모두에게 손실을 결과하게 하는 부득이한 조치이다. 징계는 공무원이 행동규범을 준수하도록 촉진하는 여러 가지 활동 가운데 하나이며, 마지막으로 의존해야 할 활동이다. 그러므로 징계절차를 발동하기 전에 공무원의 사기를 진작시키고, 그들의 자율규제를 촉진하는 활동을 통하여 공무원의 그릇된 행동이 나타나지 않도록 예방하는 데 먼저 주력해야 할 것이다.

그릇된 행동이 나타난 다음에도 그 원인을 제거하는 등 징계 이외의 방법으로 교정할 수 있는 길을 최대한으로 모색하여야 한다. 즉 과거행동의 처벌보다는 미래행동의 개선을 강조하는 교정적 노력을 경주해야 한다. 이를 위해서는 감독자가 행동규범위반자와 문제를 터놓고 이야기하고 양자의 합의 하에 개선목표를 설정한 다음 이를 달성하도록 독려해야 한다. 그리고 면밀한 감독, 특별한 훈련, 배치전환, 인사상담, 반성의 시간을 갖도록 하기 위한 휴가의 실시 등 부수조치를 해야 한다.[52)]

부득이 징계절차를 동원하는 경우에도 다른 시정조치가 필요하다면 그것을 함께 취해야 할 것이다. 그리고 징계처분의 효과가 다른 인사활동의 효과를 감쇄시키지 않도록 조심해야 한다.

3) 징계와 신분보장

징계의 필요와 신분보장의 필요는 서로 충돌되기 때문에 양자를 적정하게 조정하는 문제

---

51) cf., Nigro and Nigro, The New Public Personnel Administration, p.223.

52) 징계에 앞선 교정적 노력을 비처벌적 징계(non-punitive discipline)라 부르는 사람도 있다. Steven W. Hays and Richard C. Kearney, 'Employee Discipline and Removal : Coping with Job Security', in Hays and Kearney(eds.), op. cit., p.126.

가 제기된다. 신분보장의 일반원칙에도 불구하고 잘못을 저지른 공무원들을 징계할 필요가 있음을 부인할 수는 없다. 그러나 징계가 남용되면 신분보장을 부당하게 침해하여 당사자인 공무원과 소방조직에 다같이 해를 끼치게 된다. 그러므로 실적주의 인사행정체제 하에서는 징계와 신분보장의 요청을 적정한 수준에서 조정하고 그 기준을 엄격하게 규정하고 있다. 징계의 요건과 효과 및 절차를 법제화하는 것이 일반적인 관행이다.

한국정부에서는 국가공무원법, 소방공무원징계령, 공무원징계양정 등에 관한 규칙, 그리고 소청절차규정이 징계의 사유・종류・결정기관과 절차・소청절차 등에 관하여 규정하고 있다.

2. 징계사유와 처분

1) 징계사유

징계사유란 징계처분의 대상 또는 원인이 될 수 있는 행동의 종류를 말한다. 징계사유, 즉 징계문제의 발생은 1차적으로 해당 공무원의 잘못 때문이지만, 감독자의 그릇된 감독, 그리고 조직의 부당한 정책도 징계사유발생을 유도 또는 조장할 수 있다. 징계사유의 구체적인 내용은 매우 다양하며, 징계사유간에는 경중의 차등이 있다. 징계사유에는 시효가 적용되는 것이 원칙이다.

우리나라 소방공무원법에서는 징계사유를 ① 국가공무원법 및 이 법에 의한 명령에 위반한 때, ② 직무상 의무에 위반하거나 직무를 태만히 한 때, 그리고 ③ 직무에 관련된 행위든, 직무와 관계없는 행위든 공무원으로서의 체면 또는 위신을 손상하는 행위를 한 때라고 매우 포괄적으로 규정하고 있다.[53] 이 규정은 형사사범, 즉 직권남용, 수뢰, 절도, 위증 등과 같은 모든 형사법의 위반행위를 한 경우 조직 내에서의 징계처분과 함께 형사소송절차에 따른 형사처벌을 받게 된다.

또한 근무 중 위반행위, 즉 상관의 정당한 명령 불복종, 직무태만, 직장이탈, 기타 소방공무원으로서 정당하지 못한 행위들이 크고 작은 징계처분의 사유가 된다. 그러나 공무원에 대하여 징계하려면 법적으로 규정한 징계사유와 징계절차에 따르지 않으면 안 된다. 즉, 징계권은 임용권자 1인에게 부여하지 않고 따로 징계위원회를 설치하여 합의제로 처리하도록

53) 징계사유에는 2년간의 시효가 적용된다. 즉 징계의 결의 요구는 징계사유가 발생한 날로부터 2년(금품 및 향응수수, 공금의 횡령・유용의 경우에는 3년)을 경과한 때에는 이를 행하지 못한다.

하고 있다.

2) 징계처분의 종류

징계처분의 종류란 징계에서 동원하는 수단의 종류를 말한다. 징계의 남용을 막기 위해서는 징계사유 뿐만 아니라 징계처분의 종류와 내용도 명확하게 규정해 두어야 한다. 징계제도의 목적에 적합한 징계처분의 종류를 미리 정해 놓고, 구체적인 징계사례에 임하여 그 중의 하나를 타당하고 공평하게 선택하도록 한다.

징계처분으로 사용될 수 있는 처벌 내지 제재의 종류는 여러 가지이다. 경고 또는 견책, 전보, 근무성적평정에서의 감점, 승진의 선임순위 박탈, 감봉, 벌금, 정직, 강임, 파면 등을 예로 들 수 있다.[54)]

우리나라의 현행 국가공무원법 및 소방공무원법에 규정된 징계처분의 종류로는 ① 파면 ② 해임 ③ 정직 ④ 감봉 ⑤ 견책 등 다섯 가지이다.[55)]

이러한 징계처분들은 처벌의 누증적 계서(累增的 繼序)를 형성한다. 징계사유의 심각도와 빈도가 높아지는 데 따라 누증적으로 보다 무거운 징계처분이 적용된다. 그러므로 우리가 가진 징계제도는 '누증적 징계제도(progressive discipline)'라 할 수 있다.

소방공무원법이 정한 징계처분의 효과는 다음과 같다.

(1) 파면(罷免)

파면은 소방공무원의 신분을 강제로 박탈하는 처분이다. 이것은 구성원에 대한 교정을 목적으로 하는 처분이라기보다, 문제된 구성원을 조직에서 축출함으로써 조직 내의 교란상태를 시정하고 조직의 손실을 막으려는 처분이라고 할 수 있다.

파면의 효과는 강제퇴직에 국한되지 않는다. 파면된 사람은 5년 동안 소방공무원으로 임용될 수 없다. 그리고 5년 이상 공무원으로 근무하고 파면된 사람에게는 퇴직급여액의 반을 줄여 지급한다. 5년 미만 근무자에게는 퇴직급여액의 4분의 3을 지급한다.

---

54) O. Glenn Stahl, Public Personnel Administration, 7th ed.(New york: harper & Row, 1983), pp.298~301.

55) 과거 파면・감봉・견책 등 세 가지로 되어 있던 징계처분의 종류를 1981년의 법 개정에 의하여 다섯 가지로 늘렸다. 징계처분의 등급을 세분하여 징계원인별로 징계처분적용의 형평을 기하려는 취지라고 이해된다. 그러나 감봉과 마찬가지로 그 효용보다 폐단이 더 클 것으로 생각되는 정직을 추가한 것은 문제라 하지 않을 수 없다.

(2) 해임(解任)

해임은 파면과 마찬가지로 소방공무원을 강제퇴직 시키는 것이지만 그 효과가 파면의 경우보다는 가벼운 처분이다. 해임의 경우 연금법상의 불이익은 없으며, 소방공무원으로 다시 임용되지 못하는 기간도 3년이어서 파면의 경우보다는 짧다.

(3) 정직(停職)

정직은 직무수행을 정지시키는 처분이다. 정직처분을 받은 소방공무원은 그 정직기간 중 소방공무원의 신분은 보유하지만 직무에 종사하지 못한다. 정직의 기간은 1월 이상 3월 이하이다. 정직기간 중에는 보수의 1/3을 받는다. 정직은 행동규범위반자가 일시 직장을 비우는 것이 사태의 수습에 도움이 될 때 또는 강제퇴직의 처분이 검토되고 있을 때 유용한 방편이 될 수 있다. 이러한 경우에는 정직기간이 짧을수록 좋을 것이다. 일반적으로 정직이 갖는 행동교정의 교화는 의심스러울 뿐 아니라 보수가 1/3로 줄기 때문에 가족의 생계에 타격을 주어 징계의 효과를 가족에게까지 파급시킨다는 비판을 면키 어려울 것이다.

(4) 감봉(減俸)

감봉은 1월 이상 3월 이하의 기간 보수의 1/3을 감하는 처분이다. 감봉 역시 벌금을 물리는 것과 같아서 처분을 받는 본인 뿐 아니라 그가 부양하는 가족에게까지 고통을 주는 불합리한 처분이라고 비난하는 사람들이 있다.

(5) 견책(譴責)

견책은 전과(前科)에 대하여 훈계하고 회개하게 하는 처분이다. 쉽게 말하면 잘못한 사람을 꾸짖고 타이르는 것이다. 그러나 일상의 근무과정에서 비공식적으로 꾸지람을 하는 일이 모두 여기서 말하는 견책이 되는 것은 아니다.

공식적인 징계절차를 거쳐 훈계하고 그 사실을 인사기록에 남길 때 징계처분으로서의 견책이 되는 것이다. 견책은 징계처분 가운데서 가장 가벼운 처분이며 비교적 사용빈도가 높은 것이다.

정직・감봉・견책의 처분을 받은 날 또는 처분의 집행이 끝난 날로부터 일정한 기간 승진되거나 승급되지 못한다. 징계처분을 받은 후 직무수행상의 공적으로 포상 등을 받은 소방공무원에 대하여는 승진 또는 승급의 제한기간을 단축하거나 면제할 수 있다.

3) 징계처분과 비슷하게 쓰일 수 있는 처분

인사행정의 실제에 있어서는 다섯 가지의 징계처분 이외에도 징계제도의 권외(圈外)에서 사실상 징계와 같은 목적에 많이 활용되고 있는 인사처분들이 있다. 그 중 중요한 것은 직위해제, 좌천, 권고사직 등이다. 이러한 처분들이 징계에 갈음하여 남용되는 경우 신분보장의 질서가 크게 교란될 것임은 자명한 이치이다.

(1) 직위해제(職位解除)

직위해제의 사유는 직무수행능력이 부족하거나 근무성적이 극히 불량한 때, 징계의결이 요구된 때, 그리고 형사사건으로 기소된 때이다. 이러한 사유가 소멸된 때에는 지체 없이 직위를 부여하도록 되어 있다. 그리고 능력부족이나 근무성적불량을 이유로 직위를 해제한 경우에는 3월 이내의 대기명령을 내고, 그 기간에 교육훈련 · 연구과제 부여 등을 실시하여야 한다.

과거 직위해제 사유는 징계사유와 비슷하였으며, 직위해제 기간의 한정이 없었고, 6월이 넘도록 직위를 부여하지 못하면 자동적으로 해임되었기 때문에 징계 아닌 징계로서 직위해제가 신분보장을 크게 위협하였다. 이러한 폐단을 막기 위해 그 동안 직위해제 사유를 줄이고 직위해제의 기간을 한정하였다. 그러나 아직도 이것이 징계와 같은 목적에 오용될 여지는 얼마든지 있다.

(2) 좌천(左遷)

소방공무원법상의 전보는 본래 징계의 목적에 활용하려는 제도는 아니다. 그럼에도 불구하고 나쁜 자리로 옮기는 전보, 즉 '좌천'이 사실상 징계의 목적에 널리 쓰이고 있는 것이 사실이다. 좌천은 직무에 대한 부적응을 해결하기 위해서라기보다도 오히려 잘못을 저지른 공무원에게 불이익을 주거나 근신(勤愼)할 기회를 주기 위한 방편으로 쓰이는 경우가 많다. 좌천은 '눈 밖에 난' 사람의 자발적인 퇴직을 촉구하기 위한 수단으로도 많이 쓰이고 있다.

(3) 권고사직(勸告辭職)

소방공무원법상의 제도는 아니지만 권고사직이라고 속칭되고 있는 인사조치가 있다. 권고사직이란 자발적 퇴직의 형식을 갖춘 사실상의 강제퇴직을 말한다. 권고사직의 사례가 파면이나 해임의 사례보다 훨씬 많은 것으로 판단된다. 이른 바 숙정작업이 활발할 때에는 징계절차 없이 많은 사람들이 권고사직 되었다.

파면시켜야 할 사람을 권고사직시킴으로써 파면처분의 가혹한 효과를 모면케 하는 일이 흔한가 하면, 파면 당할 만한 잘못이 없는 사람들도 권고사직의 희생이 되는 사례가 없지 않다.

4) 징계의 결정과 절차

징계절차는 해당자에 대하여 단독으로 징계처분을 결정하는 경우도 있으나 일반적으로 여러 가지 형태로 설치된 징계결정기관 중에서 한 가지를 선택하여 집행하는 것이 보통이다.

여기에는 인사운영기관에서 결정하게 하는 것, 각 기관에 별도로 설치된 합의제기관에서 결정하게 하는 것, 중앙인사기관에서 결정하게 하는 것 등이 있다.

안전행정부에 설치된 소방공무원징계위원회는 소방정 및 소방령과 안전행정부 민방위 통제본부소속 국가 소방공무원에 대해 징계사건을 심의 의결하고 서울특별시·광역시 및 도(이하 '도'라 한다)에 설치된 소방공무원 징계위원회는 당해 도 소속 소방경(지방소방경)이하의 소방공무원에 대한 징계사건을 심의·의결한다.

한편 소방학교에 설치된 소방공무원 징계위원회는 소속소방경 이하의 국가소방공무원에 대한 징계사건을 심의·의결한다.

5) 징계위원회의 구성

징계위원회는 위원장을 포함한 5인 이상 7인 이내의 위원으로 구성하며 소방서에 설치되는 징계위원회는 3인 이상 7인 이내의 인원으로 구성한다.

징계위원회의 위원은 소방위·지방소방위 이상의 소방공무원 중에서 당해 징계위원회가 설치된 기관의 장이 임명하되 징계혐의자보다 상급자이어야 한다. 다만 당해 기관에 위원이 될 소방공무원의 수가 상기규정에 의한 인원수에 미달되는 경우에는 다른 소방기관의 소방공무원 또는 소속 6급 이상의 국가공무원 또는 국가공무원 중에서 임명 또는 위촉할 수 있다.

제9절 소방공무원 보수

소방보수(fire compensation)란 모든 공무원이 공무수행의 대가로 국가로부터 정기적으로 받는 것처럼 소방구성원의 근무에 대한 대가(對價)로 제공받는 금전적 보상을 말한다. 우리나라 소방의 보수체계에 의하면 보수는 봉급(俸給)과 각종 수당(手當)을 합친 것이다. 그러나 보수 중 가장 큰 비중을 이루고 있는 것은 역시 봉급이다.

보수는 공무원의 생계를 유지하게 하는 수단이며 또 가장 기본적인 근무조건의 하나로서 공무원의 사기 및 행정능률과 직결되고 있기 때문에 인사행정에 있어서 그만큼 중요한 의의를 갖는다.

소방이라는 직장으로서의 매력은 첫째가 생활안정이고 그 다음 ① 실력승진, ② 사회봉사, ③ 남성다운 직장, ④ 정의의 실현, ⑤ 규율 있는 직장으로 주장되고 있다. 따라서 소방조직의 발전을 위해서는 보다 공정하고 합리적인 보수정책이 입안되고 집행되어야 할 것이다.

1. 보수의 체계

보수체계란 보수의 종류와 구체적인 보수지급 항목에 대한 구성을 말한다. 보수체계는 조직이 처해 있는 내외의 사정과 필요를 반영하고 보수정책의 기본방향에 부합하는 것이라야 한다. 그리고 보수구성의 내용은 객관적이고 타당한 기준에 따라 결정되어야 한다.

소방인사행정에 있어서의 보수는 모든 형태의 금전적 보상을 포함하고 있으며 여기에는 기본급, 각종수당, 실비변상 및 특별급여 등이 있다.

(1) 본봉(本俸)

기본급인 본봉은 봉급과 근속급을 통합한 것이다. 봉급은 곤란성, 책임의 정도와 재직기간 등에 따라 계급별, 호봉별로 지급되며 근속급은 재직기간에 따라 계급별, 호봉별로 정해지는 기본 급여이다.

(2) 수당(手當)

수당이란 소방공무원의 직책, 능력, 자격에 따라 일률적으로 지급되는 것이 아니고 근무조건이나 생활조건의 특수성에 따라 일부에게만 지급된다. 수당은 기본급의 미비점을 보완해 주는 역할을 하기 때문에 보수제도의 탄력성을 유지해주는 수단이 된다.

수당에는 기말수당, 정근수당, 장기근속수당, 모범공무원수당, 가족수당, 시간외근무수당, 야간근무수당, 위험수당, 그 외에 휴일근무수당, 당직수당, 특수근무지수당, 항공수당, 함정수당 등이 있다.

(3) 실비변상(實費辨償)

업무수행상의 필요로 특별한 비용이 들 때에는 따로 실비 변상을 받는다. 예컨대 여비, 식비, 숙박료 등이 그것이다.

(4) 연금(年金)

연금(civil service pension)은 사회보장 제도의 일환으로 제도화 한 것으로 전직소방공무원으로 근무하였던 전직 소방공무원에게 원칙상 해마다 정기적으로 주는 금액을 말한다.

우리나라의 경우 연금제는 소방공무원이 노령・질병・부상, 기타의 이유로 퇴직하거나 사망한 경우, 전직 소방공무원 또는 그 유족의 생활 안정을 위해서 지급하고 있다. 따라서 소방공무원에 대한 연금이라 할 경우 주로 퇴직연금을 말한다.

소방공무원의 퇴직급여는 본인의 희망에 따라 연금으로 받을 수도 있고 일시금으로 받을 수도 있다. 연금을 지급할 수 있는 재원인 연금기금은 공무원의 기여금(寄與金)과 정부의 부담금으로 조성된다.

2. 보수의 역할

소방에 있어서 보수는 개념상으로 보아 네 가지 기본적인 역할로 구분할 수 있다.

(1) 경제적 역할

인사행정발달의 초기단계에 있어서의 보수는 직무에 대한 대가로서 단순히 경제적 보상의 성격으로 이해되었다. 사람들은 의・식・주 그리고 기타 생활에 필요한 기본적 욕구를 만족시키기 위한 목적을 달성하고자 조직의 구성원으로 참여하고 맡은 업무에 종사하는 경제적 동물로 생각하였다.

(2) 심리적 역할

국가와 사회의 체제가 과학화, 다변화하는 것과 함께 행정분야의 변화와 발전은 필수적인 것이다. 따라서 보수에 대한 개념과 그 역할이 초기단계의 단순한 직무에 대한 물질적 보상뿐만 아니라 직무에 헌신하는 것에 대한 보상의 의미도 포함되게 되었으며 부가적으로 자발적인 사회봉사의 차원에서, 공조직의 구성원들이 민주적 공복의 자세로서의 근무를 유인할 수 있게 하는 것으로 그 역할이 확대되었다.

이러한 심리적 역할은 구성원들의 직무에 대한 자기만족, 자기실현, 자존심과 같은 동기부여를 하게 하는 것을 말한다.

(3) 정치적 역할

일반적으로 소방공무원의 보수가 상대적으로 높은 자치소방체제를 채택하는 선진국들의 경우에 있어서는 보수가 다른 자치단체 또는 그 구성원들에 대한 봉사를 상징하는 기구로 생각한다.

우리나라 소방공무원 보수의 수준은 다른 제복공무원보다 상대적으로 낮은 것은 아니나 근무체계가 대부분 2교대 근무를 하고 있기 때문에 사기저하의 주된 원인이 되고 있다. 따라서 정부나 집권정당 내지 정치인들은 합리적 보수정책에 근거한 보수의 정책이 아니라 단기적 효과를 목적으로 보수의 문제를 정치적으로 이용하는 경우가 많다.

(4) 신분상 역할

지방자치제 소방의 경우 보수는 각 소방기관 상호간에 보수정책 수립의 기준으로서 제공된다. 대부분의 소방공무원은 다른 지방소방기관 단위에서 채택하고 있는 보수율에 대해 계속적인 관심을 갖고 있으며 자신의 보수율이 다른 기관의 그것과 비교하여 현저하게 떨어질 경우에는 자신의 정당한 신분상의 지위 또는 위상이 침해당하는 것으로 생각하게 될 것이다.

3. 소방보수 수준의 결정 요인

공공조직의 구성원에 대한 보수는 생활비의 변동에 부응하여 구성원들의 적당한 기본생활을 보장할 수 있는 정도가 되어야 하고 업무의 책임에 상응하는 임금이 책정되어야 한다는 관념에 근거하고 있다. 그러나 우리나라 소방의 경우 보수는 직무의 곤란성이나 그 책임 또는 근무시간 등을 고려할 때 적절하게 책정되었다고 할 수 없다. 더욱이 우리가 두려워하는 것은 박봉에서 부정으로, 부정은 소방공무원간의 불평 · 불공평 · 사기의 저하를 가져오게 되고, 성실치 못한 시민은 공무원의 이러한 약점을 스스로 악이용하면서 밖에서는 비난과 불신을 터뜨려 정부에 대한 평가를 저하시키는 무서운 결과를 가져온다는 것을 인식할 필요가 있다.

소방공무원 보수수준을 결정함에 있어서 고려해야 할 주요한 요소는 다음과 같다.

(1) 민간기업의 임금수준

공무원의 보수수준을 결정할 때에는 민간기업체의 임금수준을 고려하여 그것과 균형을 이루도록 한다. 따라서 민간기업에 의해 채택된 보수율 또는 표준을 적용해야 할 필요가 있을 것이다. 그러나 소방활동은 독점적 성격 또는 비시장성으로 말미암아 민간기업의 임금수준을 고려하는 것은 용이한 것이 아니며 타당한 자료를 얻기가 쉽지 않다. 따라서 민간기업의 임금수준은 간접비교의 자료로 활용될 수밖에 없다.

(2) 지불능력

현대의 소방업무량은 날이 갈수록 증폭되어 가고 있으며 많은 비용을 필요로 한다. 그러나 재정규모는 국민이 납부한 세금의 양에 달려 있기 때문에 그 지불능력에는 한계가 있다. 따라서 정부는 소방보수율을 인상할 수도 있고 때에 따라서 동결시킬 수도 있다. 더구나 불안정한 경제조건, 즉 IMF 긴축정책, 재산가치의 변화, 경기후퇴 등은 소방공무원에게 보수를 지급하는 세금수입의 양을 변화시킬 수 있다.

그러한 불안정한 경제상황은 정부에 의하여 마련된 경비지출의 우선순위를 바꿀 수도 있다. 예컨대 정부는 신도시건설계획, 오락과 체육부문, 또는 고속전철사업에 더 많은 돈을 투자하기 위하여 소방보수 인상을 선택하지 않을 수도 있다는 것이다.

(3) 노동시장

공공조직뿐만 아니라 민간기업에서도 생산성을 증가시키고 이미지를 강화하기 위하여 가장 자질이 있는 사람들을 유인하고 있다.

자질 있는 사람을 유인하는 데 있어서 중요한 요소는 보수이다. 최근 이러한 민간기업에서 제공되는 높은 보수 때문에 자질 있는 유능한 인재들을 공조직으로 흡수하지 못하고 민간기업으로 빼앗기는 실정이며 공공조직, 특히 소방조직은 열악한 환경과 근무조건들로 인해 그러한 현상이 더욱 심한 경우에 속한다.

(4) 생계비

생계비의 증가에 비례하여 소방공무원의 보수가 인상되어야 함은 당연한 논리이며 그렇게 하는 것이 공정한 것임에는 이론이 없다. 그러나 그것은 이론적인 설명이며 실제에 있어서는 대부분의 소방기관이 그러한 논리를 실제로 보장해 주지 못하고 있다. 그리고 생계비는 모든 도시나 지방에서 같은 비율로 증가하는 것이 아니기 때문에 전체 통계에 의한 기준은 생계비가 상대적으로 높은 도시의 소방기관이나 그 구성원의 요구나 기대에 부합되어질 수 없게 된다.

(5) 편익과 특혜

현재 소방공무원이 보수 이외에 받는 편익과 특혜는 타 기관과 비교하여 불리한 입장에 있다. 휴가기간은 고사하고 근무시간이 더욱 길고 비상근무도 잦을 뿐만 아니라 보건 및 후생에 관한 지원도 열악하며 승진기회도 제한되어 있다고 할 수 있다. 따라서 다른 편익이 크면 보수는 상대적으로 적어도 되지만 그러한 편익이 적으면 보수라도 많아야 공평하게 된다.

소방예산 및 재무관리

11

CHAPTER

제1절 소방예산

공공기관은 봉급, 물자와 장비, 시설유지, 교육훈련, 연구, 그리고 제경비(여비, 통신, 임대 등)를 지불하기 위하여 자금을 가지고 있어야 한다. 공공자금은 공공조직의 신경과 같기 때문에 이것이 없이는 공공기관은 존재할 수 없다. 따라서 다른 공공기관과 마찬가지로 소방조직도 그들이 획득한 공금(public funds)을 그들의 예산의 근거로 하여야 한다. 미국의 경우에 있어서는 기부금(donation), 보조금(grant), 또는 특별한 기증(special endowment)을 통해 사용할 수 있는 사적인 자금이 존재하고 있으나 이것은 임시적이고 불규칙하기 때문에 규칙적인 예산의 부분으로 할 수도 없고 고려될 수도 없지만 도움은 될 수 있다. 그래서 보통 소방업무의 고정된 항목보다는 다른 설비에 사용되고 있다. 공금의 획득과 집행에 따르는 예산구조 속에서의 체계적인 지출이 소방재무관리의 핵심이다. 2014년도 소방세출예산은 표 11-1과 같다.

표 11-1 소방세출예산(2014년도) (단위 : 백만원)

구분		계	행정운영경비 (인력·기본경비)	사업비
계		3,216,221	2,462,922	753,299
본청 (소속기관)	소 계	115,698	27,359	88,339
	소방정책국	27,079	7,017	20,062
	119구조구급국	25,269	408	24,861
	중앙소방학교	9,468	5,628	3,840
	중앙119구조본부	53,882	14,306	39,576
시 · 도	소 계	3,100,523	2,435,563	664,960
	(국 비)	(55,608)		(55,608)
	지방비	3,100,523	2,435,563	664,960

※ 국고보조금 : 55,608백만원(일반회계 20,971, 응급의료기금 34,637)
- 일반회계 : 119시민수상구조대 429, 소방안전체험관건립 1,954, 소방보조인력 양성및운영 14,923, 대테러장비 및 특수장비 보강 3,165, 119구조장비확충(제주 광특) 500
- 응급의료기금 : 119구급상황관리센터 운영지원 4,158, 119구급대지원(충남헬기구입) 18,485, 119구조장비확충 11,994

1. 소방예산(fire budget)의 정의

예산은 영어로 budget라 부르는데 그 어원은 돈주머니라는 뜻인 고대 프랑스 말의 bougette(가죽여행가방)에서 유래된 것이라고 한다.[1] 영국에서는 과거부터 재무장관이 의회에서 재정에 관한 설명을 할 때에 서류를 넣어 가지고 가는 가방을 budget라 하였다.[2] 그리고 재무관련 서류를 넣은 '가방을 열다'는 말인 opening the budget는 재정연설을 뜻하였다. 이러한 말이 변천하여 budget는 가방 속에 들어 있는 서류, 즉 오늘날의 예산을 뜻하는 말이 되었다. 최근에는 예산은 회계연도에 정해진 계획, 장래 지출의 견적, 비용의 청구, 정책의 제시, 인간의 목적을 위한 재원, 자금을 충당하고 지출하는 사람 사이의 계약을 포함하는 다양한 것으로 정의되고 있다.[3]

일반적으로 예산은 일정기간에 있어서의 국가의 수입과 지출에 관한 예정적 계산(豫定的計算)이라 정의할 수 있다. 이를 쉽게 다시 말하면, 예산이란 정부가 1년간 나라의 살림을 꾸려 가는데 필요로 하는 모든 경비를 사전에 화폐로 표현한 것이라 할 수 있다.

형식적으로 본다면 예산은 국민의 납세와 직결되느니 만큼 오늘날 모든 민주주의 국가에서는 국민의 대표기관인 의회(입법부)의 승인이 있어야만 예산으로서의 효력을 갖게 된다.

소방조직에서의 예산은 일반적으로 일정한 기간 동안[4] 소방운영 자금을 공급하기 위한 공식적인 계획이라고 부른다.

2. 예산의 목적

공공예산은 본질적으로 정부에 의한 재정상의 계획 즉 공공정책의 목표를 달성하기 위하여 공공기관에 자금을 할당하는 것이다. 모든 소방예산에 대한 통과를 담당하고 있는 정부는 다음과 같은 세 가지 주요한 이유를 위하여 체계적인 예산을 편성하고 있다.

① 차기 년도 또는 예산기간 동안 소방부서의 운영과 성장을 도모하기 위하여, 즉 어떤 사업을 착수할 것인가, 그것을 얼마만큼 확장 또는 축소할 것인가, 그리고 그것을 단

1) A. E. Buck(1934), The Budgets in Governments of Today(New York: macmillan), p.5.
2) James C. Synder(1973), 'Financial Management and Planning in Local Government', Atlanta Economic Review(November-December 1973), pp.43~47.
3) Haron Widavsky(1974), The Politics of the Budgetary Process, 2nd ed.(Boston: Little, Brown), p.4.
4) 일정한 기간이라 함은 1회계년도(fiscal year)를 말하는데, 1회계년도 동안에 생기는 수입을 세입, 지출을 세출이라 한다.

계적으로 제거 또는 종결할 것인가를 결정하기 위하여 평정한다. 예컨대 소방예산은 소방관서(消防官署)의 증설과 그에 필요한 인력증원 및 장비확보를 위하여 즉 119특별구조대를 증설, IT시대의 컴퓨터시스템을 확장, 구조업무와 구급대 업무를 강화하기 위한 장비 확보, 그리고 교육훈련을 강화하기 위한 항목이 포함될 수도 있다.

② 공공안전의 프로그램을 운영하기 위하여 그리고 국민의 구조업무에 있어서 소방의 능률성을 측정하기 위하여 편성한다.

③ 지출을 감독할 의무가 있는 직원의 재정상 책임을 달성하기 위하여 편성한다.

3. 예산과정

예산과정(budget process)은 예산안이 준비되어 의결과 집행을 거쳐 회계검사를 마칠 때까지의 전 과정을 말한다. 즉 예산안이 편성되어 그 집행에 대해서 책임이 해제될 때까지의 전 과정을 말한다. 예산과정은 사람에 따라서 예산절차(budget procedures) 또는 예산순환(budget cycle)이라고 불려지기도 한다. 흔히 예산이라 하면 1회계년도를 중심으로 1년 주의를 생각하나, 예산과정은 예산안의 준비기간부터 회계검사와 결산기간까지 포함하고 있기 때문에 보통 3년이 걸린다고 지적되고 있다.[5)]

그러면 예산과정을 기획, 편성, 심의, 집행, 결산의 5단계로 나누어 설명하기로 한다.

1) 예산기획

공공기관의 예산은 본질적으로 세심한 재정기획과 사실적인 예측의 산물이다. 따라서 소방예산은 보통 소방부서의 소방행정과에서 기획된다. 기획담당자는 계속해서 소방부서의 당면요구, 단기간의 목적, 그리고 장래의 목표를 연구하고 분석하여야 한다.

2) 예산편성

소방기관이 1년 동안 활동을 하는데 쓰이게 되는 경비를 미리 계산하여 그 안(案)을 마련하는 것을 예산편성이라 한다. 즉 다음 해에 소방관서가 수행할 정책이나 사업을 금액으로 표시한 계획을 작성하는 과정이며, 소방관서에 있어서는 예산편성지침의 작성으로부터 예산

5) 심정근 1979, 현대재무행정론, 진명문화사, p.203.

안의 확정에 이르는 모든 과정을 포함한다.

(1) **사업계획서의 제출**

각 중앙관서의 장은 재정경제부에 매년 2월 말일까지 신규사업 및 재정경제부장관이 정하는 주요사업에 대한 사업계획서를 재정경제원장관에게 제출하여야 한다.

(2) **예산안 편성지침의 시달**

재정경제부장관은 매년 전년도 3월 31일까지 국무회의의 심의를 거쳐 대통령의 승인을 얻은 예산안편성지침을 각 중앙관서의 장에게 시달하여야 한다.

(3) **중앙관서의 예산요구서 제출**

각 중앙관서는 예산편성지침 및 기준에 준하여 예산요구서를 작성하여 재정경제부장관에게 제출해야 한다.

(4) **예산의 사정(査定)**

각 부처로부터 예산요구서가 제출되면 재정경제부장관은 예산의 사정에 착수한다. 예산실은 우선 예산실시안을 작성하며, 다시 장, 차관의 조정을 받아 재정경제부 안을 작성하고 계속 정부, 여당과 협의하여 최종예산안을 작성한다. 각 중앙관서의 장은 재정경제부 예산실을 상대로 보다 많은 예산을 확보하려는 복잡한 정치적 압력, 교섭, 투쟁의 과정이 전개된다.

(5) **국무회의의 심의와 국회제출**

종합적인 조정・검토를 거친 예산안은 기본운영계획과 국무회의의 심의를 거쳐 대통령의 승인을 얻음으로써 정부예산안이 확정된다. 확정된 예산안은 회계연도 개시 90일 전까지 예산심의자료 및 부속서류를 첨부하여 국회에 제출하여야 한다.

3) 예산심의

예산안이 국회에 제출되면 본회의에 상정되며 예산안과 관련하여 당해년도의 대통령의 시정연설이 있다. 예산안은 상임위원회에서 예비심사를 하고 이를 예산결산특별위원회에서 종합 심사하여 본회의에 회부한다. 본회의에서는 예산안에 관한 정부측의 설명과 예산결산위원회의 예산안심사보고를 듣고 정책질의를 한 후 각 부문별로 토론 표결을 거쳐 예산안이 의결・확정된다. 국회에서 확정된 예산은 소방에서 요구한 예산규모이거나 아니면 그보다 축소될지도 모른다. 그리고 대단히 드문 일이지만 국회의원이 예산의 증가를 위하여 노력하는 경우도 있다.

4) 예산집행

예산이 국회에서 통과되어 행정부로 넘어오면 각 중앙관서의 장은 사업운영계획에 의한 예산배정요구서를 지식경제부장관에게 제출하고 세입예산월별징수계획서와 세출예산월별지출계획서를 기획재정부장관에게 제출한다.

기획재정부장관은 월별자금계획을 작성하여 지식경제부장관에게 제출한다. 지식경제부장관은 4분기별 예산배정계획을 작성하고 월별자금계획과 함께 국무회의의 심의를 거쳐 대통령의 승인을 얻는다. 예산배정계획에 대한 대통령의 승인이 나면 지식경제부장관은 각 중앙관서의 장에게 4분기별로 예산을 배정하고 기획재정부장관은 월별지출한도액을 통지한다. 각 중앙관서의 장이 지식경제부장관으로부터 배정 받은 범위 내에서 다시 산하기관에 대하여 예산을 배정한다.

5) 결산

결산(closing accounts)이란 예산의 집행이 끝난 후에 세입예산의 모든 수입과 세출예산의 모든 지출을 계산하여 수치로서 나타내는 것을 말한다. 따라서 예산이 세입세출의 예정적 계산(豫定的 計算)이라 할 수 있다. 결산은 예산의 집행결과 입법부의 의도와 재정적 한계를 보다 명확하게 파악할 수 있게 하는 중요한 절차이다.

결산의 기능은 입법부의 재정통제 이외에도 장래의 예산의 편성과 심의, 재정계획의 효율적인 운영을 위한 자료의 역할도 한다. 결산은 회계검사기관의 검사 확인과 국회의 심의·의결에 의하여 확정되며 이러한 확정을 통하여 정부의 책임이 해제된다.

4. 소방예산의 형태

1) 일반적 요인

다음 연도를 위한 소방부서의 예상되는 재정적 요구를 결정하기 위하여 소방예산은 보통 과거의 운영, 현재의 상태, 그리고 미래의 기대에 비추어 준비하고 있다.

① 과거의 운영은 전년도의 예산기간 동안 소방업무를 수행하는 데 사용된 실질적인 자금

을 가리킨다.

② 현재의 상태는 전년도의 기간 동안에 공식화된 목표, 기능, 또는 정책으로서 만일 그것이 실행될 수 있다면 지금 투자되어야만 한다.

③ 미래의 기대는 통화팽창비율, 생계비, 새로운 기간 동안 취득할 물자와 장비의 가격에 있어서의 변동과 같은 그러한 외부적 변수를 뜻한다.

④ 위에서 논의한 요인들은 정부에 의하여 적용되고 있는 예산의 여러 가지 형태, 즉 품목별 예산, 성과주의 예산, 계획예산제도(PPBS)와 영기준예산(ZBB)들이 반영되고 있는 것이다.

2) 품목별 예산(line-item budget)

품목별 예산은 지출의 대상과 성질에 따라 세출예산을 급여, 연금, 여비, 시설비 등으로 구분하는 방법이다. 이 분류는 각국에서 가장 많이 사용되고 있는 방법으로서 예산의 집행에 관한 회계책임을 명백히 하고 경비사용의 적정화를 기하는 데 그 목적이 있다. 우리나라에서도 조직체별로 대별된 예산은 다시 품목별 분류에 의하여 세분되며 이러한 예산은 조직 품목별 예산이라 한다. 예산과목 중 목은 이 품목분류에 해당하는 것이다.

(1) 장점

품목별 예산은 분명하고 단순하다. 그래서 회계검사를 하기가 쉽다. 이러한 이유 때문에 이것은 또한 자금의 남용에 대하여 적당한 안전장치를 제공한다.

(2) 단점

다른 한편 품목별 예산은 경직되어 있어서 한 품목에서 다른 품목으로 지출의 융통성 있는 대체가 허락되지 않는다. 다른 주요한 단점은 재정적 지출과 기관목표의 실질적인 달성과의 관계가 결여되어 있다. 작업량과 성과질의 측정이 품목별 예산으로는 어렵다. 이것은 소방업무의 정확한 평가를 하게 할 수 없다.

3) 성과주의 예산(performance budget)

성과주의 예산은 하나의 제안된 사업계획과 다른 제안된 또는 현존하는 사업계획과 비교하여 소방부서 내의 사업계획의 목표를 달성하는 데 있어서 효과성을 측정하기 위하여 설계되었다. 성과주의 예산은 품목별로 지출될 품목이 마련되어 있지 않고 소방부서 내의 사업계획별로 자금이 할당된다. 각 사업계획은 연구 및 개발비, 운영, 감독, 리더십, 간접비 등이 포함되어 있다. 그것은 또한 성과단위 또는 업무측정단위로서 계획된 산물을 가리킨다. 성과주의 예산은 각 사업마다 가능한 한 업무측정단위를 선정하여 업무를 양적으로 표시하는 것이므로 예산집행의 성과를 측정하고 분석 평가함으로써 효과적인 재정통제를 가능케 한다고 할 수 있다.[6] 우리나라에서는 1961년부터 국방부에서 처음 이 제도가 채택되어 이후 성과의 측정이 용이한 일부사업에 적용되기도 하였으나 여러 가지 운영상의 난점으로 1964년도부터 중단되었다.

(1) 성과단위의 예

전형적인 소방 성과주의 예산에 있어서 성과단위는 대형재난・재해를 해결하고 소방법위반자를 송치하고, 순찰차를 유지하고, 신임소방공무원을 훈련하는 것 등을 포함한다.

(2) 장점

성과주의 예산은 능률적인 소방사업계획이 각 성과단위의 비용을 결정하기 위하여 비용편익분석을 어떻게 적용하고 그리고 그 때 산출된 업무단위의 양에 따라 계산하는 것을 어떻게 배가시킬 것인가를 알 수 있다. 그래서 이것은 사업계획의 우선순위를 결정하는 데 도움을 줄 수 있고 소방부서 내에서 사업계획들의 비교를 용이하게 할 수 있다.

(3) 단점

앞에서 언급한 바와 같이 성과주의 예산은 소방업무단위를 측정하는 데 근거를 두어야 한다. 그러나 많은 소방업무는 그러한 단위분류로 옮기는 것이 쉽지 않다. 성과주의 예산은 또한 의미 있는 결과를 가져오기 위하여 매우 숙련된 분석가가 요구되고 있으나 대부분의 회계 관련 직원들은 아마도 이때에 그러한 분석을 위한 필수적인 훈련이 결여되어 있다고 할 수 있다.

4) 영기준 예산제도(Zero-Base Budgeting System)

영기준 예산제도란 예산을 편성・결정함에 있어서 전년도의 예산에 구애됨이 없이 조직

6) Frederick C. Mosher(1954), Program Budgeting(Chicago: Public Administration Service), pp.81～82.

체의 모든 사업과 활동에 대하여 영기준(zero-base)을 적용해서 각각의 효율성과 효과성 및 중요도 등을 체계적으로 분석하고 그에 따라 우선순위가 높은 사업과 활동을 선택하여 실행예산을 결정하는 예산제도를 말한다.[7)]

(1) 배경

영기준 예산은 미국의 대통령이었던 카터(Jimmy Carter)가 주지사시절 적용하기를 강력히 주장했고, Georgia주에서 그것이 소개되었던 1970년대에 상당한 관심이 주어졌다. ZBB의 적용으로 Carter는 1975회계년도에 주 예산을 5,700만 달러 삭감하는 데 영향을 미칠 수 있었다. 우리나라에서는 1981년 11월 국무회의에서 1983년도 예산부터 ZBB예산편성방식에 따라 선별적으로 이를 적용하기로 하였다.

(2) 장점

영기준예산제도가 지니는 장점 또는 효용성은 다음과 같다.

① 의사결정자가 삭감 또는 비효과적인 계획을 제거(그래서 소방부서예산규모를 감소시키는)할 수 있는 선택권이 주어져 있음을 확실하게 한다.

② 비용효과분석에 의하여 적어도 1년에 한번 기존의 계획을 각각 평가하도록 강요하고 유사한 계획이나 또는 그 기관이 제안한 새로운 계획과 비교하도록 강요한다.

③ 업무의 중복을 제거하고 - 특히 다른 기관이 유사한 기능을 수행할지도 모르는 - 정부기구 내에서의 낭비를 없앤다.

(3) 단점

영기준예산제도를 채택하여 실시한 결과 다음과 같은 단점과 문제점이 나타나고 있다.

① 관료들이 자신의 사업의 효과성을 평가하는 과정에 대해서 위협을 느끼게 된다.

② 효과적인 행정, 의사소통 그리고 분석업무에 관여하는 관리자들의 훈련을 필요로 한다.

③ 관리자들이 적절한 결정단위의 선정, 효과적인 분석을 위한 적합한 자료의 개발, 노력의 최소수준 결정, 상이한 사업들의 순위결정 그리고 많은 양의 결정항목의 처리 등에 곤란을 받는다.

---

7) Peter A. Phyrr(1977), 'The Zero-Base Approach to Government Budgeting', Public Administration Review, Vol.37, No.1(January-February 1977), pp.1~8.

④ 예산은 경제적 요인 이외 정치적 판단을 요하는 것이므로 비용 – 편익분석 방법을 활용하는 데는 한계가 있고 목표달성도의 판단, 산출 척도의 설정도 곤란하다. – 또한 정부활동 중에는 계량적으로 측정 하는 것이 곤란한 것도 있다.

제2절 소방예산의 특성과 문제점

1. 소방예산의 특성

1) 특별회계예산

특별회계예산(special account budget)이란 일반회계예산과 대비되는 예산으로서 국가의 회계 중 특정한 세입으로 특정한 세출에 충당함으로써 일반의 세입・세출과 구분해서 따로 계산하여 정리하는 특별회계에 관련된 예산을 말한다.

현재 우리 정부가 운영하고 있는 특별회계 종류에는 기업특별회계와 재정투・융자 특별회계를 비롯한 기타 특별회계가 설치되어 있다. 기업특별회계에는 양곡관리 특별회계, 철도사업 특별회계, 정보통신사업 특별회계・조달사업 특별회계가 있고, 경찰의 경우에는 사법시설 특별회계와 자동차교통관리개선 특별회계 그리고 국유재산관리 특별회계로 구성되어 있는데 우리나라의 소방은 아직 특별회계가 없다.

2) 예비비

예비비란 예측할 수 없는 예산의 지출 또는 초과지출에 충당하기 위하여 예비비로 '상당하다고 인정되는 금액'을 예산에 계상하도록 규정되어 있으나(지재법 제34조) 안전행정부 예산편성지침 상에는 일반회계 당초 예산 규모의 1% 이상을 계상하되 그 중 0.4% 이상은 자연 및 인위재해 대책비로 사용하도록 기준을 제시하고 있다. 소방은 예측치 못한 재난・재해 등 발생시 제일 먼저 출동하여 그 현장을 수습해야 할 책무를 지고 있다. 특히 대형건축물의 붕괴나 수해지역이 발생하여 불특정 다중이 위험에 처할 경우 인명구조나 구급활동이 요구된다. 따라서 소방은 다른 부처에 비해 예비비를 사용하는 경우가 많이 발생한다. 소방예비비 활용의 예로는 화재현장 등에서 사망시의 장례비, 수해복구비, 연가보상비 등이 예비비로 활용되고 있다.

2. 소방예산의 문제점

1) 예산규모의 부족

2006년도 소방대응예산의 경우 1,957,946백만 원인데 그 중 인건비가 차지하는 비율이 65%(1,274,209백만 원), 경상비는 17%(329,707백만 원), 그리고 사업비가 18%(354,030백만 원)이다. 전년도에 비해 평균 9.7%가 증액 편성되었으나 아직도 관서운영을 하기에는 아직도 부족한 실성이나.

예컨대 컴퓨터의 부족이라든가(대부분 구형모델) 인명구조·구급장비의 노후 및 부족 등을 들 수 있다. 소방예산의 거의 절반이상이 인건비이고 청사신축이나 증·개축 등 사업비가 22%로서 대부분이 인건비와 사업비로 구성되어 있다. 그러므로 소방관서운영비의 부족으로 원만한 소방기관을 운영하기에는 아직도 부족한 실정이다.

소방예산의 이와 같은 비현실적·비합리적 책정과 운용은 소방이 기본적인 업무를 수행함에 있어 결국 소신 있는 업무수행이 불가능하며 소방서비스 행정의 권위를 가질 수 없게 되었다고 할 수 있다.

2) 실무요원의 전문지식 결여

소방예산담당 직원들을 예산구성이나 소요예산의 설정, 사업과 예산의 일치 등에 관한 지식이 미흡하여 예산품목선정이 적정하지 못하고 또한 어떤 품목은 누락시키는 경우가 많다.

따라서 필요한 예산이 구체적으로 무엇인가 정확히 파악되어야 하고 이를 토대로 예산확보를 위한 정당성의 근거가 확보되어야 한다. 이를 위해서는 소방업무 및 업무성과에 대한 분석과 소요예산을 과학적으로 측정하여야 하며 자체적으로 예산을 절감하여 효율적 배분을 하였음에도 부족하다는 객관적인 자료를 제시하여야 한다.

3) 적극적 예산활동 결여

국가예산은 그 총액에 있어서는 전국적인 것이지만 예산을 사용할 때는 각 기관들이 서로 나누어 가지므로 예산확보에 열중하고 있다. 그런데 문제는 다른 기관에 비해 소방의 예산확보 활동에 어려운 점이 많다. 그 예산확보 활동에 있어서 중앙부서의 고위 간부들이 직접 재정경제부의 담당자들과 부딪혀서 소방의 실정을 설득력 있게 설명하는 것이 효과적이고 시・도에서는 예산부서 담당자나 시・도의회의원들에게 소방의 여건을 피력해야 효과적인데도 그렇지 못하다는 비판이 있다. 앞으로는 객관적인 자료를 토대로 여론매체의 활용, 대국민홍보활동, 예산담당 기구와 국회 및 시・도의회에 대한 합리적인 설득노력을 전개해야 한다.

제3절 회계검사

1. 회계검사의 정의

회계검사(audit)란 행정부가 예산을 합법적으로 집행하였는지를 확인・검증하고, 나아가 그 결과를 보고하기 위하여 장부 기타 회계기록을 그에 관여하지 않은 제3자가 체계적으로 검사하는 행위라고 할 수 있다. 회계검사는 한편 '회계감사'라고 부르기도 한다. 우리나라의 감사원법은 회계검사와 직무감찰을 합쳐 감사(監査)라고 부르고 있다.

회계검사의 개념은 예산제도의 변천에 따라 변화되어 왔다. 예산이 통제지향적인 제도일 때에 회계검사는 지출의 합법성에 초점을 두었었는데, 성과주의 예산이나 계획예산제도로 변천함에 따라 회계검사도 지출의 효율성에 초점을 두게 되었다. 즉 회계검사는 재정적 활동이 관련법령과 예산에 합치되는가, 또는 수지(收支)의 결말이 사실에 적합한가를 검토하고, 그 재정적 활동 가운데 부정이나 과오 등을 적발・처리하는 합법성 보장에 그치는 것이 아니라 재정적 활동이 그가 추구하는 목적에 합치되도록 보장함으로써 항상 회계의 적정을 도모하도록 하여야 한다.

회계검사를 한마디로 말하면 독립적으로 어떠한 것을 입증하는 행동을 뜻한다.[8] 그리하여 린치(Thomas D. Lynch)와 같은 학자는 현대적 의미로서 회계검사라 하면 지출의 합법성,

8) Lennis M. Knighton(1979), 'Four Keys to Audit Effectiveness', Governmental Finance, Vol.8 (September 1979), p.3.

관리의 효율성 그리고 사업계획(프로그램)의 효과성까지 확인하는 행위라고 주장하고 있다.

2. 회계검사의 목적

회계검사제도의 발전단계에 있어서의 초기의 목적은 위법(illegal), 부당(improper), 부정(incorrect)지출에 대한 검출이었다.

화이트(L. D. White)에 의하면 회계검사의 목적은 공금이 법률에 규정한 조건에 합치하여 나아가 법률이 정하는 목적에 따라서만 지불되었는가 아닌가를 검토하고 공금의 횡령이나 망실을 방지하기 위하여 회계나 명세목록이 정확하게 기입되었는가의 여부를 음미하고 그 후에 그 결과를 소정기관에 보고하는 데 있다[9]고 하여 지출의 합법성을 극도로 중요시하였다. 그러나 최근에 와서 합법성을 강조하는 소극적인 회계검사에 대해서 비판이 제기되어[10] 적발적, 비판적, 지도적 기능을 포함시켜 합법성과 효과성을 추구하게 되었다.[11]

3. 회계담당자에 의한 관리의 채택

회계검사는 감사원에서 실시하고 있다. 그러나 재정통제의 관리는 회계담당자에 의해 가장 잘 이루어진다. 자질 있는 회계담당자(회계감사관 또는 재정업무 담당자)는 소방재정업무의 규칙을 보증하기 위하여 전문적인 회계 방법들을 사용한다.

회계보고서는 또한 수입, 지출 그리고 소방기관의 일반적인 재정상태에 대한 정보를 제공해 준다. 또한 이것은 소방책임자 및 최고 의사결정자에게 필수적인 것이며 국회의원 및 일반국민에게는 유용한 것이다.

4. 재정통제의 방법

(1) 기초적 도구

일반적으로 말하면 소방부서는 재정통제를 위하여 두 가지 주요한 도구를 사용할 수 있다.

---

9) Leonard D. Whits(1955), Introduction to the Study of Public Administration, 4th ed.(New York: macmillan), p.3.
10) 유훈(1973), 「재무행정론」 법문사, pp.246~248.
11) 박문옥(1974), 「행정학」 신천사, pp.594~596.

① 연간예산계획 : 연간예산계획은 그 해에 적당하게 투자되어진 소방부서 운영을 반영한다. 전 직원의 지위, 승인된 사업, 그리고 관련된 작업・단위 및 세목이 포함되어 있다.
② 지출계획 : 소방의 지출계획은 그 회계연도의 각각에 관한 각자의 보수, 운영비, 그리고 장비에 배정된 자금이 명기되어 있다.

(2) 지출계획과 실질지출과의 비교

각 분배기간이 만료되면 실제지출은 연간 예산계획과 지출계획이 비교된다. 이러한 비교는 소방부서가 계획된 재정계획에 어떻게 빈틈없이 따르고 있는가를 알려줄 수 있다.

만일 실제지출과 계획된 재정계수가 맞지 않으면 재정적 책임의 문제가 제기될 수도 있고 일정한 회계 또는 계획을 담당한 사람은 문제를 삼게 될 수도 있다.

5. 재정상 예비비의 활용

소방운영에 있어서(대부분의 다른 공・사기업과 마찬가지로) 재정기획의 정상적인 과정에 예상되지 않는 추가적인 지출이 요구되는 뜻밖의 상황이 일어날 수도 있다. 그러므로 이 때마다 번잡스런 추가경정예산의 방법을 강구해야 한다면 일의 지연, 돈의 낭비는 오히려 더 훨씬 커지기 때문에 신축성이 허용될 수 있는 방도가 마련되어 있어야 한다. 소방 책임자는 그러한 예비비를 활용하기 위하여 상호계정으로 대체시킬 수 있는 권한을 가지는 것이 필수적이다.

(1) 예컨대 재정상 예비비는 추가적인 자금의 필요성으로부터 자연재해 또는 대형재난사고 수습기간 동안의 초과근무비, 운영예산의 준비기간 동안 예상되지 않은 장비구입에 필요한 자금에 이르기까지 분류되어 있을 것이다.

(2) 상호대체계정의 기법 : 재정상 예비비를 위해 마련된 상호대체계정은 다음과 같은 방법의 하나로 예산체계 속에서 반영되어질 수 있다.

① 후반부의 자금기간으로부터 현재기간으로 자금의 대체
② 잉여금을 가지고 있는 계정으로부터 추가적인 자금이 요구되는 계정으로 자금의 대체
③ 긴급한 필요에 지불될 추가적인 자금의 승인을 위한 요청

제4절 재무관리의 책임

1. 소방관서장의 최종책임

소방관서장은 그 기관의 경영관리 대표자이므로 재무관리에 대한 모든 책임을 져야 한다. 소방관서장은 규정된 예산절차에 대하여 책임을 져야 할 뿐만 아니라 그 목표를 보다 효과적으로 달성시키고 지역사회에서 소방업무를 향상시키도록 소방예산의 증가를 위하여 정부관리를 설득시켜야 한다.

경영관리자로서 소방관서장은 또한 낭비를 제거하고, 번문욕례(red-tape)와 중복을 최소화하고, 그리고 비효과적인 사업을 보다 중요하고 긴급한 다른 사업으로 대체함으로써 재징정책과 실제를 향상시키기 위하여 계속적으로 노력해야 한다.

2. 회계관계 공무원의 책임

'회계관계 직원 등의 책임에 관한 법률(법률 제5454호, 1997.12.31)'에 의한 변상책임은 회계관계 직원 등이 고의 또는 중대한 과실로 직무상 의무를 위반하여 국가나 지방자치단체의 재산에 손실을 끼친 때에 그 손해를 변상해야 하는 책임을 말한다. 그러나 일반적으로 공무원이 직무를 수행하면서 국가나 지방자치단체에 손해를 끼쳤을 때에는 민법상 손해배상이나 기타 공법상의 특별한 배상책임을 묻지 않는 것이 원칙이다.

한편 회계관계 공무원이 담당하고 있는 업무의 특수성에 비추어 선량한 관리자로서의 주의의무를 부여하여 다른 공무원보다 엄격한 주의의무를 요구하고 있다. 그 이유로 회계관계 공무원은 현금이나 물품, 재산 등을 직접 보관, 관리하고 있으므로 직무수행의 적정여부에 따라 지방자치단체에 미치는 영향이 크기 때문이다.

그러므로 회계관계 공무원이 선량한 관리자로서의 주의의무를 태만히 하여 지방자지난제에 손해를 발생케 한 때에는 그에 따른 변상책임을 지게 된다는 것을 인식시켜 직무수행을 성실하게 함으로써 회계사고를 미연에 방지시키고자 하는 '예방적 목적'과 일단 손해가 발생했을 때 재산상의 손해를 신속히 해결하고자 하는 '손해배상의 목적'을 위한 제도적 장치이다.

3. 책임의 종류

1) 변상책임

① 고의 또는 중대한 과실로 법령 기타 관계규정 및 예산에 정해진 바에 위반하여 국가 또는 지방자치단체 등의 재산에 손해를 끼친 때에는 변상책임을 져야 한다.

② 현금 또는 물품을 출납・보관하는 자가 그 보관에 속하는 현금 또는 물품을 망실・훼손하였을 경우에는 선량한 관리자의 주의를 태만히 하지 아니한 증명을 못하였을 때에는 변상의 책임을 지고, 그 회계 관계직원은 스스로 사무를 집행하지 아니한 것을 이유로서 그 책임을 면할 수 없다.

③ 손해가 2인 이상의 회계관계 직원의 행위로 인하여 발생하였을 때에는 각자의 행위가 손해발생에 미칠 정도의 한계에 따라 각각 변상의 책임을 진다. 그 손해발생에 미친 정도의 한계가 분명하지 아니한 때에는 그 정도가 동일한 것으로 본다.

2) 징계책임

① 소방공무원은 법령위반 또는 직무상 의무위반 시 징계처분의 대상이 된다.

② 이는 신분상 제재이므로 손해보전을 위한 변상책임과는 별도로 목적과 기능을 달리하여 병과가 가능하다.

3) 형사책임

① 소방공무원은 형사법규 위반 시 또는 직무위반 행위에 대하여 형사상의 책임을 져야 한다.

② 변상책임과는 목적과 기능, 책임의 성립기초가 다르므로 병과가 가능하다.

4. 도급경비

읍・면・동의 출장소, 119안전센터, 119구조대, 기타 정원 3인 이내의 관서 등 지출원이나 출납원을 두기 곤란한 관서의 소요 경비를 지급하여 그 관서의 장 책임 하에 사용하도록 하는 제도이다. 도급경비는 다른 비목으로 비교적 자유로이 전용하여 사용할 수 있어 업무수행상 효율적이다.

1) 도급경비 지급과목

① 수당, 급량비, 여비, 수용비 및 수수료

② 공공요금, 연료비, 상용피복비 기타 안전행정부장관이 정하는 경비 등

2) 도급경비 취급공무원

도급관서에 지급되는 도급경비에 관한 사무는 도급관서의 장 또는 특히 필요하다고 인정되는 경우에 도급관서의 장이 그 소속공무원 중에서 지정하는 자가 처리한다.

3) 도급경비의 사용

① 도급경비의 지급을 받은 관서의 장 또는 도급경비 취급공무원은 세출예산의 과목별로 정리하지 아니하고 통합하여 정리하되, 세출예산의 과목별 금액을 참작하여 관서의 실정에 맞도록 효율적으로 사용하여야 한다.

② 예산상 도급경비로 계상되지 아니한 경비는 도급경비로 집행할 수 없다.

4) 도급경비의 보관 및 경리절차

① 도급경비는 금융기관에 예치하여야 한다. 다만, 관서 소재지에 금융기관이 없을 때에는 금고 등의 견고한 용기에 보관하여야 한다.

② 도급경비를 사용한 때에는 도급경비정리부에 기재하고 채주의 영수증을 받아야 한다.

③ 회계연도 말에 있어서의 사용 잔액은 이를 다음 연도에 이월 사용한다. 이 경우 도급경비취급공무원은 회계연도 종료 후 15일 이내에 집행 상황을 지출원에게 보고하여야 한다.

④ 도급경비정리부와 영수증은 5년간 보존하여야 한다.

⑤ 도급경비로 매입한 물품은 법령・조례・규칙에서 따로 정하지 않는 한 물품으로 보지 아니한다.

5) 도급경비와 일상경비의 비교

① 도급경비 : 지급관서의 범위가 엄격하고, 전용이 비교적 자유로우며, 관서의 장 책임하에 지출하는 자금

② 일상경비 : 관서의 범위는 제한이 없고, 목간 전용이 엄격하며 출납 공무원에게 자금을 사전 교부하여 지출

※ 도급경비는 수급자가 임의로 통합경리 할 수 있으며 사용 잔액은 다음 연도로 이월하여 사용할 수 있으므로 지출의 특례가 된다.

제5절 소방재무관리에 있어서 비용 / 편익분석

비용/편익분석(cost-benefit analysis)은 정책결정 또는 기획과정에서 대안(代案)을 분석·평가할 때 흔히 사용되는 분석기법이다. 비용/편익분석은 몇 개의 대안(alternatives)이 저마다 제시한 프로젝트(세부 사업계획)에 의하여 생겨나는 편익(便益)과 비용(費用)에 대하여 각각 측정하고, 그 편익의 크기(금액)와 비용의 크기(금액)를 비교 평가하여 가장 합리적으로 효과적이라 파악되는 대안을 선택하기 위하여 활용한다.

그러나 이 분석기법은 대안의 성과를 화폐가치로 환산해서 측정할 수 있는 것에만 적용되며, 화폐가치로 환산할 수 없고 다만 계량적(수량적)으로 측정할 수 있는 것에는 비용효과분석(費用效果分析)의 기법이 적용된다.

책임성이 있는 소방관서장은 효과적인 소방프로그램을 수립하고 시행하여야 한다.

현대 행정학의 분야에서 효과성은 실질적으로 이용 가능한 재원 속에서 소방관서의 목표를 달성할 수 있는 능력을 뜻한다. 그러므로 책임 있는 소방책임자는 재원부족의 개념을 염두에 두고 그들의 예산을 준비하여야 한다.

1. 비용 / 편익분석의 정의

비용/편익, 비용/효과, 운영연구, 그리고 경영분석과 같은 용어는 예산계획과 재무관리를 논의하는 데 있어서 종종 서로 바꾸어서 사용되고 있다.

비용/편익분석은 이러한 용어들로서 표시된 많은 속성을 포함하고 있어 '투자비용의 최소화와 이익배당금의 최대화를 통하여 특정한 목적을 달성할 수 있을지도 모르는 행위의 선택과정에 대한 체계적인 검토와 실질적인 비교'로 정의될 수 있다.

2. 비용/편익분석의 특징

이렇게 정의한 것과 같이 비용/편익분석은 다음과 같은 중요한 특징을 가지고 있다.

① 행위의 모든 가능한 과정을 철저히 그리고 체계적으로 검토한다.
② 각 투자사업에 계획된 비용을 비판적으로 평가한다.
③ 각 사업으로부터 기대되어진 편익과 수익금을 실제적으로 계산한다.
④ 지역사회에 봉사해야 하는 요구와 목표 그리고 재원과 재정적 책임을 구체화할 수 있는 정치적, 사회적, 문화적 그리고 환경적 압력을 예리하게 파악한다.
⑤ 안정과 향상을 위한 지역사회의 우선순위에 민감하게 대응한다.
⑥ 특히 다른 지역사회와 경쟁하기를 희망함으로써 실질적인 판단감각을 보여준다.
⑦ 과학적인 연구를 신뢰하고 중요시한다.

3. 비용/편익분석의 목적

소방관리에 있어서 비용/편익분석의 주요한 목적은 예산규모, 예산의 우선순위, 그리고 국회심의를 위한 전망에 관한 결정을 하는 데 있어서 소방관서장을 도와주는 데 있다.

이와 관련해서 비용/편익분석의 역할은 새로운 사업을 창안하거나 발전시키는 것은 아니지만 예산요구에 있어서 어느 항목을 없앨 수 있고 그대로 둘 수 있다는 것을 가리킨다. 바꾸어 말하면 비용/편익분석은 결정을 하지 않고 – 단지 결정이 더욱 합리적이고 실질적인 것이 되기 위하여 – 의사결정자의 판단을 예리하게 하는 것이다.

4. 비용/편익분석의 사용

일반적으로 비용/편익분석은 다음 예산상의 접근방법 중 어느 한쪽과 결합하여 사용할 때 가장 유익하다.

1) 고정편익접근방법

편익의 특정한 수준은 특별한 목표의 달성에서 찾게 되고, 비용/편익분석은 가장 저렴한 비용으로 편익의 수준을 최대한으로 달성할 수 있는 대안을 결정하는 데 도움이 될 것이다.

예를 들면 값이 싼 모형을 선택하거나 혹은 더욱 값이 비싼 차량과 마찬가지로 능률적이고 경제적인 구급차를 제작하는 것이다. 또한 소방학교나 소방관서에서 어린이를 상대로 소화기 시범 훈련을 위하여 생산공장의 ABC분말소화기 대신에 값이 싼 물소화기를 사용하는 것 등이다.

2) 고정예산접근방법

특정한 예산수준은 특별한 목표를 달성하는 데 사용되어야 하고, 비용 - 편익분석은 그 예산수준을 위하여 가장 높은 편익을 최대한도로 산출할 수 있는 대안을 결정하는 데 도움이 될 것이다.

예컨대, 소방공무원과 동일한 보수로(동일한 수준의 능률성으로) 소방공무원이 보통 수행한 업무량의 1.5배를 수행하기 위하여 2명의 민간인 의용소방대원을 고용하는 것이다. 또한 보다 오래되고 보다 능률적이지 못한 컴퓨터를 구입하는 대신에 월부(月賦)나 동일한 월 임대의 형태로 더욱 능률적인 컴퓨터를 임대하는 것이다.

5. 비용 / 편익분석의 사용에 있어서 주요한 고려사항

소방예산의 준비와 관련하여 비용/편익분석에 있어서 주요한 고려사항은 다음과 같다.

① 분석된 문제의 적절한 조직화는 매우 중요하다. 볼펜, 풀이나 지우개를 구입하는 것 같은 그러한 보잘것없는 문제들은 비용편익의 노력 또는 시간상 가치가 있는 것은 아니다.

② 비교를 하기 위한 적당한 분석틀이 사용되어야 한다. 예컨대 대형화재예방을 위해 전통적인 순찰제도와 제안된 고정배치제도에 대한 편익의 비교를 그들 각자의 장점, 근무성적의 수준, 그리고 공공의 안전에 대한 잠재적 공헌의 정확한 계산에 근거하여야 한다.

③ 수학적 모형은 비용/편익분석에 있어서 커다란 기대를 걸게 했다. 이와 관련해서 그 모형은 목적들 간의 상호작용, 이러한 목적들을 달성하기 위한 적절한 대안들, 그리고 각 대안의 평가된 비용과 편익을 모의 실험할 것이다. 이러한 양적 모형들의 체계적인 실험은 비용/편익분석을 향상시킨다.

④ 분석적 절차의 타당성에 관한 검사는 그 과정이 주로 모형, 정의 그리고 개념들의 연습이기 때문에 비용/편익분석에 있어서 바람직한 것이다. 예컨대 도시의 재래시장에서 순찰근무의 효과성을 측정하기 위한 시범사업은 가장 계몽적이고 도움을 줄 수 있다.

⑤ 불확실성은 분석적 과정에 있어서는 명백하게 처리되어야 한다. 감수성분석, 우연성분석, 또는 실수의 허용할 수 있는 한계까지도 이러한 문제를 취급하는데 사용될 수도 있다.

⑥ 정량적 방법을 위한 보충으로서 정성분석(定性分析)과 건전한 판단은 비록 정량공식이 더욱 과학적인 것으로 보일지라도 주저 없이 분석가에 의하여 사용되어져야 할 것이다.

참고문헌

1. 국내문헌

강길봉(1995), 수험행정학, 육서당.
고정일(1994), 세계대백과사전, 동서문화사.
김광웅(1981), "행정문화" 행정논집, 제9권 제2호, 서울대학교 행정대학원.
김규정(1998), 행정학개론, 법문사.
김두현(1997), 소방행정법, 도서출판 반.
김번웅외(1992), 현대한국행정론, 박영사.
김복남(1984), 국사대사전, 삼영출판사.
김봉식(1975), 기획론, 박영사.
김영종외(1989), 관료제와 행정철학, 법문사.
김운태(1986), 행정학원론, 박영사.
김정규(1999), 원색세계대백과, 태극출판사.
김평탁(1996), 건축용어대사전, 기문당.
나기산외(1998), 정책분석론(제2판), 법문사.
내무부(1978), 소방행정사.
대한경제일보사(1989), 한국경찰의 발자취.
동아출판사 백과사전부(1983), 동아원색세계대백과사전, 동아출판사.
박동서(1972), 한국행정론, 법문사.
(1985), 한국행정론(제2전정판), 법문사.
(1990), 인사행정론, 법문사.
박문옥(1974), 행정학, 신천사.
박연호(1984), 인간관계론, 박영사.
(1995), 인사행정신론, 법문사.
박영희(1986), 재무행정론, 다산출판사.
박용치(1993), 현대행정학원론, 고려원.
(1996), 현대행정학원론, 고려원.
박용호(1992), 현대행정학원론, 고려원.
박우순(2000), 현대조직론, 법문사.
백완기(1998), 행정학(전정증보신판), 박영사.
변우연(1984), 소방실무, 신유문화사.
심정근(1979), 현대재무행정론, 진명문화사.

안해균(1984), 행정학원론, 다산출판사.
오석홍(1999), 인사행정론, 박영사.
유종해(1988), 현대행정학, 박영사.
(1990), 현대행정학, 박영사.
(1999), 행정학대사전, 박영사.
유 훈(1973), 재무행정론, 법문사.
이종수외, 새행정학(개정판), 대영문화사.
이홍식(1984), 국사대사전, 삼영출판사.
이황우(1996), 경찰행정학, 법문사.
전종섭(1995), 행정학, 박영사.
조석준(1977), 조직론, 법문사.
조석준(1989), 조직론(제2전정판), 법문사.
최재석(1977), 한국인의 사회적 성격, 개문사.
행정안전부(2008), 행정안전통계연보.
행정자치부(1999), 외국의소방행정체제, 삼진기획.
(1999), 한국소방행정사('99증보판), 삼성인쇄.
(2000), 소방행정자료 및 통계, 삼진기획.
행정학용어표준화연구회(1999), 행정학용어사전, 새정보미디어.
허남오(1998), 한국경찰제도사, 동도원.
황대석(1990), 인사관리, 박영사.

2. 외국문헌

Allen R. K.(1977), Organizational Management Through Communication, New York: Harper & Row.
Alfred J. Kahn(1969), Theory and Practive of Social Planning(New York: Russel Sage Foundation), pp.53-54.
Antony Downs(1967), Inside Bureaucracy(Boston: Little Brown), pp.272-273. Argyris, Chris (1962), Interpersonal Competence and Organizational Effectiveness, New York: Harper & Row(1957), Personality and Organization, New York: Harper & Row(1960), Understanding Organizational. Behavior, Homewood, Ill.: The Dorsey Press, Inc.
Barclay M. Hudson(1979), 'Comparison of Current Planning Theories : Counterparts and Contradictions', Journal of the American Planning Association , 45, p.387.(October 1979)
Barnard I. Chester(1938), Functions of the Executive(Harvard University Press), p.73 and pp.82-95.
Blake, Robert and Jane Mouton(1964), The Managerial Grid, Houston: Gulf Publishing Co.
Blau, Peater M. and W. Richard Scott(1962), Formal Organizations, San Francisco: Chandler Publishing Co.
Blau, Peater M.(1956), Bureaucracy in Modern Society, New York: Random House.

Blau, Peater M. and W. Richard Scott(1962), Formal Organizations(San Francisco: Chandler Publishing Co.), pp.42-52.

Bopp, William J. and Paul M .Whisenand(1980), Police Personnel Administration, Boston: Allyn and Bacon, Inc.

Buck, A. E.(1934), The Bugets in Governments of Today, New York: Macmillan.

Davis, Keith(1981), Human Behavior at Work, 6th ed. New York: McGraw-Hill.

Downs, Anthony(1967), Inside Bureaucracy, Boston: Little Brown.

Dror, Yehezkel(1968), Public Policy-making Reexamined, San Francisco: Chandler Publishing Co.

Etzioni, Amitai(1964), Modern Organization, Englewood Cliffs, New Jersey: Prentice-Hall.

Favreau, Donald F. and Joseph E. Gillespie(1978), Modern Police Administration, Engle- wood Cliffs, New Jersey: Prentice-Hall, Inc.

Frederick C. Mosher(1954), Program Budgeting(Chicago: Public Administration Service), pp.81-82.

Gawthrop, Louis C.(1969), Bureaucratic Behavior in the Executive Branch, New York: Free Press.

Gerth, H. H. and C. Wright Mills(1958), From Max Weber: Essays in Sociology, New York: Oxford University Press.

Glenn O. Stahl(1971), Public Personnel Administration, 6th ed.(New York : Harper & Row), p.16.

Glenn D. Stahl(1983), Public Personnel Administration, 8th ed.(Harper & Low), pp.148-152.

Graham, Gerald H.(1975), Management: The Individual, The Organization, The Process, Belmont, Calif: Wadsworth Publishing Co.

Gray, Jerry L. and Frederick A. Starke(1980), Organizational Behavior, 2nd ed. Columbus, Ohio: Charles E. Merrill Publishing Co.

Haron Widavsky(1974), The Politics of the Budgetary Process, 2nd ed.(Boston: Little, Brown), p.4.

Hersey, Paul and Kenneth H. Blanchard(1972), Management of Organizational Behavior, New Jersey: Prentice-Hall, Inc.

Herzberg, Frederick, Bernard Mausner and Barbara Snyderman(1959), The Motivation to Work, 2nd ed. New York: John Wiley & Sons, Inc.

Iannone, Nathan F.(1987), Supervision of Police Personnel, 4th ed. Englewood Cliffs, New Jersey: Prentice-Hall, Inc.

James C. Synder(1973), 'Financial Management and Planning in Local Government', Atlanta Economic Review(November-December 1973), pp.43-47.

James G. March and Herbert A. Simon(1958), Organizations(New York: John Wiley & Sons, Inc.), pp.140-141.

Katz, Daniel & Robert L. Kahn(1966), The Social Psychology of Organization, New York: John Wiley and Sons, Inc.

Lennis M. Knighton(1979), 'Four Keys to Audit Effectiveness', Governmental Finance, Vol. 8(September 1979), p.3.

Leonard D. Whits(1955), Introduction to the Study of Public Administration, 4th ed.(New York: macmillan), p.3.

Leonard. V. A. and Harry W. More(1978), Police Organization and Management, 5th ed. Mineola, New York: The Foundation Press, Inc.

Likert, Rensis(1961), New Patterns of Government, New York: McGraw-Hill Bool Co. Inc.
Louis C. Gawthrop(1969), Bureaucatic Behavior in the Executive Branch(New York: Free Press), pp.86-89.
Lorsch Jay, W. and Paul R. Lawrence(eds)(1970), Studies in Organization Design, Homewood, Ill.: Irwin and Dorsey Press.
March, James G. and Herbert A. Simon(1958), Organizations, New York: John Wiley & Sons, Inc.
Marvin, P.(1971), Developing Decisions for Action, Homewoods, Ill.: Dow Jones-Irwin, Inc.
Maslow, Abraham H.(1970), Motivation and Personality, 2nd ed. New York: Harper & Row, Publisher, Inc.
McGregor, Douglas(1960), The Human Side of Enterprise, New York: McGraw-Hill.
Mooney, James D.(1947), The Principles of Organization, New York: Harper and Row.
Mosher, Frederick C.(1954), Program Budgeting, Chicago: Public Administration Service. (1982), Democracy and the Public Service, New York: Oxford University Press. and Nigro, Lioyed G.(1976), The New Public Personnel Administration, Itasca: Peacock, F. E.
Nathan F. Iannone(1987), Supervision of Police Personnel, 4th ed.(Englewood Chiffs, New Jersey: Prentice-Hall Inc.), pp.186-187.
Nigro, F. A. and L. G. Nigro(1977), Modern Public Administration, New York: Harper and Row.
Nigro, Felix A.(1984), Modern Public Administration, New York: Harper and Row.
Parsons, Talcott(1960), Structure and Process in Modern Societies, Glencoe, Ill.: Free Press.
Pell Arthur(1967), Police Leadership, Springfield, Ⅲ.; Thomas.
Peter A. Phyrr(1977), 'The Zero-Base Approach to Government Budgeting', Public Administration Review, Vol. 37, No. 1(January-February 1977), pp.1-8.
Piffner, J. M. and R .V. Presthus, Public Administration, New York: Ronald.
Presthus, Robert(1962), The Organizational Society. N. Y. : Knopf Books.
Roberg, Roy R.(1979), Police Management and Organizational Behavior, St. Paul, Minn.: West.
Saunders, Charles(1977), Upgrading the American Police, Washington, D. C.: The Brookings Institute.
Simon Herbert A.(1957), Administrative Behavior, 2nd ed. New York: Macmillan.
Simon Herbert A., Donald W. Smithburg and Victor A. Thompson(1950), Public Administration, New York: Alfred A. Knopf.
Souryal. Sam S.(1977), Police Administration and Management, St. Paul, Minn.: West Publishing.(1981), Police Organization and Adminstration, New York: Harcourt Brace Jovanovich, Inc.
Stahl, O. Glenn(1976), Public Personnel Adninstration, 7th ed. New York: Harper & Row.
Stone, Alfred R. and Stuart M. Deluca(1985), Police Administration, New York: John Wiley & Sons.
Swank, Calvin J. and James A. Conser(1983), The Police Personnel System, New York: John Wiley & Sons.
Swanson, Charles R. and Leonard Territo(1983), Police Administration, New York: Macmillan Publishing Co. The President's Commission on Law Enforcement and Administration of

Justice, Task Force Report: The Police, Washington, D.C.: U.S. Government Printing Office.

Thompson Victor A(1961), Modern Organization(New York : Knopf), p.177.

Tossi, Henry L. and Stephen J. Carroll(1974), Management: Contingencies, Structure, and Process, Chicago: St. Clair Press.

U. S. Department of the Army Headquarters(1961), Military Leadership, FM22-100, June.

Waldo, Dwight(1955), The Study of Public Administration. New York: Random House.

Wallace S. C.(1953), 'Consideration Which Enter into the Construction of a Department', in D. Waldo(ed.)., Ideas and Issues in Public Administration(New York; Mcgraw-Hill Book Co., Inc.), pp.116-153.

Waterston, Albert(1966), Development Planning : lessons of Experience, Baltimore: John Hopkins Press. p.14.

Whisenand Paul M.(1989), and Fred Ferguson(1989), The Managing of Police Organizations, 3rd. ed.(Englewood Cliffs, New Jersey: Prentice-Hall), p.49.

Wisenand, Paul M.(1981), The Effective Police Manager, Englewood Cliffs, New Jersey: Prentice-Hall, Inc.

White, Leonard D.(1955), Introduction to the Study of Public Administration, 4th ed. New York: Macmillan.

Wildavsky, Haron(1974), The Politics of the Bugetary Process, 2nd ed. Boston: Little, Brown.

Williams, J. D.(1980), Public Administration: The People's Business, Boston: Little, Brown.

Wilson, O. W. and Roy C. Mclaren(1977), Police Administration, 4th ed. New York: McGraw-Hill Book Co. Inc.

Wren, Daniel A.(1972), The Evolution of Management Thought, New York: Ronald Press.

Wrobleski : Henry M. and Karen M. Hess(1986), Introduction to Law Enforcement and Criminal Jutice, 2nd ed.(St. Paul, Minnesota: West Publishing Co), p.172.

Yehezkel Dror(1968), Public Policy-making Reexamined(San Francisco: Candler), pp.11-13.

소방청(평성 10년), 소방백서(평성 10년판), 대장성인쇄국.

근대소방(1972), '프랑스정부 내무성 민간방위기구 차장(소방계담당) 폴 래디씨에게 듣다' 2월호.

3. 논 문

Ackoff, Russell, L. et al.(1981). A Prologue to National Development. Philadelphia: University of Pennsylvania. Social Systems Sciences Department. pp.74-74.

Amitai Etzion(1967), 'Mixed Scanning: A Third Approach to Decision Making', Public Adminstration Review, Vol. 27, No. 5(December 1967), pp.385-392.

Bechman, Norman and Clyde Christofferson(Fall 1983), 'Reducing WFA: The Newest Public Administration', The Bureaucrat, Vol. 12, No. 3.

Dror Yehezkel(1963), 'The planning Process : A Facet Design', International Review of Administrative Sciences, Vol. 29, pp.46-58.

Etzioni, Amitai, 'Mixed Scanning: A Third Approach to Decision Making'(December 1967), Public Administration Review, Vol. 27, No. 5.

Heisel, W. Donald and Patrick V. Murphy, 'Organization for Police Personnel Management', O. Glenn Sahl and Richard A. Staufenberger(eds)(1974), Police Personnel Administration, Washington, D. C.: Police Foundation.

House, Robert J., 'A Path-Goal Theory of Leader Effectiveness'(September 1971), Administrative Science Quarterly, Vol. 16.

Hudson, Barclay M., 'Comparison of Current Planning Theories: Counterparts and Contradictions'(October 1979), Journal of the American Planning Association, Vol. 45.

Knighton, Lennis M., 'Four Keys to Audit Effectiveness'(September 1979), Governmental Finance, Vol. 8.

Norman Bechman and clyde Christofferson, 'Reducing WFA : The Newest Public Administration', The Bureaucrat(Fall 1983).

Peter F. Drucker(1976), 'What Results Should You Expect?' Public Administration Review 36-1(Jan./Feb. 1976), pp.19-9.

Phyrr, Peter A., 'The Zero-Base Approach to Government Budgeting'(January-February 1977), Public Administration Review, Vol. 37, No. 1. Riggs, Fred W.(May 1969), 'Bureaucratic Politics in Comparative Perspective' Journal of Comparative Administration.

Synder, James C.(November-December 1973), 'Financial Management and Planning in Local Government', Atlanta Economic Review.

U. S. Department of the Army, Headquarters, Military Leadership, FM 22-100, June 1961, p.17.

Wallace, S. C., 'Consideration Which Enter into the Construction of a Department', in D. Waldo(ed.)(1953), Ideas and Issues in Public Administration, New York: McGraw-Hill Book Co., Inc.

Wanki Paik, 'Modernization of Korean Bureaucracy : Value Orientation Approach', Unpublished Ph. D. Dissertation, Florida State University, 1972, pp.35-50.

찾아보기

ㄴ

ㄷ

ㅊ

ㅋ

ㅌ

ㅍ

ㅎ

영문

기타

지은이 소개

■ 학력

- 성결대학교 행정학과 졸업
- 동국대학교 행정대학원(소방행정전공)
- 원광대학교 대학원(행정학 박사)
- 연세대학교 교육대학원 수료

■ 경력

- 1977년 전국소방공무원 공채 1기로 부천 소방서 민원실 발령(근무)
- 부천 · 고양 · 구리 소방서 소방과장
- 안양 · 광명 소방서 방호과장
- 경기도 소방학교 교학과장 및 서무과장
- 경원대, 경민대, 동남보건대, 호서대학교 강사 및 겸임교수
- 소방정 명예퇴임(2002.2)
- 초당대학교 소방행정학과장 및 소방박물관장
- 한국화재소방학회 총무이사
- (현) 강원대학교 소방방재학부 교수
  (현) 한국화재소방학회 연구이사
  (현) 국가위기관리학회 강원지회장
  (현) 삼척, 동해, 태백, 화성시 건축심의위원

■ 주요저서 및 논문

- 소방관계법규, 소방행정학 및 소방학개론, 재난관리론, 소방행정법, 소방행정실무 외 다수
- 소방의 날 변역필요성에 관한 시론적 연구와 30여편

■ 상훈

- 근정포장 및 내무부장관(행정자치부장관) 등 6회

연락처 : H.P. 010-2336-6119, 연구실 : 032-540-3123

Email : scwoo@kangwon.ac.kr

소방행정학 정가 22,000원

인 쇄 2010년 9월 1일 초판 1쇄
발 행 2014년 9월 10일 2 판 1쇄
편 저 우성천
발행인 정우용
발행처 도서출판 **동화기술**
경기도 파주시 광인사길 201(문발동, 파주출판도시)
Tel (031)955-4211~6 donghwae@kornet.net
Fax (031)955-4217 www.donghwapub.co.kr
(등록) 1977년 12월 19일/9-16호

Printed in Korea
ISBN 978-89-425-1892-0